燃气供应工程

主　编　张爱凤

副主编　王造奇

编　委　（按姓氏笔画为序）

王造奇　刘文斌　江清阳

李　帆　李雪飞　张爱凤

汤文华　陈　俭　杨延萍

赵卫平　焦良珍　魏　玲

合肥工业大学出版社

图书在版编目(CIP)数据

燃气供应工程/张爱凤主编．—合肥:合肥工业大学出版社,2009.7

ISBN 978-7-81093-970-6

Ⅰ.燃…　Ⅱ.张…　Ⅲ.燃料气—供应　Ⅳ.TU996

中国版本图书馆 CIP 数据核字(2009)第 079399 号

燃气供应工程

主编　张爱凤　　　　责任编辑　陆向军

出　版	合肥工业大学出版社	版　次	2009 年 8 月第 1 版
地　址	合肥市屯溪路 193 号	印　次	2012 年 2 月第 2 次印刷
邮　编	230009	开　本	787 毫米×1092 毫米　1/16
电　话	总编室:0551—2903038	印　张	19
	发行部:0551—2903198	字　数	460 千字
网　址	www.hfutpress.com.cn	印　刷	合肥工业大学印刷厂
E-mail	hfutpress@163.com	发　行	全国新华书店

ISBN 978-7-81093-970-6　　　　定价:29.80 元

前 言

《燃气供应工程》是建筑环境与设备工程专业的一门工程技术专业课程。本书结合我国目前燃气事业的发展与应用情况，系统地介绍了燃气供应系统的基本理论和基本知识，简要地介绍了燃气供应新技术、新工艺和新材料。本书内容包括燃气输配系统设计、施工和运行管理、液化天然气、液化石油气和压缩天然气的供应技术以及燃气的应用技术等。

本书不仅可作为建筑环境与设备工程、城市规划、城市燃气工程及油气储运工程等专业的本科、专科教学用书，也可作为城市燃气工作的设计、规划、施工及管理人员的参考用书。

本书由合肥工业大学、华中科技大学、武汉科技大学、安徽建筑工业学院、广州大学、南京工业大学、安徽工业大学等院校老师共同编写，其中，绪论由张爱凤编写，第 1 章、第 2 章由汤文华编写，第 3 章、第 5 章由焦良珍、陈俭编写，第 4 章由王造奇编写，第 6 章由张爱凤、赵卫平编写，第 7 章由江清阳、张爱凤编写，第 8 章由李雪飞编写，第 9 章、第 11 章由李帆编写，第 10 章由魏玲编写，第 12 章由杨延萍、刘文斌编写，第 13 章由杨延萍编写。本书由张爱凤担任主编，王造奇担任副主编。

本书在编写过程中，参考了有关专家和学者的著述，吸收了各方面的新技术、新成果，并运用了当前最新颁布的国家规范。在此谨向各文献的编著者表示感谢。

由于编者水平有限，书中难免存在错误和不妥之处，敬请读者批评指正。

编　者

2009 年 8 月

目　录

0 绪 论

0.1 能源概述

能源亦称能量资源或能源资源，是指可产生各种能量（如热量、电能、光能和机械能等）或可做功的物质的统称；是指能够直接取得或者通过加工、转换而取得有用能的各种资源，包括煤炭、原油、天然气、煤层气、水能、核能、风能、太阳能、地热能、生物质能等一次能源和电力、热力、成品油等二次能源，以及其他新能源和可再生能源。能源种类繁多，而且经过人类不断的开发与研究，更多新型能源已经开始能够满足人类需求。

根据不同的划分方式，能源也可分为不同的类型。

1. 按来源分为3类

(1)来自地球外部天体的能源（主要是太阳能）。除直接辐射外，也为风能、水能、生物能和矿物能源等的产生提供基础。人类所需能量的绝大部分都直接或间接地来自太阳，正是各种植物通过光合作用把太阳能转变成化学能在植物体内贮存下来。煤炭、石油、天然气等化石燃料也是由古代埋在地下的动植物经过漫长的地质年代形成的。它们实质上是由古代生物固定下来的太阳能。此外，水能、风能、波浪能、海流能等也都是由太阳能转换来的。

(2)地球本身蕴藏的能量。通常指与地球内部的热能有关的能源和与原子核反应有关的能源，如原子核能、地热能等。温泉和火山爆发喷出的岩浆就是地热的表现。地球可分为地壳、地幔和地核三层，它是一个大热库。地壳就是地球表面的一层，一般厚度为几公里至70公里不等。地壳下面是地幔，它大部分是熔融状的岩浆，厚度为2900公里。火山爆发一般是这部分岩浆喷出。地球内部为地核，地核中心温度为2000℃。可见，地球上的地热资源贮量也很大。

(3)地球和其他天体相互作用而产生的能量，如潮汐能。

2. 按能源的基本形态分类

可分为一次能源（天然能源）和二次能源（人工能源）。一次能源是指自然界中以天然形式存在并没有经过加工或转换的能量资源。一次能源包括可再生的水力资源和不可再生的煤炭、石油、天然气资源，其中包括水、石油和天然气在内的三种能源是一次能源的核心，它们成为全球能源的基础。除此以外，太阳能、风能、地热能、海洋能、生物能以及核能等可再生能源也被包括在一次能源的范围内；二次能源则是指由一次能源直接或间接转换成其他种类和形式的能量资源，例如：电力、煤气、汽油、柴油、焦炭、洁净煤、激光和沼气等能源都属于二次能源。

3. 按能源性质分

有燃料型能源（煤炭、石油、天然气、泥炭、木材）和非燃料型能源（水能、风能、地热能、海洋能）。人类利用自己体力以外的能源是从用火开始的，最早的燃料是木材，以后用各种化石燃料，如煤炭、石油、天然气、泥炭等。现正研究利用太阳能、地热能、风能、潮汐能等新能源。当前化石燃料消耗量很大，但地球上这些燃料的储量有限。未来铀和钍将提供世界所需的大部分能量。一旦控制核聚变的技术问题得到解决，人类实际上将获得无尽的能源。

4. 根据能源消耗后是否造成环境污染可分为污染型能源和清洁型能源

污染型能源包括煤炭、石油等，清洁型能源包括水力、电力、太阳能、风能以及核能等。

5. 根据能源使用的类型可分为常规能源和新型能源

常规能源包括一次能源中可再生的水力资源和不可再生的煤炭、石油、天然气等资源；新型能源是相对于常规能源而言的，包括太阳能、风能、地热能、海洋能、生物能以及用于核能发电的核燃料等能源。由于新能源的能量密度较小，或品位较低，或有间歇性，按已有的技术条件转换利用的经济性尚差，还处于研究发展阶段，只能因地制宜地开发和利用，但新能源大多数是再生能源，资源丰富，分布广阔，是未来的主要能源之一。

6. 按能源的形态特征或转换与应用的层次进行分类

世界能源委员会推荐的能源类型分为：固体燃料、液体燃料、气体燃料、水能、电能、太阳能、生物质能、风能、核能、海洋能和地热能。其中，前三个类型统称化石燃料或化石能源。已被人类认识的上述能源，在一定条件下可以转换为人们所需的某种形式的能量。比如薪柴和煤炭，把它们加热到一定温度，它们能和空气中的氧气化合并放出大量的热能。我们可以用热来取暖、做饭或制冷，也可以用热来产生蒸汽，用蒸汽推动汽轮机，使热能变成机械能；也可以用汽轮机带动发电机，使机械能变成电能；如果把电送到工厂、企业、机关、农牧林区和住户，它又可以转换成机械能、光能或热能。

7. 商品能源和非商品能源

凡进入能源市场作为商品销售的如煤、石油、天然气和电等均为商品能源。国际上的统计数字均限于商品能源。非商品能源主要指薪柴和农作物残余(秸秆等)。

8. 再生能源和非再生能源

凡是可以不断得到补充或能在较短周期内再产生的能源称为再生能源，反之称为非再生能源。风能、水能、海洋能、潮汐能、太阳能和生物质能等是可再生能源；煤、石油和天然气等是非再生能源。地热能基本上是非再生能源，但从地球内部巨大的蕴藏量来看，又具有再生的性质。核能的新发展将使核燃料循环而具有增值的性质。核聚变的能比核裂变的能可高出5～10倍，核聚变最合适的燃料重氢(氘)又大量地存在于海水中，可谓“取之不尽，用之不竭”。核能是未来能源系统的支柱之一。

能源是人类生存和发展的重要物质基础。2006年世界能源消费结构见表0－1。据IEA发布的《世界能源展望2008》预测，从2006年至2030年，世界一次能源需求从117.3亿吨油当量增长到了170.1多亿吨油当量，增长了45%，平均每年增长1.6%。到2030年化石燃料占世界一次能源构成的80%，比目前略低一些。虽然从绝对值上来看，煤炭需求的增长超过任何其他燃料，但石油仍是最主要的燃料。据估计，2006年城市的能源消耗达79亿吨油当量，占全球能源总消耗量的三分之二，这一比例将会在2030年上升至四分之三。

由于中国和印度的经济持续强劲增长，在2006年至2030年期间，其一次能源需求的增长将占世界一次能源总需求增长量的一半以上。中东国家占全球增长量的11%，增强了其作为一个重要的能源需求中心的地位。总的来说，非经合组织(Non－OECD)国家占总增长量的87%。因此，它们占世界一次能源需求比例从51%上升至62%，它们的能源消费量超过经合组织(OECD)成员国2005年的消费量。

表 0-1 2006 年世界能源消费结构(%)

国家	原油	天然气	煤炭	核能	水电
全世界	36	24	38	6	6
中国	21	3	70	1	6
美国	40	24	24	8	3
加拿大	31	27	11	7	25
英国	36	36	19	8	1
法国	35	15	5	39	5
俄罗斯	18	55	16	5	6
德国	38	24	25	12	2
亚太合计	32	11	49	4	5
日本	45	15	23	13	4
韩国	47	14	24	15	1
澳大利亚	33	21	42	0	4
印度	28	8	56	1	6
经合组织(OECD)	47	23	21	10	5

注:资料来源于英国石油世界能源统计 2007。

全球石油需求(生物燃料除外)平均每年将增长 1%,预测从 2007 年 8500 万桶/日增加到 2030 年 1.06 亿桶/日。然而,其占世界能源消费的份额从 34%下降到 30%。世界石油需求的增长主要源于非经合组织(Non-OECD)国家(4/5 以上的增长量来自中国、印度和中东地区),经合组织(OECD)成员国石油需求略有下降,主要是因为非运输行业石油需求的减少。全球天然气需求的增长更加迅速,以 1.8%的速度递增,在能源需求总额中所占比例略微上升至 22%。天然气消费量的增长大部分来自发电行业。世界煤炭需求量平均每年增长 2%,其在全球能源需求量中的份额从 2006 年的 26%攀升至 2030 年的 29%。其中,全球煤炭消费增加的 85%,主要来自中国和印度的电力行业。核电在一次能源需求中所占比例略有下降,从目前的 6%下降到 2030 年的 5%(其发电量比例从 15%下降到 10%)。除经合组织欧洲区外,世界主要地区的核发电量将在绝对值上有所增长。

现代可再生能源技术发展极为迅速,将于 2010 年后不久超过天然气,成为仅次于煤炭的第二大电力燃料。可再生能源的成本随着技术的成熟应用而降低,化石燃料的价格上涨以及有力的政策支持为可再生能源行业提供了一个机会,使其摆脱依赖于补贴的局面,并推动新兴技术进入主流。风能、太阳能、地热能、潮汐和海浪能等非水电可再生能源(生物质能除外)的增长速度为 7.2%,超过任何其他能源的全球年均增长速度。电力行业对可再生能源的利用增长占大部分。非水电可再生能源在总发电量所占比例从 2006 年的 1%增长到 2030 年的 4%。尽管水电产量增加,但其电力的份额下降两个百分点至 14%。经合组织(OECD)国家可再生能源发电的增长量超过化石燃料和核发电量增长的总和。

当前世界所面临的能源安全问题呈现出与历次石油危机明显不同的新特点和新变化,它不仅仅是能源供应安全问题,而是包括能源供应、能源需求、能源价格、能源运输、能源使用等安全问题在内的综合性风险与威胁。

作为世界上最大的发展中国家,中国是一个能源生产和消费大国。能源生产量仅次于美国和俄罗斯,居世界第三位;基本能源消费占世界总消费量的 1/10,仅次于美国,居世界第二位。中国又是一个以煤炭为主要能源的国家,发展经济与环境污染的矛盾比较突出。近年来能源安全问题也日益成为国家生活乃至全社会关注的焦点,日益成为中国战略安全的隐患和制约经济社会可持续发展的瓶颈。上个世纪90年代以来,中国经济的持续高速发展带动了能源消费量的急剧上升。自1993年起,中国由能源净出口国变成净进口国,能源总消费已大于总供给,能源需求的对外依存度迅速增大。煤炭、电力、石油和天然气等能源在中国都存在缺口,其中,石油需求量的快速增长以及由其引起的结构性矛盾日益成为中国能源安全所面临的最大难题。

中国能源资源有以下特点:

(1)能源资源总量比较丰富。中国拥有较为丰富的化石能源资源,其中,煤炭占主导地位。2006年煤炭资源保有量10345亿吨,探明剩余可采储量约占世界的13%,列世界第三位。已探明的石油、天然气资源储量相对不足,油页岩、煤层气等非常规化石能源储量潜力较大。中国拥有较为丰富的可再生能源资源。水力资源理论蕴藏量折合年发电量为6.19万亿千瓦时,经济可开发年发电量约1.76万亿千瓦时,相当于世界水力资源量的12%,列世界首位。

(2)人均能源资源拥有量较低。中国人口众多,人均能源资源拥有量在世界上处于较低水平。煤炭和水力资源人均拥有量相当于世界平均水平的50%,石油、天然气人均资源量仅为世界平均水平的1/15左右。耕地资源不足世界人均水平的30%,制约了生物质能源的开发。

(3)能源资源分布不均衡。中国能源资源分布广泛但不均衡。煤炭资源主要分布在华北、西北地区,水力资源主要分布在西南地区,石油、天然气资源主要分布在东、中、西部地区和海域。中国主要的能源消费地区集中在东南沿海经济发达地区,资源分布与能源消费地域存在明显差别。大规模、长距离的北煤南运、北油南运、西气东输、西电东送,是中国能源流向的显著特征和能源运输的基本格局。

(4)能源资源开发难度较大。与世界相比,中国煤炭资源地质开采条件较差,大部分储量需要井工开采,极少量可供露天开采。石油天然气资源地质条件复杂,埋藏深,勘探开发技术要求较高。未开发的水力资源多集中在西南部的高山深谷,远离负荷中心,开发难度和成本较大。非常规能源资源勘探程度低,经济性较差,缺乏竞争力。

0.2 燃气工业

0.2.1 世界燃气工业发展

各国燃气工业发展大致上经历了从以煤制气为主阶段,发展到以油制气为主或煤、油制气混合应用阶段,随后发展到以天然气为主的阶段。

煤制气是18世纪末才开始生产并被利用的,英国于1812年在伦敦建造了世界上第一个炼焦煤气厂。炼焦煤气最初主要用于照明,因此在很长时期内被称为"照明燃气(light gas)"。直到1855年本生发明了引射式燃烧器,才得到了广泛应用。

20世纪以来,由于煤在世界各国的燃料构成中所占的比重不断下降,石油和天然气的比重逐步上升,因此进行了用油作为原料进行制气的研究与生产。油制气比煤制气投资低,售价也低,使燃气工业得到了飞速发展。

自20世纪60年代以来,天然气在世界燃料构成中的比重越来越大。天然气由于具有成本低、质量高和环境保护等一系列优点，自 1970 年以来其消费量一直以年均 2.6% 的增长率稳步增长，并正逐步取代煤炭在一次能源中的传统地位，已成为各工业发达国家的城市燃气的主要气源。

0.2.2 中国燃气工业发展

国内外许多文献公认，我国是最早应用天然气的国家。我国周代所作的《周易》中就有“泽中有火”、“火在水上”等记载。约在公元前 250 年，秦孝文王以李冰为蜀守，于广都（今四川成都）一带开凿盐井，随后就在盐井中发现了天然气。西汉宣帝神爵元年（公元前 61 年），在陕西省鸿门，今神木县和翰林县一带也发现了天然气井。《汉书·地理志》载有“西河郡鸿门县有天封苑火井祠，火从地出”。这很可能是当时人们在钻凿水井过程中发现了天然气，并发生了燃烧现象，人们将此奉为神明，立祠来表示虔敬。

天然气的开发利用，直接影响盐业的发展，在开发盐和天然气时，用竹子或木料制成管线输送天然气，是中国古代人民在天然气工业发展史上的一项伟大成就。当时把这种管线叫做“笕”或“枧”。置笕，就是建设地面输气管线。竹管或木管外缠竹篾条，用桐油和石灰把缝隙处涂上防漏。据《川盐纪要》记载，当时自流井气田已有竹木制的集输管道总长达 100 多公里，专门从事管道建设的工人有一万多人。

但我国近代燃气工业则是从 19 世纪 60 年代才开始，首先在上海，然后在东北若干城市建立了小型煤制气厂，供应城市煤气。这种情况一直延续到上世纪 50 年代。旧中国从 1865 年到 1949 年为止，全国只有 9 个煤气公司，即上海、大连、鞍山、抚顺、沈阳、丹东、长春、锦州和哈尔滨。这一阶段人工煤气产量最高的一年是 1943 年，为 1.27 亿 m^3，煤气热值为 3300～4000kcal/m^3。1959 年结合北京人民大会堂等十大建筑的建设，开始了以石景山钢铁公司焦化厂和北京焦化厂为气源的北京城市燃气供应。20 世纪 60 年代初，上海建设了上海焦化厂，扩大了城市燃气供应。东北一些城市的煤制气厂也有不同程度的扩展。

20 世纪 60 年代中期，大庆、大港、胜利等油田的开发和相应的炼油厂的建设给城市燃气工业带来了液化石油气和重油资源。许多城市开始应用液化石油气作为城市燃气气源，而一些大城市则以重油为原料发展城市燃气。

20 世纪 70 年代末和 80 年代初，随着城市建设的发展，天津、南京、杭州等大中城市建设了采用连续式碳化炉工艺的煤制气厂，而苏州、无锡等一些中等城市则将附近炼焦厂的煤气净化以供应城市。但由于煤炭价格不断上涨，制气技术相对落后，燃气售价不能到位，多数煤制气厂在亏损状态下经营，再加上环保、资源等原因，使煤制气的发展在许多地区特别是沿海发达地区受到制约。

20 世纪 80 年代中期以来，我国能源工业市场经济和国际贸易逐步发展，为沿海地区引进了液化石油气资源，有力地促进了这些地区城市燃气事业的发展，并使其逐步纳入市场经济的轨道。在此以前，我国液化石油气仅靠国内供应，不仅数量少，而且质量也不稳定，而国际市场上液化石油气资源丰富，质量稳定，价格合理。我国最先进口液化石油气的是华南沿海地区，然后是华东沿海地区。由于一开始就按国际价格和市场经济规律经营，上下游各个环节都获得利润，因而引起了各方面的经营兴趣，使液化石油气储配站和各级经营公司迅速发展，并从沿海伸向内地。在市场经济的带动下，国内液化石油气生产单位也增加了产量，改善了服务。这样，液化石油气很快成为我国当时发展民用燃气的主要资源，形成了供求平衡，甚至供大于求的局面。从长远观点来看,液化石油气只能满足民用炊事和制备热水需要,是一种过渡性的主气源。发达国家的主要燃气消费市场是工业、建筑物采暖和发电,如此大量的燃气消费并不是液化石油气所能承担的,必须依靠天然气来解决问题。

我国虽然最早使用天然气,但近代天然气工业与发达国家相比却有很大差距。自 1996 年我国天然气产量首次突破 200 亿 m^3 之后,天然气产量进入了快速增长期。“九五”期间年均增幅达到 10%,2003 年 340 亿 m^3,2008 年达到 770 亿 m^3,预计到 2030 年,天然气产量可以达到 2500 亿 m^3。我国天然气供需情况与发展趋势见图 0-1。

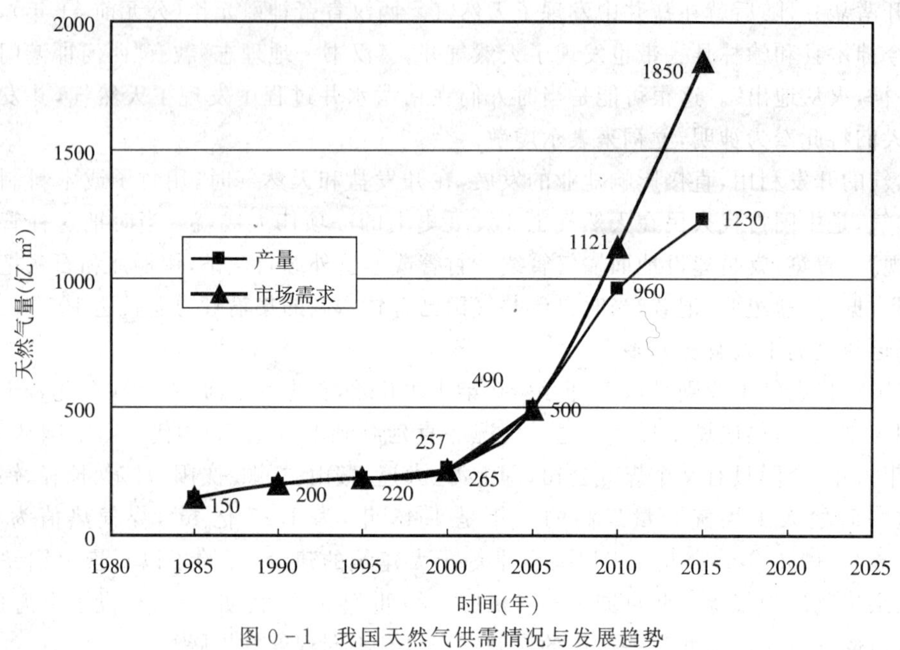

图 0-1 我国天然气供需情况与发展趋势

0.2.3 我国城镇燃气规划发展目标

建设部制定的《建设事业“十一五”规划纲要》中指出:大力发展以燃气为主的清洁能源,遵循多种能源、多种途径、因地制宜、合理利用的发展方针,建立安全、稳定、高效的城镇能源供应体系。坚持以天然气、液化石油气为城市用气主气源,实现增加天然气供应 150~200 亿 m^3,天然气在城市能源结构中的比例由 2005 年的 6%提高到 15%~20%。提高城市燃气技术和管理水平,大力推广新型管材、新设备、新技术的应用,加强城市燃气输配、应用等重大技术与设备的研制工作,促进资源节约,提高能源利用效率。加强燃气安全工作,引导各大型燃气企业采用计算机自动化管理的输配调度技术,确保燃气持续安全供应。加强燃气管网的日常监测和维护,编制实施城镇燃气管网改造规划,到 2010 年基本完成对材质和连接工艺落后、腐蚀老化严重的燃气输配管线的更新改造,保障安全用气。

0.2.4 我国天然气工程简介

我国天然气事业有很好的发展前景。在资源方面,我国拥有较为丰富的天然气资源。据 2008 年国土资源部公布的新一轮全国油气资源评价结果显示,我国天然气远景资源量 56 万亿 m^3,地质资源量 35 万亿 m^3,可采资源量 22 万亿 m^3,勘探处于早期;煤层气地质资源量 37

万亿 m^3，可采资源量 11 万亿 m^3；常规可采储量占全球最终可采天然气资源量的 8%～10%。但总体上我国天然气的探明率仍然较低，目前仅有 20%，大大低于美国(76%)、俄罗斯(68%)等国家。在天然气资源的分布上，有 67 个含气盆地和地区，5 个天然气富集区，主要为东部地区(渤海湾、松辽)、陕甘宁地区(中部、中东部)、川渝地区(川东、川中、川西北)、青海地区(冷湖、南八仙、涩北、台南)和新疆地区(塔里木、准噶尔、吐哈)。

随着一批横贯东西、遍布南北的天然气输气干线相继建成，我国天然气已逐步从产气区向其他省市输送，天然气利用的地域范围大大拓宽，我国天然气发展进入了历史性的转折期。

1. 西气东输工程

西气东输工程西起新疆轮南，东至上海市白鹤镇，途径 10 个省、自治区、直辖市。经过戈壁沙漠、黄土高原、太行山脉，穿越黄河、淮河、长江等众多河流。线路全长约 4000 公里。干线管道直径为 1016 毫米。设计年输气量 120 亿 m^3。沿线共设工艺站场 35 座，线路截断阀室 138 座。管道投资约 435 亿元。西气东输管道是中国目前距离最长、管径最大、投资最多、输气量最大、施工条件最复杂的天然气管道，如图 0-2 所示。

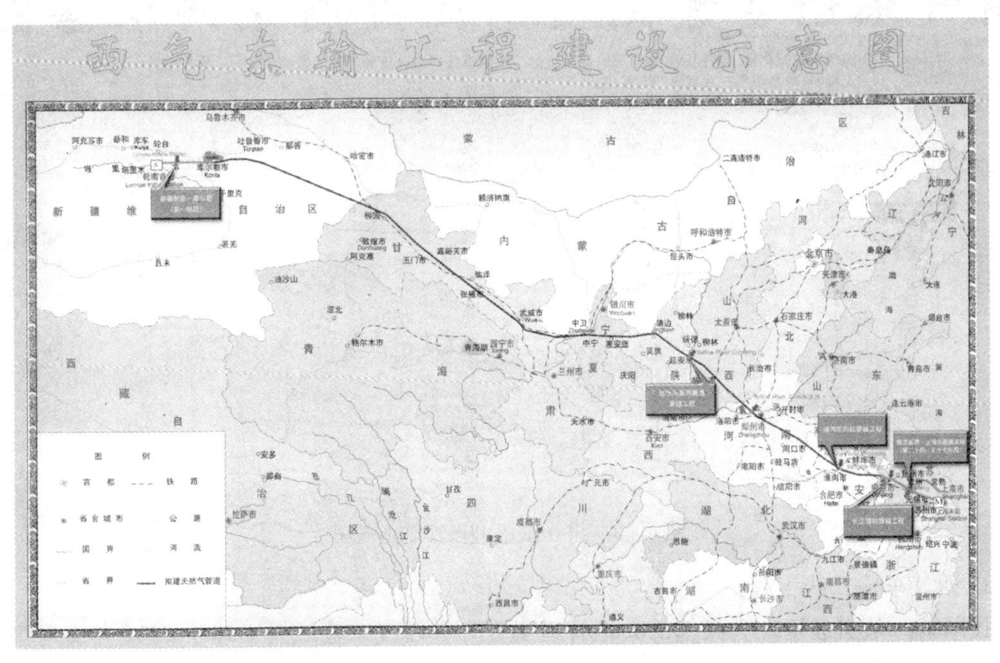

图 0-2 西气东输工程管道走向图

西气东输工程于 2002 年 7 月 4 日正式开工建设。2003 年 10 月 1 日，靖边至上海段试运投产成功。2004 年 1 月 1 日正式向上海供气。2004 年 10 月 1 日全线建成投产。2004 年 12 月 30 日实现全线商业运营。

西气东输工程的目标市场在长江三角洲地区的江苏省、浙江省、上海市及沿途的河南省、安徽省等地。主要以城市燃气、工业燃料、发电及天然气化工为主要利用方向。

2. 川气东送工程

川气东送工程于 2007 年 8 月 31 日开工建设，如图 0-3 所示。这是保证中国能源安全的又一个重点工程。设计输气能力为每年 120 亿 m^3，增压后可达到 170 亿 m^3。输气干线自四川普光气田，经四川、重庆、湖北、安徽、江西、江苏、浙江后到达上海，全长 1702 公里，同时建设达州、重庆、南昌、南京、常州、苏州等地的供气专线、支线及相应储气设施。工程总投资 627 亿元。预计 2010 年建成。

普光气田截至 2006 年底，累计探明天然气储量达到 3561 亿 m^3，具备了大规模开发的资源基础，它是川气东送工程的源头。天然气净化厂位于普光气田西面，它将天然气脱硫净化后外输。设计混合气处理能力 150 亿 m^3/年，年产净化气 120 亿 m^3、副产品硫磺 283 万吨。

川气东送管道横跨东中西部八个省市，要穿越三峡库区的鄂西渝东崇山峻岭，地面及地质条件十分复杂，且与沪蓉高速、达万铁路多次交叉、并行。此外，大型河流跨越工作量大，仅长江就要五次穿越。

实施川气东送工程，是贯彻落实党中央“西部大开发”、“中部崛起”战略的重要举措，有利于促进区域协调发展；有利于促进我国能源结构的调整优化，促进经济与环境的协调发展；有利于统筹利用国内外两种资源，保障能源安全稳定供应；有利于构建全国天然气骨干网络，加强与东部地区管网连接，保障天然气安全稳定供应。

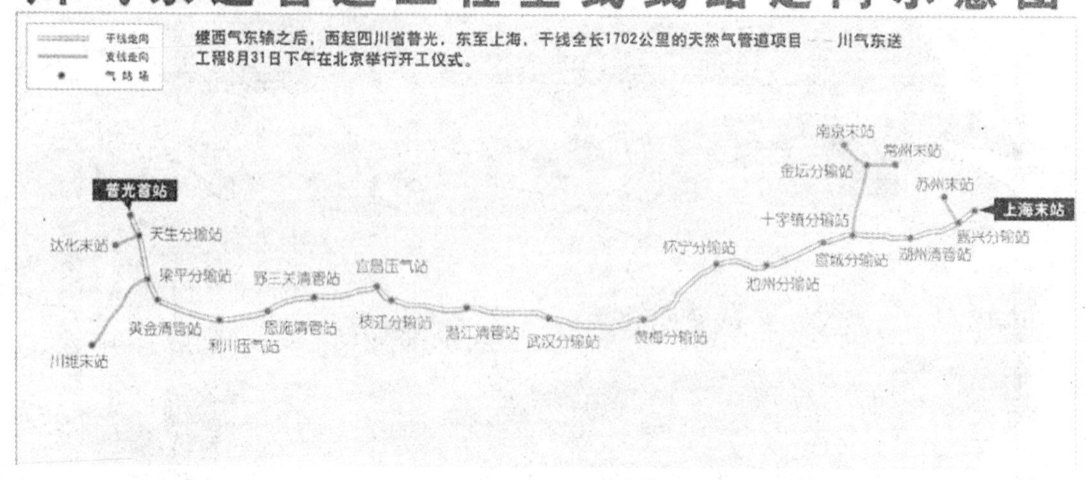

图 0-3 川气东送工程管道走向图

3. 西气东输二线工程

我国第一条引进境外天然气的大型管道工程——西气东输二线工程于 2008 年 2 月 22 日在北京人民大会堂举行开工仪式。西气东输二线工程如图 0-4 所示，西起新疆霍尔果斯口岸，南至广州，东达上海，途经新疆、甘肃、宁夏、陕西、河南、湖北、江西、湖南、广东、广西、浙江、上海、江苏、安徽等 14 个省区市，管道主干线和八条支干线全长 9102 公里。西气东输二线配套建设 3 座地下储气库，其中一座为湖北云应盐穴储气库，另两座分别为河南平顶山、南昌麻丘水层储气库。工程设计输气能力 300 亿 m^3/年，总投资约 1420 亿元，计划 2009 年底西段建成投产，2011 年前全线贯通。

西气东输二线管道与拟建的中亚天然气管道相连，工程建成投运后，可将我国天然气消费比例提高 1 至 2 个百分点。这些天然气每年可替代 7680 万吨煤炭，减少二氧化硫排放 166 万吨、二氧化碳排放 1.5 亿吨。可将我国新疆地区生产以及从中亚地区进口的天然气输往沿线中西部地区和长三角、珠三角地区等用气市场，并可稳定供气 30 年以上，对保障中国能源安全，优化能源消费结构具有重大意义。

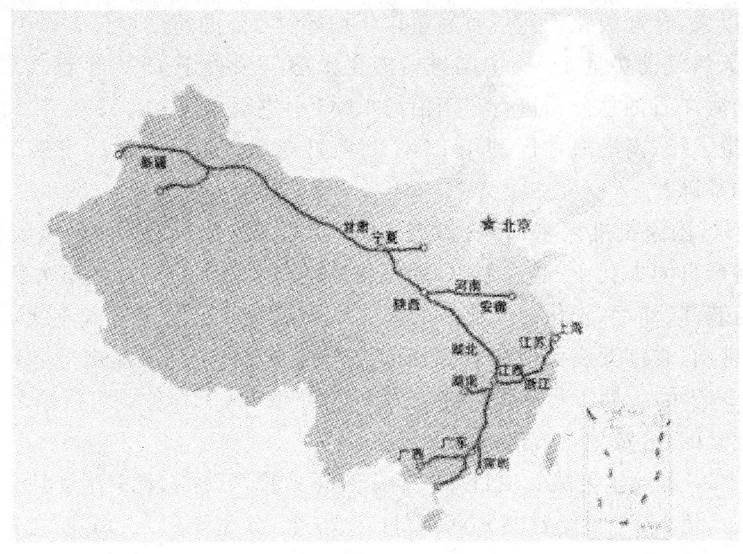

图 0－4 西气东输二线工程管道走向图

4. 俄气南供

俄气南供工程规划从俄罗斯每年进口天然气 300 亿 m^3：中国境内利用 200 亿 m^3（其中东北地区 100 亿 m^3，环渤海地区 100 亿 m^3），输送到韩国 100 亿 m^3，如图 0－5 所示。俄气南供工程全长 4961 公里（不包括韩国段），其中俄罗斯境内占 1960 公里，中国境内占 3001 公里。整个工程拟分两期进行；一期工程由俄罗斯的科维克金气田和恰杨金气田引进天然气至中国内蒙古的满洲里后，再进一步伸延至北京和天津；二期工程，除把天然气继续引入东北几个主要城市外，还计划把部分天然气通过海底输油管专送至韩国的仁川。在我国，规划中的用气市场有黑龙江省、吉林省、辽宁省及环渤海地区的北京市、天津市、河北省及山东省等七省市。

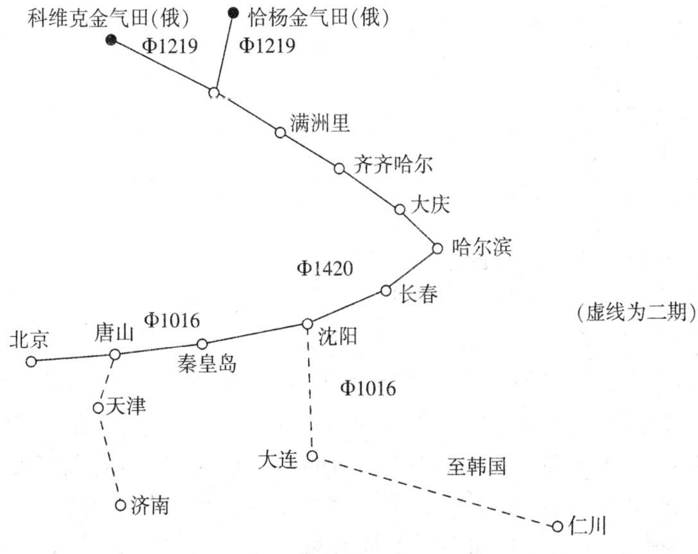

图 0－5 俄气南供工程管道走向图

5. 进口液化天然气

自1990年以来，全球液化天然气贸易量以年均超过7%的速度增长。2008年贸易量达1亿吨，占全世界天然气消费量4%。中国进口液化天然气项目于1995年正式启动，当时国家计委曾委托中国海洋石油总公司进行东南沿海LNG引进规划研究。1996年12月，经过1年调研，中海油上报了《东南沿海地区利用LNG和项目规划报告》，为中国发展LNG产业奠定了一个框架性的基础。

1999年12月，国家批准广东LNG试点工程立项，正式拉开了天然气登陆珠江三角洲的序幕。该项目将产自澳大利亚、通过LNG船运输来的LNG，在位于深圳市大鹏镇秤头角的码头及接收站进行装卸、储存、气化。气化后的天然气通过300余公里输气干线（一期），送至深圳、东莞、广州、佛山、香港五座城市和东部、前湾、美视、惠州、珠江五座电厂。广东LNG项目一期投资约71.2亿元，一期工程的设计能力为370万吨/年，工程主要包括两个16万m^3LNG储罐以及与其配套的、全长385公里的输气干线。

2006年6月，广东液化天然气项目第一期工程正式投产，标志着中国规模化进口LNG时代的到来。目前已建、在建和规划中LNG项目达13个，分布在广东、福建、上海、浙江、海南、江苏、山东、辽宁等地，见表0-2。

表0-2　已建、在建和在规划中进口LNG项目表

类别	名称	规模($10^4 m^3/d$)	所属公司	投产或拟投产时间
已建	广东LNG项目	370＋700[(1)]	中海油	2006－06
	福建LNG项目	260＋240	中海油	2008/2012
在建和在规划	上海LNG项目	300＋300	中海油	2009
	珠海LNG项目	300＋400＋300	中海油	2010/2015/2020
	宁波LNG项目	300＋300	中海油	2013
	深圳LNG项目	200＋200	中海油	2013/2020
	海南LNG项目	200＋100	中海油	2012
	粤东LNG项目	200＋200	中海油	2012/2020
	粤西LNG项目	200	中海油	2014
	江苏LNG项目	350＋300	中石油	2011
	大连LNG项目	300＋300	中石油	2011
	唐山LNG项目	350＋300	中石油	2013
	山东LNG项目	300＋200	中石化	2012
合计	3630＋3310＋300			

注：[(1)]表示一期为$370\times10^4 m^3/d$，二期为$700\times10^4 m^3/d$，下同。

6. 近海天然气应用工程

近海天然气应用工程主要有南海、东海和渤海气田供气工程。

南海气田探明天然气储量2565亿m^3。2006年6月16日在南海深水区块29/26又发现一块巨大天然气田，潜在天然气储量1132亿～1700亿m^3，主要向海南和广西供应天然气。

东海天然气工程总体开发方案于1995年9月经国务院批准，总开发面积240平方公里，首期开发面积约为20平方公里。原油部分已于1998年11月18日提前开井投产；1999年4月8日天然气投运，经置换、调试于4月28日正式向上海市民供气。2001年6月18日，中国海洋石油总公司和中国石油化工集团公司共同签署了东海西湖凹陷天然气勘探开发合作协议，共同开发东海天然气，供应宁波等浙江城市。

渤南 BZ28－1 等油田已探明天然气储量 225 亿 m^3，可采储量 108 亿 m^3，而新发现的 4 个油气田的天然气储量也非常丰富。1998 年起胶东半岛等城市开始与中国海洋石油总公司接触，当年 10 月，“中海”公司确定在龙口建一个年产 4 亿 m^3 天然气的终端处理厂。2002 年 4 月，双方签署框架协议。协议规定，到 2003 年底，全面完成利用渤海天然气供气工程，全线投产供气。工程完成后，就可以将天然气用管道输送到烟台市区及莱州、招远、龙口、蓬莱，用高压槽车把压缩天然气送到栖霞、莱阳、海阳。当这三个城市的用气量达到经济规模后再建设新的输气支线，最终实现烟台境内五区七市和沿线重点镇都通上管道天然气。

7. 煤层气利用

煤层气是与煤伴生的甲烷气体，俗称瓦斯。它是一种清洁、优质、高效的洁净能源，也是一种高热值的非常规天然气。国家已将其列为应重点勘察的非常规清洁能源。同时，煤层气又是井下瓦斯爆炸的祸源。勘探开发煤层气资源不仅可以减少井下瓦斯事故的发生，也可以减少瓦斯向人气的排放量，保护大气环境。

0.2.5 我国天然气供需形势展望

按照我国目前经济的发展速度，未来我国对天然气需求量增长迅速，综合多方机构及专家对我国天然气供需状况的预测结果见表 0－3。无论保守估计还是乐观预测，其结果都显示未来我国天然气的缺口越来越大。

表 0－3 中国未来天然气的供需预测表($10^8 m^3$)

年份	保守预测			乐观预测		
	预测消费量	预测产量	需求缺口	预测消费量	预测产量	需求缺口
2010	1 100	900	200	1 500	1 100	400
2015	1 600	1 200	400	2 400	1 600	800
2020	2 100	1 500	600	3 550	2 400	1 150

解决天然气供需缺口一方面通过管道从俄罗斯、土库曼斯坦、哈萨克斯坦等周边国家进口；另一方式可利用我国海岸线长的优势，以 LNG 的方式从世界各地的液化天然气市场购买。相对而言(与管道引进相比)，引进 LNG 的风险相对要小，客户分散性好、市场开发相对容易、气源的灵活性大。此外，根据我国国情，东南沿海省市经济较发达，对 LNG 价格的承受能力较强，对能源特别是清洁能源的需求量大，而这些地区离资源地较远，因此，这些地区完全具备引进 LNG 的条件。

第1章 燃气特性

1.1 燃气气源分类

城市民用和工业用燃气是由几种气体组成的混合气体，其中含有可燃气体和不可燃气体。可燃气体有碳氢化合物、氢和一氧化碳，不可燃气体有二氧化碳、氮和氧等。

随着燃气工业的发展，城镇燃气的种类越来越多。而确定城镇燃气输配系统的压力级制、管径、燃气管网构筑物及防护和管理措施，都与燃气的种类有关；同时燃烧设备是按照一定的燃气组分设计制造的，虽然燃气能够适应燃气组分在一定范围的变化，但总有一个限度，若燃气的组分差异很大时，将引起燃烧特性的变化。所以从燃气输配、燃烧应用和燃气互换性方面考虑，为了使燃气生产企业、燃气输配企业和燃烧设备制造厂都遵守一个共同的准则，必须将燃气进行分类。燃气可以按照其来源或者生产方式进行分类，也可以从应用方面按燃气热值或者燃烧特性进行分类。

1.1.1 按气源分类

燃气按其来源分，主要有天然气、人工燃气、液化石油气和生物质气（沼气）等。其中，天然气、人工燃气、液化石油气可以作为城镇燃气供应的气源；沼气由于热值低、二氧化碳含量高而不宜作为城镇气源，但在农村如果以村或户为单位设置沼气池，产生的沼气作为洁净能源可以替代秸秆燃烧加以利用，仍然有一定的发展前途。

1. 天然气

天然气是埋藏在地下的可燃气体。通常是按照其矿藏特点或者气体组成进行分类，我国习惯把天然气分为气田气（又叫纯天然气）、石油伴生气、凝析气田气和煤矿矿井气。

(1)气田气

气田气是指在地层中呈气态单独存在，采出地面后仍为气态的天然气，它的主要成分是甲烷，约占98%左右。此外还有少量的乙烷、丙烷、氨、硫化氢、一氧化碳、二氧化碳等，发热值为34800～36000kJ/$Nm^3$①。

(2)石油伴生气

石油伴生气也叫油田气，它是指在地层中溶解在原油中，或者呈气态与原油共存，随原油同时被采出的天然气。其主要成分也是甲烷，其含量约为80%，乙烷、丙烷和丁烷等含量约为15%，此外还有少量的氢、氮、二氧化碳等，热值约为42000kJ/Nm^3。

(3)凝析气

凝析气是指在地层中的原始条件下呈气态存在，在开采过程中由于压力降低会凝结出一些液体烃类（通常叫做凝析油）的天然气。凝析气的组成大致和伴生气相似，除有大量甲烷外，

---

① 本书以273.15K、101325Pa时的状态为标准状态。标准状态下的容积单位以标准立方米（Nm^3）表示。

它的戊院、己烷以及更重的烃类含量比伴生气要多。一般经分离后可以得到天然汽油甚至轻柴油产品，凝析气的低热值约为46100～48500kJ/Nm³。

以上天然气采出后，需经降压、分离、净化（脱硫和脱水），才能作为城市燃气的气源。

(4)煤矿矿井气

煤矿矿井气是采煤时从井下煤层抽出的，主要组分是甲烷和氮，其含量随采气方式而变化，此外还有氧、二氧化碳等。矿井气只有当甲烷体积分数在40%以上时，才能作为城市燃气供应。当甲烷体积分数在40%～45%时，发热值约为17000kJ/Nm³。

2. 人工燃气

人工燃气是指以煤或油（包括轻油、重油）、液化石油气、天然气等为原料转化制取的可燃气体。根据制气原料和加工方式的不同，可生产多种类型的人工燃气。

(1)煤制气

传统的煤气生产方法是对固体燃料（通常为煤）进行转化，同时生成气态和液态产品。这种转化既可通过固体燃料的热分解，即干馏的方式进行，也可通过空气、水和氧气之间的化学反应，即气化的方式进行。

① 干馏煤气

若将煤在隔绝空气的条件下加热（例如在炼焦炉中），随着温度圤高，煤中的有机物逐渐发生分解，其中挥发性产物呈气态逸出，残留下固体物质——焦炭，这种加工方法称为煤的干馏（简称炼焦）。

经过炼焦可以得到三种产物：固态产物——焦炭、气态产物——煤气（焦炉气）、液态产物——煤焦油等。按加热温度范围不同，煤的干馏可分为高温干馏（900～1100℃）、中温干馏（700～900℃）和低温干馏（500～600℃）。其中高温炼焦生产的煤气产率约为15%～19%，低温炼焦可得到10%左右的煤气、10%左右的焦油和约8%的半焦（即含挥发分比焦炭高些）。

利用焦炉、连续式直立炭化炉和立箱炉等对煤进行干馏生产煤气，每吨煤大约产煤气300～400m³。干馏煤气的主要成分是氢、甲烷、一氧化碳等，热值一般为17000kJ/Nm³左右。干馏煤气的生产历史最长，目前仍被我国不少城市作为主气源，如长春、唐山、太原、景德镇、贵阳、昆明等。

② 气化煤气

煤、焦炭或半焦在高温常压或加压下，与气化剂反应转化为氢、一氧化碳等可燃性气体的过程称为煤的气化。气化剂主要是水蒸气、空气或它们的混合气。压力气化煤气、水煤气、发生炉煤气等均属此类。

(a)压力气化煤气。在2.0～3.0MPa的压力下，以煤作原料，采用纯氧和水蒸气为气化剂，可获得高压气化煤气。其主要组分为氢和甲烷，热值为15100 kJ/Nm³左右。若城市附近有褐煤或长焰煤资源，可采用鲁奇炉生产压力气化煤气，这套装置可建立在煤矿附近（又称为坑口气化），不需另外设置压送设备，用管道可直接将燃气输送至较远城镇作为城镇燃气使用。

(b)水煤气和发生炉煤气。它们的主要组分为一氧化碳和氢，水煤气的热值为10500 kJ/Nm³左右，发生炉煤气的热值为5400kJ/Nm³左右。由于这两种燃气的热值低，而且毒性大，不可以单独作为城镇燃气的气源，但可用来加热焦炉和连续式直立炭化炉，以顶替发热值较高的干馏煤气；水煤气和发生炉煤气也可以和干馏煤气、重油蓄热裂解气掺混，调节供气量和调整燃气热值，作为城镇燃气的补充和调峰气源。

(2)油制气

油制气就是利用原油、重油、柴油和石脑油等制取城镇燃气,其工艺和装置具有以下优点:

(a)投资较少,设备费用低,同样产量时,其设备投资仅为煤干馏炉的20%左右。

(b)装置占地面积小,原料和产品的处理工艺较为简单。

(c)开、停工简便。常温开工时,只需几小时就可平稳运转。如将裂解炉的炉膛烧热后,仅几分钟便可开始运转,与运转弹性极小的焦炉相比,油制气能调剂供需关系,辅助解决储气罐容量不足等问题。因此既可作城镇燃气的基本气源,也可作城镇燃气的调度气源。

(d)原料为液态,储运、装卸均较方便。

(e)节省劳力,人工费用少,装置可采取自动控制及连续操作。

鉴于以上优点,尽管目前采用石油系原料制气总成本较炼焦煤气高,但在石油工业迅猛发展的形势下,利用石油系原料获得的城市燃气,尤其是利用价格低廉的重油来制气,可充分发挥投资少、上马快的特点。按裂解制气的气化原理,油制气方法大致可分为热裂解法、催化裂解法、部分氧化裂解法、加氢裂解法4种。

① 热裂解法

主要用于制取41868kJ/m^{3}左右的高热值燃气,有间歇式和连续式两种。在城市民用燃气生产中一般采用间歇式方法,即热裂解所需热量由加热阶段的燃烧热来补充。

热裂解法适用于各种原料,从低级烃类到重油均可使用。间歇式生产一般在常压下进行,反应温度为800~900℃。热裂解法制得的燃气主要成分为甲烷、乙烯、氢气等,也含有一些C_3以上的烯烃或饱和烃。热裂解法得到的气体烃类多、含氢少、热值高、燃烧速度低,一般采取与其他较低热值燃气混配后作为城市民用燃气使用。

② 催化裂解法

催化裂解法是采用催化剂进行裂解的方法。因为热裂解如果再提高温度则重组分会进一步裂化,气体中氢含量增加,燃气热值降低,而且操作上难度增加,并且气化效率降低。若采用适当的催化剂促进碳氢化合物与水蒸气反应,一则可使游离碳减少,油可被充分气化,提高了气化效率;二则可得到含氢多、燃烧速度高的燃气。

催化裂解法也可分为间歇式和连续式两种。连续式所用原料范围窄,并要求在加压条件下进行。反应温度也较低,但气化效率高。连续式装置必须对原料中的硫化物含量有所限制,否则催化剂容易中毒。因此在裂解前,原料一般都要进行加氢脱硫预处理,加氢时还可以将不稳定的易生成碳的烯烃饱和,对裂解过程有利。间歇式装置适用原料范围较广,从天然气、液化石油气到重油均可使用。

催化裂解制得的燃气热值一般在12560~25121kJ/Nm^{3}左右,在操作中可利用控制催化剂床层温度的办法加以调节。当采用重油进行催化裂解时制得的燃气含氢多、含烃少、燃烧性能好、热值为16747~20934kJ/Nm^3,可以替代焦炉煤气。

③ 部分氧化裂解法

部分氧化裂解所需热量是由一部分原料油在空气或氧气中燃烧而得到的,因此可以采用连续操作。此方法优点是可采用内热式生产装置,热效率高、设备投资费用低,操作也较为简单。有常压式和加压式两种操作方式。

以轻质油作原料和以空气作气化剂的常压连续部分氧化法所制得的燃气含氮多、含氢少、相对密度大、燃烧速度小,不能单独作为城市燃气使用。若采用催化剂则含氢可达20%左右,热值可达 14654～15282kJ/Nm³，才有可能作为城市燃气。因此城市燃气工业生产多以常压连续式和催化裂解并用的部分氧化法为主。

用重质油作原料时，一般采用硝酸钙作催化剂的常压纯氧连续部分氧化法，用来制取含氢和一氧化碳多的合成气。高温下加压纯氧部分氧化法也可以在不加催化剂的情况下以重质油作原料生产以氢和一氧化碳为主的燃气，这种燃气也通常与加氢裂解制得的油燃气混配作为城市燃气。

部分氧化法采用轻质油成本较高，采用重质油时则存在设置除炭装置的问题。

④ 加氢裂解法

加氢裂解是在温度 700～900℃、压力 1.96～5.88MPa 下用富氢气流生产燃气的一种方法。由于加入了氢气使低级烃类产量增加，单位体积原料所得燃气的热量也有所增加。并且可通过调节油和氢的比例来调节燃气的成分，对原料和反应条件的限制也比其他方法少，从石脑油到重质油均可使用。这种工艺一般以“流化焦炭”为热载体进行气化，反应是放热的，温度可由原料预热温度来调节，反应器不需加外热便可连续操作。但由于压力较高，又要求用富氢气体和流化床，所以只有大型生产过程才适用。

加氢裂解与加压纯氧部分氧化法结合起来可以配制一定热值的城市燃气。从原料角度看，使用气态烃、液化烃、轻质油作为气化原料有许多优点，如流程简单、原料输送和预处理都较为方便，不致产生 SO_2 浓度很大的烟气，不会产生焦炭和炭黑，燃气净化处理和污水处理较容易，设备投资小，可用气化效率较高的连续式装置。其缺点是原料紧张，价格较贵，故此法一般适用于中小型企业。使用重质油时与上述情况正好相反。由于在生产过程中会产生游离碳、焦油、含硫含尘高的烟气以及含酚、氰、硫等有害物质污水，所以存在较麻烦的三废治理问题；同时燃气中含有芳烃、焦油雾和硫化物，必须设置净化回收装置，工艺复杂，投资也较高。因此重质油适用于间歇式的气化装置。

以重油为原料 4 种制气方式的燃气组成见表 1－1。

表 1－1　以重油为原料 4 种制气方式的组成成分

组分 体积分数% 方法	CH_4	CO_2	H_2	O_2	CO	N_2	C_2H_6	C_2H_4	C_3H_8	C_3H_6	高位热值 (kJ/m³)
热裂解	42.76	2.4	20.54	1.0	1.4	1.81	1.64	25.94	0.4	2.47	39976
催化裂解	16.64	6.6	58.06	0.67	10.54	2.46	4.99				18577
常压催化氧气部分氧化裂解	0.5	11.7	46.7	—	39.6	1.5	—	—	—	—	11179
加氢裂解	22.6	0.1	75.15		0.75	1.3	—	0.1	—	—	19971

注：数据来源是以我国的某些工厂为例。

重油蓄热热裂解气以甲烷、乙烯、氢气和丙烯为主要组分，热值约为 41900kJ/Nm³。每吨重油的产气量为 500～550Nm³。

重油蓄热催化裂解气中氢的含量多，也含有甲烷和一氧化碳，热值为 17600～20900kJ/Nm³ 左右，利用三筒炉催化裂解装置，每吨重油的产气量约为 1200～1300Nm³。

重油加氢裂解气中氢的含量最多，通常与加压纯氧部分氧化法结合起来可以混配得到一定热值的城市燃气。

(3)高炉煤气

高炉煤气是冶金工厂炼铁时的副产品，主要组分是一氧化碳和氮气，热值约为3800～4200kJ/Nm^3。由于这种煤气热值低，而且毒性大，不可以单独作为城镇燃气的气源，但高炉煤气可用作炼焦炉的加热用气，也常用作锅炉的燃料或与焦炉煤气掺混用于冶金工厂的加热工艺。

3. 液化石油气

液化石油气有两个来源：在油气田，它是在冷却、加压过程中分离回收的产品；在炼油厂，它是炼油过程中的副产品。由于原油成分和性质不同、炼油厂的加工工艺设备类型不同，一般分为蒸馏、热裂化、催化裂化、催化重整和焦化五种。目前国产的液化石油气主要来自炼油厂的催化裂化装置。液化石油气的主要成分是丙烷(C_3H_8)、丙烯(C_3H_6)、丁烷(C_4H_{10})和丁烯(C_4H_8)，习惯上又称C_3、C_4，即只用烃的碳原子(C)数表示。这些碳氢化合物在常温常压下呈气态，当压力升高或温度降低时，很容易转变为液态。从气态转变为液态，其体积约缩小250倍。所以，气液两相是液化石油气的特征。气态液化石油气的热值约为92100～121400 kJ/Nm^3，液态液化石油气的热值约为45200～46100kJ/kg。

液化石油气与天然气不同，属于二次能源，液化石油气的资源量取决于石油炼制能力和实际规模，同时液化石油气还来源于天然气，也与天然气的开发有一定联系。

液化石油气可进行管道输送，也可加压液化瓶罐。发展液化石油气，投资省、设备简单、供应方式灵活、建设速度快。随着我国石油工业的发展，液化石油气已成为城市燃气的重要气源之一。

(1)瓶装液化石油气

瓶装液化石油气又称为罐装液化石油气。其来源有：炼油厂、石油化工厂、石油伴生气和凝析气田气。

① 从炼油厂获得C_3、C_4

石油是蕴藏在地下的黏稠性液体，其色泽深浅与其组成有关。石油一般不能直接利用，必须经过加工即炼制以获得汽油、煤油、柴油、润滑油等诸多产品，同时产生各种气体，气体中主要组分为C_3、C_4，经过加压液化即可得液化石油气。炼油厂得到C_3、C_4的途径有常减压蒸馏、热裂化、催化裂化和催化重整等方法。

② 石油化工厂副产的C_3、C_4

石油化工厂主要用炼油厂的产品作原料，生产合成纤维、合成橡胶、塑料和合成树脂等的中间体，同时也副产一部分C_3、C_4气体。例如，用轻汽油或轻柴油作原料，经过高温裂解生产化工所需乙烯、丙烯的石油化工厂，同时也副产C_3、C_4馏分的液化石油气。

③ 油田伴生气中的C_3、C_4

油田伴生气是在开采石油过程中副产的气体，它本来就是存在于储油层地质构造中的可燃气，这种气体中含有60%～90%的甲烷、乙烷，属天然气成分，另外还有10%～40%的丙烷、丁烷、戊烷等。经过油气分离，再经吸收等适当处理可得到丙烷纯度很高、含硫量很低的高质量瓶装液化石油气。

④ 凝析气田气中的 C_3、C_4

凝析气田气是含有容易液化的丙烷、丁烷成分的富天然气。气体中通常含有 85%～97% 的甲烷，C_3、C_4 占 2%～5%，可采用压缩法、吸收法、低温分离法将其分离得到液化石油气。

当液化石油气来源不同时，各种烃类含量也不一样，除 C_3、C_4 主要成分外，还含有少量 C_5（为钢瓶残液的主要成分）、C_2、硫化物和水等杂质。

(2)液化石油气混空气

将液化石油气与空气按一定比例混合成城市燃气作为气源以供应用户，称为液化石油气混空气，简称“空混气”。对已有管道煤气供应的城市，空混气可以作为高峰负荷及事故处理时的补充气源。空混气作为补充气源时，必须考虑燃气的互换性。如果新建城市管网以后要与天然气干线相接，则在建设初期可用空混气作为基本气源，这样在改用天然气时，燃气分配管网及附属设备都不需经过较大改换而继续使用。

由于液化石油气中的丁烷气体在接近 0℃时会在管道中冷凝，故冬天是不能使用管道液化石油气。但当混合空气后，则露点降低，可以全年供气。空混气中液化石油气和空气的比例应适当，以达到高于爆炸极限的要求。由于丙烷、丁烷的爆炸极限约为 10%，因此空混气中石油气和空气的混合比至少应为 1∶9。目前国内液化石油气比例一般控制在 15%以上，热值控制在 16747kJ/m^3 以上，这样可以直接送入城市燃气管网。

4. 生物质气

各种有机物质（如蛋白质、纤维素、脂肪、淀粉等）在隔绝空气的条件下发酵，并在微生物（主要是甲烷细菌）的作用下产生的可燃气体，叫做生物质气（沼气）。发酵原料是取之不尽、用之不竭的粪便、垃圾、杂草、酒糟等有机物质，因此生物质气属于可再生能源。生物质气中甲烷含量约为 60%，二氧化碳约为 35%，此外，还含有少量的氢、一氧化碳等气体。生物质气的热值约为 21000kJ/m^3。

各种燃气的组分及低热值见表 1-2。

表 1-2　燃气的组分及低热值

序号	燃气类别	组分（体积%）									低热值 (kJ/m^3)
		CH_4	C_3H_8	C_4H_{10}	C_mH_n	CO	H_2	CO_2	O_2	N_2	
一	天然气										
1	纯天然气	98	0.3	0.3						1.0	36220
2	石油伴生气	81.7	6.2	4.86	4.94			0.3	0.2	1.8	45470
3	凝析气田气	74.3	6.75	1.88	14.9			1.62		0.66	48360
4	矿井气	52.4						4.6	7.0	36.0	18840
二	人工燃气										
（一）	固体燃料干馏煤气										
1	焦炉煤气	27			2	6	56	3	1	5	18250
2	连续式直立炭化炉煤气	18			1.7	17	56	5	0.3	2	18160
3	立箱炉煤气	25				9.5	55	6	0.5	4	16120

（续表）

序号	燃气类别	组分（体积%）									低热值（kJ/m^3）
		CH_4	C_3H_8	C_4H_{10}	C_mH_n	CO	H_2	CO_2	O_2	N_2	
（二）	固体燃料气化煤气										
1	压力气化煤气	18			0.7	18	56	3	0.3	4	15410
2	水煤气	1.2				34.4	52.0	8.2	0.2	4.0	10380
3	发生炉煤气	1.8		0.4		30.4	8.4	2.4	0.2	56.4	5900
（三）	油制气										
1	重油蓄热热裂解气	34.0	8.3	1.5	28.7	3.8	16.7	3.6	0.4	3.0	41530
2	重油蓄热催化裂解气	16.6			5	17.2	46.5	7.0	1.0	6.7	17540
3	重油常压催化氧气裂解	0.5				39.6	46.7	11.7		1.5	11179
4	重油加氢裂解气	22.7				0.75	75.15	0.1		1.3	19971
（四）	高炉煤气	0.3				28.0	2.7	10.5		58.5	3940
三	液化石油气（概略值）										
1	管道液化石油空混气		25	25					11	39	58787
2	瓶装液化石油气		50	50							108440
四	沼气	60				少量	少量	35	少量		21770

1.1.2 按燃烧特性分类

从应用方面，通常燃气按其燃烧特性可以分为三族：第一族为传统的人工煤气类型，第二族为天然气类型，第三族为液化石油气类型。不同族的燃气是不能完全互换的。如果城市燃气供应系统的气源完全由一族转变为另一族，则必须更换或重新调整燃具。但在燃气中掺混部分属于另一族的燃气是可能的，所能掺混的数量由燃气互换判定方程来确定。同一族的两种燃气则有可能完全互换。当以一种燃气置换另一种燃气时，首先应该保证燃具热负荷在互换前后不发生大的改变。城市居民燃具广泛应用的引射式大气燃烧器，其热负荷 Q 可表示为：

$$Q=\xi F\frac{H}{\sqrt{S}}\sqrt{P_g} \tag{1-1}$$

式中，Q ——燃具热负荷；

ξ ——与燃气粘度有关的系数；

F ——燃气喷嘴截面积，cm^2；

H ——燃气的热值，MJ/Nm^3；

S ——燃气的相对密度，空气相对密度为 1；

P_g——喷嘴前燃气的压力，Pa。

当在燃烧器喷嘴前燃气压力 P_g 不变时，燃具热负荷 Q 与燃气的热值 H 成正比，与燃气的相对密度 S 的平方根成反比。因此，意大利工程师华白提出反映燃气燃烧特性的热值和密度两个因素的燃气热负荷指数 W（称为一般华白指数），以它作为控制燃气质量的参数，并成为燃气互换性问题产生初期所使用的一个互换性判定指数。一般华白指数 W 为：

$$W=\frac{H_h}{\sqrt{S}} \tag{1-2}$$

式中，W——燃气的一般华白指数，MJ/Nm³；

H_h——燃气的高热值，MJ/Nm³；

S——燃气的相对密度，空气相对密度为 1。

如果两种燃气的热值和密度均不相同，但只要他们的华白指数相等，就能在同一燃气压力和同一燃具上获得相同的热负荷。各国一般规定两种燃气互换时华白指数的变化在±5%～10%。

在压力不变的情况下，一般华白指数 W 作为燃具相对热负荷的一个度量，是设计或选用燃具的重要依据。很多国家（如英国、法国、前苏联等）按一般华白指数 W 对燃气进行分类，国际煤气联盟（IGU）也制定了按华白指数对燃气进行分类的标准，见表 1－3。

表 1－3　国际煤气联盟（IGU）燃气分类

分类	华白指数（MJ/m³）	典型燃气
一类燃气	17.8～35.8	人工燃气
二类燃气 L 族 H 族	35.8～53.7 35.8～51.6 51.6～53.7	天然气
三类燃气	71.5～87.2	液化石油气

随着气源类型的进一步增多和燃气组分的复杂，单用华白指数已不足以控制燃气质量，这就推动了互换性研究的展开。当燃气的组分和性质变化较大，或者掺入的燃气与原来的燃气性质相差较远时，燃气的燃烧速度会发生较大的变化。仅用华白指数分类也不能控制燃气的互换性，因而又提出燃烧速度指数——燃烧势 C_P，来控制燃气的互换性，它反映了燃气燃烧火焰所产生离焰、黄焰、回火和不完全燃烧的倾向性，是一项反映燃具燃烧稳定状况的综合指标，能更全面地判断燃气的燃烧特性。

燃烧速度指数 C_P 按下式计算：

$$C_P=(1+0.0054O_2^2)\times\frac{1.0H_2+0.6(C_mH_n+CO)+0.3CH_4}{\sqrt{S}} \tag{1-3}$$

式中，C_P——燃烧速度指数，即燃烧势；

H_2——燃气中氢的体积含量，%；

C_mH_n——燃气中除甲烷以外的碳氢化合物体积含量，%；

CO——燃气中一氧化碳的体积含量，%；

CH_4——燃气中甲烷的体积含量，%；

S——燃气相对密度，空气相对密度为 1；

O_2——燃气中氧的体积含量,%。

根据我国当前主要的城镇气源分布情况,参照IGU燃气分类以及一些国家的相应标准,制定了我国"城镇燃气分类"标准。分类指标是国际上广泛采用的一般华白指数和燃烧势。表1-4列出了三大族十一类燃气的华白指数及燃烧势的标准和允许波动范围。

表1-4 我国燃气分类及燃烧特性值

族类	类别号	华白指数(MJ/m^3)		燃烧势	
		标准值	波动范围	标准值	波动范围
人工燃气	5R	22.7	21.1~24.3	94	55~96
	6R	27.1	25.2~29.0	108	63~110
	7R	32.7	30.4~34.9	121	72~128
天然气	4T	18.0	16.7~19.3	25	22~57
	6T*	26.4	24.5~28.2	29	25~65
	10T	43.8	41.2~47.3	33	31~34
	12T	53.5	48.1~57.8	40	36~88
	13T	56.5	54.3~58.8	41	40~94
液化石油气	19Y	81.2	76.9~92.7	48	42~49
	20Y	84.2	76.9~92.7	46	42~49
	22Y	92.7	76.9~92.7	42	42~49

注:6T* 为液化石油气混空气,燃烧特性接近天然气。

对于多气源的城市燃气互换性问题,主要要求做到三点:一是维持燃气热值稳定;二是控制华白指数波动范围在±10%以内;三是控制燃烧速度指数(燃烧势)变化范围。

1.2 燃气的基本性质

燃气是由多种可燃与不可燃成分组成的混合物,主要由碳氢化合物、氢气、一氧化碳等可燃成分和二氧化碳、氮气、氧气、硫化氢、水汽、微量的惰性气体氦、氩等不可燃成分组成。氢气是无色无味、很轻的气体,可燃、易爆,燃烧产物为水;一氧化碳是无色无味、有剧毒的气体,比空气轻,可燃,燃烧产物为二氧化碳;甲烷是天然气的主要成分,常温下为气体,无色无味,比空气轻,可燃、易爆。烷烃和烯烃在空气中能完全燃烧,并生成二氧化碳和水。

燃气中单一气体的特性是计算其混合气体特性的基础数据。气体的特性与气体状态有关。燃气中各单一气体在标准状态下的主要特性值列于表1-5和表1-6中。

1.2.1 燃气的物理化学性质

1. 燃气的组成表示方法

燃气是由互不发生化学反应的多种单一组分气体混合而成,其组成表示方法有三种:容积成分 y_i、质量成分 g_i 和摩尔成分(或分子成分)χ_i。

表 1-5　某些低级烃的基本性质(273.15K、101325Pa)

气体	甲烷	乙烷	乙烯	丙烷	丙烯	正丁烷	异丁烷	正戊烷
分子式	CH_4	C_2H_6	C_2H_4	C_3H_8	C_3H_6	C_4H_{10}	C_4H_{10}	C_5H_{12}
分子量 M	16.0430	30.0700	28.0540	44.0970	42.0810	58.1240	58.1240	72.1510
摩尔容积 V_M(m^3/kmol)	22.3621	22.1872	22.2567	21.9362	21.990	21.5036	21.5977	20.981
密度 ρ(kg/m^3)	0.7174	1.3553	1.2605	2.0102	1.9136	2.7030	2.6912	3.4537
气体常数 R[kJ/(kg·K)]	517.1	273.7	294.3	184.5	193.8	137.2	137.8	107.3
临界参数								
临界温度 T_c(K)	191.05	305.45	282.95	368.85	364.75	425.95	407.15	470.35
临界压力 P_c(MPa)	4.6407	4.8839	5.3398	4.3975	4.7623	3.6173	3.6578	3.3437
临界密度 ρ_c(kg/m^3)	162	210	220	226	232	225	221	232
发热值								
高发热值 H_h(MJ/m^3)	39.842	70.351	63.438	101.266	93.667	133.886	133.048	169.377
低发热值 H_l(MJ/m^3)	35.902	64.397	59.477	93.240	87.667	123.649	122.853	156.733
爆炸极限								
爆炸下限 Ls(体积%)	5.0	2.9	2.7	2.1	2.0	1.5	1.8	1.4
爆炸上限 Lt(体积%)	15.0	13.0	34.0	9.5	11.7	8.5	8.5	8.3
粘度								
动力粘度 $\mu\times10^6$(Pa·s)	10.395	8.600	9.316	7.502	7.649	6.835		6.355
运动粘度 $\upsilon\times10^6$(m^2/s)	14.50	6.41	7.46	3.81	3.99	2.53		1.85
无因次系数 C	164	252	225	278	321	377	368	383

表 1-6　某些气体的基本性质(273.15K、101325Pa)

气体	一氧化碳	氢	氮	氧	二氧化碳	硫化氢	空气	水蒸气
分子式	CO	H_2	N_2	O_2	CO_2	H_2S		H_2O
分子量 M	28.0104	2.0160	28.0134	31.9988	44.0098	34.076	28.966	18.0154
摩尔容积 V_M(m^3/kmol)	22.3984	22.427	22.403	22.3923	22.2601	22.1802	22.4003	21.629
密度 ρ(kg/m^3)	1.2506	0.0899	1.2504	1.4291	1.9771	1.5363	1.2931	0.833
气体常数 R[kJ/(kg·K)]	296.63	412.664	296.66	259.585	188.74	241.45	286.867	445.357
临界参数								
临界温度 T_c(K)	133.0	33.30	126.2	154.8	304.2		132.5	647.3
临界压力 P_c(MPa)	3.4957	1.2970	3.3944	5.0764	7.3866		3.7663	22.1193
临界密度 ρ_c(kg/m^3)	300.86	31.015	310.91	430.09	468.19		320.07	321.70
发热值								
高发热值 H_h(MJ/m^3)	12.636	12.745				25.348		
低发热值 H_l(MJ/m^3)	12.636	10.786				23.368		
爆炸极限								
爆炸下限 Ls(体积%)	12.5	4.0				4.3		
爆炸上限 Lt(体积%)	74.2	75.9				45.5		
粘度								
动力粘度 $\mu\times10^6$(Pa·s)	16.573	8.355	16.671	19.417	14.023	11.670	17.162	8.434
运动粘度 $\upsilon\times10^6$(m^2/s)	13.30	93.0	13.30	13.60	7.09	7.63	13.40	10.12
无因次系数 C	104	81.7	112	131	266		122	

(1) 容积成分 y_i

容积成分指混合气体中各组分的分容积与混合气体的总容积之比。混合气体的总容积等于各组分的分容积之和，即 $V=\sum V_i$。

$$y_i=\frac{V_i}{V} \tag{1-4}$$

(2) 质量成分 g_i

质量成分指混合气体中各组分的质量与混合气体的总质量之比。混合气体的总质量等于各组分的质量之和，即 $G=\sum G_i$。

$$g_i=\frac{G_i}{G} \tag{1-5}$$

(3) 摩尔成分 χ_i

摩尔成分指混合气体中各组分的摩尔数与混合气体的总摩尔数之比。混合气体的总摩尔数等于各组分的摩尔数之和，即 $n=\sum n_i$。

$$\chi_i=\frac{n_i}{n} \tag{1-6}$$

由于在同温同压下，1 摩尔任何气体的容积大致相等，因此，气体的摩尔成分在数值上近似等于其容积成分：$\chi_i=y_i$。

混合气体平均摩尔容积为：

$$V_M=\frac{1}{100}(y_1V_{M1}+y_2V_{M2}+y_3V_{M3}+\cdots+y_nV_{Mn}) \tag{1-7}$$

式中，V_M—— 混合气体平均摩尔容积，$m^3/kmol$；

y_1、y_2、y_3、…、y_n—— 各单一气体容积成分，%；

V_{M1}、V_{M2}、V_{M3}、…、V_{Mn}—— 各单一气体摩尔体积，$m^3/kmol$。

混合液体的组分表示方法与混合气体相同，也用容积成分 y_i、质量成分 g_i 和摩尔成分 χ_i 三种方法表示。

2. 燃气的平均参数

燃气是由互不发生化学反应的多种单一组分气体混合而成。它的平均参数可由单一组分气体的性质按混合法则求得。

(1) 平均分子量

① 混合气体平均分子量和折合气体常数

混合气体不能用一个化学分子式表示，因而没有真正的分子量。所谓混合气体的平均分子量是各组分气体的折合分子量，它取决于组成气体的种类与成分。

$$M=\frac{1}{100}\sum y_iM_i=\frac{1}{100}\sum \chi_iM_i \tag{1-8}$$

式中，M—— 混合气体平均分子量，kg/kmol；

y_i—— 第 i 组分气体的容积成分；%；

χ_i—— 第 i 组分气体的摩尔成分；%；

M_i—— 第 i 组分气体的分子量，kg/kmol。

折合气体常数 R：根据通用气体常数 R_0 可求得混合气体折合气体常数，即

$$R=\frac{R_0}{M}=\frac{8.314}{M}\quad \text{kJ/(kg·K)}$$

式中，R_0—— 通用气体常数，kJ/(kmol·K)。

② 混合液体平均分子量

$$M=\frac{1}{100}\sum \chi_i M_i \tag{1-9}$$

式中，M—— 混合液体平均分子量，kg/kmol；

χ_i—— 第 i 组分液体的摩尔成分；%；

M_i—— 第 i 组分液体的分子量，kg/kmol。

(2) 平均密度和相对密度

① 燃气的平均密度：单位体积燃气所具有的质量称为燃气的平均密度。混合气体平均密度按式(1-10)计算，即

$$\rho=\frac{M}{V_M} \tag{1-10}$$

式中，ρ—— 混合气体平均密度，kg/m^3；

M—— 混合气体平均分子量，kg/kmol；

V_M—— 混合气体平均摩尔容积，m^3/kmol。

混合气体平均密度还可根据单一气体密度及容积成分按式(1-11)计算，即

$$\rho=\frac{1}{100}(y_1\rho_1+y_2\rho_2+y_3\rho_3+\cdots+y_n\rho_n) \tag{1-11}$$

式中，ρ—— 混合气体平均密度，kg/m^3；

ρ_1、ρ_2、ρ_3、…、ρ_n—— 标准状态下各组分的密度，kg/m^3；

y_1、y_2、y_3、…、y_n—— 混合气体中各组分的容积成分，%。

燃气通常含有水蒸气，则湿燃气密度可按式(1-12)计算，即

$$\rho^w=(\rho+d)\frac{0.833}{0.833+d} \tag{1-12}$$

式中，ρ^w—— 湿燃气密度，kg/m^3；

ρ—— 干燃气密度，kg/m^3；

d—— 水蒸气含量，kg/m^3 干燃气；

0.833—— 水蒸气密度，kg/m^3。

气体的密度随温度、压力的变化而改变。

② 燃气的相对密度：气体的相对密度是指气体的密度与相同状态的空气密度的比值。混合气体相对密度按式(1-13)计算，即

$$S=\frac{\rho}{1.293}=\frac{M}{1.293V_M} \tag{1-13}$$

式中，S—— 混合气体相对密度，空气为1；

ρ—— 混合气体平均密度，kg/m³；

1.293—— 标准状态下空气的密度，kg/m³；

V_M—— 混合气体平均摩尔容积，m³/kmol。

对于由双原子气体和甲烷组成的混合气体，标准状态下的 V_M 可取 22.4(m³/kmol)；对于由其他碳氢化合物组成的混合气体，V_M 则取 22(m³/kmol)。若要精确计算，可采用式(1-7)。

干、湿燃气容积成分按式(1-14)换算，即

$$y_i^w=ky_i \tag{1-14}$$

式中，y_i^w—— 湿燃气容积成分，%；

y_i—— 干燃气容积成分，%；

k—— 换算系数，$k=\frac{0.833}{0.833+d}$。

几种燃气的平均密度和相对密度列于表1-7。由表1-7可知，天然气、焦炉煤气都比空气轻，而气态液化石油气约比空气重一倍。

表1-7　　几种燃气的平均密度和相对密度

燃气种类	平均密度(kg/m³)	相对密度
天然气	0.75～0.8	0.58～0.62
焦炉煤气	0.4～0.5	0.3～0.4
气态液化石油气	1.9～2.5	1.5～2.0

③ 混合液体的平均密度：单位体积液体所具有的质量称为液体的密度，混合液体的平均密度按式(1-15)计算，即

$$\rho=\frac{1}{100}\sum y_i\rho_i \tag{1-15}$$

式中，ρ—— 混合液体的平均密度，kg/m³；

y_i—— 第 i 组分液体的容积成分，%；

ρ_i—— 第 i 组分液体的密度，kg/m³。

④ 混合液体的相对密度：混合液体平均密度与101325Pa、4℃时水的密度之比称为混合液体相对密度。常温下，液态液化石油气的密度是500kg/m³左右，约为水的1/2。

3. 临界参数及实际气体状态方程

(1) 临界参数和对比参数

① 单一气体临界参数与对比参数

温度不超过某一数值，对气体进行加压，可以使气体液化，而在该温度以上，无论加多大压力都不能使气体液化，这个温度就叫该气体的临界温度。在临界温度下，使气体液化所必需的

压力叫做临界压力，以此类推，此时气体的各项参数称为该气体的临界参数。

图 1-1 所示为在不同温度下对气体加压时，其压力和体积的变化情况。当从 E 点开始压缩，至 D 点开始液化，到 B 点液化完成；而当气体从 F 点开始压缩，至 C 点开始液化，但此时没有相当于 BD 直线部分，其液化的状态与前者不同，C 点为临界点。气体在 C 点所处的状态称为临界状态，它既不属于气相，也不属于液相。这时的温度 T_c、压力 P_c、比容 υ_c、密度 ρ_c 分别叫做临界温度、临界压力、临界比容和临界密度。在图 1-1 中，NDCG 线的右边是气体状态，MBCG 线的左边是液体状态，而在 MCN 线以下为气液共存状态，CM 和 CN 为边界线。

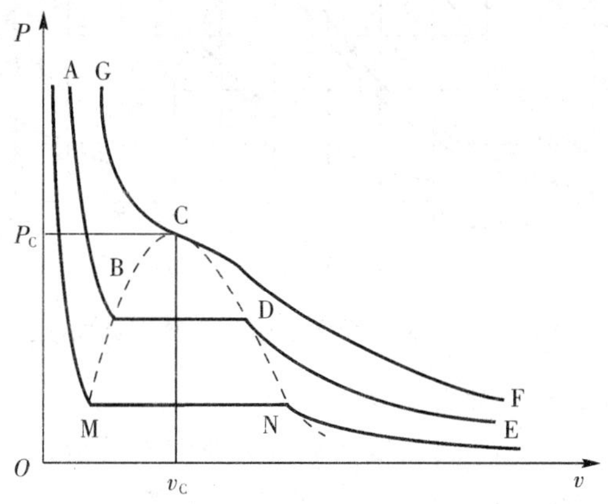

图 1-1　气液临界状态

对比参数：单一气体的压力、温度、密度与其临界压力、温度、密度之比称为气体的对比压力 P_r、对比温度 T_r、对比密度 ρ_r。(此处温度为热力学温度，压力为绝对压力)，即

$$P_r=\frac{P}{P_c}\qquad T_r=\frac{T}{T_c}\qquad \rho_r=\frac{\rho}{\rho_c}\tag{1-16}$$

式中，P_r—— 气体的对比压力；

P —— 气体的绝对压力，Pa；

P_c—— 气体的临界压力，Pa；

T_r—— 气体的对比温度；

T —— 气体的热力学温度，K；

T_c—— 气体的临界温度，K；

ρ_r—— 气体的对比密度；

ρ —— 气体的密度，kg/m^3；

ρ_c—— 气体的临界密度，kg/m^3。

气体的临界温度越高，越易液化。天然气的主要成分是甲烷，它的临界温度低，故较难液化；而组成液化石油气的碳氢化合物的临界温度较高，故较易液化。

几种气体的液态 — 气态平衡曲线如图 1-2 所示。图 1-2 中的曲线是蒸汽和液体的分界线，曲线左侧为液态，右侧为气态。

由图 1-2 可知，气体温度比临界温度越低，则液化所需压力越小。例如 20℃ 时，使丙烷液化的绝对压力为 0.846MPa，而当温度为 －20℃ 时，在 0.248MPa 绝对压力下即可液化。

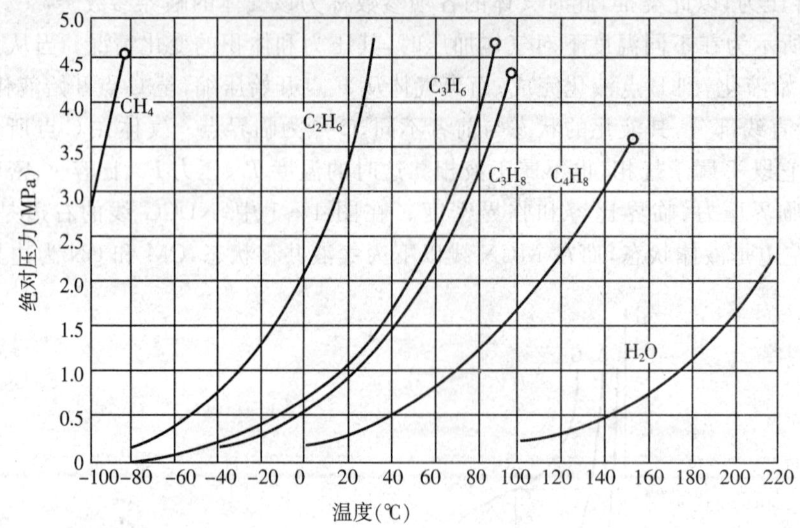

图 1-2　几种气体的液态—气态平衡曲线

② 混合气体虚拟临界参数与对比参数

当计算燃气的某些物性参数时，常常要用到虚拟临界常数值（临界压力、临界温度、临界密度）。与单一气体液化时原理相同，混合气体当温度低于某一数值时可以等温压缩为液体，但当高于该温度时，无论压力增加到多大，都不能使其液化；可以使混合气体压缩为液体的这个极限温度称为该混合气体的虚拟临界温度。当温度等于虚拟临界温度时，使混合气体压缩成液体所需压力称为其虚拟临界压力，此时状态称为临界状态。临界状态下的密度称为虚拟临界密度。混合气体的虚拟临界压力、虚拟临界温度和虚拟临界密度可按混合气体中各组分的摩尔分数以及临界压力、临界温度和临界密度求得，按下式计算。即

$$P_{mc}=\frac{1}{100}\sum \chi_i P_{ci} \tag{1-17}$$

$$T_{mc}=\frac{1}{100}\sum \chi_i T_{ci} \tag{1-18}$$

$$\rho_{mc}=\frac{1}{100}\sum \chi_i \rho_{ci} \tag{1-19}$$

式中，P_{mc}—— 混合气体的虚拟临界压力（绝），Pa；

P_{ci}—— i 组分的临界压力（绝），Pa；

T_{mc}—— 混合气体的虚拟临界温度，K；

T_{ci}—— i 组分的临界温度，K；

ρ_{mc}—— 混合气体的虚拟临界密度，kg/m^3；

ρ_{ci}—— i 组分的临界密度，kg/m^3；

χ_i—— i 组分的摩尔成分，%。

混合气体对比参数：混合气体的压力、温度、密度与其临界压力、温度、密度之比称为混合气体的对比压力 P_r、对比温度 T_r、对比密度 ρ_r。（此处温度为热力学温度，压力为绝对压力），即

$$P_r = \frac{P}{P_{mc}} \qquad T_r = \frac{T}{T_{mc}} \qquad \rho_r = \frac{\rho}{\rho_{mc}} \tag{1-20}$$

式中，P_r—— 混合气体的对比压力；

P —— 混合气体的绝对压力，Pa；

P_{mc}——混合气体的虚拟临界压力（绝），Pa；

T_r—— 混合气体的对比温度；

T—— 混合气体的热力学温度，K；

T_{mc}——混合气体的虚拟临界热力学温度，K；

ρ_r—— 混合气体的对比密度；

ρ —— 混合气体的密度，kg/m^3；

ρ_{mc}——混合气体的虚拟临界密度，kg/m^3。

（2）实际气体状态方程 ——*PVT* 关系

可压缩气体的压力 P、密度 ρ（或者摩尔体积 V_M）和温度 T 之间的关系式是十分重要的。表达 *PVT* 这种关系的方程叫做状态方程。

① 理想气体状态方程

对于 1kmol 的理想气体，状态方程由下面的简要关系式表示

$$PV_M = R_0 T \tag{1-21}$$

式中，P—— 气体的绝对压力，Pa；

T—— 气体的热力学温度，K；

R_0—— 通用气体常数，kJ/(kmol·K)；

V_M—— 气体的摩尔体积，$m^3/kmol$。

这个方程本质是个经验公式，但是通过某些假设，它可以根据简单动力论从理论上推导出来。其假设主要有两点：分子是质点，分子间没有相互作用力。这两个假设对于压力为零的气体是合理的。但是，当压力升高或密度增大时，气体分子本身占据的体积大得越来越重要，分子间的相互作用力也变得越来越明显，应用理想气体状态方程有很大误差。为了考虑这些效应，范得瓦尔在 1873 年提出另一个状态方程，即范得瓦尔状态方程。尽管该方程能够描述实际气体的一般特性，但只是定性的。在范得瓦尔方程提出之后，为了考虑实际气体的性质，又提出了大量的状态方程。一些是基于理论的论证，另一些则完全是经验方程。下面介绍描述燃气的实际状态方程 ——RK 状态方程。

② 燃气实际状态方程

适用于实际气体的 RK（Redlich—Kwong）方程是 1949 年提出的，基本形式如下：

$$P = \frac{RT}{V-b} - \frac{a}{T^{0.5}V(V+b)} \tag{1-22}$$

式中，a 和 b 是常数，对单一组分气体，应用临界点的热力学稳定判据 $(dp/dV)_{T_c}=0$，与状态方程结合，可得到它们与临界温度 T_c 和临界压力 P_c 的关系：

$$a = 0.42748\,\frac{R^2 T_c^{2.5}}{P_c} \qquad b = 0.08664\,\frac{RT_c}{P_c}$$

对于混合气体，式中混合物的常数 a、b 可由纯组分的摩尔分数 χ_i 和相应常数 a_i、b_i 按以下混合规则求得：$a=(\sum\chi_i\cdot a_i^{0.5})^2 \quad b=\sum\chi_i\cdot b_i$。

③ 实际气体简便方程

工程上，在近似计算时，常常采用对理想气体状态方程引入修正项而得到实际气体状态方程的简便办法。例如，当燃气压力低于 1MPa 和温度在 10 ～ 20℃ 时，在工程上还可当作理想气体。当压力很高(如在天然气的长输管线中)、温度很低时，用理想气体状态方程进行计算所引起的误差将较大。此时，应该考虑分子本身占有容积和分子间的相互作用力，对理想气体状态方程进行修正(引入压缩因子 Z)。实际气体状态方程可以表示为：

$$P\upsilon = ZRT \tag{1-23}$$

式中，P —— 气体的绝对压力，Pa；

υ —— 气体的比容，m^3/kg；

Z —— 压缩因子；

R —— 气体常数，J/(kg·K)；

T —— 气体的热力学温度，K。

实际气体的压缩因子 Z 随温度和压力而变化。通常采用根据对比态定理建立的通用性图表 —— 压缩因子图来确定。压缩因子 Z 值可由图 1-3 和图 1-4 确定。

图 1-3 和图 1-4 都是按对比温度和对比压力制作的。对于燃气，在确定 Z 值之前，首先要按式(1-17)、式(1-18) 确定虚拟临界压力和虚拟临界温度，然后再按图 1-3、图 1-4 求得压缩因子 Z。

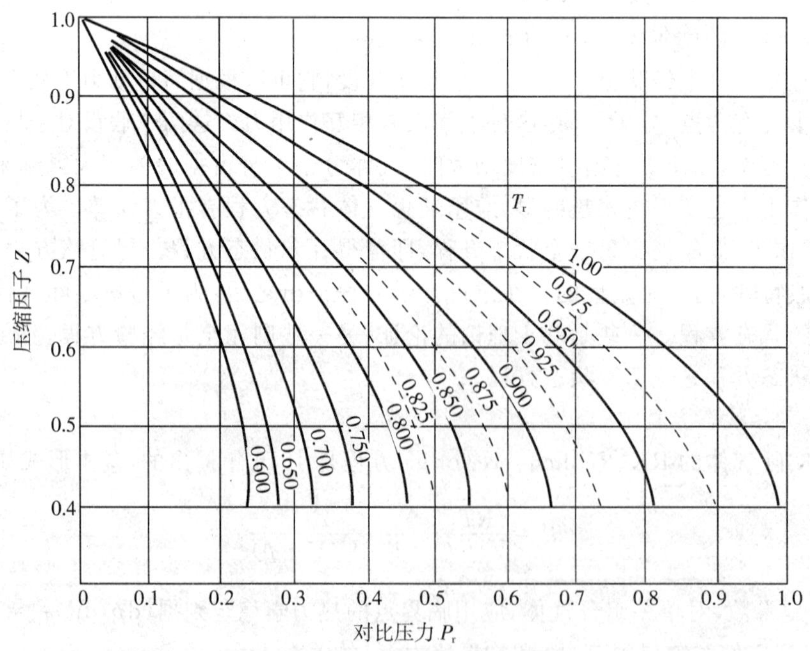

图 1-3 气体的压缩因子 Z 与对比温度 T_r、对比压力 P_r 的关系

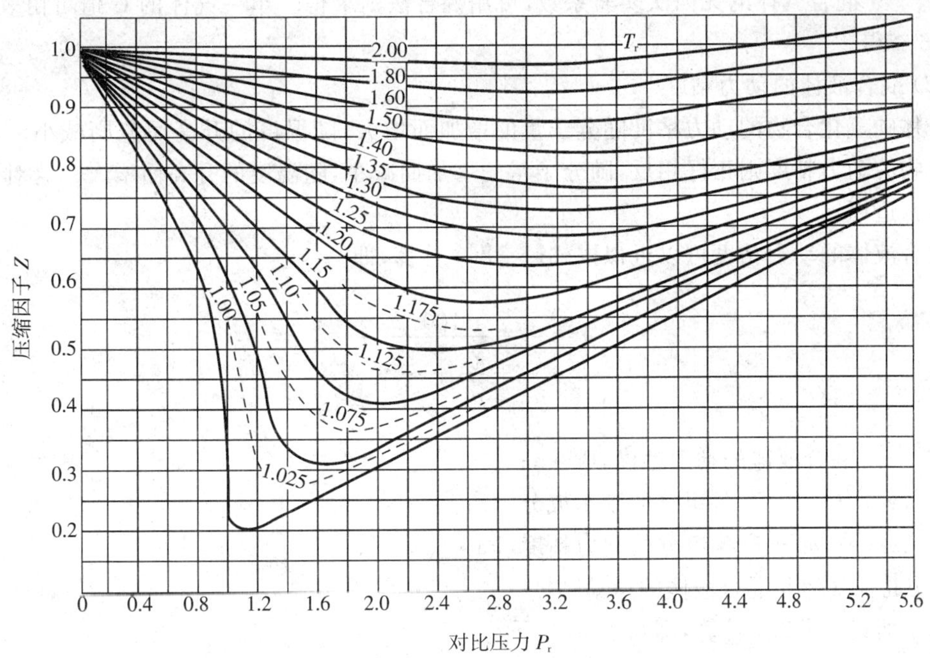

图 1-4　气体的压缩因子 Z 与对比温度 T_r、对比压力 P_r 的关系

4. 粘度

物质的粘度可用动力粘度和运动粘度表示。一般情况下，气体的粘度随温度的升高而增加；液体的粘度随温度的升高而降低，压力对液体粘度影响不大。

(1) 混合气体的动力粘度

可以近似地按式(1-24)计算，即

$$\mu=\frac{100}{\dfrac{g_1}{\mu_1}+\dfrac{g_2}{\mu_2}+\cdots+\dfrac{g_n}{\mu_n}} \tag{1-24}$$

式中，μ—— 混合气体在 0℃ 时的动力粘度，Pa·s；

g_1、g_2、…、g_n—— 各组分的质量成分，%；

μ_1、μ_2、…、μ_n—— 各组分的动力粘度，Pa·s。

混合气体的动力粘度随压力的升高而增大，而运动粘度随压力的升高而减小。在绝对压力小于 1MPa 的情况下，压力的变化对粘度影响较小，可以不考虑。至于温度的影响，却不容忽略。若仍然以 μ 表示在 0℃ 时混合气体的动力粘度，则 t℃ 时混合气体的动力粘度按式(1-25)计算，即

$$\mu_t=\mu\,\frac{273+C}{T+C}\left(\frac{T}{273}\right)^{1.5} \tag{1-25}$$

式中，μ_t—— 在 t℃ 时混合气体的动力粘度，Pa·s；

T—— 混合气体的热力学温度,K;

C—— 混合气体的无因次实验系数,可用混合法则求得。单一气体的 C 值可由表 1-5、表 1-6 查得。

(2) 混合液体的动力粘度

液体碳氢化合物的动力粘度随分子量的增加而增大,随温度的升高而急剧减小。气态碳氢化合物的动力粘度则正好相反,随分子量的增加而减小,随温度的升高而增大。这对于一般的气体都适用。

混合液体的动力粘度可以近似按式(1-26)计算,即

$$\mu=\frac{100}{\frac{\chi_1}{\mu_1}+\frac{\chi_2}{\mu_2}+\cdots+\frac{\chi_n}{\mu_n}} \tag{1-26}$$

式中,μ —— 混合液体的动力粘度,Pa·s;

χ_1、χ_2、…、χ_n—— 各组分的摩尔成分,%;

μ_1、μ_2、…、μ_n—— 各组分的动力粘度,Pa·s。

(3) 混合气体和混合液体的运动粘度

按下面式(1-27)计算,即

$$v=\frac{\mu}{\rho} \tag{1-27}$$

式中,v —— 混合气体或混合液体的运动粘度,m^2/s;

μ —— 相应的动力粘度,Pa·s;

ρ —— 混合气体或混合液体的密度,kg/m^3。

5. 饱和蒸气压及相平衡常数

(1) 单一液体的饱和蒸气压与温度的关系

液态烃的饱和蒸气压,就是在一定温度下密闭容器中的液体及其蒸气处于动态平衡时,蒸气所表示的绝对压力。蒸气压与密闭容器的大小及液量多少无关,仅取决于温度。液态烃的饱和蒸气压随温度升高而增大。一些低碳烃在不同温度下的蒸气压见表 1-8。

(2) 混合液体的蒸气压

根据道尔顿定律,混合液体的蒸气压等于各组分蒸气分压之和。根据拉乌尔定律,在一定温度下,当液体与蒸气处于平衡状态时,混合液体上方各组分的蒸气分压等于此纯组分在该温度下的蒸气压乘以其在混合液体中的分子成分。综上所述,混合液体的蒸气压可由式(1-28)计算,即

$$P=\sum P_i=\sum \chi_i P'_i \tag{1-28}$$

式中,P —— 混合液体的蒸气压,Pa;

P_i—— 混合液体任一组分的蒸气分压,Pa;

χ_i—— 混合液体中该组分的摩尔组分(或分子组分),%;

P'_i——该纯组分在同温度下的蒸气压,Pa。

表 1-8　一些低碳烃饱和蒸气压与温度的关系

温度(℃)	饱和蒸气压(MPa)						
	乙烷	乙烯	丙烷	丙烯	正丁烷	异丁烷	丁烯－1
－45	0.655	1.228	0.088	0.123	—	—	—
－40	0.793	1.432	0.104	0.150	—	—	0.023
－35	0.902	1.660	0.135	0.180	—	—	0.028
－30	1.050	1.912	0.165	0.210	—	0.0547	0.033
－25	1.215	2.190	0.208	0.250	—	0.0612	0.036
－20	1.400	2.500	0.248	0.310	—	0.0742	0.056
－15	1.604	2.835	0.295	0.380	0.0578	0.0920	0.074
－10	1.831	3.200	0.349	0.450	0.0812	0.1120	0.095
－5	2.080	3.596	0.414	0.520	0.0976	0.1380	0.113
0	2.355	4.025	0.466	0.610	0.1170	0.1629	0.139
＋5	2.556	4.488	0.556	0.700	0.1410	0.1962	0.165
＋10	3.079	5.001	0.646	0.790	0.1675	0.2290	0.190
＋15	3.336	—	0.741	0.880	0.2006	0.2582	0.215
＋20	3.721	—	0.846	0.970	0.2348	0.3115	0.262
＋25	4.137	—	0.967	1.110	0.2744	0.3620	0.302
＋30	4.585	—	1.093	1.320	0.3202	0.4180	0.366
＋35	4.890	—	1.231	1.510	0.3670	0.4800	0.439
＋40	—	—	1.396	1.680	0.4160	0.5510	0.497

丙烷和正丁烷所组成的液化石油气，当温度一定时，其蒸气压取决于丙烷和丁烷含量的比例，如图 1-5 所示。

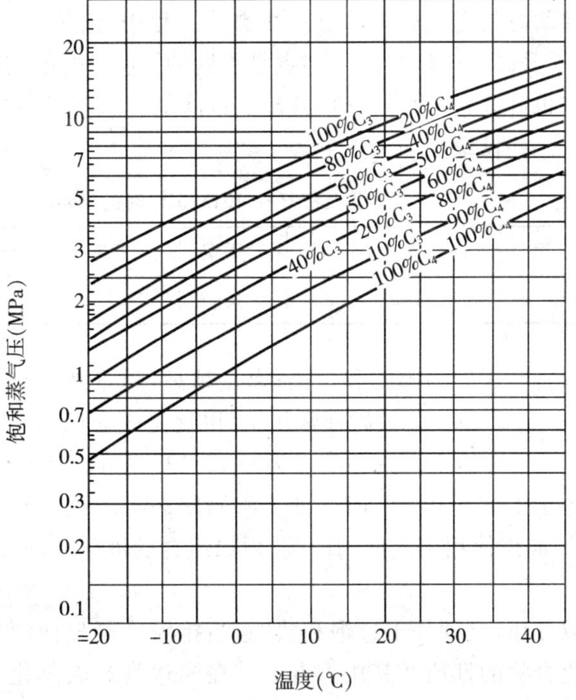

图 1-5　丙烷和正丁烷混合物的饱和蒸气压

(3) 相平衡常数

当混合液体与其蒸气处于平衡状态时，各组分的蒸气压为：

$$P_i = \chi_i P'_i$$

根据混合气体分压定律，各组分的蒸气分压为：

$$P_i = y_i P$$

由上两式得到：

$$\frac{P'_i}{P} = \frac{y_i}{\chi_i} = k_i \tag{1-29}$$

式中，k_i —— 相平衡常数；

P —— 混合液体的蒸气压，Pa；

P'_i——该纯组分在同温度下的蒸气压，Pa；

χ_i—— 该组分在液相中的分子成分，%；

y_i—— 该组分在气相中的分子成分，%；

P_i—— 混合液体任一组分的蒸气分压，Pa。

相平衡常数表示在一定温度下，一定组成的气液平衡系统中，某一组分在该温度下的饱和蒸气压 P'_i 与混合液体蒸气压 P 的比值是一个常数 k_i。并且，在一定温度和压力下，气液两相达到平衡状态时，气相中某一组分的分子成分 y_i 与其液相中的分子成分 χ_i 的比值，同样是一个常数 k_i。工程上，常利用相平衡常数来计算液化石油气的气相组成或液相组成。

6. 沸点和露点

(1) 沸点

液体温度升高至沸腾时的温度称为沸点。在沸腾过程中，液体吸收热量，不断气化，但温度保持在沸点温度，并不升高。不同物质的沸点是不同的，同一物质的沸点随压力的改变而改变：压力升高时，其沸点也升高；压力降低时，其沸点也降低。通常所说的沸点是指一个大气压下液体沸腾时的温度。一些低级烃的沸点见表 1－9。

表 1－9　一些低级烃在 101325Pa 时的沸点

名　称	甲烷	乙烷	丙烷	正丁烷	异丁烷	正戊烷	异戊烷	乙烯	丙烯
沸点(℃)	－162.6	－88.5	－42.1	－0.5	－10.2	36.2	27.85	9.5	－103.7

显然，液体的沸点越低，越容易沸腾和气化；沸点越高，越难沸腾和气化。比如，在一个大气压下，甲烷的沸点为－162.6℃。所以，在常压下，甲烷是气态的。要使甲烷液化，需要将温度降至－162.6℃ 以下。而常压下丙烷的沸点为－42.1℃，所以，液态丙烷即使在寒冷的天气里，也可以气化，而液体正丁烷－0.5℃ 时才处于沸腾状态。因此，当液化石油气容器设置在 0℃ 以下的寒冷地方时，应该使用沸点低的丙烷、丙烯组合的液化石油气。

(2) 露点

饱和蒸汽经冷却或加压，立即处于过饱和状态，当接触冷凝核便液化成露，这时的温度称为露点。露点与碳氢化合物的性质及其压力有关。在输送气态碳氢化合物的管道中，应避免出现工作温度低于其露点温度的情况，以免产生凝析液。凝析液聚积在管道低洼处会使管道流通面积减小，甚至堵塞管道。

对于气态碳氢化合物，表 1-8 中与饱和蒸气压相对应的温度就是露点。例如，丙烷在 0.349MPa 压力时，露点为 −10℃；而在 0.846MPa 压力时，露点为 +20℃。气态碳氢化合物在某一蒸气压时的露点也就是液体在同一压力时的沸点。

碳氢化合物混合气体的露点与混合气体的组成及其总压力有关。例如，在实际的液化石油气供应中，有时掺混含有空气的非爆炸性气体，这时碳氢化合物的蒸气分压力降低了，露点也降低了，掺混空气前后露点发生变化。

丙烷和正丁烷与空气掺混后的露点，分别见图 1-6、图 1-7。

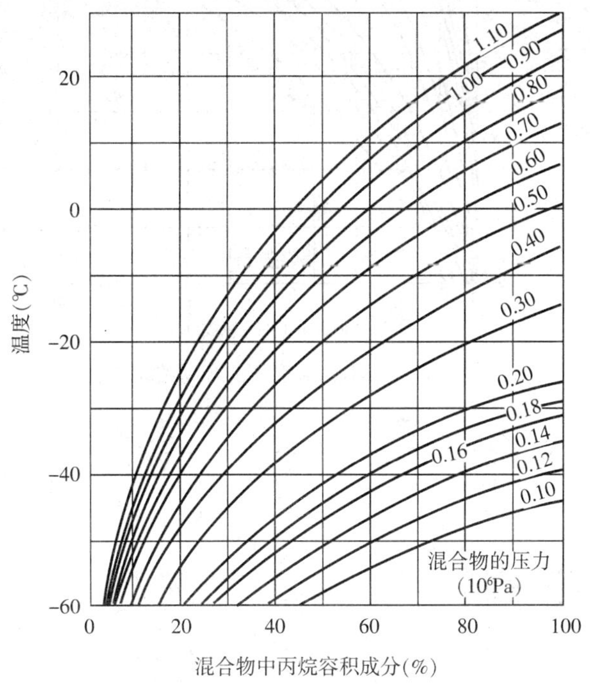

图 1-6　丙烷与空气混合物的露点

由图 1-6、图 1-7 可知，露点随混合气体的压力及各组分的容积成分而变化，混合气体的压力增大，露点升高。当用管道输送气体碳氢化合物时，必须保持其温度在露点以上，以防凝结，阻碍输气。

(3) 用列线图法计算碳氢化合物混合气体的露点

这种方法是将烃类系统看作接近理想溶液进行简化得到的，工程上使用较为普遍。对于烃类系统，在大量实验测定和理论推算基础上，得到的相平衡常数 k_i 列线图，见图 1-8。只要知道系统的温度和压力，就可以从图中查到 k_i 值。须指出的是，由于该图忽略了组成间的互相影响，故所查得的 k_i 只是一个近似值，其平均误差为 10% 左右。若要进行更准确的计算，需采用热力学模型进行平衡计算，可以按照下列方程式(1-30) ～ 式(1-33) 计算。

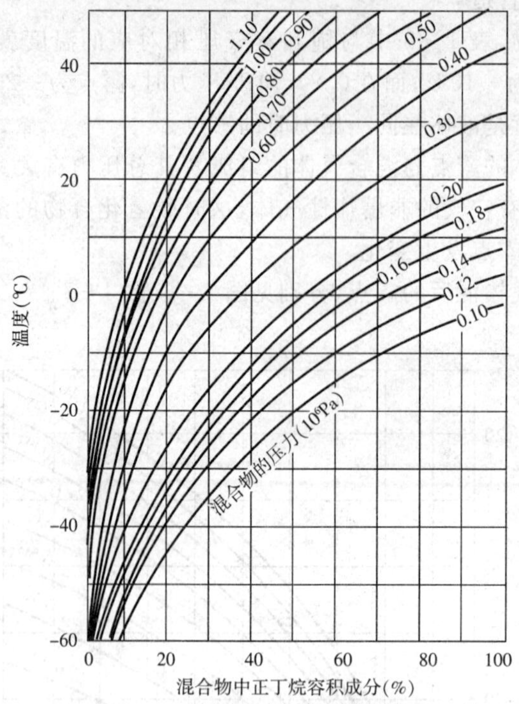

图 1-7 正丁烷与空气混合物的露点

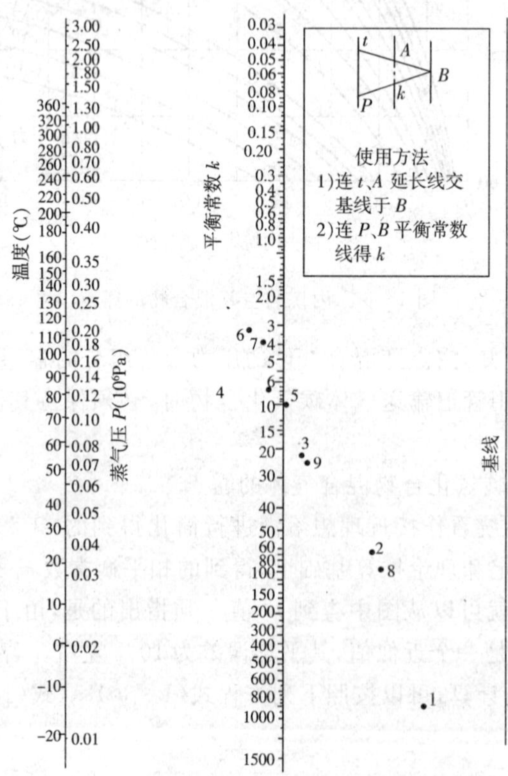

图 1-8 一些碳氢化合物的相平衡常数计算图

1-甲烷;2-己烷;3-丙烷;4-正丁烷;5-异丁烷;6-正戊烷;7-异戊烷;8-乙烯;9-丙烯

碳氢化合物混合气体的露点与混合物的组成及其总压力有关，即相平衡常数是气液两相混合物的各组分、总压力、露点温度的函数，表示为：

$$k_i = f(P, T_d, \chi_i, y_i) \tag{1-30}$$

在混合物中，由于各组分在气相或液相中的分子成分之和都等于1，所以在气液平衡时必须满足下列关系，即

$$\sum y_i = \sum k_i \chi_i = 1 \tag{1-31}$$

$$\sum \chi_i = \sum \frac{y_i}{k_i} = 1 \tag{1-32}$$

$$y_i = k_i \chi_i \tag{1-33}$$

上式中的符号意义与式(1-29)中的相同。当已知混合物气相组成 y_i 时，可通过计算的方法按下列步骤来确定某一定压力下的混合气体露点。

具体计算步骤如下：

① 已知压力 P，先假设一个露点温度 T_d；

② 根据假设的露点 T_d 和给定的压力 P，由图 1-8 查出各组分 i 在相应温度、压力下的相平衡常数 k_i，并通过式(1-33) 计算出平衡液相的分子成分 χ_i。当 $\sum \chi_i = 1$ 时，则原假设的露点温度 T_d 正确。

③ 如果 $\sum \chi_i \neq 1$ 时，必须再假设一露点 T'_d 进行计算，直到满足 $\sum \chi_i = 1$ 为止。

工程上常利用相平衡常数来计算液化石油气的气相组成或液相组成。k_i 值可由图 1-8 查得。使用图 1-8 时，先连接温度和碳氢化合物两点之间的直线，并向右延长与基准线相交。然后把此交点同反映系统中蒸气压的点相连，此连接线与相平衡常数线相交的地方即可求得k_i 值。

7. 体积膨胀

(1) 容积膨胀系数

大多数物质都具有热胀冷缩的性质。液态液化石油气的体积也会因温度的升高而膨胀，通常将温度每升高 1℃ 液体体积增加的倍数称为体积膨胀系数。部分液态烃在不同温度范围的体积膨胀系数列于表 1-10 中。

表 1-10　一些液态碳氢化合物、水的容积膨胀系数

液态名称	15℃ 时的容积膨胀系数	下列温度范围内的容积膨胀系数平均值	
		－20 ～＋10℃	＋10 ～＋40℃
乙烷	0.00779	0.00465	0.02186
乙烯	0.00775	0.00564	0.01118
丙烷	0.00306	0.00290	0.00372
丙烯	0.00294	0.00280	0.00368
丁烷	0.00212	0.00209	0.00220
丁烯	0.00203	0.00194	0.00210
水	0.00019	—	0.00025

由表中可以看出，15℃ 时液化石油气(丙烷、丙烯)的容积膨胀系数很大，大约比水大 16 倍。因此，在液化石油气储罐及钢瓶的灌装时，必须考虑温度升高时液体体积的增大，容器中要留有一定的膨胀空间。

(2) 液体体积膨胀计算

① 对于单一组分液体

$$V_2 = V_1[1+\beta(t_2-t_1)] \tag{1-34}$$

式中，V_1—— 单一液体温度为 t_1℃ 时的体积，m^3；

V_2—— 单一液体温度为 t_2℃ 时的体积，m^3；

β—— 单一液体在 t_1 至 t_2 温度范围内的容积膨胀系数平均值。

② 对于混合液体

液态碳氢化合物的容积膨胀按式(1-35)计算，

$$V'_2 = \frac{1}{100}V'_1\sum_{i=1}^{n} y_i[1+\beta_i(t_2-t_1)] \tag{1-35}$$

式中，V'_2、V'_1—— 温度为 t_2、t_1 时混合液体的容积，m^3；

y_i—— 温度为 t_1 时混合液体各组分的容积成分，%；

β_i——i 组分在 t_1 至 t_2 温度范围内的容积膨胀系数平均值。

(8) 水化物

① 水化物及其生成条件

如果碳氢化合物中的水分超过一定含量，在一定温度压力条件下，水能与液相和气相的碳氢化合物生成结晶水化物 $C_mH_n \cdot x(H_2O)$(对于甲烷，$x=6\sim7$；对于乙烷，$x=6$；对于丙烷及异丁烷，$x=17$)。水化物在聚集状态下是白色的结晶体，或带铁锈色。依据它的生成条件，一般水化物类似于冰或致密的雪。水化物的生成会缩小管道的流通断面，甚至堵塞管线、阀件和设备。

水化物是不稳定的结合物，在低压或高温的条件下容易分解为气体和水。湿燃气中形成水化物的主要条件是高压力及低温度，次要条件是燃气含有杂质和燃气流动状态为高速、紊流、脉动(例如由活塞式压送机引起的)、急剧转弯等。

图 1-9 表示甲烷及其他烷烃形成水化物的压力、温度范围。图中线 BC 是形成水化物的界限，线 BC 左边是水化物存在的区域，右边是水化物不存在的区域。点 C 是水化物存在的临界温度，高于此温度在任何高压下都不能形成水化物。这个温度如下：甲烷为 21.5℃、乙烷为 14.5℃、丙烷为 5.5℃、正丁烷为 1℃、异丁烷为 2.5℃。例如，若丙烷液体在 0℃、0.48MPa 下气化，有可能生成水化物。如果把丙烷蒸气经过调压器使其压力降低到 0.13MPa 时，即使含有较多水分，生成水化物的可能性也不大。此外，由图可知，在同样温度下较重的烃类形成水化物所需的压力也较低。

如果气体被水蒸气饱和，即输气管的温度等于湿气的露点，则水化物可以形成，因为混合物中水蒸气分压远超过水化物的蒸气压。但如果降低气体中水分含量使得水蒸气分压低于水化物的蒸气压，则水化物也就不存在了。

输送湿燃气、高压输送天然气并且管道中含有足够水分时，会遇到生成水化物的问题，此外，丙烷在容器内急速蒸发时也会形成水化物。此时应采取措施，防止水化物的形成。在寒冷地区，应对燃气中的水分加以控制，并采取降低输送压力、升高温度或加入防冻剂等措施。

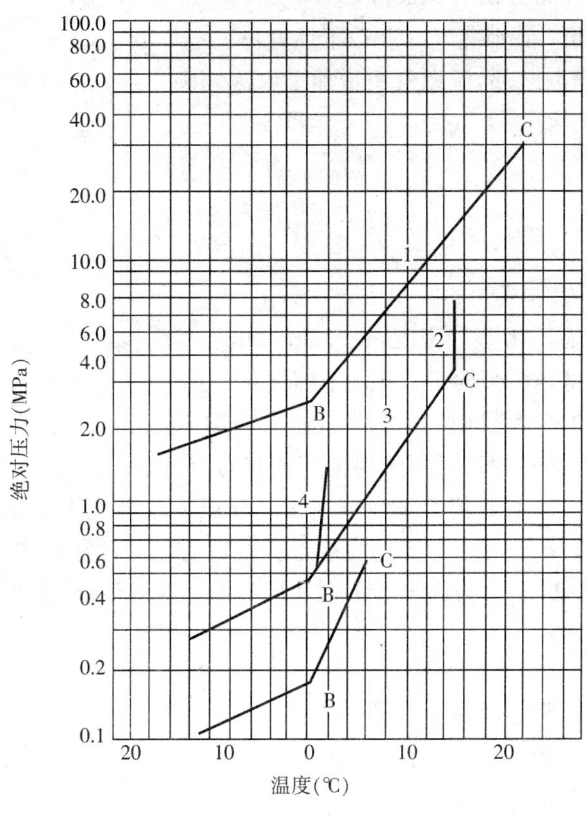

图 1-9　水化物的生成条件

1-甲烷；2—己烷；3—丙烷；4—丙烯

(2) 水化物的防止

防止水化物的形成或分解已形成的水化物有两种方法：

① 采用降低压力、升高温度、加入可以使水化物分解的反应剂(防冻剂)。

最常用来作为分解水化物结晶的反应剂是甲醇(木精)，其分子式为 CH_3OH。此外，还用甘醇(乙二醇)CH_3CH_2OH、二甘醇、三甘醇、四甘醇作为反应剂。

在使用醇类的地方，一般装有排水装置，将输气管中液体排出。

② 脱水。使燃气中水分含量降低到不致形成水化物的程度。

液化石油气脱水常常采用沉淀法。容器装满液化石油气后，静置一段时间，使水分沉淀。实践证明，即使沉淀工作安排得很细致，液化石油气管道中也会出现水化物。所以，特别是冬季，必须加防冻剂。醇类注入量为所输送液化石油气体积的 0.1% ~ 0.15%。

9. 含湿量

$1Nm^3$(或 1kg) 干燃气中所含有的水蒸气质量称为燃气的含湿量。单位为(kg 水蒸气 /kg 干燃气) 或(kg 水蒸气 /Nm^3 干燃气)，工程上常用后者。在工程计算中，按下式将干燃气的容积成分换算成湿燃气的容积成分：

$$y_i^w = y_i \frac{0.833}{0.833 + d} \tag{1-36}$$

式中，y_i^w—— 湿燃气中 i 组分的容积成分，%；

y_i—— 干燃气中 i 组分的容积成分，%；

d—— 燃气含湿量，kg 水蒸气 /Nm³ 干燃气。

除干燃气原有各组分之外，湿燃气中增加了水蒸气成分（$y_{H_2O}^w$），它可由下式求得：

$$y_{H_2O}^w = \frac{\dfrac{d}{\rho_{H_2O}}}{1+\dfrac{d}{\rho_{H_2O}}} = \frac{d}{0.833+d} \tag{1-37}$$

式中，$y_{H_2O}^w$—— 湿燃气中水蒸气的容积成分，%；

ρ_{H_2O}—— 标准状态下水蒸气密度，0.833kg/Nm³；

d—— 燃气含湿量，kg 水蒸气 /Nm³ 干燃气。

干燃气与湿燃气的密度之间换算可按公式(1-12)进行。

燃气中所带水蒸气的多少还可用绝对湿度或相对湿度表示。每1m³ 湿燃气中所含水蒸气质量称为燃气的绝对湿度，其数值等于水蒸气在其分压力与温度下的密度 ρ_{H_2O}。燃气中水蒸气的实际含量对同温度下最大可能含量的接近程度称为燃气的相对湿度。相对湿度 ϕ，用未饱和的湿燃气的绝对湿度 ρ_{H_2O} 与同温度下饱和燃气的绝对湿度 ρ_s 之比来表示。

$$\phi = \frac{\rho_{H_2O}}{\rho_s} \tag{1-38}$$

式中，ϕ—— 燃气的相对湿度，%；

ρ_{H_2O}—— 未饱和湿燃气的绝对湿度，kg/Nm³；

ρ_s—— 饱和湿燃气的绝对湿度，kg/Nm³。

相对湿度反映了湿燃气水蒸气含量接近饱和的程度。ϕ 越小，湿燃气吸收水的能力越强。燃气吸收水量与燃气压力、温度、组成有关。

燃气的水露点温度是指在一定压力下燃气中水蒸气开始冷凝结露的温度。

地层开采出的天然气及脱硫后的净化天然气中，一般都含有饱和水蒸气。在一定压力、温度下，天然气中的水能与液相和气相的碳氢化合物生成结晶水化物，水化物的生成会缩小管道的流通断面，甚至堵塞管线和设备。因此天然气必须进行脱水处理，达到规定的含水量指标后，方可进入输气管道。一般要求脱水后的天然气的水露点温度比输气管道沿线最低环境温度低 5 ～ 15℃。

天然气脱水方法大体上可分为溶剂吸收法、固体吸附法和低温分离法等，其中，溶剂吸收法应用最为广泛。

1.2.2 燃气的热力与燃烧特性

1. 燃气的燃烧热值

燃气的热值是指单位数量的燃气完全燃烧时所放出的全部热量，单位为 kJ/m³。燃气的热值分为高热值和低热值。高热值是指单位数量的燃气完全燃烧后，燃烧产物与周围环境恢复到燃烧前的原始温度，燃烧产物中的水蒸气凝结成同温度的水后所放出的全部热量；低热值则是指在上述条件下，烟气中的水蒸气仍以蒸气状态存在时所获得的全部热量。在实际燃烧中，烟气排放温度均比水蒸气冷凝温度高得多，水蒸气并没有冷凝为水，而是随烟气一起排入大气，水蒸气的冷凝热得不到利用。工程计算中，一般采用低热值作为计算依据。

(1) 干燃气的热值

① 干燃气的高热值：

$$H_h=\frac{1}{100}\sum y_i H_{hi} \tag{1-39}$$

式中，H_h—— 干燃气的高热值，kJ/m^3；

y_i—— 组分 i 的容积成分，%；

H_{hi}—— 组分 i 的高热值，kJ/m^3。

② 干燃气的低热值：

$$H_l=\frac{1}{100}\sum y_i H_{li} \tag{1-40}$$

式中，H_l—— 干燃气的低热值，kJ/m^3；

y_i—— 组分 i 的容积成分，%；

H_{li}—— 组分 i 的低热值，kJ/m^3。

两种状态下（标准状态和常温常压），纯组分的热值见表 1-11。

表 1-11　低级烷烃和某些气体的高热值和低热值

组分	常温常压 (101325Pa、293.15K)		标准状态 (101325Pa、273.15K)	
	高热值 (kJ/m^3)	低热值 (kJ/m^3)	高热值 (kJ/m^3)	低热值 (kJ/m^3)
甲烷	37033	33356	39842	35902
乙烷	64877	59362	70351	64397
丙烷	92331	84787	101266	93240
正丁烷	119655	110463	133886	123649
异丁烷	119307	110116	133048	122853
正戊烷	147063	136034	169377	156733
异戊烷	146729	135700	157730	145668
己烷	174459	161589	187528	173454
氢气	11889	10051	12745	10786
一氧化碳	11763	11763	12636	12636
硫化氢	23393	21555	25348	23368

(2) 湿燃气的热值

① 湿燃气的高热值

$$H_h^w=(H_h+2500d)\frac{0.833}{0.833+d} \tag{1-41}$$

式中，H_h^w—— 湿燃气的高热值，kJ/m³；

d—— 燃气的含湿量，kg/m³ 干燃气；

H_h—— 干燃气的高热值，kJ/m³。

② 湿燃气的低热值

$$H_l^w = H_l \frac{0.833}{0.833 + d} \tag{1-42}$$

式中，H_l^w—— 湿燃气的低热值，kJ/m³；

d—— 燃气的含湿量，kg/m³ 干燃气；

H_l—— 干燃气的低热值，kJ/m³。

在燃气工程中，常用的是湿燃气的低发热值 H_l^w。

2. 液化石油气的气化潜热

(1) 单组分液体的气化潜热

单位数量物质由液态变成与之处于平衡状态的蒸气所吸收的热量称为该物质的气化潜热；反之，由蒸气变成与之处于平衡状态液体时所放出的热量为该物质的凝结热。同一物质在同一状态时气化潜热与凝结热是同一数值，其实质为饱和蒸汽与饱和液体的焓差。

部分碳氢化合物在 101325Pa 压力下，沸点时的气化潜热列于表 1-12。

表 1-12　部分碳氢化合物的沸点及气化潜热

名称	甲烷	乙烷	丙烷	正丁烷	异丁烷	乙烯	丙烯	异丁烯	正戊烷
沸点(℃)(101325Pa)	−162.6	−88.5	−42.1	−0.5	−10.2	−104	−47.0	−6.9	36.2
气化潜热 r (kJ/kg)	510.8	485.7	422.9	383.5	366.3	481.5	439.6	394.4	355.9

(2) 混合液体的气化潜热

$$r = \frac{1}{100}\sum g_i r_i \tag{1-43}$$

式中，r—— 混合液体的气化潜热，kJ/kg；

g_i—— 混合液体中 i 组分的质量成分，%；

r_i—— 组分 i 的气化潜热，kJ/kg。

不同温度下，液体的气化潜热与温度的关系可用式(1-44)表示，

$$r_1 = r_2 \left(\frac{t_c - t_1}{t_c - t_2}\right)^{0.38} \tag{1-44}$$

式中，r_1—— 温度为 t_1℃ 时的气化潜热，kJ/kg；

r_2—— 温度为 t_2℃ 时的气化潜热，kJ/kg；

t_c—— 临界温度，℃。

丙烷、丁烷液体的气化潜热与温度的关系列于表1-13。

表1-13　液态丙烷、丁烷的气化潜热与温度的关系

温度(℃)		-20	-15	-10	-5	0	5	10	15	20	25	30	35	40	45	50
气化潜热(kJ/kg)	丙烷	399.8	396.1	387.7	383.9	379.7	368.9	364.3	355.5	345.4	339.1	329.1	320.3	309.8	301.4	284.7
	丁烷	400.2	397.3	392.7	388.5	384.3	380.2	376.0	370.5	366.8	362.2	358.4	355.0	346.7	341.2	333.3

由表1-13可知，温度升高，气化潜热减小，到达临界温度时，气化潜热等于零。

3. 热负荷指数(华白指数)

如前所述，不同类型燃气间互换时，要考虑衡量热流量大小的特性指数——华白指数。华白指数的计算方法并不统一。在国际上，多数国家采用一般华白指数的计算方法，用以控制燃气的类别及其特性指标。也有一些国家采用实用华白指数的计算方法，用以控制燃具的热负荷。

一般华白指数的计算方法见公式(1-2)，实用华白指数的计算方法可用式(1-45)表示。

$$W_s = \frac{H_l}{\sqrt{\rho}} \tag{1-45}$$

式中，W_s——燃气的实用华白指数，kJ/Nm^3；

H_l——燃气的低热值，kJ/Nm^3；

ρ——燃气密度，kg/Nm^3。

4. 燃气的比热

燃气比热可分为定容比热与定压比热。保持燃气容积不变的吸热(或放热)过程时的比热为定容比热。保持燃气压力不变时的吸热(或放热)过程时的比热为定压比热。两者之间的关系可用下式表示：

$$C_P = C_V + \frac{8.31}{M} \tag{1-46}$$

式中，C_P——燃气的定压比热，$kJ/(Nm^3 \cdot ℃)$；

C_V——燃气的定容比热，$kJ/(Nm^3 \cdot ℃)$；

M——燃气平均分子量，kg/kmol。

比热与物质的性质、过程的特性和所处状态有关。在工程中常利用定压比热与定容比热的比值，又叫绝热指数

$$K = \frac{C_P}{C_V} \tag{1-47}$$

式中，K——绝热指数。

对于理想气体，K是常数，单原子气体的绝热指数K为1.6；双原子气体、二氧化碳的绝热指数K为1.4，多原子气体的绝热指数K为1.29。对于实际气体，K是变量，它是温度的函数。某些气态烃在不同温度时的绝热指数K值列于表1-14。

表 1-14　某些气态烃在不同沮度时的绝热指数 K 值

温度℃ / K 值 / 名称	0	100	200	300	400	500
甲烷	1.31	1.27	1.23	1.19	1.17	1.15
乙烷	1.20	1.15	1.13	1.11	1.10	1.09
丙烷	1.16	1.10	1.09	1.08	1.07	1.06
正丁烷	1.14	1.08	1.07	1.06	1.05	1.04
乙烯	1.26	1.19	1.16	1.14	1.12	1.11

燃气的比热可按下式计算：

$$C_m = \sum y_i C_i \tag{1-48}$$

式中，C_m—— 燃气的容积比热，kJ/(Nm³·℃)；

C_i—— 燃气中第 i 组分的容积比热，kJ/(Nm³·℃)；

y_i—— 燃气中第 i 组分的容积成分，%。

燃气的绝热指数按类似方法计算：

$$K = \sum y_i K_i \tag{1-49}$$

式中，K—— 燃气绝热指数；

K_i—— 燃气中第 i 组分的绝热指数；

y_i—— 燃气中第 i 组分的容积成分，%。

5. 着火温度

燃气开始燃烧时的温度称为着火温度。不同气体的着火温度是不同的。单一可燃气体在空气中的着火温度列在表 1-15，但在纯氧中的着火温度比在空气中的数值低 50～100℃。实际上，着火温度不是一个固定的数值，它与可燃气体在空气中的浓度、与空气的混合程度、燃气压力、燃烧空间的形状等许多因素有关。工程上，实际着火温度应由实验确定。

表 1-15　一些可燃气体在空气中的着火温度

气体名称	氢	一氧化碳	甲烷	乙炔	乙烯	乙烷	丙烯	丙烷	丁烯	丁烷	戊烯	戊烷	硫化氢
分子式	H_2	CO	CH_4	C_2H_2	C_2H_4	C_2H_6	C_3H_6	C_3H_8	C_4H_8	C_4H_{10}	C_5H_{10}	C_5H_{12}	H_2S
着火温度 ℃	400	605	540	339	425	515	460	450	385	365	290	260	270

6. 爆炸极限

可燃气体和空气的混合物遇明火而引起爆炸时的可燃气体浓度范围称为爆炸极限。在这种混合物中，当可燃气体的含量减少到使燃烧不能进行，即不能形成爆炸混合物时的那一含量，称为可燃气体的爆炸下限；而当可燃气体含量增加到一定程度，由于缺氧而无法燃烧，以致不能形成爆炸混合物时可燃气体的含量称为其爆炸上限。可燃气体的爆炸上下限统称为爆炸极限。某些可燃气体的爆炸极限列于表 1-5、表 1-6。

(1) 只含有可燃气体，不含有氧气、惰性气体的混合气体的爆炸极限

可按 Le—Chatelier 法则计算，即

$$L=\frac{100}{\sum\left(\frac{y_i}{L_i}\right)} \tag{1-50}$$

式中，L —— 混合气体的爆炸下(上)限，%；

L_i—— 混合气体中各可燃气体的爆炸下(上)限，%；

y_i—— 混合气体中各可燃气体的容积成分，%。

(2) 含有惰性气体的混合气体的爆炸极限

① 利用查图法计算

当混合气体中含有惰性气体时，可将某一惰性气体成分与某一可燃气体组合起来视为混合气体中的一种成分，其容积成分为二者之和，此时的爆炸极限可由图 1-10、图 1-11 查得。

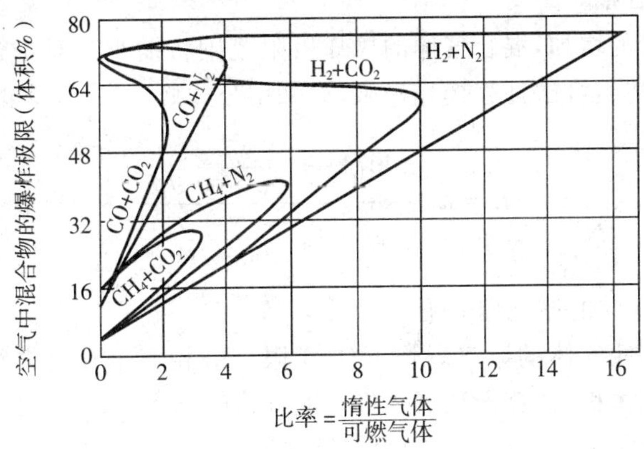

图 1-10　用氮或二氧化碳和氢、一氧化碳、甲烷混合时的爆炸极限

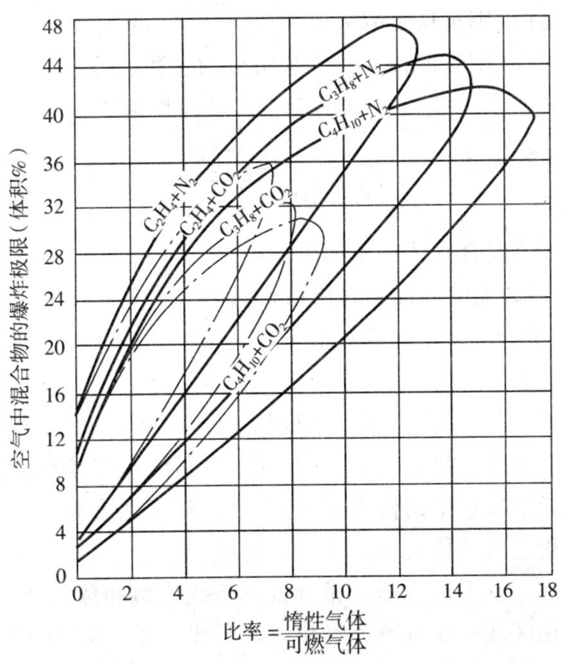

图 1-11　用氮或二氧化碳和乙烯、丙烷、丁烷混合时的爆炸极限

② 按组合法公式计算

$$L=\frac{100}{\left(\frac{y'_1}{L'_1}+\frac{y'_2}{L'_2}+\cdots+\frac{y'_n}{L'_n}\right)+\left(\frac{y_1}{L_1}+\frac{y_2}{L_2}+\cdots+\frac{y_n}{L_n}\right)} \tag{1-51}$$

式中，L—— 含有惰性气体的混合气体的爆炸下（上）限，%；

L'_1、L'_2、…、L'_n—— 由某一可燃气体成分与某一惰性气体成分组成的混合组分在该混合比时的爆炸极限，%；

y'_1、y'_2、…、y'_n—— 由某一可燃气体成分与某一惰性气体成分组成的混合组分在混合气体中的容积成分，%；

L_1、L_2、…、L_n—— 未与惰性气体组合的可燃气体成分的爆炸极限，%；

y_1、y_2、…、y_n—— 未与惰性气体组合的可燃气体成分在混合气体中的容积成分，%。

③ 采用近似公式估算

随着惰性气体含量的增加，混合气体的爆炸极限范围将缩小。对于含有惰性气体的混合气体，也可以不采用上述组合法计算爆炸极限，而采用公式修正法，其修正公式为：

$$L=L_C\frac{100\left(1+\frac{y_N}{100-y_N}\right)}{100+L_C\frac{y_N}{100-y_N}} \tag{1-52}$$

式中，L—— 含有惰性气体的燃气爆炸下（上）限，%；

L_C—— 不含有惰性气体的燃气爆炸下（上）限，%，相当于在混合物中扣除了惰性气体后，重新调整燃气体积，计算出纯可燃气体混合物的爆炸下（上）限；

y_N—— 含有惰性气体的燃气混合物中惰性气体的容积成分，%。

(3) 含有氧气的混合气体爆炸极限

当混合气体中含有氧时，则可认为混入了空气。因此，应先扣除氧含量，以及按空气的氧氮比例求得的氮含量，并重新调整混合气体中各组分的容积成分，得到该混合气体的无空气基组成成分，再按式(1-53)计算该混合气体的无空气基爆炸极限。

$$L_T=\frac{L_{NA}}{100-Y_{AIR}} \tag{1-53}$$

式中，L_T—— 包含有空气的混合气体的整体爆炸极限，%；

L_{NA}—— 该混合气体的无空气基爆炸极限，%；

Y_{AIR}—— 空气在该混合气体中的容积成分，%。

7. 液化石油气的状态图

在进行气态或液态碳氢化合物的热力计算时，一般需要使用饱和蒸气压 P、比容 v、温度 T、焓值 i 及熵值 s 等5种状态参数。为了使用上的方便，将这些参数值绘制成曲线图，称之为状态图。只要知道上述五个参数中的任意两个，即可在状态图上确定其状态点，相应查出该状态下的其他各参数值。状态图的构成如图1-12所示。

图中C点为临界状态点，CF线为饱和液体线，CS线为饱和蒸汽线。整个状态图分为三个区域：CF线的左侧为液相区，CS线右侧为气相区，CF线与CS线之间为气液共存区。水平线为等压线 P(MPa)，垂直线为等焓线 i(kJ/kg)，液相区的OB线表示液体的比容 v_1(m^3/kg)，曲线 O′H′B′ 表示气体(蒸气) 的比容 v(m³/kg),折线 TEMG 表示低于临界温度时的等温线,曲线 T′E′ 表示温度高于临界温度时的等温线,曲线 AD 为等熵线。由临界状态点 C 引出的 Cx 线为蒸汽的等干度线。

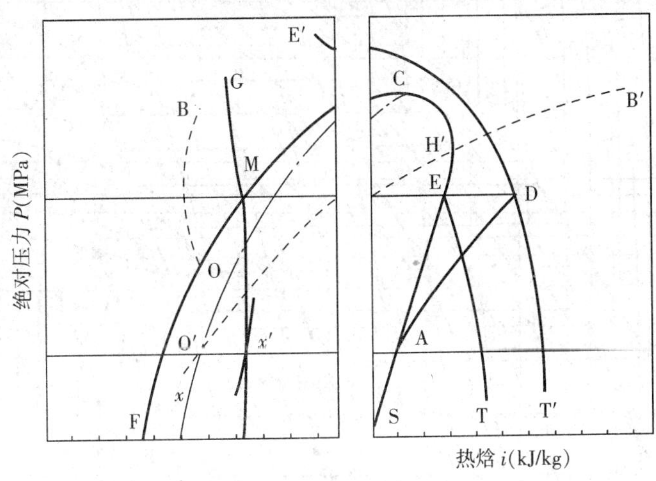

图 1 - 12　状态图的示意

干度是指单位质量的饱和液体与饱和蒸汽中所含饱和蒸汽的质量,常用符号 χ 表示。

$$\chi = \frac{\text{饱和蒸汽质量}}{\text{饱和液体质量} + \text{饱和蒸汽质量}} \tag{1-54}$$

显然,饱和液体线 CF 上各点的干度 $\chi=0$,饱和蒸汽线 CS 上各点的干度 $\chi=1$。图 1 - 13 和图 1 - 14 为丙烷和正丁烷的状态图。

1.3　城镇燃气质量标准

城镇燃气的基本要求:(1) 应尽量选择热值较高的气源。当燃气热值过低,输配系统的投资和运行费用就会增加。燃气低热值一般应大于 14.7MJ/Nm³。小城镇采用人工燃气做气源时,燃气的热值可适当降低,但不应低于 11.7MJ/Nm³;(2) 应尽量选择杂质少的气源,杂质可引起燃气输配系统的设备故障、仪表失灵、管道阻塞、燃具不能正常使用;(3) 应尽量选择毒性小的气源,即不含一氧化碳、氰化氢等有毒成分的燃气。要优先考虑天然气,尽量不选用人工燃气,没有天然气的地区使用人工燃气时,必须控制燃气中一氧化碳等有毒成分的含量,防止燃气泄露引起中毒,确保用气安全。

1.3.1　人工燃气及天然气中的主要杂质

1. 焦油与灰尘

人工燃气中焦油和灰尘含量较高时,常积聚在阀门及设备中,造成阀门关闭不严、管道和用气设备阻塞等,所引起的故障多发生在煤气厂内部或离煤气厂不远的管道里。天然气中的灰尘是由于管道腐蚀而产生的氧化铁尘粒。输送天然气过程中由于灰尘所引起的故障,多发生在远离气源的用户端。

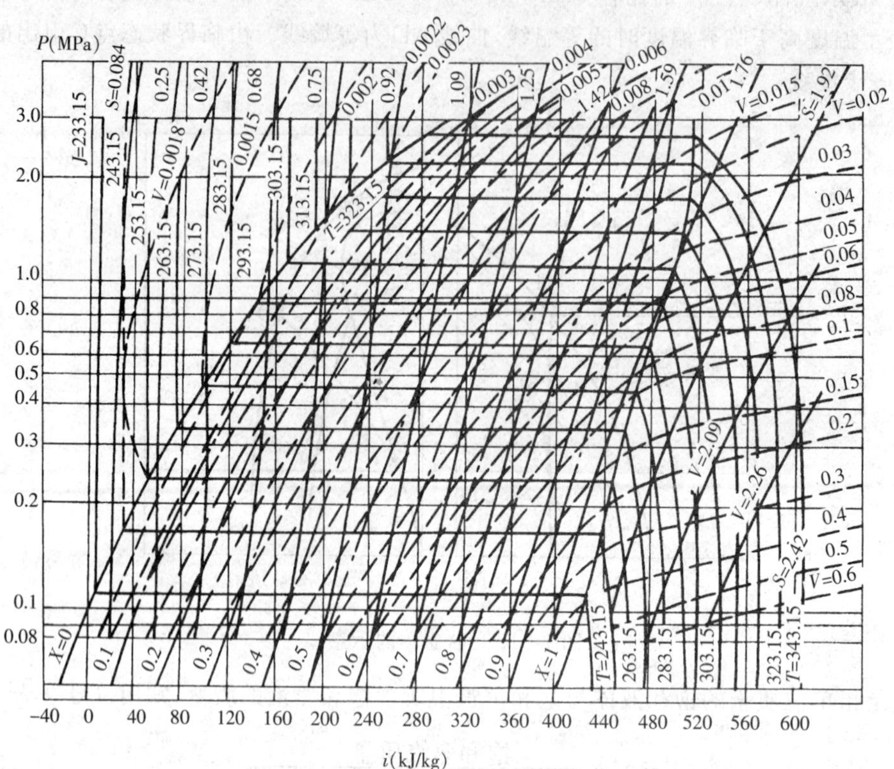

图 1－13　丙烷状态图

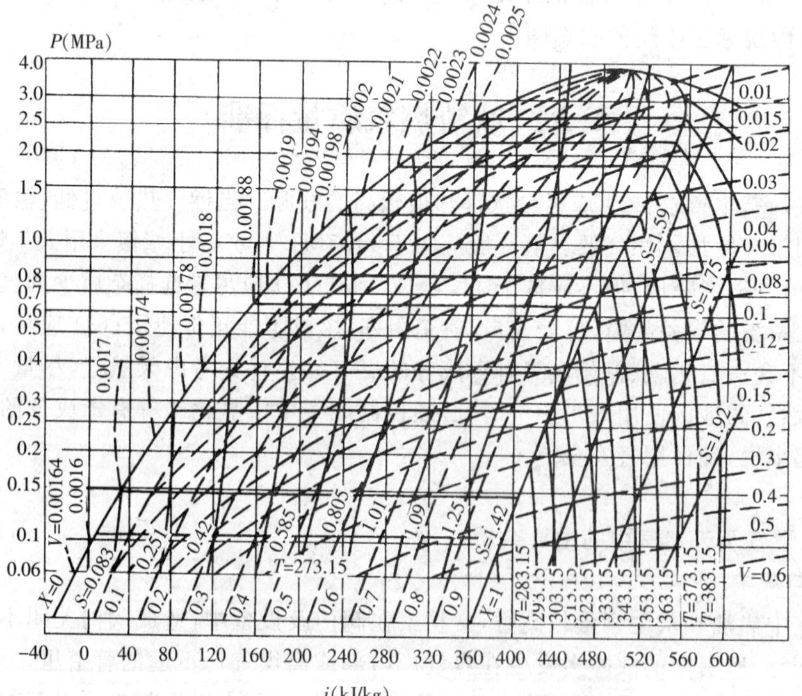

图 1－14　正丁烷状态图

2. 萘

人工燃气特别是干馏煤气中萘含量比较高。在温度较低时，气态萘会以结晶状态析出，附着管壁，使管道流通截面变小，甚至堵死，造成供气中断。萘的堵塞又因焦油和灰尘的存在而加剧。

3. 硫化物

燃气中的硫化物 90% ～ 95% 是硫化氢。此外，还有少量的硫醇(CH_3SH、C_2H_5SH)、二硫化碳(CS_2)、硫醚(CH_3SCH_3) 等。硫化氢是无色、有臭鸡蛋味的气体，燃烧后生成二氧化硫，硫化氢和二氧化硫都是有害气体，具有强烈的刺鼻气味，对眼粘膜和呼吸道有损坏作用。空气中硫化氢浓度大于 $910mg/m^3$(约 0.06% 体积比) 时，人呼吸一小时，就会严重中毒。当空气中含有 0.05% 二氧化硫时，呼吸短时间生命就有危险。

燃气输配系统中，硫化氢的腐蚀可分为两种：一种是硫化氢和氧在干燥的钢管内壁发生缓慢的腐蚀作用。另一种是除硫化氢和氧以外，燃气中含有水分时，在管内壁形成一层水膜，加剧硫化氢腐蚀作用，即使硫化氢含量不大，金属的腐蚀速度也很快，而硫化氢和氧的浓度越高，腐蚀越强。硫化氢的燃烧产物二氧化硫(SO_2) 也同样具有腐蚀性，对管道和设备进行酸腐蚀。

硫醇、硫醚等有机硫主要在高温下对燃气灶具产生腐蚀。一种是燃气在燃具内部和高温金属表面接触后，有机硫分解生成硫化氢造成腐蚀；另一种是燃气燃烧后生成二氧化硫和三氧化硫造成酸腐蚀。

4. 氨

干馏煤气中含有氨气。氨对燃气管道、设备及燃具能起腐蚀作用。氨燃烧时产生 NO、NO_2 等有害气体，影响人体健康，并污染环境。但氨能对硫化物产生的酸类物质起中和作用，因此，城镇燃气输配系统中含有微量的氨，是有利于保护金属管道及设备的。

5. 一氧化碳

一氧化碳是无色、无臭、有剧毒的气体。在人工燃气中，特别是发生炉煤气、水煤气，含有较多的一氧化碳，在使用时带来很大的安全问题。如空气中含有 0.1%(体积比) 的一氧化碳，呼吸一小时，会引起头痛和呕吐，含量达 0.5%(体积比) 时，经 20 ～ 30 分钟，将危及生命。虽然一氧化碳是可燃成分，但因它具有毒性，故一般要求城镇燃气中一氧化碳含量应小于 10%(容积成分)。

6. 氧化氮

氧化氮易与双键的烃类(如燃气中的二烯烃、特别是丁二烯) 聚合成气态胶质，附着于输气设备及燃具上，引起各种故障。自燃气厂输出的燃气中即使只有 $0.114mg/m^3$ 的氧化氮胶质，在管道末端也会出现胶质的沉积现象。如燃气中胶质达数十 mg/m^3 时，将沉积在压缩机的叶轮和中间冷却器的管壁上，使压送能力急剧降低，而且很短时间就要拆卸清扫。如胶质附着在调压器内，将使调压器动作失灵，造成不良的后果。燃气燃烧产物中的氧化氮对人体有害，空气中含有 0.01% 体积的氧化氮时，短时间呼吸后，可刺激人的呼吸器官，长时间呼吸则会危及生命。因此燃气中的氧化氮越少越好。

7. 水

天然气中的水在高压状态下很容易与其中的烃类生成水化物。水与其他杂质局部积聚还会降低管道的输送能力；水的存在还会加剧硫化氢和二氧化碳等酸性气体对金属管道及设备的腐蚀；如果输送含水的燃气，输配系统还需要增加排水设施和增加管道的维护工作。

燃气中不希望有游离的水存在。在天然气进入长距离输送管道前必须脱除其中的水分。

1.3.2 城镇燃气质量指标

城镇燃气质量指标应符合下列要求：

1. 城镇燃气（应按基准气分类）的发热量和组分的波动应符合城镇燃气互换的要求；

2. 城镇燃气偏离基准气的波动范围宜按现行的国家标准《城市燃气分类》GB/T 13611 的规定采用，并应适当留有余地；

3. 天然气的质量指标应符合现行国家标准《天然气》GB 17820 的规定，见表 1-16；

4. 人工煤气的质量指标应符合现行国家标准《人工煤气》GB 13612 的规定，见表 1-17；

表 1-16　天然气的质量指标

项目	一类	二类	三类
高热值（MJ/m^3）	＞31.4		
总硫（以硫计）（mg/m^3）	≤100	≤200	≤460
硫化氢（mg/m^3）	≤6	≤20	≤460
二氧化碳（%）	≤3.0		
水分	无游离水		
水露点（℃）	一般要求脱水后的天然气的水露点温度比输气管道沿线最低环境温度低 5℃		
烃露点（℃）	在天然气交接点的压力和温度条件下，天然气的烃露点应比最低环境温度低 5℃，天然气中不应有固态、液态或胶状物质。		

表 1-17　人工煤气的质量指标

项　目	质量指标	试验方法
低热值[1]，MJ/m^3 应大于		
一类气：煤干馏气	14.7	GB 12206
二类气：煤气化气、油气化气	10	
杂质		
焦油和灰尘，mg/m^3 应小于	10	GB 12208
硫化氢，mg/m^3 应小于	20	GB 12211
氨，mg/m^3 应小于	50	GB 12210
萘[2][3]，mg/m^3 应小于	$50\times10^2/P$（冬天） $100\times10^2/P$（夏天）	GB 12209
含氧量，%（体积）应小于	1	GB 10410.1
含一氧化碳量，%（体积）[4] 宜小于	10	GB 10410.1

注：1）本标准中 m^3 指在 101.325kPa，15℃ 状态下的体积。

2）萘系指萘和它的同系物 α－甲基萘及 β－甲基萘。

3）当燃气管网起点绝对压力 P（单位：kPa）小于 202.65kPa 时，压力（P）因素可允许不参加计算。

4）对气化气或掺有气化气的人工煤气，其一氧化碳含量应小于 20%（体积）。

5. 液化石油气的质量指标应符合现行国家标准《油气田液化石油气》GB 9052.1(见表 1-18)或《液化石油气》GB 11174 的规定。

液化石油气应限制其中的硫分、水分、乙烷、乙烯的含量,并应控制残液(C_5 和 C_5 以上成分)量,因为 C_5 和 C_5 以上成分在常温下不能气化。作为民用及工业用燃料的液化石油气与汽车用液化石油气的质量标准有所不同,应符合国家相应的标准规定。民用液化石油气质量指标见表 1-19。

6. 液化石油气与空气的混合气做主气源时,液化石油气的体积分数应高于其爆炸上限的 2 倍,且混合气的露点温度应低于管道外壁温度 5℃。硫化氢含量不应大于 20mg/m³。

表 1-18　油气田液化石油气的质量指标

项目	质量标准				
	商品丙烷	商品丁烷	商品丙烷、丁烷混合物		
			通用	冬季使用	夏季使用
C_2 和 C_2 以下组分含量 %				≤5	≤3
C_4 和 C_4 以上组分含量 %	≤2.5				
C_5 和 C_5 以上组分含量 %		≤2	≤2	≤3	≤5
37.8℃ 时蒸汽压(表压力 kPa)	≤1430	≤480	≤1430	≤1360	≤1360
蒸发 100ml 的最大残留物量(ml)	0.05	—	—	—	—
铜片腐蚀等级不高于	1	1	1	1	1
硫分(mg/m³)	≤340	≤340	≤340	≤340	≤340
游离水	—	无	无	无	无

表 1-19　民用液化石油气的质量指标

项　　目	质量标准
总硫分(质量成分)	≤0.015%～0.02%
游离水	无
丁二烯(摩尔成分)	≤2%
乙烷和乙烯(质量成分)	≤6%
残液(C_5 和 C_5 以上)(20℃ 时体积比)	≤2%
硫化氢(在 100m³ 气体中)	<5g

1.3.3　城镇燃气的加臭

城镇燃气是具有一定毒性的易燃、易爆危险性气体,又是在压力下输送和使用的,由于管道及设备材质和施工方面存在的问题和使用不当,容易造成漏气,引起爆炸、着火和人身中毒,因此,要求燃气必须具有独特的、可以使人察觉的气味。当燃气发生泄露时,应能通过气味使人发现;作为城镇燃气的气源,如人工燃气(干馏煤气、水煤气、油制气等)、天然气和液化石油气多数含有硫化物,因此其本身都具有臭味。但是当使用的城镇燃气不含有硫化物,或者无臭或臭味不足,须经过加臭后才进行输配使用。

1. 城镇燃气加臭剂的要求

(1) 加臭剂和燃气混合在一起后，应具有持久、难闻且与一般气体气味有明显区别的警示性臭味，极低浓度就可以使人嗅出；

(2) 加臭剂不应对人体、管道或与其接触的材料有害；

(3) 加臭剂能完全燃烧，其燃烧产物不应对人体呼吸有害，并不应腐蚀或伤害与此燃烧产物经常接触的材料；

(4) 加臭剂溶解于水的程度不应大于 2.5%(质量分数)，在通常输气温度下不凝结；

(5) 加臭剂应有在空气中能察觉的加臭剂含量指标；

(6) 加臭剂不与燃气的组分发生化学反应。

2. 城镇燃气加臭剂的使用和投加量标准

(1) 燃气加臭剂的种类及其性能

目前适宜于作加臭剂用的有臭物质主要有以下三类：一是硫醇类，如乙硫醇(现在停止使用)、丁硫醇、异丁硫醇；二是链状硫化物，如二甲硫醚、二乙硫醚；三是环状硫化物，如四氢噻吩。它们的基本性质如下：

① 四氢噻吩，商品名为阿乐特 88，分子式为 C_4H_8S，无色或微黄色透明液体，臭味强且没有强烈的刺激性，具有典型的麻醉作用，蓄积作用弱，与煤制气的臭味类似。

② 异丁硫醇：分子式为$(CH_3)_2CHCH_2SH$，又名特丁基硫醇，是一种有机合成中间体和分析试剂。其性质为无色流动性液体，有浓臭鼬气味。由溴代异丁烷以甲醇为溶剂经几次分馏所得。

③ 二甲硫醚：分子式为$(CH_3)_2S$，无色透明液体，有令人不愉快的刺激性气味，有毒性。本产品用合成方法所得。

④ 乙硫醇：分子式为 CH_3CH_2SH，其性质是无色液体，有浓烈的蒜臭，易燃，在空气中的爆炸极限为 2.8% ~ 18%。鉴于此产品为易燃、易爆、高毒，易引起公害及作为加臭剂存在诸多问题，国外早就停止使用。四种加臭剂的物化性质比较见表 1-20。

表 1-20　　四种加臭剂的物化性质比较

名称	异丁硫醇(TBM)	四氢塞吩(THT)	乙硫醇(EM)	二甲硫醚(DMS)
分子式	$(CH_3)_2CHCH_2SH$	C_4H_8S	CH_3CH_2SH	$(CH_3)_2S$
分子量	90	88	62	62
硫含重(%)	35.5	36.4	50	51.6
密度(kg/m^3)	799	999	839	850
沸点(℃)(1atm)	64.4	121	34	37.2
凝固点(℃)	0	−96	−144	−83
闪点(℃)	−9.4	19	−17.3(闭口)	−36
阈值(PPB)	0.09	0.77	0.02	2.5
水溶解度(20℃,g/l)	0.96	0.85	6.70	不溶
毒性	中度毒性	低毒	高毒	有毒
化学稳定性	稳定	稳定	比较稳定	稳定
臭觉效果	强	一般	强烈	稍弱
识别范围($\mu g/m^3$)	1.1	16.5	0.7	16

四氢噻吩的沸点、闪点、含硫量、毒性等指标均优于乙硫醇，且四氢噻吩不溶于水，气味不会由于土壤和水的吸收而减弱。乙硫醇沸点低，对夏季加臭不利，含硫量是四氢噻吩的1.4倍，且其化学性质不稳定，能与设备或管道内壁的金属氧化物发生化学反应，生成硫醇盐类，使气味减淡甚至消失，导致加臭失效。理论上当加臭效果相同的条件下，四氢噻吩加臭剂燃烧产生的SO_2量仅为乙硫醇的3/10。从加臭量及经济比较，四氢噻吩比乙硫醇高出几倍，但从设备磨损、管网腐蚀等因素上综合分析，综合费用四氢噻吩比乙硫醇略省。四氢噻吩虽是发现较晚的一种臭剂，但以其优良的加臭性能，在世界范围内迅速得到推广应用，是目前世界各国广泛使用的臭剂之一。我国20世纪90年代以前主要使用乙硫醇为加臭剂，90年代后主要使用四氢噻吩。

(2) 燃气加臭量计算

《城镇燃气设计规范》GB 50028对燃气加臭剂的最小量作如下规定：① 无毒燃气泄漏到空气中，达到爆炸下限的20%时，应能察觉；② 有毒燃气泄漏到空气中，达到对人体允许的有害浓度时，应能察觉。

有毒燃气是指含有一氧化碳、氰化氢等有毒成分的燃气。对含有高浓度CO的燃气和无味的燃气规定施行强制加臭。规范中对加臭量没有提出明确要求，但提供了计算的思路。下面是一些科技文献提出的计算公式。

① 理论加臭量

(a) 无毒燃气加臭量计算可按式(1-55)进行计算

$$Q_0=\frac{L_d\rho_V}{0.02L_s b} \tag{1-55}$$

式中，Q_0—— 理论加臭量，mg/m^3；

L_d—— 嗅觉感知体积分数，10^{-9}；

ρ_V—— 臭剂蒸气密度，kg/m^3；

L_s—— 燃气爆炸下限，%；

b—— 燃气加臭剂的纯度，%。

以向天然气中加入四氢噻吩为例，根据上式计算得出理论加入量为0.40mg/m^3。

(b) 有毒燃气理论加臭量可按式(1-56)进行计算

$$Q_0=\frac{L_d\rho_V\rho_h P_h}{L_h b} \tag{1-56}$$

式中，Q_0—— 理论加臭量，mg/m^3；

L_h—— 有毒燃气对人体产生损害时有毒组分在空气中的质量浓度，mg/m^3；

L_d—— 嗅觉感知体积分数，10^{-9}；

ρ_V—— 臭剂蒸气密度，kg/m^3；

ρ_h—— 有毒组分密度，g/m^3；

b—— 燃气加臭剂的纯度，%；

P_h—— 有毒组分在燃气中的体积分数，%。

以焦炉煤气加入四氢噻吩为例，如果焦炉煤气中含有6%的CO，已知CO对人体产生损害时在空气中的浓度为230mg/m^3，计算得出加臭剂加入量为1.3mg/m^3。

② 实际加臭

影响加臭量的因素很多，如管道太长会造成管壁及土壤吸附量过大，臭味强度随着管道长度增加而越来越小，甚至会出现失效现象。由于燃气的种类很多，组成也非常复杂，再加上影响加臭效果的不确定因素较多，在决定加臭量时，可先进行理论计算，然后根据式(1-57)，确定实际加臭量。

$$Q=\frac{K_1K_2K_3}{(1-\alpha)}Q_0 \tag{1-57}$$

式中，Q—— 实际加臭量，mg/m^3；

Q_0—— 理论加臭量，mg/m^3；

K_1—— 经验系数，一般可取 10；

K_2—— 修正系数，与环境温度、季节气候有关，取值范围为 1.0 ～ 2.5；

K_3—— 修正系数，与管网的新旧程度有关，取值范围为 1.0 ～ 2.0；

α—— 管道及土壤吸附等臭剂损失的修正值，取值范围为 75% ～ 85%。

在一些特殊情况下，如临时利用加臭剂寻找地下管道的漏气点时，因管道漏失掉加臭剂，可比上述定额高 10 倍，这是因为燃气经土壤漏失时，大部分加臭剂被土壤吸附了。新管线投入使用的最初阶段，加臭剂的加入剂量应比正常使用量高 2 ～ 3 倍，直到管壁铁锈和沉积物等被加臭剂饱和。在确定加臭剂用量时，还应结合当地燃气的具体情况和采用加臭剂的种类等因素，有条件时宜通过试验确定。

(3) 国内外燃气加臭量情况介绍

关于加臭剂使用和添加量问题，各国也不尽相同。欧洲一些国家天然气加臭量的标准见表 1-21。

表 1-21 欧洲一些国家的天然气加臭标准

国名	加臭剂名称	加臭剂浓度 mg/m^3
比利时	THT(四氢噻吩)	18 ～ 20
法国	THT(四氢噻吩)	20 ～ 25 (低热值的天然气 $20mg/m^3$；高热值天然气 $25mg/m^3$，当燃气中硫醇总量大于 $5mg/m^3$ 时，可以不加臭)
德国	THT(四氢噻吩) 硫醇(TBH)	≥ 7.5 ≥ 4
英国	DES、TBM 和 EM① 的混合剂②	16
荷兰	THT(四氢噻吩)	18

注：① DES 指二乙基硫醚，TBM 指异丁硫醇，EM 指乙硫醇；

② 混合剂加臭剂的组分：DES 质量分数为 72%±4%，TBM 质量分数为 22%±2%，EM 质量分数为 6%±2%。

根据上述国内外加臭剂用量情况，对于爆炸下限为 5% 的天然气，取加臭剂用量不宜小于 $20mg/m^3$。并以此作为推论，当不具备试验条件时，对于几种常见的无毒燃气，在空气中达到爆炸下限的 20% 时应能察觉的加臭用量，不宜小于表 1-22 的规定，可做确定加臭剂用量的参考。

表 1-22　几种常见无毒燃气的加臭剂用量

燃气种类	加臭剂用量(mg/m^3)
天然气(天然气在空气中的爆炸下限为 5%)	20
纯液化石油气(C_3 和 C_4 各占一半)	50
液化石油气与空气的混合气(液化石油气与空气比例 50:50;其中液化石油气 C_3 和 C_4 各占一半)	25

注:① 本表加臭剂按四氢噻吩计;

② 当燃气成分与本表比例不同时,可根据燃气在空气中的爆炸下限,对比爆炸下限为 5% 的天然气的加臭剂用量,按反比计算出燃气所需加臭剂用量。

3. 燃气加臭工艺

从燃气、加臭剂两种物质进行混合的过程看,燃气加臭过程可以分为注入式和吸收式两种。注入式是将液态加臭剂的液滴或细液流直接加入燃气管道,加臭剂蒸发后与燃气气流混合。注入式加臭有:直接滴入式(或称差压式)、计量泵加压注入式。吸收式是将液态加臭剂在加臭装置中蒸发,然后将部分燃气引至加臭装置中,使燃气与加臭剂蒸气混合,加臭后的燃气再返回主管道与主流燃气混合。吸收加臭方式有绒芯式、喷淋式、鼓泡式等。

(1) 直接滴入式(或称差压式) 加臭

这是一种最为简单的加臭设备,该方式是用手固定针型阀的开启度来调节加臭量。这种设备构造简单、操作方便、不耗电力、安全可靠,但难以控制合理的加臭量,一般加臭量偏大。在运行期间燃气管道流量变化时必须用人工来调节加臭剂的流出量。此方式只能在燃气流量比较稳定或燃气流量不太大(200 ～ 20000m^3/h) 时使用。直接滴入式工艺流程如图 1-15 所示。

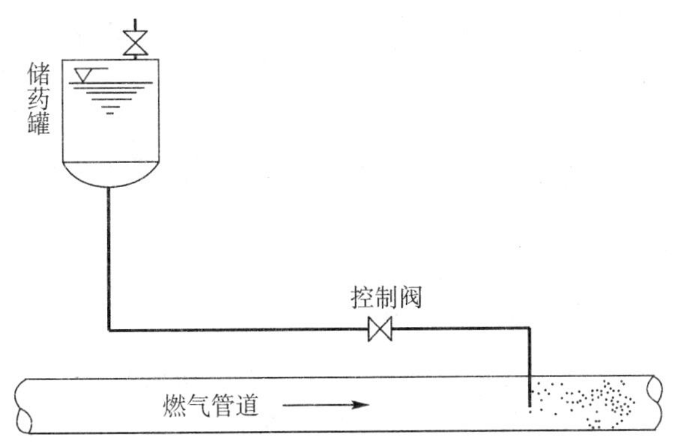

图 1-15　大气差压式滴入加臭设备工艺流程

(2) 计量泵加压式加臭

计量泵加压注入式加臭又分:简单计量加臭、精确自动控制计量加臭。当燃气流量较大时经常采用这种方法。简单计量加臭可根据燃气流量改变,人为地改变计量泵的流量,使加臭量趋于标准值,适用燃气量平稳或波动较少的场合。当燃气流量变化较大时,必须采用精确控制加臭。例如:采用单片机控制注入式加臭工艺流程见图 1-16。工作原理如下:加臭剂通过储罐由计量泵导入加臭管线，再由注射器阀将加臭剂注入燃气管道中与燃气混合进行加臭。加臭剂的流量由计量加臭泵调节，调节依据来源于控制器，根据燃气的流量，实时地将加臭剂按一定的值加入到燃气管道中。

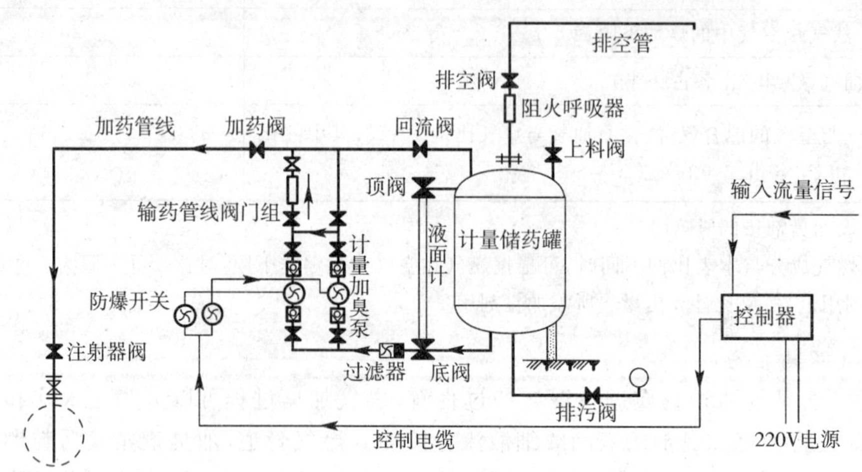

图 1－16　采用单片机控制自动计量加臭工艺流程图

计量泵式加臭特点：根据燃气流量变化自动运转计量泵向管道精确加臭，不受管道内燃气流量、温度、压力变化影响；加药准确、计量精度高，适于长期连续运行，稳定可靠，全密闭工作，无泄漏，控制系统先进，故障率低。但设备造价及复杂程度较高。

(3) 吸收式加臭

当燃气流量较大时，除采用自动计量加臭外，还可以采用吸收式加臭，其主要形式有如下三种：

① 绒芯式：燃气支流位于加臭剂液面的上方，穿过其下部浸入加臭剂液体中的绒布条组成的帘子，由于绒布条上吸满了加臭剂，燃气在通过的过程中很容易进行质交换，而被加臭剂饱和。为了增大蒸汽压，通常在加臭槽内装蛇形管或在外部设夹套，用热水或蒸汽对加臭剂的液相进行加热至 40 ～ 80℃。

② 喷淋式：燃气支流通过一个装有拉氏环的专门容器，向拉氏环上喷淋加臭剂，从而增大了蒸发表面。

③ 鼓泡式：燃气支流以气泡形态穿过液体加臭剂层，臭剂的加入量是随进入贮罐内的天然气量的变化而变化的，储罐内的饱和臭剂气体随进入贮罐内的燃气一起流出，这种加臭设备对温度、压力、流量的变化十分敏感，这种加臭方式不能精确控制加臭量，往往臭剂浪费量较大，特别是在四季温度变化和供气不均匀的高低峰状态下，加臭量就更难控制。但设备配置较为简单、易行，不耗电力。工艺流程见图 1－17。

综上所述，几种加臭工艺中，采用计量泵的自动控制加臭工艺最适合我国国情。首先计量泵自动控制加臭工艺加臭精度较高，可以满足国家推荐的值。其次，目前计量泵自动控制加臭工艺设备造价虽比其他类型稍高，但由于加臭量准确，可以避免加臭剂的浪费，减少对管网的腐蚀，运行成本比其他方式要省，综合价格是低的。再次，这种工艺设备均采用不锈钢材质，无泄漏，维修量极少，只需简单监护。

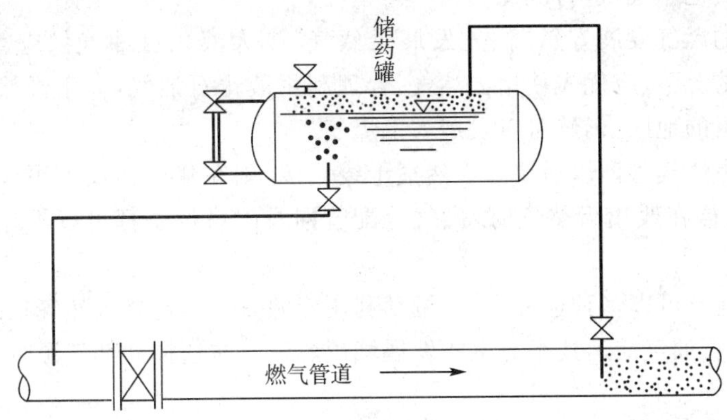

图 1－17　鼓泡吸收式加臭工艺流程

1.4　城镇燃气气源选择

目前，世界城市燃气主要由天然气、煤制气、油制气、瓶装液化石油气和管道液化石油气混空气等组成。它们的来源不同、生产方法也不同，当然有不同的组分和热值。不同国家、不同地域，因经济发展的程度不同以及储藏的资源不同而构成城市燃气的状况也不一样。发达国家主要将天然气作为城市燃气，发展中国家则依据当地能源状况选择气源。我国地域辽阔、人口众多，属于发展中国家，采取多元化的城市燃气比较合理。

1.4.1　选择气源依据

根据各地能源资源情况，综合考虑当地的经济条件、气候条件、环保要求及燃气需用量等，探究取得气源的可能性。一般要提出两个或两个以上的方案，在进行技术经济比较后，选择最经济有效的气源形式。要尽量选取高热值、低污染的清洁燃气作为城镇气源。

天然气热值高、污染低，是理想的城镇气源，应作为首要考虑对象。在天然气富集的地区以及周围，在人口集中、经济发达、能源消耗集中的直辖市、省会城市、大型城市、旅游城市及沿海经济发达地区，应优选天然气供应。

随着我国天然气资源的不断勘探、开发和管线建设，天然气在城市燃气中将占有越来越多的份额，将成为未来城市燃气的主要组成部分。越来越多的城镇选择天然气作为气源。城市天然气利用的发展规模和速度，应与经济发展和人民生活水平的提高相适应，并考虑全区域的能源利用以及天然气对城市建设、区域经济发展的关系和影响。

液化石油气具有投资少、设备简单、建设速度快、供应方式灵活（管道或瓶装供应）等特点，随着我国石油工业的发展，液化石油气已成为一些城镇和城镇郊区、独立居民小区及工矿企业的主要应用气源。目前，液化石油气大多采用瓶装供应，并且在一些城市使用增长较快。液化石油气掺混一定比例的空气后其性能接近天然气，液化石油气混空气管道供应方式也有广泛应用，可作为天然气管道供应前的过渡气源。

在盛产煤的地区，对煤深加工，生产煤制气供应城市，是一种减少污染、提高能源利用率的办法，在过去一段时间是我国一些城镇燃气的重要气源形式。现在，有的作为城市备用气源、调峰气源或掺混其他燃气，进行混配。

根据我国新的燃气发展方针“优先发展天然气、扩大液化石油气供应、慎重发展人工煤气”，在条件允许情况下，应优先使用天然气，合理利用液化石油气，对于天然气覆盖不到且液化石油气较为昂贵的地区，仍然可以发展人工煤气。

如果新建城市燃气管网以后要与天然气干线相接，则在建设初期可用液化石油气混空气作为基本气源，这样在改用天然气时，燃气分配管网及附属设备都可以不经大的改换而继续使用。

资源匮乏的地方可以多种途径、灵活机动利用能源，比如：选择天然气长距离输送、天然气压缩及液化、液化石油气储运技术等方式发展城镇燃气。在选择外部气源时，必须落实气源质量及供应量。

为保证城镇燃气供应系统的可靠性，应结合城镇燃气输配系统中的调峰手段和储存设施等情况，适当考虑机动气源的制取或来源。当城镇有多种类型的气源联合运行时，还应考虑气源的协调工作和互换性。当自建气源时，则应落实原料供应和相关产品的销售。

液化石油气混空气作为高峰负荷及事故处理时的调峰气源、补充气源或者天然气过渡气源时，必须考虑燃气的互换性。

对于大中城市，应根据气源来源、气源规模、用气负荷分布等情况，在可能的情况下，力争安排两个以上的气源，并应保证气源符合规范规定的城镇燃气质量要求，同时，要考虑远、近期城镇总体发展规划及规模、燃气供应的方针、燃气用户类型、用气特点等。

1.4.2 气源转换与混配

一个城镇或地区随着燃气需求量的不断增长和燃气供应规模的发展或气源资源的改变，常常会遇到这样两种情况：一种是原来使用的燃气要由其他性质不同的燃气所代替，即发生气源转换；另一种是在多气源共存的情况下，需要将不同的燃气进行混配供应。一般情况下，当需要进行气源转换时，特别是新的气源与原来的气源性质有较大的差异时，燃气供应系统的设施与用户燃烧设备都要进行相应的改变，详见10.3节内容。

当城镇存在多种气源时，在基本气源发生紧急事故或者用气高峰时，为满足用户需求，有时要在供气系统中掺混其他燃气进行混配。这种混配一般是临时性的，但也有一些城镇，在扩大供气规模、引进新的气源时，为了使用户能继续使用原有燃具，就要对各种燃气进行混配，以得到一种与原有气源性能接近的适用燃气。这种混配一般是长期、稳定的。不管哪种混配，为使管网及燃具正常工作，都要求新的燃气（置换气）与原有燃气（基准气）符合互换性条件。当需要进行气源转换与混配时，除要进行理论分析及计算以外，还应进行大量的实验研究。

第 2 章　燃气用气量及供需平衡

2.1　燃气用气量计算

在进行燃气输配系统设计时,需要首先确定燃气管网所承担的输气负荷,即要确定各类用户的用气量。根据用户的用气量和使用的不均匀情况,得到用于确定管网和设备通过能力的计算流量。

燃气需用量主要取决于用户类型、数量和用气量指标。各类用户的用气量指标一般以耗热量计算,再按燃气的发热量换算成燃气量。本章主要介绍燃气管网计算流量的确定方法、燃气供应与使用的平衡手段。

2.1.1　用户类型

城市燃气早期主要是用于炊事及生活用水的加热,后来扩展到工业燃料(热加工)和化工原料。随着燃气事业的发展,特别是天然气产量的大幅度增加与远距离的输送,燃气已成为能源消耗的重要支柱,燃气的应用领域不断扩大,除了主要用于民用燃料、商业燃料、工业燃料、化工原料外,还用于燃气发电、燃气汽车、燃气空调与采暖、燃料电池等。城镇燃气用户包括以下几种类型:居民生活用户、商业用户、工业企业生产用户、采暖通风和空调用户、燃气汽车用户和其他用气。目前我国燃气还主要用于居民生活、商业与工业生产中的热加工。

1. 居民生活用户

居民生活用户用气主要是用于日常的炊事和生活热水,不包括采暖和空调用气。我国居民使用的燃具多为民用双眼灶、快速燃气热水器。居民用户的用气特点是:单户用气量不大,用气随机性较强。在居民用燃气中增加天然气的供应量,将对改善大气环境有积极的作用。

2. 商业用户

商业用户是指与城镇居民生活密切的公共服务行业,包括宾馆、旅馆、饭店、商业、饮食业、理发店、浴室、洗衣房、职工食堂、幼儿园、托儿所、医院、机关、学校和科研部门等,其燃气使用主要是用于炊事和热水供应,不包括采暖通风和空调用气。商业用户的用气特点是:用气量不很大,用气比较有规律。

3. 工业企业生产用户

工业企业生产用气主要是用于生产工艺的热加工。这些用户主要指用于工业锅炉、工业窑炉、金属冶炼、瓷砖和建材的烧制等生产需用的燃料;工业用户的用气特点是:用气比较有规律,用气量较大,而且用气比较均衡。在供气不能完全满足需要时,还可以根据供气情况要求工业用户在规定的时间内停气或用气。用燃气取代煤燃料是工业锅炉、窑炉未来的发展方向。

4. 采暖通风和空调用户

采暖通风和空调用户用气主要是指以燃气为动力设置的集中采暖和空调设施。我国大部分地区都有不同时间长短的采暖期,北方地区采暖用气量比较大,采暖期内用气相对稳定。燃气采暖主要有两种形式:(1)集中采暖:利用原有的采暖系统,只将其中的燃煤或燃油锅炉改造或更换为燃气锅炉;(2)单户独立采暖:随着采暖方式的变化,单户独立采暖的方式越来越受到重视。根据我国目前的情况,单户独立采暖使用燃气或电作为能源的可能性比较大。但用电采暖,需要电网等设备的配套和电价政策的支持;而燃气采暖则不需要,只要燃气能送到的地方均可以实现单户独立采暖,用户只需要有一台燃气采暖锅炉,即可同时解决生活热水和采暖问题。

燃气空调和以燃气为能源的热、电、冷三联供的全能系统已经引起广泛关注,它对缓解夏季用电高峰、减少环境污染、提高燃气管网利用率、保持用气的季节平衡、降低燃气输送成本等都有很大帮助,特别是三联供的方式具有较高的技术经济价值,是今后燃气空调的发展方向。采暖与空调用气特点是季节性明显。

5. 燃气汽车用户

燃气汽车指使用天然气和液化石油气为动力的汽车。发展燃气汽车可以改善汽车尾气对大气的污染,目前,燃气汽车主要有液化石油气和压缩天然气两大类,这两类汽车改装技术、燃气灌装技术都比较成熟。大部分燃气汽车属于油气两用车(既可以使用汽油,也可以使用燃气)。从投资方面看,由于这些汽车需要配置双燃料系统,购车时的一次性投资略大于普通燃油汽车。但燃气汽车与燃油汽车相比,燃料价格具有较明显的优势。从国内燃气汽车的使用情况看,压缩天然气汽车主要用于公交车和出租车,液化石油气汽车主要用于出租车及其他公务用车。燃气汽车用气量与城镇燃气汽车的数量及运营情况有关,用气量随季节等外界因素变化比较小。发展燃气汽车不仅有利于减轻城镇大气污染,还可减少对石油产品的依赖。

6. 其他用气

主要指发展过程中出现的新用气情况,有燃气发电、农业生产用气、化工用气、燃料电池等。

燃气发电:随着燃气—蒸汽联合循环发电装置单机容量的不断扩大,燃气发电将有广阔的发展前景。燃气发电与其他火电相比,具有明显的特点:对环境的污染小,燃气由于经过了净化处理,含硫量极低,每亿度电排放的SO_2仅是普通燃煤电厂的千分之一;热效率高,普通燃煤电厂热效率高限为40%,而天然气燃气—蒸汽联合循环电厂的热效率目前已达56%,这主要是联合循环将燃气透平与蒸汽透平进行了有机结合,从而提高了燃料蕴蓄的化学能与机械功之间的转换效率;燃气—蒸汽联合循环电厂开停车方便、调峰性能好。这也是今后燃气,特别是天然气应用的发展方向。

农业生产用气:燃气用于鲜花和蔬菜的暖棚种植、粮食烘干与储藏、农副产品的深加工等。

化工用气:我国天然气在化工行业主要用作原料,原料气以化肥及化工产品用气为主。此外,天然气在生物、医药、农药等方面的新应用将有所发展。

燃气燃料电池也在研究和开发之中。总之,燃气用途及用户发展随着气源的增加会不断扩大。

2.1.2 供气原则

供气原则不仅涉及国家及地方的能源与环保政策,而且和当地气源条件等具体情况有关。因此,应该从提高热效率、节约能源、保护环境等方面综合考虑。一般要根据燃气气源供应情况、输配系统设备利用率、燃气供应企业经济效益、燃气用户利益等方面情况,分析并制定合理的供气原则。城镇居民及商业用户是城镇燃气供应的主要对象,在气源不够充足的情况下,一般应考虑优先供应这两类用户用气。这类用户的特点是数量多,把燃气优先供给这些用户,不但可以提高居民生活水平、提高能源的利用效率、减少环境污染、改善大气质量,同时也间接减轻了城市交通运输的流量，取得良好的社会效益。

1. 居民用户及商业用户

应优先满足城镇居民的炊事及生活热水用气，尽量满足与城镇居民配套建设的商业用户（如学校、医院、职工食堂、托幼园所、旅馆、宾馆、饭店、科研院所、机关办公楼等）的用气。

2. 工业用户

由于工业用户用气较稳定，且燃烧过程易于实现自动控制，是理想的燃气用户。在发展民用及商业用户的同时，兼顾发展工业用气。当工业用户配用合适的多燃料燃烧器时，它们可以作为燃气供应系统的调峰用户，错开时间用气，这样做有利于提高燃气供应系统整体的设备利用率，降低燃气输配成本，有利于节假日高峰负荷的调度与平衡，缓解供、用气矛盾，取得较好的经济效益。因此，在可能的情况下，城镇燃气用户中应尽量包含一定量的工业用户。对于工业用户，应优先供给工艺上必须使用燃气、用气量又不大、自建人工燃气站又不经济的高精尖工业和节能显著的中小型工业企业。

(1)当城镇燃气气源采用人工燃气且气源不充足时，工业用户可以按两种情况处理：

① 用气量不很大，靠近城镇燃气管网，使用燃气后产品的产量及质量都会有很大提高的工业企业，可考虑由城镇管网供应燃气；

② 用气量很大的工业用户如冶金、钢铁企业等，应考虑自建人工燃气站产气。

(2)当采用天然气为城镇燃气气源且气源充足时，应大力发展工业用户。但不宜供应远离城镇燃气管网的工业企业用户。

如果工业与民用燃气的用气量比例规划适当，将有利于平衡城镇燃气的供需矛盾，减少供应系统储气设施。

3. 燃气采暖与空调用气

我国有几十万台中小型燃煤锅炉和几十万台电制冷中央空调机，分布在各大城镇，担负采暖、供应蒸汽或空调的任务。这些锅炉热效率一般小于 55%，是规模较大的城镇污染源。如果燃煤锅炉改造或更换为燃气锅炉，每年的燃气消耗量是一个潜力很大的市场。如果这些电制冷机的一部分改用燃气驱动，不仅能够调整能源结构，而且能够对电和燃气分别起到削峰、填谷的作用。特别是热、电、冷三联供的方式具有较高的技术经济价值。

在制定城镇燃气供应规划时，如果气源为人工燃气，一般不考虑发展采暖与空调用气；当气源为天然气且气源充足时，可发展燃气采暖与空调用户，但燃气供应系统应采取有效的调节季节性不均匀用气的措施。

4. 燃气汽车以及其他用气

当气源为天然气或液化石油气且气源充足时，应从燃气的合理利用、环境保护与经济发展等方面综合考虑发展燃气汽车、天然气发电等。

2.1.3　用气量计算

1. 各类用户用气指标

城市各类用户的用气指标是计算城市燃气用量、确定各类用户比例、进行用气平衡的基本依据。各类用户用气指标数据的准确性与可靠性决定了城市燃气用量预测的准确与否。

(1)居民生活用气量指标

居民生活用气量指标是指城镇居民每人每年平均燃气用量。常用热量指标来表示，因为各类燃气的热值不同。居民生活用气量指标通常根据居民生活用气5～30年的实际运行数据资料,运用数学方法进行统计分析,计算得到。当缺乏用气量的实际统计资料时,可以根据对各种典型用户用气的调查和测定得出平均用气量,作为用气指标,同时参照我国部分地区居民生活用气量指标,见表2-1。

表2-1 城镇居民生活年用气定额[MJ/(人·年)]

城镇地区	有集中采暖的用户	无集中采暖的用户
东北地区	2303～2721	1884～2303
华东、中南地区	—	2093～2303
北京	2721～3140	2512～2931
成都	—	2512～2931
上海	—	2303～2512

注:(1)“采暖”系指非燃气采暖;(2)燃气热值按低热值计算。

影响居民生活用气量指标的因素很多,主要有居民所在地区的生活水平和生活习惯,住宅内使用燃气的设施,生活服务网(超市、快餐店、熟食店、餐饮业、浴室、洗衣房等)的发展程度以及商业供应主副食品、半成品情况,热水供应情况,气价的高低等。有些因素会造成用气量的自然增长即正影响;有些因素会造成用气量的减少即负影响。从目前我国居民生活用气情况分析,主要有以下五个方面:

① 户内燃气设备的类型

通常燃具额定功率越大,居民年用气量越多。当设置燃具额定总功率达到一定程度时,居民年用气量将不再随这一因素增长。居民有无集中热水供应也直接影响到居民年用气量的大小。目前一般只考虑商业集中采暖,不考虑商业集中热水供应,所以居民用户用气应包括炊事和热水(洗涤和沐浴),而用不同燃具(灶具或热水器)制取热水,其燃气耗量是有差异的。

② 能源多样化

其他能源的使用对居民年用气量也有一定影响。如电饭煲、微波炉、电热水器、太阳能热水器和饮水机等设备使用比例增加时,燃气用量必然减少。

③ 户内人口数

居民每户人口数可认为是使用同一燃具的人口数。户均人口较多时,人均年用气量略偏低,反之亦然。

④ 社区配套设施的完善程度

居民社区内公共福利设施完备时,居民通常会选择省时、省力和较经济的用餐与消费主、副食品、半成品方式。随着我国市场经济的发展,服务性设施的完善,家庭用热日趋社会化,户内节能效益不断提高,这无疑将对居民年用气量指标产生负影响。

⑤ 其他因素

居民所在地区的生活水平、生活习惯、作息及节假日制度、气候条件等也会对居民年用气量产生影响;国民人均年收入的提高会激励消费;气价高低也是用气多少的调节杠杆,但在目前情况下,燃气价格实行政府管理下的市场指导价,价格处于较低水平,对居民生活年用气量的影响似乎并不明显。

(2)商业用户用气量指标

影响商业用户用气指标的因素很多，主要是城镇燃气供应状况、燃气管网布置、商业用户的分布情况、商业用气设备的性能、热效率、加工食品的方式、地区气候条件等，其他因素有居民使用公共服务设施的普遍程度与使用商业设施档次等。商业设施标准有：居民每一千人中入托儿所、幼儿园的人数；居民每一千人应设置的医院床位数、旅馆床位数等等。

商业用户用气量指标应按商业用户的实际统计资料分析确定。当缺乏商业用气量的实际统计资料时，也可根据当地的实际燃料消耗量、生活习惯、燃气价格、气候条件等具体情况，参考我国商业用户用气量指标确定，见表 2-2。

表 2-2　商业用户用气量指标

类　别		单　位	用气量指标
职工食堂		MJ/(人·年)	1884～2303
饮食业		MJ/(座·年)	7955～9211
托儿所 幼儿园	全托	MJ/(人·年)	1884～2512
	半托	MJ/(人·年)	1256～1675
医院		MJ/(床位·年)	2931～4187
旅馆 招待所	有餐厅	MJ/(床位·年)	3350～5024
	无餐厅	MJ/(床位·年)	670～1047
高级宾馆		MJ/(床位·年)	8374～10467
理　发		MJ/(人·次)	3.35～4.19

注：1. 职工食堂的用气量指标包括做副食和用热水在内；

2. 燃气热值按低热值计算。

(3)工业企业用气量指标

工业企业用气量指标可由单位产品的耗气量或其他燃料的实际消耗量进行折算，也可按同行业的用气量指标分析确定。

(4)建筑物采暖及空调用气量指标

根据目前建筑物类别和使用性质以及参考国家现行的采暖空调设计规范中的推荐数据或当地建筑物耗热量指标确定。

(5)燃气汽车用气量指标

燃气汽车用气量指标应根据当地燃气汽车的种类、车型和使用量的统计分析确定。当缺乏用气量的实际统计资料时，可参照已有燃气汽车的城镇用气量指标确定。

(6)其他用气量

包括管网的漏损量和未预见量，一般按总用气量的 5%计算。

2. 城镇燃气年用气量计算

城镇燃气年用气量是进行燃气供应系统设计和运行管理以及确定气源、管网和燃气调峰设施的重要依据。年用气量应根据燃气的用户类别、各类用户的用气指标和用户数量确定。城镇燃气年用气量是按用户类型分别计算后汇总的。

(1)居民生活年用气量计算

居民生活年用气量与户内燃气设备的类型、住宅内有无集中采暖及热水供应、城镇居民气化率、居民生活习惯、作息及节假日制度、气候条件等有关。

城镇居民气化率是指城镇使用燃气的人口数占城镇居民总人数的百分数。一般城镇的气化率很难达到100%,因为城镇中存在着采用其他能源形式的建筑、新建建筑以及不适用于供气的旧房屋等情况。

居民生活年用气量可根据居民生活用气量指标、居民总数、气化率和燃气的低热值按下列公式计算:

$$Q_a = \frac{N\kappa q}{H_l} \tag{2-1}$$

式中,Q_a——居民生活年用气量,m^3/年;

N——居民总人口数,人;

κ——城镇居民气化率,百分数;

q——居民生活用气量指标,MJ/(人·年);

H_l——燃气低热值,MJ/m^3。

(2)商业用户年用气量计算

商业用户年用气量与城镇使用商业设施人口数、商业设施类型、设施用气量指标等因素有关。商业用户用气量的计算:一是按商业用户用气性质与用途、用气指标及服务人数进行计算;二是按商业用户拥有的各类用气设备数量和用气设备的额定热负荷进行计算。

$$Q_a = \frac{N\beta q}{H_l} \tag{2-2}$$

式中,Q_a——商业用户的年用气量,m^3/年;

N——居民总人口数,人;

β——各类用户用气人数占总人口的比例数,%;

q——各类商业用户的用气量指标,MJ/(人·年);

H_l——燃气的低热值,MJ/m^3。

当商业用户的用气量不能准确计算时,还可按城镇居民生活年用气量的某一比例进行估算。一般可按居民生活年用气量的10%~30%估算。

(3)工业用户年用气量计算

工业企业年用气量与其生产规模、工艺用气特点和设备使用时间等因素有关。在规划设计阶段,一般可按以下三种方法计算工业用户的年用气量。

① 参照已使用燃气且生产规模相近的同类企业年耗气量估算。

② 工业产品有耗气定额时,年用气量计算按照下式计算:

$$Q_a = \frac{1}{H_l}\sum m_i q_i \tag{2-3}$$

式中,Q_a——工业用户的年用气量,m^3/年;

q_i——某一项工业产品耗气定额,MJ/件;

m_i——某一项工业产品的年产量,件/年;

H_l——燃气的低热值，MJ/m³。

③ 在缺乏产品耗气定额的情况下，可根据企业实际消耗其他燃料的热量进行等量换算，折算得出年用气量，其中要考虑设备的热效率。

$$Q_a=\frac{1000G_yH'_l\eta'}{H_l\eta} \tag{2-4}$$

式中，Q_a——工业用户的年用气量，m³/年；

G_y——其他燃料年用量，吨/年；

H'——其他燃料的低发热值，MJ/kg；

η'——其他燃料燃烧设备的热效率，%；

η——燃气燃烧设备的热效率，%；

H_l——燃气的低热值，MJ/m³。

(4)采暖通风空调用户年用气量计算

建筑物采暖年用气量与使用燃气采暖的建筑物面积、采暖期时间、建筑物采暖耗热指标有关系，可由下式确定：

$$Q_a=\frac{100Fq_jn}{H_l\eta} \tag{2-5}$$

式中，Q_a——采暖的年用气量，m³/年；

F——使用燃气采暖的建筑面积，m²；

q_j——建筑物的耗热指标，MJ/(m²·h)；

n——供暖最大负荷利用小时数，h/年；

η——燃气采暖系统的热效率，%；

H_l——燃气的低热值，MJ/m³。

由于各地冬季采暖计算温度不同，建筑物耗热指标 q_j 是不同的，可按国家现行的《城市热力网设计规范》CJJ 34 中提供的有关推荐值来确定。

供暖最大负荷利用小时数可按下式计算：

$$n=n_1\frac{t_1-t_2}{t_1-t_3} \tag{2-6}$$

式中，n——采暖最大负荷利用小时数，h；

n_1——采暖期，h；

t_1——采暖室内计算温度，℃；

t_2——采暖期室外平均气温，℃；

t_3——采暖室外计算温度，℃。

建筑物空调年用气量与使用燃气空调机组的类型、建筑物空调面积、使用空调期长短、建筑物空调用气指标有关系。根据建筑物类别和使用性质以及参考《采暖通风与空气调节设计规范》GB 50019 中的推荐数据，结合实际情况，确定建筑物空调用气定额。

(5)燃气汽车用户年用气量计算

在制定城镇燃气供应规划时，如果气源为人工燃气，一般不考虑发展燃气汽车；当气源为天然气且气源充足时，可发展燃气汽车。燃气汽车年用气量与城镇燃气汽车种类、车型、数量及运营情况有关，用气量随季节等外界因素的变化比较小。

(6)其他用户年用气量计算

其他用户年用气量可根据其用气设备种类及耗气量等进行推算；当气源为天然气且气源充足时，可发展燃气发电。

(7)未预见供气量计算

城镇燃气年用气量计算中应考虑未预见量。未预见量主要是指燃气管网漏损量和规划发展过程中的未预见供气量，一般按年总用气量的5%估算。规划设计中应将未来的燃气用户尽可能地考虑进去，未建成、暂不供气的用户不能一律划归未预见供气范围。

城镇燃气年用气量为各类用户年用气量总和的1.05倍，即：

$$Q'_a = 1.05 \sum Q_a \tag{2-7}$$

式中，Q'_a——城镇燃气年用气总量，m^3/年；

Q_a——城镇各类用户的年用气量，m^3/年。

2.1.4 用户用气的不均匀

城镇燃气供应的特点是供气基本均匀，用户的用气不均匀，且随月、日、时而变化的。用户用气不均匀性取决于很多因素，如各类用户的用气工况及其在总用气量中所占的比例、当地的气候变化、居民生活水平及生活习惯作息制度、工业企业和政府机关的作息制度、建筑物内用燃气设备的情况和工厂车间用燃气设备的特点等等。显然，这些因素对用气不均匀性的影响不能用理论计算方法确定，最可靠的办法是在相当长的时间内收集并系统地整理实际数据，才能得到用气工况的可靠数据。用气不均匀性对燃气供应系统的经济性有很大影响。用气量较小时，气源的生产能力和长输管线的输气能力不能充分发挥和利用，从而提高了燃气生产、输送的成本。

用气不均匀情况可用季节或月不均匀性、日不均匀性、小时不均匀性描述。

1. 月不均匀性

影响居民用户、商业用户月用气工况的主要因素是气候条件。冬季气温低，水温也低，人们喜欢吃热的食品，用热水洗涤与沐浴，使冬季的燃气用量增加；夏季与之相反。影响工业用户月用气工况的主要因素是生产工艺的改进与产量变化，如果这些不变化，一般而言用气波动不会很大，连续生产的大工业企业可以按均匀考虑。采暖与空调用气属于季节性负荷，只有在冬季采暖和夏季使用空调的时候才会用气，显然，这种季节性负荷对城镇燃气的季节或月不均匀性影响最大。燃气汽车用气与汽车种类、车型、数量及运营情况有关，一个城市一段时间内使用的汽车种类、数量及运营情况不会有大的变化，它们的用气量随季节等外界因素的变化比较小，因此用气可以按均匀考虑。

根据各类用户月用气工况的详细情况，可编制出月用气量图表，用以确定供气计划方案和调峰手段。

一年中每月的用气不均匀情况用月不均匀系数 K_1 表示。由于每个月的天数多少不同，因此月不均匀系数不用月用气量与全年的平均月用气量的比值来表示，而采用式(2-8)更为准确，即：

$$K_1 = \frac{\text{该月平均日用气量}}{\text{全年平均日用气量}} \tag{2-8}$$

一年中，月不均匀系数值最大的月，称为计算月；并将月最大不均匀系数 K_m 称为月高峰系数。

几个城市居民用气月不均匀系数见表 2－3。

表 2－3　几个城市居民用气月不均匀系数

月份	哈尔滨	北　京	上　海	月　份	哈尔滨	北　京	上　海
一	1.10	1.06	1.12	七	0.93	0.88	0.91
二	1.03	1.03	1.32	八	0.94	0.91	0.91
三	1.02	0.93	1.12	九	0.97	1.01	0.91
四	0.97	0.99	1.03	十	1.02	1.01	0.92
五	0.95	1.03	0.97	十一	1.05	1.07	0.91
六	0.94	0.94	0.91	十二	1.08	1.15	0.98

2. 日不均匀性

在一个月或一周内，影响日用气波动的因素主要是居民生活习惯、工业企业的工作和休息制度及室外气温变化等。居民生活的炊事和热水日用气量具有很大的随机性，用气工况主要取决于居民习惯，平时和节假日用气规律各不相同。实测资料表明，我国一些城市，从周一至周五用气量变化很小，而周六和周日用气量较多；重要节假日用气量较多。即使居民的日常生活有严格的规律，日用气量仍然会随室外温度等因素发生变化。工业企业的工作和休息制度比较有规律，日用气量在平时变化较小，而在轮休日和节假日波动较大。另外室外气温的波动对日用气量也有影响。采暖用气的日用气量在采暖期内随室外温度变化有一些波动，但相对来讲是比较稳定的。

一个月（或一周）日用气量的变化情况，用日不均匀系数 K_2 表示，可按式（2－9）计算：

$$K_2=\frac{\text{该月中某日用气量}}{\text{该月中平均日用气量}} \tag{2-9}$$

该月中日不均匀系数最大值称为该月的日高峰系数 K_d。

3. 时不均匀性

城市燃气管网系统的管径及设备，是按计算月小时最大流量计算的，因此必须掌握可靠的小时用气波动数据，这对于燃气管网系统的运行以及为平衡波动所采用储气设施的大小都很重要。

城镇中各类用户在一昼夜中各小时的用气量有很大变化，特别是居民和商业用户。居民用户的小时不均匀性与居民的生活习惯、供气住宅的数量、所用燃具类型、居民的职业类别、工作休息制度等因素有关，一般会有早、中、晚三个高峰，周六、周日一般只有午、晚两个用气高峰。商业用户的用气与其用气目的、用气方式、用气规模等有关。工业企业用气主要取决于工作班制、工作时间等。一般三班制工作的工业用户，用气工况基本是均匀的；其他班制的工业用户在其工作时间内，用气也是相对稳定的。在采暖期，大型采暖设备的用气工况相对稳定，单户独立采暖的小型采暖炉，多为间歇式工作。

一天中每个小时的用气量变化情况用小时不均匀系数 K_3 表示，可按式(2-10)计算：

$$K_3=\frac{\text{该日某小时用气量}}{\text{该日平均小时用气量}} \tag{2-10}$$

该日中小时不均匀系数的最大值称为该日的小时高峰系数 K_h。

一般城市小时不均匀系数见表2-4，从中可见，居民住宅及商业的小时最大用气量发生在10～11时，小时高峰系数为2.71；工业企业的小时最大用气量发生在9～10时，小时高峰系数为1.57。

表2-4 一般城市小时不均匀系数

时间	居民住宅及商业	工业企业	时间	居民住宅及商业	工业企业
1～2	0.31	0.64	13～14	0.67	1.27
2～3	0.40	0.54	14～15	0.55	1.33
3～4	0.24	0.71	15～16	0.97	1.26
4～5	0.39	0.77	16～17	1.7	1.31
5～6	1.04	0.60	17～18	2.3	1.33
6～7	1.17	1.17	18～19	1.46	1.17
7～8	1.25	1.15	19～20	0.82	1.08
8～9	1.24	1.31	20～21	0.51	1.04
9～10	1.57	1.57	21～22	0.36	1.16
10～11	2.71	0.93	22～23	0.31	0.57
11～12	2.46	1.16	23～24	0.24	0.66
12～13	0.98	1.21	24～1	0.32	0.47

2.1.5 燃气的小时计算流量

城市燃气管网系统的管径及设备是按计算月的高峰日小时最大用气量(即计算月小时最大流量)计算的，而不是按年用气量来计算。小时计算流量的确定，关系着燃气供应系统的经济性和可靠性。小时计算流量定得过高，会增加输配系统的基建投资和金属耗量；定得偏低，又会影响对用户的正常供气。目前，根据《城镇燃气设计规范》GB 50028中规定城镇燃气管道的小时计算流量可用两种方法确定，不均匀系数法和同时工作系数法。

1. 不均匀系数法

不均匀系数法适用于规划、设计阶段，估算燃气管道直径及设备容量，确定燃气管道的小时计算流量。

燃气分配管道的小时计算流量按计算月的高峰小时最大用气量确定，其计算公式为：

$$Q_h=\frac{Q'_a}{365\times24}K_mK_dK_h \tag{2-11}$$

式中，Q'_a——城镇燃气年用气量总和，m^3/年；

Q_h——燃气管道的小时计算流量，m^3/h；

K_m——月高峰系数；

K_d——日高峰系数；

K_h——小时高峰系数。

城镇居民及商业用户用气的高峰系数应根据城镇实际用气的统计资料确定。当缺乏实际统计资料或给未用气的城镇编制规划设计时，可结合当地的具体情况，参照相似城镇的高峰系数值选取，参见表 2－5。

表 2－5　几个城市居民和商业用气的高峰系数

序　号	城市名称	高　峰　系　数			
		K_m	K_d	K_h	$K_mK_dK_h$
1	北　京	1.15～1.25	1.05～1.11	2.64～3.14	3.20～4.35
2	上　海	1.24～1.30	1.10～1.17	2.72	3.7～4.14
3	大　连	1.21	1.19	2.25～2.78	3.24～4.0
4	鞍　山	1.06～1.15	1.03～1.07	2.40～3.24	2.61～4.0
5	哈尔滨	1.15	1.10	2.90～3.18	3.66～4.02
6	一般城市	1.1～1.3	1.05～1.20	2.20～3.20	2.54～4.99

显然，城镇燃气供应系统的各类用户数越多，用气高峰系数越小；燃气的用途越多样（炊事和热水洗涤、沐浴、采暖、燃气汽车等等），用气高峰系数越小。

小时高峰系数的选取应考虑民用供气的总户数，供应的户数愈多，小时高峰系数愈应取偏小数值。当总户数少于 1500 户时，作为特殊情况，小时高峰系数可取 3.3～4.0。

总的来说，要根据各个城市各类燃气用户的用气情况，调查用户的用气规律，准确描述其用气不均匀性，选取合理的月高峰系数、日高峰系数与时高峰系数，达到城镇燃气系统设计效果最佳的目的。

不均匀系数法的出发点是考虑居民用户的用气目的、用气人数、人均年用气量和用气规律，而没有考虑用户燃具的设置情况。

2. 同时工作系数法

该种方法适用于居民小区、庭院及室内燃气管道的设计计算。

在用户的用气设备确定以后，管道小时计算流量根据燃气设备的额定流量和同时工作的概率来确定，其计算公式为：

$$Q_h = k_0 \sum (kNQ_n) \qquad (2-12)$$

式中，Q_h——燃气管道的小时计算流量，m^3/h；

k_0——不同类型用户的同时工作系数；当缺乏资料时，可取 1；

k——燃具同时工作系数；

N——同一类型燃具的数目；

Q_n——燃具的额定流量，m^3/h。

同时工作系数反映燃气用具集中使用的程度，它与用户的生活规律、燃气用具的种类、数量等因素密切相关。用户数量越多，同时工作系数越小。该系数还与不同类型燃气设备的组合使用有关。

居民生活用燃具的同时工作系数可按表2-6确定，商业和工业用户的同时工作系数可以按加热工艺的情况确定。

表2-6 居民生活用燃具的同时工作系数 k

同类型燃具的数目N	燃气双眼灶	燃气双眼灶和快速热水器	同类型燃具的数目N	燃气双眼灶	燃气双眼灶和快速热水器
1	1.00	1.00	40	0.39	0.18
2	1.00	0.56	50	0.38	0.178
3	0.85	0.44	60	0.37	0.176
4	0.75	0.38	70	0.36	0.174
5	0.68	0.35	80	0.35	0.172
6	0.64	0.31	90	0.345	0.171
7	0.60	0.29	100	0.34	0.17
8	0.58	0.27	200	0.31	0.16
9	0.56	0.26	300	0.30	0.15
10	0.54	0.25	400	0.29	0.14
15	0.48	0.22	500	0.28	0.138
20	0.45	0.21	700	0.26	0.134
25	0.43	0.20	1000	0.25	0.13
30	0.40	0.19	2000	0.24	0.12

注：① 表中"燃气双眼灶"是指一户居民装设一个双眼灶的同时工作系数；当每一户居民装设两个单眼灶时，也可参照本表计算。

② 表中"燃气双眼灶和快速热水器"是指一户居民装设一个双眼灶和一个快速热水器的同时工作系数。

同时工作系数法是考虑一定数量的燃具同时工作的概率和用户燃具的设置情况，来确定燃气小时计算流量。显然，这一方法并没有考虑使用同一燃具的人数差异。

相同类型燃具同时工作系数 k 值、不同类型用户的同时工作系数 k_0 值的选取，从用气事件本质上说是随机的，不可能理论导出，只有在对用气对象进行实际观测得到大量数据后，用数理统计及概率分析方法才能合理确定。

2.2　燃气供需平衡与调峰设施

城市各类用户对燃气的使用情况是随着月、日、时发生变化的，这决定了城市燃气的供应也应随着月、日、时发生不均匀变化。但气源的燃气生产量不可能完全按用户用气量的变化而变化，因而燃气输配系统应具有调节燃气供需平衡的手段。

2.2.1　调节供需平衡的方法

1. 调节供需平衡的手段

要综合分析气源、用户及输配系统的具体情况，提出合理的调峰手段。一般城镇燃气供应系统会在技术经济比较的基础上采用几种调峰手段的组合方式。目前常用的调节方法如下：

(1)改变气源的生产能力和设置机动气源

对于人工燃气供应系统，可以考虑改变气源的生产能力或者设置机动气源以适应用户用气情况的变化，但必须考虑气源运转、停止生产的难易程度、气源生产负荷变化的可能性和变化的幅度等，同时还应考虑技术经济的合理性。一般干馏煤气(尤其是焦炉煤气)的产量是不能或不宜调节的，而油制气、发生炉煤气及液化石油气混空气等气源，具有设备启停方便，负荷变化范围大，调度灵活，机动性强等特点，既可作为主气源，也可设置为机动气源，用于部分调节月不均匀或日用气不均匀，甚至小时用气不均匀。城镇燃气供应系统在设置机动气源时，应根据当地能源条件和需要，考虑可能取得的机动气源种类及数量。

对于天然气供应系统，远离天然气产地的异地用户不是想要就可以随时生产供应的，但距离天然气产地不远的用气城镇，采用调节气井产量的方法平衡部分月不均匀用气是可以的。

(2)利用缓冲用户进行调节

一些大型工业企业及锅炉房等可作为城镇燃气供应系统的缓冲用户。在夏季用气低谷时，可将多余燃气供应给它们使用；而在冬季用气高峰时，这些缓冲用户可改用其他燃料如固体燃料或液体燃料，这样可以调节季节性负荷和一部分日用气负荷。缓冲用户由于需要设置两套燃料燃烧系统，用户投资费用会增加，而燃气输配系统方面可降低投资及运行费用。对用户的投资费用的增加，一般可利用燃气的季节性差价予以补偿，鼓励它们错峰用气。

另外，燃气供应系统调度、调配供气与用气，也是解决供用气矛盾的重要手段。在气源比较紧张的情况下，可采用调整大型工业企业用户的厂休日和作息时间，有计划的暂停供应大型工业企业供气等方法来调节日用气不均匀。

(3)利用储气设施进行调节

一般来讲，燃气供应系统完全靠气源和用户的调度与调节是不能解决供气和用气之间的矛盾的。所以，为保证供气的可靠性，还需要设置容积不等的储气设施。对于不同气源和不均匀用气差异很大的情况，储气方式与设施有很大差别。储存燃气的方式有储气罐储存、管道储存、管束储存、地下储存及低温液化储存等，它们的调峰能力见表 2-7。

2. 燃气储存方式

(1)地下储气

由于冬季和夏季燃气供应量的差异逐渐增大，靠小规模储存的方式来解决绝对量相当大的季节负荷差异显然是不实际的。建造燃气地下储气库是从根本上解决城镇燃气季节不均匀性、平抑用气峰值波动的最合理、有效的途径，地下储气库储气量大，造价及运行费用低，社会效益和经济效益非常显著，但利用地下储气库调节日或小时不均匀性是不经济的，因为采气强度急剧增加，会使储库的投资和运行费用增加。地下储气库一般用于储存天然气，也可储存液态液化石油气。

表 2-7 储气方式与调峰能力

<table>
<tr><th>按储气压力分</th><th colspan="2">按储存方式分</th><th>适用范围</th></tr>
<tr><td rowspan="3">高压储气</td><td>罐</td><td>圆柱形罐、球形罐</td><td>大容量，气、液态燃气（用于日、小时调峰）</td></tr>
<tr><td rowspan="2">管道</td><td>管束</td><td>储量不大（用于日、小时调峰，不能调节月高峰），陆地、船上应用</td></tr>
<tr><td>长输管线末端</td><td>储量不大（用于日、小时调峰，不能调节月高峰）</td></tr>
<tr><td rowspan="3">中压储气</td><td rowspan="3">地下储气</td><td>枯竭油气田储气</td><td rowspan="3">超大量储气（用于季节调峰、月调峰和一部分日调峰，但不应用来调节小时用气不均匀）</td></tr>
<tr><td>地下含水层储气</td></tr>
<tr><td>岩盐地穴储气</td></tr>
<tr><td>低压储气</td><td>罐</td><td>湿式罐、干式罐</td><td>小规模，储量不大，供应低压用户（用于日、小时调峰）</td></tr>
<tr><td rowspan="3">常压储气</td><td rowspan="3">液化储气</td><td>地面金属罐</td><td rowspan="3">储存 LNG 和其他低温气体，后两种适于大容量储气（用于季节调峰、月调峰、日调峰）</td></tr>
<tr><td>预应力混凝土储罐</td></tr>
<tr><td>地下冻土储罐</td></tr>
</table>

燃气的地下储存通常有下列几种方式：利用枯竭的油气田储气；利用含水多孔地层储气；利用盐矿层建造储气库储气；利用岩穴储气。其中已经开采而现在枯竭了的油气田显然是最好、最可靠、最为经济的地下储气库库址；利用岩穴储气造价较高，其他两种在有适宜地质构造的地方可以采用。

① 利用枯竭油气田地层穴储气

把燃气压入枯竭的油田或天然气田的地层穴进行储气，是地下储气方法中最简单而且较为安全可靠的一种，也是使用最多的一种。为了利用地层储气，必须准确地掌握地层的参数，如孔隙度、渗透率、有无水浸现象、形状构造和大小、油气岩层厚度、有关井身和井结构的准确数据及地层和邻近地层隔绝的可靠性等。以前开采过而现在枯竭的油气层，经过长期开采之后，其参数无疑是已知的，利用它储气一般不需要采取特殊措施，因为油气田的地质构造必然是气密的，基本不会发生泄漏现象。

② 利用多孔含水地层储气

这种储库的原理如图 2-1 所示，它的地质构造的特点是：下面是多孔含水砂层，上面是不透气的冠岩层，形成完全密封结构，燃气的压入及排出是通过从地面至浸透层的井孔。由于浸透性多孔砂层内水的流动比较容易，因此燃气压入时水被排出，燃气充满空隙，达到储气的目的。地下水位高度随储气量而改变，必须保持一定的储气压力，才能使井孔的底端在最高地下水位以上，不接触水面。其储气能力依据不同地质条件而有很大差别。

③ 利用岩盐地穴储气

利用岩盐矿床里除去岩盐后的孔穴或打井注入淡水使盐层的一部分被溶解形成的孔洞，

压入燃气进行储气。图 2-2 是利用盐矿层建造人工地下储气库时排盐设备流程。将井钻到盐层后，把各种管道安装至井下。由工作泵将淡水通过内管 1 压到岩盐层。饱和盐水从管 1 和管 2 之间的管腔排出。当通过几个测点测出的盐水饱和度达到一定值时，排除盐水的工作即可停止。为了防止储库顶部被盐水冲溶，要加入一种遮盖液，它不溶于盐水，而浮于盐水表面。不断地扩大遮盖液量和改变溶解套管长度，使储库的高度和直径不断扩大，直至达到要求为止。储库建成后，在第一次注气时，要把内管再次插到储库底部，从顶部打入燃气，将残留的盐水置换出库。

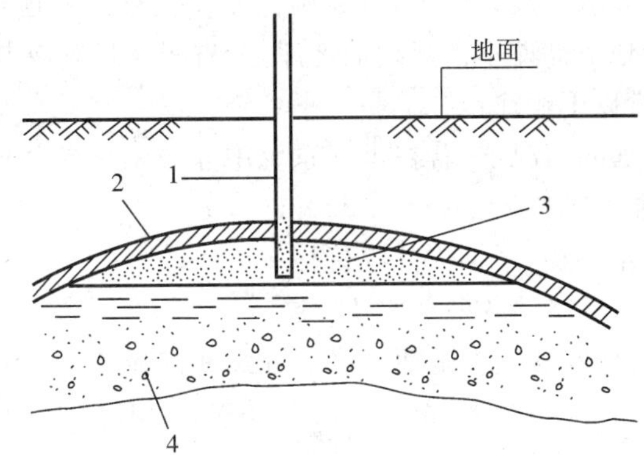

图 2-1　地下多孔含水层储气库原理

1-井孔；2-不渗透层；3-燃气；4-储气层(多孔含水砂层)

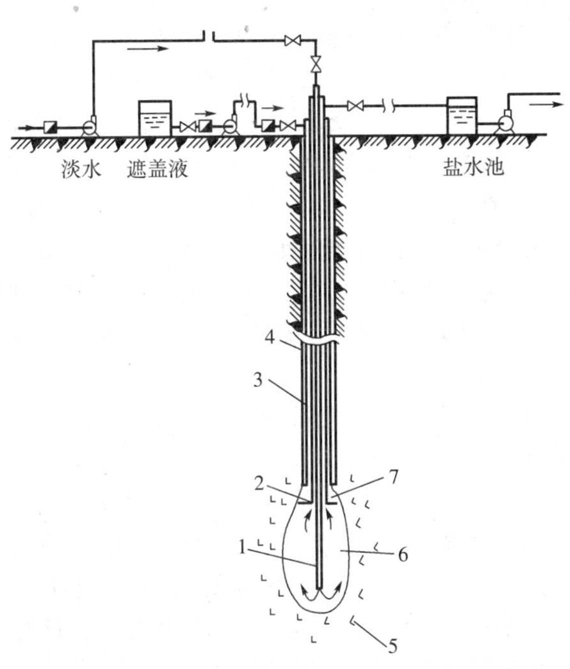

图 2-2　排盐设备流程

1-内管；2-溶解套管；3-遮盖液输送管；4-套管；
5-盐层；6-储穴；7-遮盖液垫

为保证“西气东输”管线沿线和下游长江三角洲地区用户的正常用气，我国在江苏金坛盐矿建设了第一座大型盐穴储气库，利用采空盐穴建造，盐穴溶腔主体为圆柱形，顶部为 35m 高的圆锥形，最大盐穴直径为 80m，理论几何体积为 32 万 m^3，净储气体积 25 万 m^3。

④ 利用岩穴储气

我国第一个采用世界最先进的地下岩洞储存液化石油气技术兴建的大型储库，2001 年在广东省汕头市建成。该储库建在两个地下岩洞中，利用地下天然的花岗岩凿洞而建，两座容量为 10 万 m^3，是我国最大的液化石油气项目，也是世界最大的同类项目之一。其设计和建设水平均系世界一流，即使在 8 级地震条件下，也能确保储库完整。它远离地面，使爆炸等不安全因素大大减少；同时由于地下储库不需建地面冷库，节省了大量制冷电力。

建设地下储气库还有以下用途：

(a)在与气田相距甚远的情况下，若在供气系统中建设地下储气库，可使干线输气管道的基本投资降低 30%，使输气成本降低 15%～20%；

(b)调节季节性供需不均衡，平抑天然气价格；

(c)储气库从调峰型向战略储备型延伸及发展。

利用地下储气库进行调峰比建设地面球罐等方式进行调峰具有以下优点：一是储存量大，机动性强，调峰范围广；二是经济合理，虽然一次性投资大，但经久耐用，使用年限长；第三是安全系数大，其安全性要远远高于地面设施。

自从世界首座地下储气库于 1915 年在加拿大安大略省的韦林特县建成以来，到 2007 年为止，全世界有地下储气库 634 座左右，其中绝大部分是枯竭气田，储气能力达到 5733 亿 m^3，相当于全世界年耗气量的 20%，相当于民用和商业用气的 44%，进入 21 世纪后，地下储气库的数量仍呈上升趋势。而我国第一座地下储气库尝试性建设是在 20 世纪 70 年代在大庆油田利用枯竭气藏建设的，而真正开始研究地下储气库是在 20 世纪 90 代后，随着陕甘宁大气田的发现和陕京天然气管线的建设，才开始在距北京约 200 公里外天津大港油田建成 2 千多米深的大张坨地下储气库，以确保北京、天津两大城市的安全供气。2003 年，在大港油田又建两座储气库，库容达到 46 亿 m^3，有效工作气量 11.47 亿 m^3，日最大供气量 1600 万 m^3，2003 年的调峰气量 7.6 亿 m^3，占陕京输气管道年销售量的 28%。

建设地下储气库对地质构造、气藏储层物性要求很高。大港地下储气库全部为凝析油枯竭气藏，位于地下 2200m 至 2300m，四周边缘都是水，底层封闭性好，注入天然气不会流失。

(2)液化储存

以液态方式储存的主要有天然气和液化石油气。天然气和液化石油气在常温、常压下均为气态，加压或降温可使其液化，体积缩小。天然气液化储存常采用低温常压的储存方法，将天然气冷冻至其沸点温度(－162℃)以下，天然气由气态变为液态，体积缩小 600 倍。

液态储存目的：①节约管道输运费用。天然气作为优质燃料的用途日益增加，但天然气资源的分布在地域上并不均衡，生产地和消费地相距较远，采用液化储存可以大大提高天然气的储存量，液化后运输较管道输送更经济。②多用于季节调峰：由于液化天然气的储存量可以很大，在没有条件建设地下储库进行季节调峰的地区，经过技术经济比较后也可设置液化天然气储存站。液化天然气是冬季高峰负荷调节的有效方法，美国和加拿大有 100 多个生产和储存液化天然气的装置，我国也在经济发达但能源短缺的珠江三角洲发展天然气液化项目。③在有天然气规划的城镇，液化天然气还可作为天然气管道未到达之前的用气气源。

建设天然气液化储存设施需要配套深度冷冻系统，费用较高，一般是建造地下储气库的 4～10倍，而且其日常的运行管理及维修费用也比较高。因此要充分考虑当地经济、生活水平、能源、环境等状况，进行论证。

天然气液化储存方式有地上金属储罐、预应力钢筋混凝土储罐、冻土地穴储存等。

① 地上金属储罐

图 2－3 为地上金属储罐示意图。其内壁用耐低温的不锈钢(9％镍钢或铝合金钢)制成，外壁由一般碳钢制成，以保护填在内外壁之间的绝热材料。底部的绝热材料必须有足够的强度和稳定性，以承受内壁和液化天然气的自重，一般用绝热混凝土。内外壁之间的绝热材料采用珍珠岩、玻璃棉等，或充装惰性气体，例如干氮气等。

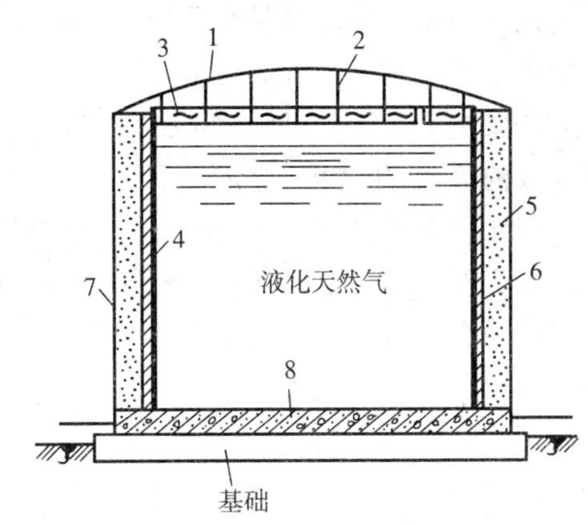

图 2－3　地上金属储罐示意图

1－顶部结构；2－吊杆；3－绝热层；4－不锈钢内壁；5－珍珠岩；6－玻璃棉；7－碳钢外壁；8－绝热混凝土层

② 预应力钢筋混凝土储罐

地下罐外壳主要材料用钢筋混凝土，见图 2－4 具有如下优点：

(a)抗变形能力强，热膨胀系数小；

(b)耐低温性能好，即使薄膜受损，低温储液与预应力混凝土壁接触也不会损坏外壁；

(c)耐久性好，不受地下水腐蚀，不变脆；

(d)它有很好的液密性，并且具有较好的抗震性能；

(e)适宜大型液化天然气储存。

③ 冻土地穴储存

地下冻土储罐建造方法是先插入一定数量的冻土管，冻结土壤，然后挖去内部的沙土，深度达到不渗透的地层，形成地穴坑，并在坑的四周和坑底制造一定厚度的冻土层，作为储罐壁和绝热层，有时罐内侧还有一层混凝土壁。顶部用金属加工制造，并附绝缘层。主要特点是占地少，产生火灾可能性小。适用于储量 2000 吨以上的大型罐，更经济。但对地下土壤结构有要求，底部要求是不容易渗透的岩石或粘土层。

根据资料介绍，建造三种罐的费用以地穴最便宜，地上金属罐最贵；但是包括运行费用在内的三种储存方式的生产成本几乎是相同的。

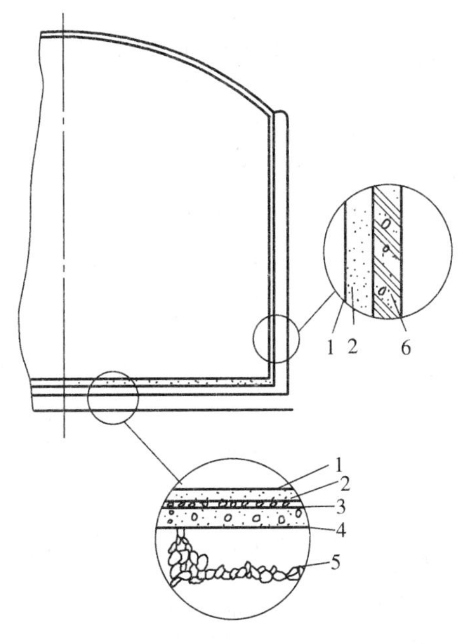

图 2－4　钢筋混凝土外壁的地下储罐

1－金属薄膜；2－隔热材料；3－沥青防水层；4－混凝土找平；5－底部垫层；6－钢筋混凝土

(3)管道储气

高压管束储气是将一组或几组直径为0.1～0.15m、长度几十米或几百米的钢管按一定的间距排列，埋在地下或架在地上，对管内燃气加压，利用气体的可压缩性进行储气。管束储气的最大特点是由于管径小，其储气压力可以比圆筒形和球型高压储罐的储气压力更高。

长输管线末端是指远距离输气管线最后一级压气站的出口到管线末端门站为止的管段。自压气机站输至末端的气量是稳定的，而自门站供给城市的气量是不均匀的。当门站所供应的气量小于压气机站输入的气量，管内的储气量开始增加，管道的平均压力相应增高；当门站所供应的气量大于压气机站输入的气量，管内的储气量开始减少，管道的平均压力相应降低。因而末段的流量、压力降、储气量及平均压力都处在周期性变化的不稳定状态。利用管线末端的压力变化储存燃气，是调节供气系统供需平衡的一种实用方法。

城市高压外环管道储气就是利用敷设在城市边缘的高压燃气管线进行储气的方式。它充分利用长输管线末端较高的燃气压力和城市中压管网的压力差进行储气与调峰。一般应用于城市规模及人口密度较大的特大城市。

利用管束(或长输管线末端、高压外环管线)储气是平衡城镇燃气小时不均匀用气的有效方法。

(4)储气罐储气

为保障城镇燃气供应系统的稳定供气，除采用上述储气方式以外，一般还需要设置规模、数量不等的储气罐，以平衡城镇燃气日及小时用气的不均匀性。储气罐储气与其他储气方式比较，金属耗量和投资都比较大。一般高压储罐储气容量较大，低压储罐储气容量小。

2.2.2 储气容积的确定

确定调峰储气总容量，应根据气源生产的供气、可调能力与用气不均匀情况和运行管理经验等因素综合确定。一般应由供气方与城镇燃气管理部门协商调峰方式。目前，我国燃气供应系统一般都是利用储气罐来调节日、小时用气不均匀性，可以按计算月的逐日或计算日的逐小时供需不平衡情况累计结果来确定调峰储气容积。

1. 储气容积统计方法如下：

(1) 先调查计算月或计算日内燃气分时用气量 Q_{2i}，并汇总 $\sum Q_{2i}$，据此确定一月或一日内生产计划总量 Q_1，两者应相等：$Q_1=\sum Q_{2i}$；

(2) 列出一月内逐日或一日内逐小时燃气生产或调度的累计结果，得出 $\sum q_{1i}$。

(3) 列出一月内逐日或一日内逐小时燃气用量的累计结果，得出 $\sum q_{2i}$。

(4) 对应计算出一月内逐日或一日内逐小时燃气生产量累计值 $\sum q_{1i}$ 与用气量累计值 $\sum q_{2i}$ 的差，即，$q_{3i}=\sum q_{1i}-\sum q_{2i}$ 得出一月内逐日或一日内逐小时燃气的储存量值 q_{3i}。

(5) 将一月内逐日或一日内逐小时燃气储存量的正、负最大的两个值，取绝对值相加，即得出调节供需波动所需的总储气量容积。$Q_3=|q_{3i}|_{\max}+|q_{3i}|_{\min}$

(6) 在此基础上，考虑燃气生产及使用上预报的偏差、生产中可能出现故障等影响以及储气罐工作条件及规格等因素，调整总储气量容积，并最终确定选用的储气罐容积。

2. 低压储气罐储气容积选取

对于低压储气罐，要考虑储气罐的实际调度容积，一般为公称容积的 85%。

$$V=\frac{Q_3}{0.85} \tag{2-13}$$

式中，V—— 储气罐公称容积，m^3；

Q_3—— 所需的储气量，m^3。

3. 高压储气罐储气容积选取

对于高压储气罐，储气罐容积需要根据储气罐的最高和最低工作压力差确定，即

$$V=\frac{\xi Q_3}{P_1-P_2} \tag{2-14}$$

式中，V—— 储气罐公称容积，m^3；

Q_3—— 所需的储气量，m^3；

ξ—— 生产调度安全系数，取 1 ～ 3；

P_1—— 储气罐的最高工作压力，10^5 Pa；

P_2—— 储气罐的最低工作压力，10^5 Pa。

在缺乏用气工况统计资料数据时，可参照相近城市的储气系数 C，如表 2-8 所示。结合自身规划具体情况，推算所需的储气罐容积 V。

储气系数的含义是：

$$\text{储气系数 } C=\frac{\text{储气设备总容积 } V}{\text{高峰月平均日供气量}} \tag{2-15}$$

$$\text{储气罐容积 } V=\text{储气系数 } C\times\text{高峰月份的平均日供气量}$$

表 2-8　我国几个城市的储气系数 C

项目＼城市	北京	上海	沈阳	大连	长春
工业占日用气量百分数(%)	45	51	65	34	35
民用占日用气量百分数(%)	55	49	35	66	65
储气系数 C	22%	30%	49.5%	45%	39%
备注	工业实行计划供气	有机动气源、工业实行计划供气		有机动气源	有机动气源

一般工业用气较为均衡，民用气波动较大。随着民用气量占总用气量比例加大，所需储气罐的储气系数加大，其值可参考表 2-9。

表 2-9　民用气量占日气量百分数不同时的储气系数 C

民用占日用气量百分数(%)	<40	50	>60
储气系数 C	30%～40%	40%～50%	50%～60%

【例2-1】 某市计算月最大日用气量为50万m^3/天，气源在一日内连续均匀供气。每小时用气量占日用气量的百分数如表2-10所示，试确定该燃气供应系统所需要的调峰储气容积，并绘制供、用气及储气曲线。

表2-10 某城市小时用气量占日用气量的百分比

时间	0—1	1—2	2—3	3—4	4—5	5—6	6—7	7—8	8—9	9—10	10—11	11—12
(%)	1.95	1.50	1.41	2.00	1.60	2.91	4.10	5.06	5.20	5.21	6.30	6.44
时间	12—13	13—14	14—15	15—16	16—17	17—18	18—19	19—20	20—21	21—22	22—23	23—24
(%)	4.90	4.81	4.76	4.75	5.80	7.62	6.15	4.58	4.48	3.22	2.80	2.45

解：按每日气源供气量为100%计，气源均匀供气，则每小时平均供气量的百分数为100%/24=4.17%。

从零时起，计算燃气供应量累计值与用气量累计值，两者的差值即为该小时的燃气储存量，计算结果填入表2-11。

根据计算出的最高储存量与最低储存量绝对值之和，即为所需调峰储气容积，即：

$$(13.7\%+4.03\%)\times500000=17.73\%\times500000=88650(m^3)$$

该城市为平衡高峰日的小时不均匀用气至少需要储存88650m^3燃气，调峰储气容积占日用气量的17.73%(该市某日的储气系数)。

依据调峰储气容积选取储气方式与储气设施时，应考虑气源的调节能力。当气源的生产或供应能力可以随着用气的不均匀性进行调节，即在用气高峰时，可以多供应燃气，用气低峰时，可以减少供气，则储罐的储气容积可减小。当用气负荷比较均匀时，调峰储气容积可减小。

表2-11 调峰储气容积计算表

小时	燃气供应量的累计值%	用气量%		燃气的储存量%	小时	燃气供应量的累计值%	用气量%		燃气的储存量%
		该小时内	累计值				该小时内	累计值	
0—1	4.17	1.95	1.95	2.22	12—13	54.17	4.90	48.58	5.59
1—2	8.34	1.50	3.45	4.89	13—14	58.34	4.81	53.39	4.95
2—3	12.50	1.41	4.86	7.64	14—15	62.50	4.76	58.15	4.35
3—4	16.67	2.00	6.86	9.81	15—16	66.67	4.75	62.90	3.77
4—5	20.84	1.60	8.46	12.38	16—17	70.84	5.80	68.70	2.14
5—6	25.00	2.91	11.37	13.63	17—18	75.00	7.62	76.32	−1.32
6—7	29.17	4.10	15.47	13.70	18—19	79.17	6.15	82.47	−3.30
7—8	33.34	5.06	20.53	12.81	19—20	83.34	4.58	87.05	−3.71
8—9	37.50	5.20	25.73	12.07	20—21	87.50	4.48	91.53	−4.03
9—10	41.67	5.21	30.94	10.73	21—22	91.67	3.22	94.75	−3.08
10—11	45.84	6.30	37.24	8.60	22—23	95.84	2.80	97.55	−1.71
11—2	50.00	6.44	43.68	6.32	23—24	100.00	2.45	100.00	0

可见，在气源供气情况明确以后，调查用户的用气规律，准确描述其用气不均匀性，对确定调峰储气容积、选取储气罐是至关重要的。在规划设计阶段，当缺乏用气工况统计资料时，也可参照类似的城镇燃气供应系统，按计算月最大日用气量的 20%～40% 来估算调峰储气容积。

将上述计算结果绘制成曲线，见图 2-5。

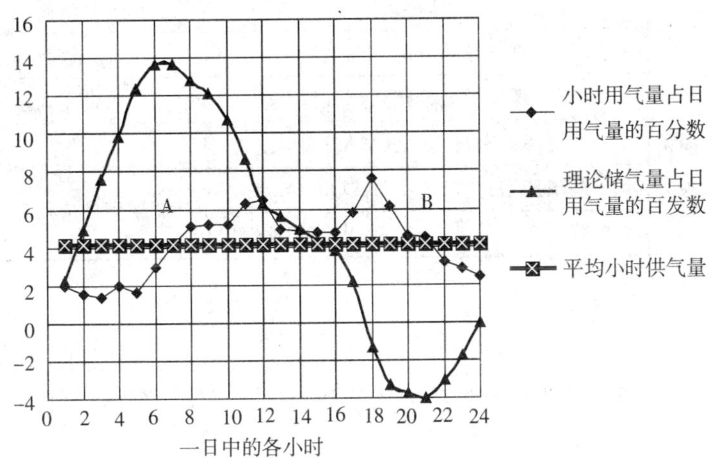

图 2-5　燃气供、用气变化曲线和贮气罐工作曲线

A、B—用气量与供气量相等的瞬间

2.2.3　储罐

城市燃气用量的波动是相当大的，在一天中燃气用量的差别也很明显。例如，在中午时燃气用量就很大，而夜间的用量却是微乎其微的。显而易见，连续生产的气源厂是不能解决短期高峰用气的。为此，应在用气量小的时候将燃气储存起来，以供高峰期使用，设置地上燃气贮罐，就起到这样的作用。它可以平衡城镇燃气日及小时用气的不均匀性，保障城镇燃气供应系统的稳定。

1. 储罐作用

燃气储罐是燃气输配系统中经常采用的储气设施，有以下用途：

(1)储气罐可随小时用气量的变化情况，补充不能及时供应的部分燃气量，解决燃气生产与使用不平衡的矛盾。

(2)当发生意外事故，如停电、管道维修、制气或输配设备发生暂时故障时，储气罐可保证一定程度的供气，即可以保证重点用户及不能停气的用户能维持用气。

(3)可用于掺混不同组分的燃气，使燃气的性质(成分、热值等)稳定均匀。

(4)合理确定储气设施在供气系统的位置与容积，使输配管网的供气点分布均匀合理，改善管网的运行工况，优化输配管网的技术经济指标。

(5)对间歇循环制气设备起缓冲、调节、稳压作用。

(6)回收工业生产的高炉煤气及其他可燃、可用废气。

2. 储罐分类

储罐按储存压力及结构形式分类见表 2-12。

表 2－12 燃气储罐分类

<table>
<tr><th>按储气压力分类</th><th>密封方式</th><th colspan="2">按结构形式分类</th><th>适用范围</th></tr>
<tr><td rowspan="3">高压储气罐</td><td rowspan="3">罐体密封</td><td rowspan="2">圆柱形罐</td><td>立式</td><td rowspan="2">小规模高压储气</td></tr>
<tr><td>卧式</td></tr>
<tr><td colspan="2">球形罐</td><td>大容量高压气、液态储气</td></tr>
<tr><td rowspan="5">低压储气罐</td><td rowspan="2">水密封</td><td colspan="2">直立导轨升降式储气罐</td><td>储量较小，逐步被淘汰</td></tr>
<tr><td colspan="2">螺旋导轨升降式储气罐</td><td>较直立式量大，广泛使用</td></tr>
<tr><td rowspan="3">稀油、润滑脂、橡胶夹布</td><td colspan="2">稀油密封，曼型（MAN 型）</td><td rowspan="3">大容量储存脱湿燃气，曼型干式储罐国内应用较多。</td></tr>
<tr><td colspan="2">润滑脂密封，可隆型（KLONNE 型）</td></tr>
<tr><td colspan="2">橡胶夹布密封，威金斯型（WIGGINS 型）</td></tr>
</table>

（1）低压储罐

低压储罐的工作压力一般在 6kPa 以下，工作压力波动不大，储气量随储罐容积的变化而改变，又称为定压储气；通常只用于气源压力比较低的供气系统。低压储气罐有湿式罐和干式罐两大类。

① 湿式储罐

低压湿式罐是在水槽内放置钟罩和塔节，钟罩和塔节随着燃气的进出而升降，并利用水封隔断内外气体来储存燃气的容器。罐的容积随储存燃气量的变化而变化。$3000m^3$ 以下小容量储气一般选用单节储气罐，钟罩高度等于水槽高度，通常水槽高度为直径的 30％～50％。大容量储气时，为避免水槽高度过大，可采用多节储气罐，每节的高度等于水槽的高度，而钟罩和塔节的全高约为直径的 60％～100％。

（a）直立导轨升降式储气罐

直立罐由水槽、钟罩、塔节、水封、导轨立柱、导轮、增加压力的加重装置及防止造成真空的装置等组成，构造如图 2－6 所示。由于储气量少，承受风荷载大，该储气方式已逐渐被淘汰。

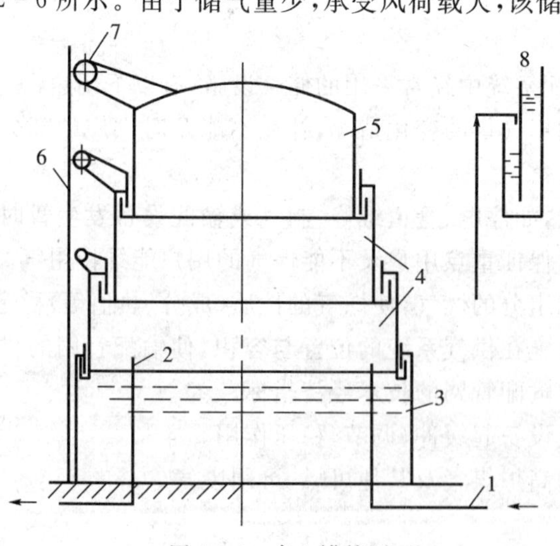

图 2－6 直立罐简图

1－燃气进口；2－燃气出口；3－水槽；4－塔节；5－钟罩；6－导向装置；7－导轮；8－水封

(b)螺旋导轨升降式储气罐

图 2－7 所示为三节螺旋导轨式储罐的示意图，简称螺旋罐。其罐体靠导轨(安装在内节钟罩上)与导轮(安装在外节钟罩上的水槽平台上)相对滑动而螺旋升降。这种罐由水槽、钟罩、塔节、水封、导轨、导轮、平台、扶梯等组成。主要优点是比直立罐节省金属 15%～30%，且外形较为美观。它的缺点是不能承受强烈的风压，故在风速太大的地区不宜设置。此外，其施工允许误差较小，基础的允许倾斜或沉陷值也较小，导轮与轮轴磨损剧烈。

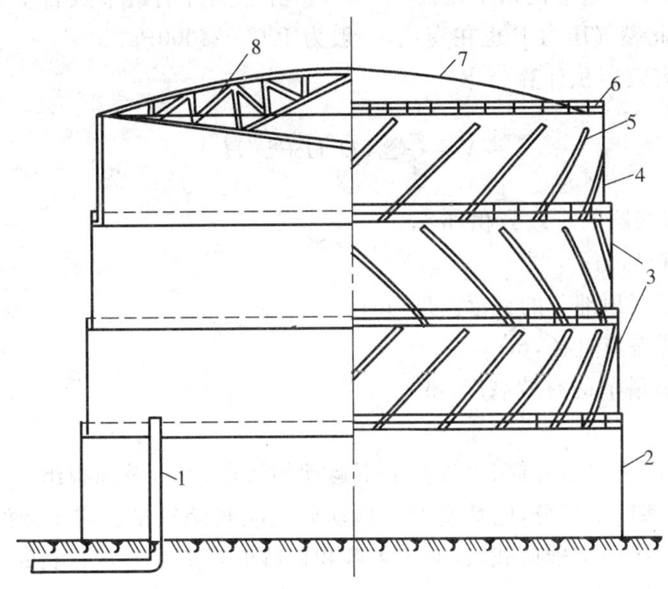

图 2－7　螺旋罐示意图

1－进(出)气管；2－水槽；3－塔节；4－钟罩；5－导轨；6－平台；7－顶板；8－顶架

这种罐在我国人工燃气储存中曾经得到广泛应用，其构造尺寸、操作压力及金属消耗指标见表 2－13。

表 2－13　湿式螺旋罐的各项参数

公称容积(m^3)	有效容积(m^3)	水槽直径(m)	塔节数(包括钟罩)	高度(m)		耗钢量(t)	消耗金属量(kg/m^3)	压力(Pa)	
				钟罩塔节	水槽			有加重物	无配重
5000	4927	22	2	15.93	8.0	123.368	24.5		2100
									1200
20000	22000	39	3	23.15	8.0	371.104	18.5	3000	2000
								2600	1530
								2100	1000
50000	54200	46	4	39.68	9.98	662.580	13.2		2280～1180
100000	105800	63	4	39.93	10.0	926.760	9.50		2250～1030
150000	166000	67	5	56.75	11.28	1372.00	8.30		2800～1600

(c)湿式罐储气压力计算

$$P=\frac{mg}{F} \tag{2-16}$$

式中，P——燃气压力，Pa；

m——上升钟罩及塔节的质量，包括水封内水的质量，kg；

F——上升钟罩或塔节的水平截面积(m^2)。由于上升的塔节数目不同，质量 m 也就不同，因此燃气压力 P 也在变化，一般为 1000～4000Pa。

(d)湿式罐的有效容积计算

$$V=\frac{\pi}{4}\sum(D^2H+D_i^2H_i) \tag{2-17}$$

式中，V——低压湿式罐的有效容积，m^3；

D——钟罩直径，m；

H——不包括圆顶部分的钟罩高度，m；

D_i——第 i 节塔节直径，m；

H_i——第 i 节塔节的有效高度，m。

② 干式储罐

低压干式储气罐主要由外筒、沿外筒上下运动的活塞、底板及顶板组成。

燃气储存在活塞以下部分，随活塞上下移动而增减其储气量。它不像湿式罐那样设有水封槽，故可大大减少罐的基础荷载，这对于大容积储罐的建造是非常有利的，容积越大，干式罐越经济。干式储罐的最大问题是密封，也就是如何防止固定的外壳与上下活动的活塞之间发生漏气。根据密封方法不同，目前实际采用的有下列三种罐型：曼(MAN)型、可隆(KLONNE)型、威金斯(WIGGINS)型。

曼型储罐由钢制正多边形外壳、活塞、密封机构、底板、罐顶(包括通风换气装置)、密封油循环系统、进出口燃气管道、安全放散管、外部电梯、内部吊笼等组成，见图 2-8。活塞随燃气的进入与排出在壳体内上升或下降，支承在活塞外缘的密封机构紧贴壳体侧板内壁同时上升或下降，其中的密封油借助于自动控制系统始终保持一定的液位，形成油封，使燃气不会逸出。燃气压力由活塞自重与在活塞上面增加的配重所决定。

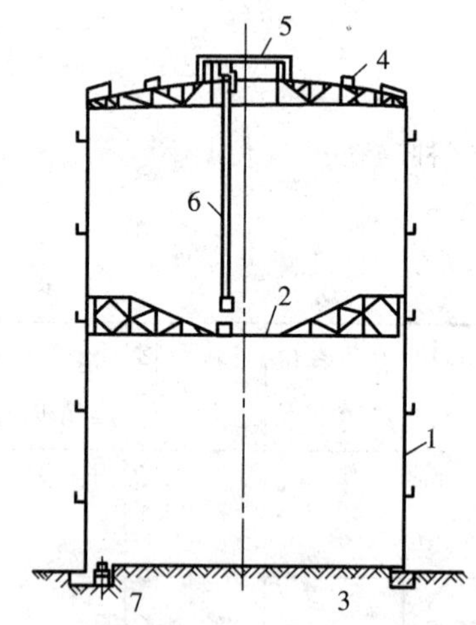

图 2-8 曼型干式罐示意图

1-外筒；2-活塞；3-底板；4-顶板

5-天窗；6-梯子；7-燃气入口

③ 湿式储罐和干式储罐比较

低压湿式螺旋罐和曼型干式罐比较见表 2-14。

从表中可以看出，低压干式罐与低压湿式罐相比有很多优点，所以干式罐是低压储气的发展方向。干式储气罐的最大问题是密封，如果其密封解决得好，有着广泛的应用前景。目前国内应用较多的低压干式罐是曼型干式储罐，常用的公称容积有 1 万 m^3、5 万 m^3 和 10 万 m^3。

表 2-14　低压湿式螺旋罐和干式储气罐比较

项目	低压湿式螺旋罐	曼型干式罐
罐内压力	随储气罐塔节的增减而改变，燃气压力是波动的	储气压力稳定
罐内湿度	罐内湿度大，出口燃气含水分高	储气气体干燥
保温蒸汽用量	寒冷地区冬季需要保温，除水槽加保护墙外，所有水封部位加引射器喷射蒸汽保温，蒸汽用量大	冬季气温低于 5℃时，罐底部油槽有蒸汽管道加热，但是蒸汽用量比较小
使用寿命	一般≥30 年，由于水槽底部细菌繁殖，使水中硫酸盐生化还原成 H_2S，易使罐体内壁腐蚀	一般≥50 年，由于内壁表面经常保持一层厚度 0.5mm 的油膜，保护钢板不受到腐蚀
占地面积	高径比一般为 0.9～1.2，钟罩顶落在水槽上部，空间利用降低，占地面积较大；	高径比般为 1.2～1.7，活塞落下与底板间距高为 60mm 左右，储气空间大，占地面积小
抗震性能	由于水槽各部塔节为浮动结构，在发生强地震和强风时易造成塔体倾斜，产生导轮错动、脱丝、卡阻等现象	活塞不受强风和冰雪影响
基础	水槽内水量大，湿式气罐对基础不均匀沉降敏感性强，过大的沉降会导致导轮卡轨，影响升降的灵活性及水封的密封效果。因此，基础设计应控制不均匀沉降量越小越好，一般小于 50mm。在软地基上建罐应进行基础处理	自重轻，地基处理简单
罐体耗钢量	低	高（为湿式罐的 1.35～1.5 倍）
罐体造价	低	高（为湿式罐的 1.5～2 倍）
安装精度要求	低（安装不需要高空作业）	高（施工需高空作业，难度较大）

(2)高压储罐

高压储气罐储存原理与低压储气罐有所不同，即罐的几何容积固定不变，靠改变其中燃气的压力来储存燃气，工作压力 $P \geqslant 0.8\mathrm{MPa}$，故称定容储气。由于定容储罐没有活动部分，因此结构比较简单。高压罐按其形状可分为圆筒形和球形两种。

① 圆筒形储罐

圆筒形储罐是由钢板制成的两端封头的圆筒形容器，封头有半球形、椭圆形和碟形。按安装的方式可分为立式和卧式两种。前者占地面积小，但对防止罐体倾倒的支柱及基础要求较高。卧式占地面积大，但支柱和基础做法较为简单。圆筒形储罐制作方便，耗钢量比球罐大，一般用作小规模的高压储气设备，其附属装置有鞍形钢支座、进出气管道、压力表、安全阀、底部冷凝液排出管等。支座与基础之间要能滑动，以防止罐体热胀冷缩时产生局部应力。卧式圆筒形罐的构造见图 2-9。

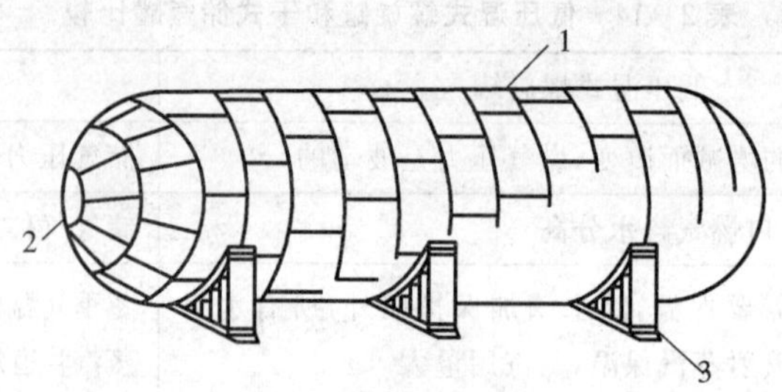

图 2-9　圆筒形储罐
1-筒体;2-封头;3-鞍式支座

② 球形储罐

球形储罐通常是由工厂分瓣压制成钢板球片,试组装后运到现场拼装、焊接而成。罐的瓣片分布颇似地球仪,一般分为极板、南北极带、南北温带、赤道带等,见图 2-10(a)。罐的瓣片也有类似足球外形的,见图 2-10(b)。其附属装置有:进出气管道、底部冷凝液排出管、就地压力表、远传指示仪、防雷防静电接地装置、安全阀、放散管、人孔、扶梯及走廊平台等。球型罐的支座一般采用赤道正切支座、拉杆支撑体系,以便把水平方向的外力传到基础上。设计支座时,应考虑到罐体自重、风压、地震力及试压的充水质量,并应有足够的安全系数。高压储气罐宜分别设置燃气进、出管(不需起混气作用的高压罐进出口管可合为一条)。为了防止罐内冷凝水及尘土进入进、出气管内,进、出气管应高于罐底。储罐上的人孔应设在维修管理及制作储罐都较方便的位置,一般在罐顶及罐底各设置一个人孔。储气罐高度超过当地有关规定时,应设高度障碍标志。

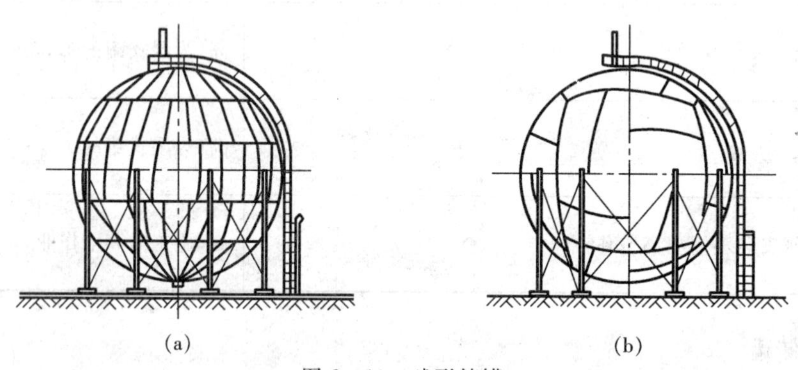

图 2-10　球形储罐
(a)地球仪式;(b)足球式

③ 高压储罐储气量计算

高压储罐的有效储气容积可按下式计算:

$$V=\frac{V_C(P-P_C)T_0}{P_0 T} \qquad (2-18)$$

式中,V ——储气罐的有效储气容积,m^3;

V_C——储气罐的几何容积,m^3;

P ——储气最高工作压力,10^5 Pa;

P_c——储气罐最低允许压力，10^5Pa；其值取决于罐出口处连接的调压器最低允许进口压力；

P_0——标准状态大气压，10^5Pa；

T、T_0——使用温度、标准状态的温度，K。

储罐的容积利用系数可用下式表示：

$$\varphi=\frac{VP_0}{V_CP}=\frac{V_C(P-P_C)}{V_CP}\frac{T_0}{T}=\frac{P-P_C}{P}\frac{T_0}{T} \tag{2-19}$$

通常储罐的工作压力已定，欲使容积利用系数提高，只有降低储罐的剩余压力，而后者又受到管网中燃气压力的限制。为了使储罐的利用系数提高，可以在高压储罐站内安装引射器，当储罐内燃气压力接近管网压力时，就开动引射器，利用进入储罐站的高压燃气的能量把燃气从压力较低的罐中引射出来，这样可以提高整个罐站的容积利用系数。但是利用引射器时，要安设自动开闭装置，否则如果管理不妥，会影响正常工作。

④ 圆筒形罐与球形罐的应用

从金属耗量来看，球形罐单位金属耗量小。球形储气罐在相同的内压下所承受的一次薄膜应力仅为圆筒形储罐环向应力的 1/2，并且在板面积相同的条件下，容积大于圆筒形罐。从制造、安装角度来看，球形罐制造较为复杂，制造安装费用较高。

在应用中，一般小容量的储罐多选用圆筒形罐，而大容量的储罐则多选用球形罐。球形罐受力好，省钢材，在世界各国应用广泛，很多国家已经建成各种规格的大型高压球罐，国外的燃气球形罐直径达 47.3m，容积为 55500m^3。当采用高强度钢材，壁厚减少至 40mm 以下，无需热处理，施工方便。

高压罐可以储存气态燃气，也可以储存液态燃气。当燃气以较高的压力送入城市时，一般采用高压罐储气。当气源以低压燃气供应城市时，是否采用高压罐必须进行技术经济比较后确定。

随着我国石油、天然气工业的发展，天然气作为城市燃气气源已日渐增多，天然气在城市燃气中所占比例也逐渐增大，因此，高压球罐也必将成为我国各城市储气的主要设施。由于球罐的制造、安装的水平不断提高，目前球罐的容积也在逐渐增大。如北京在 1986 年建成 4 台 5000m^3的高压天然气球罐，20 世纪 90 年代以来，重庆、成都、北京、天津等城市又相继建成 3300m^3、5000m^3、10000m^3高压储气球罐。

3. 各种储气罐的优点与缺点

各种储气罐的优点与缺点见表 2-15。一般采用高压储气罐较为经济合理。低压湿式储气罐运行维修麻烦，逐步被淘汰，干式储气罐密封过于复杂，应用受到一定限制。高压、低压储气罐的比较见表 2-16。

4. 燃气储罐的置换

储罐的置换就是在投入运行前或在储罐停运待修时，对罐内的气体进行置换，目的在于排除在储罐内形成爆炸混合物的可能性。办法是选择性质截然不同的气体，替换或稀释罐中的空气或燃气，最终将容器内气体的性质完全改变过来。在实际操作中，置换气量要比被置换气量大得多，一般为被置换空间体积的 2 倍以上，并且必须取样分析验证置换效果。为了提高置换的效率，充气流速不能过快，尤其容器内存在可燃气体时。

表 2-15 储气罐优缺点

	湿式储气罐	干式储气罐	高压储气罐
优点	(1)结构简单，安装、操作及保养方便； (2)储气罐内部不会形成爆炸性混合气体，因此是绝对安全的； (3)造价低，非采暖地区运行费用极少； (4)制作安装精度要求相对于干式罐和高压罐要低，因而施工难度较小； (5)小容量的储气罐采用湿式罐比较经济合理。	(1)高径比较湿式罐大(干式罐为1.2～1.7，湿式罐为0.9～1.2)占地面积小，节约土地； (2)荷重小，基础易处理，土建投资较湿式罐少； (3)因为没有水槽，燃气可以保持干燥状态，尤其适用于储存脱湿的燃气； (4)使用年限长，其寿命约为湿式罐的2倍； (5)密封油冰点低，寒冷地区不需要防冻采暖措施； (6)适应大容量储气的需要，且单位耗钢量随体积的增大而减小。	(1)耗钢量小，特别是球型罐，是储存同容量气体中结构最合理，耗钢量最小者； (2)同容量的储气罐中球型高压储气罐占地面积最少； (3)质量较湿式和干式储气罐都轻，基础费用少； (4)可以利用罐内压力直接输送燃气，特别是在高压制气、高压净化、高压输配的工艺条件下，用高压储存更为经济合理。
缺点	(1)荷重大，基础费用高； (2)使用年限较短，其寿命约为干式罐的0.5倍； (3)对于寒冷地区必须采取防冻采暖措施，防止水槽及水封中的水结冰； (4)占地面积大，不利于节约土地。	(1)一次投资大，特别是5万m^3以下小容量的干式罐的投资约为同容量湿式罐的2倍； (2)需经常监视活塞运行情况及活塞上部空间是否有爆炸性混合气体产生，操作管理较湿式罐复杂； (3)制作安装精度要求较高，施工需高空作业，难度较大。	(1)中、低压供气系统需用压缩机加压方能存入，消耗能源，运行管理费用高； (2)属高压容器，制作安装精度要求高，施工难度大。

表 2-16 高压、低压储气罐的比较

项目	低压储气罐	高压储气罐
储气原理	压力基本稳定、容积变化(定压变容)	容积固定、压力变化(定容变压)
储气压力	低(≤6000Pa)	高(≥0.8MPa)
供气压力	需要加压耗电	无需加压耗电
储气质量	有油污，水汽夹带	无油污，水汽夹带
储存介质	气态	气态、液态
密封	水、密封油	罐体
储罐构造	复杂	简单
施工要求	比较严格	严格

（续表）

项目	低压储气罐	高压储气罐
维修费用	高（密封油）	低
运行费用	高（消耗电及油）	低
单位占地面积	大	小
单位耗钢量	大	小
单位投资	高	低
施工周期	7～8 个月	8～9 个月

燃气储罐的置换介质可用惰性气体、水蒸气、烟气等。惰性气体既不可燃又不助燃，如氮气、二氧化碳等。对于允许在高温场合下操作的罐，水蒸气也可以用来作为置换介质。烟气的组分主要是氮和二氧化碳，可以从设备的排烟中取得，是比较经济的置换介质，但当其含有氧气较多时，使用前应加以处理。

第3章 城镇燃气管网系统及站场

城镇燃气输配系统一般由门站、燃气管网、储气设施、调压设施、管理设施、监控系统等组成。城镇燃气输配系统设计，应符合城镇燃气总体规划，在可行性研究的基础上，做到远、近期结合，以近期为主，经技术经济比较后确定合理的方案。

3.1 城镇燃气管网系统构成

3.1.1 城镇燃气管网的分类

燃气管网可按用途、敷设方式、输气压力、管网形状、压力级制等加以分类。

1. 按用途分类

(1)长距离输气管线

连接产量巨大的天然气田或人工燃气与用气地区的输气管线，其干管及支管的末端连接城镇或大型工业企业，作为该供气区的气源点。

(2)城镇燃气管道

①分配管道　在供气地区将燃气分配给工业企业用户、商业用户和居民用户的管道，包括街区和庭院的燃气分配管道。

②用户引入管　将燃气从分配管道引到用户室内引入口处总阀门前的管道。

③室内燃气管道　通过用户管道引入口的总阀门将燃气引向室内，并分配到每个燃气用具的管道。

(3)工业企业燃气管道

①工厂引入管和厂区燃气管道　将燃气从城镇燃气管道引入工厂，分送到各用气车间。

②车间燃气管道　从车间的管道引入口将燃气送到车间内各个用气设备(如窑炉)。车间燃气管道包括干管和支管。

③炉前燃气管道　从支管将燃气分送给炉上各个燃烧设备。

2. 按敷设方式分类

(1)埋地管道

城市中燃气管道一般采用埋地敷设，当燃气管段需要穿越铁路、公路时，有时需加设套管或管沟，因此有直接埋设及间接埋设两种。

(2)架空管道

工厂厂区内或管道跨越障碍物以及建筑物内的燃气管道时，常采用架空敷设。

3. 按设计压力分类

燃气管道与其他管道相比，有特别严格的要求，因为管道漏气可能导致火灾、爆炸、中毒等事故。燃气管道中的压力越高，管道接头脱开、管道本身出现裂缝的可能性就越大。管道内燃气压力不同时，对管材、安装质量、检验标准及运行管理等要求也不相同。

我国城镇燃气管道按燃气设计压力 P(MPa)分为七级。

表 3-1　城镇燃气设计压力(表压)分级

名称		压力(MPa)
高压燃气管道	A	$2.5<P\leqslant4.0$
	B	$1.6<P\leqslant2.5$
次高压燃气管道	A	$0.8<P\leqslant1.6$
	B	$0.4<P\leqslant0.8$
中压燃气管道	A	$0.2<P\leqslant0.4$
	B	$0.01\leqslant P\leqslant0.2$
低压燃气管道		$P<0.01$

燃气输配系统各种压力级制的燃气管道之间应通过调压装置相连。当有可能超过最大允许工作压力时，应设置防止管道超压的安全保护设备。

4. 按管网形状分类

(1)环状管网

管段联成封闭的环状，输送至任一管段的燃气可以由一条或多条管道供气。环状管网是城镇输配管网的基本形式，在同一环中，输气压力处于同一级制。

(2)枝状管网

以干管为主管，分配管呈树枝状由主管引出。在城镇燃气管网中一般不单独使用。

(3)环枝状管网

环状与枝状混合使用的一种管网形式。

5. 按管网压力级制分类

城镇燃气管网系统根据所采用的管网压力级制不同可分为：

(1)单级管网系统　仅有低压或中压一种压力级别的管网输配系统。

(2)二级管网系统　具有两种压力等级的管网系统组成。

(3)三级管网系统　由低压、中压和次高压三种压力级别组成的管网系统。

(4)多级管网系统　由低压、中压、次高压和高压多种压力级别组成的管网系统。

3.1.2　城镇燃气管网系统的选择及举例

1. 城镇燃气管网采用不同压力级制的原因

城镇燃气管网不仅应保证不间断地、可靠地给用户供气，保证系统运行管理安全，维修简便，而且应考虑在检修或发生故障时，关断某些部分管段而不致影响其他系统的工作。因此，在城镇燃气管网系统中，有选用不同压力级制的必要。具体有以下原因：

(1)经济性

大部分燃气由较高压力的管道输送，管道的管径可以选得小一些，管道单位长度的压力损失可以选得大一些，以节省管材。如由城市的某一地区输送大量燃气到另一地区，则应采用较高的压力比较经济合理。有时对城市里的大型工业企业用户，可敷设压力较高的专用输气管线。当然管网内燃气的压力增高后，输送燃气所消耗的能量也随之增加。

(2)各类用户对燃气压力的不同需求

如居民用户和商业用户需要低压燃气，而大多数工业企业则需要中压或次高压、甚至高压燃气。

(3)消防安全要求

在城市未改建的老区，建筑物比较密集，街道和人行道都比较狭窄，不宜敷设高压或中压A管道。此外，由于人口密度较大，从安全运行和方便管理的观点看，也不宜敷设高压或中压A管道，而只能敷设中压B和低压管道。同时大城市的燃气输配系统的建造、扩建和改建过程是要经过许多年的，所以在城市的老区原先设计的燃气管道的压力，大都比近期建造的管道压力低。

2. 燃气管网系统的选择

城镇燃气输配系统压力级制的选择，应根据燃气供应来源、用户的用气量及其分布、地形地貌、管材设备供应条件、施工和运行等因素，经过多方案比较，择优选取技术经济合理、安全可靠的方案。

无论是旧有的城市还是新建的城市，在选择燃气管网系统时，主要应考虑的因素有：

(1)气源情况：燃气的种类和性质；供气量和供气压力；燃气的净化程度和含混量；气源的发展或更换气源的规划情况。

(2)城市规模、远景规划情况、街区和道路的现状和规划以及用户的分布情况。

(3)原有的城市燃气供应设施情况。

(4)不同类型用户对燃气压力的要求。

(5)用气的工业企业的数量和特点。

(6)储气设备的类型。

(7)城市地理地形条件、城市地下管线和地下建筑物、构筑物的现状和改建、扩建规划。

设计城市燃气管网系统时，应全面综合考虑上述因素，进行技术经济比较，选用技术可行、工作可靠、经济合理的最佳方案。

3. 城镇燃气管网系统特点及示例

(1)单级管网系统

①低压单级管网系统

低压气源以低压一级管网系统供给燃气的输配方式。低压供应方式有利用低压储气罐的压力进行供应和由低压压缩机供应两种。低压供应原则上应充分利用储气罐的压力，只有当储气罐的压力不足，以致低压管道的管径过大而不合理时，才采用低压压缩机供应。

低压一级制管网系统的特点是：

(a)输配管网为单一的低压管网，系统简单，维护管理方便。

(b)无需压缩费用或只需少量的压缩费用。停电或压缩机故障基本上不妨碍供气，供气可靠性好。

(c)对于供应区域大或供气量多的城镇，需敷设较大管径的管道而不经济。

因此，低压供应方式一般只适用于供应区域小，供气范围在2～3km的小城镇。

低压单级管网系统如图3-1所示，从气源送出的燃气先进入储气罐，最后进入低压管网。该系统随储气罐钟罩及塔节的升降，会产生0.5～1.0kPa的燃气压力波动，因而供气压力不稳且压力低。

②中压单级管网系统

中压单级管网系统如图3－2所示，燃气自气源厂（或天然气长输管线）送入城镇燃气储配站（或天然气门站），经加压（或调压）送入中压输气干管，再由输气干管送入配气管网。最后经箱式调压器或用户调压器送至用户燃具。

该系统减少了管材，故投资省。由于采用了箱式调压器或用户调压器供气，可保证所有用户灶具在额定压力下工作，从而提高了燃烧效率。但该系统安装水平要求高，供气安全性也比低压单级管网差。

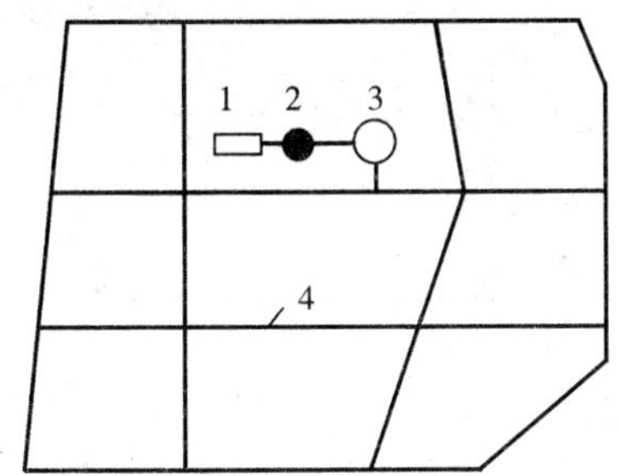

图3－1 低压单级管网系统示意图

1－气源厂；2－低压储气罐；3－稳压器；4－低压管网

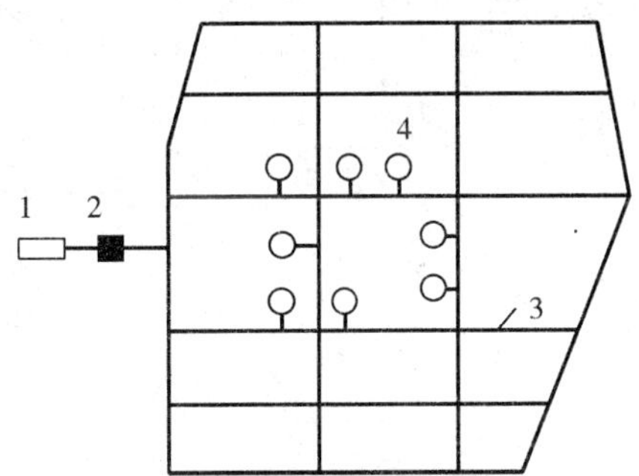

图3－2 中压（A或B）单级管网系统

1－气源厂；2－储配站；3－中压A或中压B输气管网；4－箱式调压器

(2)中—低压二级制管网系统

低压气源厂和储气罐供应的燃气经压缩机加至中压，由中压管网输气，再通过区域调压器调至低压，由低压管道供给燃气用户。在系统中设置储配站以调节小时用气不均匀性。

中—低压二级制管网系统的特点是：因输气压力高于低压供气，输气能力较大，可用较小的管径输送较多数量的燃气，以减小管网的投资费用。只要合理设置中—低压调压器，就能维持比较稳定的供气压力。

①中压B—低压二级管网系统

气源是人工燃气，用低压储气罐储气，如图3－3所示。

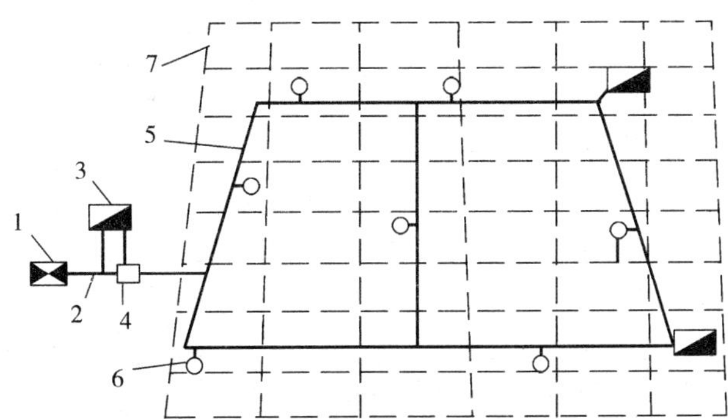

图3－3 人工燃气中压B—低压二级管网系统

1－气源厂；2－低压管网；3－低压贮气罐站；4－压缩机站；5－中压管网；6－区域调压站；7－低压管网

从气源厂生产的低压燃气，经加压后送入中压管网，再经区域调压站调压后送入低压管网。输配管网系统设有压缩机和调压器，因而维护管理复杂，运行费用较高。由于压缩机运转需要动力，一旦储配站停电或其他事故，将会影响正常供气。因此，中压供气及二级制管网系统适用于供应区域较大、供气量也较大、采用低压供气方式不经济的中型城镇。

设置在供气区的低压储气罐低压时由中压管网供气，高峰时，储气罐内的燃气输送给中压（经加压）或低压管网。该系统特点是采用低压配气，庭院管道在低压下运行比较安全，但投资要比中压单级系统大。

②中压 A—低压二级管网系统

气源为天然气的中压 A—低压二级管网系统如图 3-4 所示。

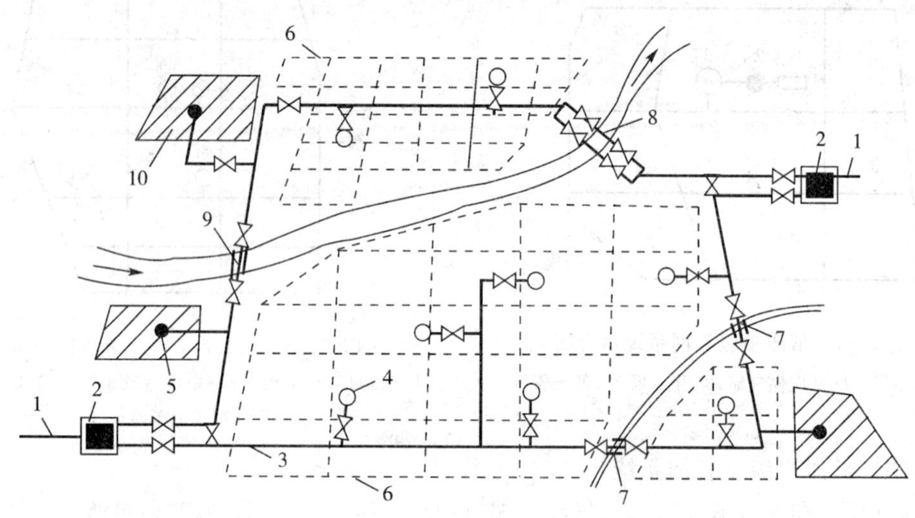

图 3-4　中压 A-低压两级管网系统

1-长输管线；2-门站；3-中压 A 管网；4-区域调压站；5-工业企业专用调压站；6-低压管网；7-穿越铁路套管敷设；8-穿越河底的过河管；9-沿桥敷设的过河管；10-工业企业

天然气由长输管线经燃气分配站送入该市，中压 A 管道连成环网，通过区域调压站向低压管网供气，通过专用调压站向工业企业供气。低压管网根据地形条件可分成几个互不连通的区域管网。该系统特点是输气干管直径较小，比中压 B—低压二级系统节省投资。

(3)高—中—低三级制管网系统

高（次高）压燃气从气源厂或城镇的天然气门站输出，由高压管网输气，经区域高—中压调压器调至中压，输入中压管网，再经区域中—低调压器调成低压，由低压管网供应燃气用户。

高—中—低压三级制管网系统的特点是：

①三级系统通常含有中低压两级，另外一级管网是高压或次高压。

②高（次高）压管道的输送能力较中压管道更大，所用管径更小。如果有高压气源，管网系统的投资和运行费用均较经济。

③因采用管道储气或高压储气罐，可保证在短期停电等事故时供应燃气。

④因三级制管网系统配置了多级管道和调压器，增加了系统运行维护的难度。如无高压气源，还需设置高压压缩机，压缩费用高。

因此，高—中—低压三级制管网系统适用于供应范围大，供气量也大，并需要较远距离输送燃气的场合，可节省管网系统的建设费用，使用天然气或高压制气等高压气源更为经济。

次高—中—低三级管网系统如图 3－5 所示。

从长输管线来的天然气先进入门站，经调压、计量后进入城镇次高压管网，然后经次高—中压调压站后，进入中压管网，最后经中低压调压站调压后送入低压管网。

该系统高压管道一般布置在郊区人口稀少地区，供气比较安全可靠。但系统复杂，维护管理不便，在同一条道路上往往要敷设两条不同压力等级的管道。

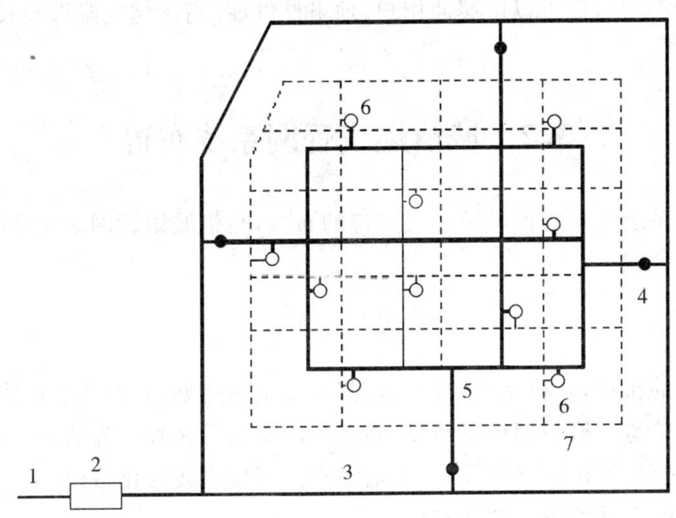

图 3－5　次高、中、低压三级管网系统

1－长输管线；2－门站；3－次高压管网；4－次高－中压调压站；5－中压管网；6－中－低压调压站；7－低压管网

(4)多级管网系统

多级管网系统适用特大型城市，如图 3－6 所示。气源是天然气，城市的供气系统可采用地下储气库、高压储气罐站以及长输管线储气。

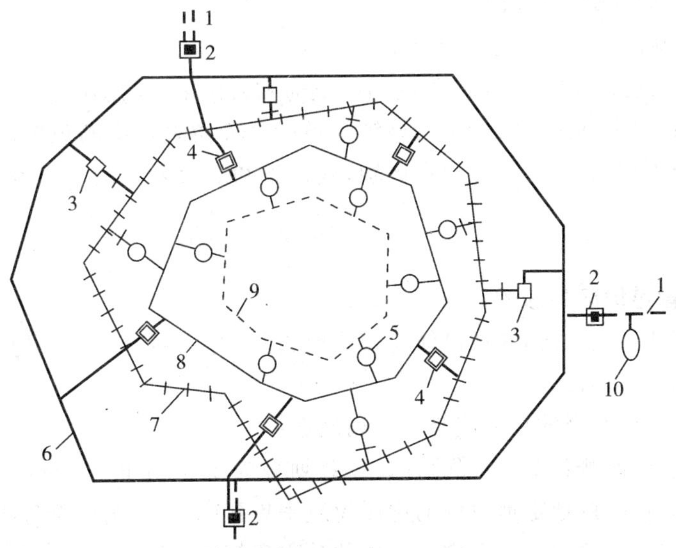

图 3－6　多级管网系统

1－长输管线；2－门站；3－调压计量站；4－储气站；5－调压站；

6－高压 B 环网；7－次高压 B 环网；8－中压 A 环网；9－中压 B 环网；10－地下储气库

图 3-6 所示的城市管网系统的压力主要为五级，即低压(图中低压管网和给低压管网供气的区域调压站未画出)、中压 B、中压 A、次高压 B 和高压 B。各级管网分别组成环状。天然气由较高压力等级的管网经过调压站降压后进入较低压等级的管网，工业企业用户和大型商业用户与中压 B 或中压 A 管网相连，居民用户和小型商业用户则与低压管网相连。

因为气源来自多个方向，主要管道均连成环网，从运行管理来看，该系统既安全又灵活。平衡用户用气量的不均匀性可以由缓冲用户、地下储气库、高压储气罐以及长输管线储气协调解决。

3.2 城镇燃气管网系统布置

城镇燃气管网系统的布置即城镇燃气管道的布线，是指城镇管网系统在原则上选定之后，确定各管段的具体位置。

3.2.1 布线原则

城镇燃气干管的布置，应根据用户用量及其分布全面规划，宜按逐步形成环状管网供气进行设计。城镇燃气管道一般采用地下敷设，当遇到河流或厂区敷设等情况时，也可采用架空敷设。地下燃气管道宜沿城镇道路敷设，一般敷设在人行便道或绿化带内。

燃气管道布置时必须考虑下列基本情况：

1. 管道中燃气的压力；
2. 街道地下其他管道的密集程度与布置情况；
3. 街道交通量和路面结构情况，以及运输干线的分布情况；
4. 所输送燃气的含湿量情况，必要的管道坡度、街道地形变化情况；
5. 与该管道相连接的用户数量及用气量情况，该管道是主要管道还是次要管道；
6. 线路上所遇到的障碍物情况；
7. 土壤性质、腐蚀性能和冰冻线深度；
8. 管道在施工、运行和发生故障时，对城镇交通和人民生活的影响。

因此，布置管道时要确定燃气管道沿城镇街道的平面位置和纵断位置。由于输配系统各级管网的输气压力不同，各自的功能也有区别，其设施和防火安全的要求也不同，故应按各自的特点布置。

3.2.2 城镇燃气管道地区等级的划分

城镇燃气管道通过的地区，应按沿线建筑物的密集程度，划分为四个地区等级，并根据地区等级做出相应的管道设计。

城镇燃气管道地区等级的划分应符合下列规定：

(1)将管道中心线两侧各 200m 范围内，任意划分为 1.6km 长并能包括最多供人居住的独立建筑物数量的地段，按划定地段内的房屋建筑密集程度，划分为四个等级。在多单元住宅建筑物内，每个独立住宅单元按一个供人居住的独立建筑物计算。

(2)地区等级的划分

① 一级地区：有 12 个或 12 个以下供人居住建筑物的任一地区分级单元。

② 二级地区：有12个以上，80个以下供人居住建筑物的任一地区分级单元。

③ 三级地区：有80个或80个以上供人居住建筑物的任一地区分级单元；或距人员聚集的室外场所90m内敷设管线的区域。

④ 四级地区：地上4层或4层以上建筑物普遍且占多数的任一地区分级单元(不计地下室数)。

(3)二、三、四级地区的边界可按如下规定调整

① 四级地区的边界线与最近地上4层或4层以上建筑物相距200m。

② 二、三级地区的边界线与该级地区最近建筑物相距200m。

(4)确定城镇燃气管道地区等级应为该地区的未来发展留有余地，宜按城市规划划分地区等级。

3.2.3 城镇燃气管网的平面布置

1. 次高压、中压管网的平面布置

次高压管网的主要功能是输气，中压管网的功能则是输气并兼有向低压管网配气的作用。一般按以下原则布置：

(1)次高压燃气管道宜布置在城镇边缘或城镇内有足够埋管安全距离的地带，并应连接成环网，以提高次高压管道供气的可靠性。

(2)中压管道应布置在城镇用气区便于与低压环网连接的规划道路上，但应尽量避免沿车辆来往频繁或闹市区的主要交通干线敷设，否则对管道施工和管理维修造成困难。

(3)中压管网应布置成环网，以提高其输气和配气的可靠性。

(4)次高压、中压管道的布置，应考虑对大型用户直接供气的可能性，并应使管道通过这些地区时尽量靠近这类用户，以利于缩短连接支管的长度。

(5)次高压、中压管道的布置应考虑调压站的布点位置，尽量使管道靠近各调压站，以缩短连接支管的长度。

(6)长输次高压管线不得与单个居民用户连接。

(7)由次高压、中压管道直接供气的大型用户，其支管末端必须考虑设置专用调压站。

(8)从气源厂连接次高压或中压管网的管道应尽量采用双线敷设。

(9)为便于管道管理、维修或接新管时切断气源，次高压、中压管道在下列地点需装设阀门：

① 气源厂的出口；

② 储配站、调压站的进出口；

③ 分支管的起点；

④ 重要的河流、铁路两侧(枝状管线在气流来向的一侧)；

⑤ 管线应设置分段阀门，一般每公里设一个阀门。

(10)次高压、中压管道应尽量避免穿越铁路或河流等大型障碍物，以减少工程量和投资。

(11)次高压、中压管道是城镇输配系统的输气和配气主要干线，必须综合考虑近期建设与长期规划的关系，尽量减少建成后改线、增大管径或增设双线的工程量，延长已经敷设的管道的有效使用年限。

(12)当次高压、中压管网初期建设的实际条件只允许布置成半环形，甚至为枝状管时，应根据发展规划使之与规划环网有机联系，防止以后出现不合理的管网布局。

2. 低压管网的平面布置

低压管网的主要功能是直接向各类用户配气，是城镇供气系统中最基本的管网。低压管网的布置一般应考虑以下各点：

(1)低压管道的输气压力低，沿程压力降的允许值也较低，故低压管网成环时边长一般控制在300～600m之间。

(2)低压管道允许枝状布置；为保证和提高低压管网的供气可靠性，给低压管网供气的相邻调压站之间的管道应成环布置。

(3)有条件时低压管道应尽可能布置在街坊内兼作庭院管道，以节省投资。

(4)低压管道可以沿街道的一侧敷设，也可以双侧敷设。在有轨电车通行的街道上、当街道宽度大于20m、横穿街道的支管过多或输配气量较大、限于条件不允许敷设大口径管道时，可采用低压管道双侧敷设。

(5)低压管道应按规划道路布线，并应与道路轴线或建筑物的前沿相平行，尽可能避免在高级路面下敷设。

(6)低压管道仅在调压室出口设置阀门，其余一般不设阀门。

为了保证在施工和检修时互不影响，避免由于泄漏出的燃气影响相邻管道的正常运行甚至逸入建筑物内，地下燃气管道与建筑物、构筑物以及其他各种管道之间应保持必要的水平净距，见表3-2。

表3-2 地下燃气管道与建筑物、构筑物或相邻管道之间的水平净距(m)

<table>
<tr><th rowspan="3">序号</th><th rowspan="3" colspan="2">项目</th><th colspan="5">地下燃气管道</th></tr>
<tr><th rowspan="2">低压</th><th colspan="2">中　压</th><th colspan="2">次高压</th></tr>
<tr><th>B</th><th>A</th><th>B</th><th>A</th></tr>
<tr><td rowspan="2">1</td><td rowspan="2">建筑物的</td><td>基础</td><td>0.7</td><td>1.0</td><td>1.5</td><td>—</td><td>—</td></tr>
<tr><td>外墙面(出地面处)</td><td>—</td><td>—</td><td>—</td><td>4.5</td><td>6.5</td></tr>
<tr><td>2</td><td colspan="2">给水管</td><td>0.5</td><td>0.5</td><td>0.5</td><td>1.0</td><td>1.5</td></tr>
<tr><td>3</td><td colspan="2">污水、雨水排水管</td><td>1.0</td><td>1.2</td><td>1.2</td><td>1.5</td><td>2.0</td></tr>
<tr><td rowspan="2">4</td><td rowspan="2">电力电缆
(含电车电缆)</td><td>直埋</td><td>0.5</td><td>0.5</td><td>0.5</td><td>1.0</td><td>1.5</td></tr>
<tr><td>在导管内</td><td>1.0</td><td>1.0</td><td>1.0</td><td>1.0</td><td>1.5</td></tr>
<tr><td rowspan="2">5</td><td rowspan="2">通信电缆</td><td>直埋</td><td>0.5</td><td>0.5</td><td>0.5</td><td>1.0</td><td>1.5</td></tr>
<tr><td>在导管内</td><td>1.0</td><td>1.0</td><td>1.0</td><td>1.0</td><td>1.5</td></tr>
<tr><td rowspan="2">6</td><td rowspan="2">其他燃气管道</td><td>$D_n \leqslant 300mm$</td><td>0.4</td><td>0.4</td><td>0.4</td><td>0.4</td><td>0.4</td></tr>
<tr><td>$D_n > 300mm$</td><td>0.5</td><td>0.5</td><td>0.5</td><td>0.5</td><td>0.5</td></tr>
<tr><td rowspan="2">7</td><td rowspan="2">热力管</td><td>直埋</td><td>1.0</td><td>1.0</td><td>1.0</td><td>1.5</td><td>2.0</td></tr>
<tr><td>在管沟内(至外壁)</td><td>1.0</td><td>1.5</td><td>1.5</td><td>2.0</td><td>4.0</td></tr>
<tr><td rowspan="2">8</td><td rowspan="2">电杆(塔)的基础</td><td>≤35kV</td><td>1.0</td><td>1.0</td><td>1.0</td><td>1.0</td><td>1.0</td></tr>
<tr><td>>35kV</td><td>2.0</td><td>2.0</td><td>2.0</td><td>5.0</td><td>5.0</td></tr>
<tr><td>9</td><td colspan="2">通讯照明电杆(至电杆中心)</td><td>1.0</td><td>1.0</td><td>1.0</td><td>1.0</td><td>1.5</td></tr>
<tr><td>10</td><td colspan="2">铁路路堤坡脚</td><td>5.0</td><td>5.0</td><td>5.0</td><td>5.0</td><td>5.0</td></tr>
<tr><td>11</td><td colspan="2">有轨电车钢轨</td><td>2.0</td><td>2.0</td><td>2.0</td><td>2.0</td><td>2.0</td></tr>
<tr><td>12</td><td colspan="2">街树(至树中心)</td><td>0.75</td><td>0.75</td><td>0.75</td><td>1.2</td><td>1.2</td></tr>
</table>

从安全角度考虑地下燃气管道与建筑物、构筑物或相邻管道之间的水平净距，有的国家规定的净距较小，而有些国家则没有规定。随着科学技术的发展，管道材质、施工质量及运行管理水平的提高，安全距离可以缩小，只考虑施工方便即可。

3.2.4　管道的纵断面布置

决定管道的纵断面布置时，要考虑以下几点：

1. 管道的埋深

地下燃气管道埋设深度，宜在土壤冰冻线以下，管顶覆土厚度还应满足下列要求：

(1)埋设在车行道下时，不得小于 0.9m；

(2)埋设在非车行道(含人行道)下时，不得小于 0.6m；

(3)埋设在庭院(指绿化地及载货汽车不能进入之地)内时，不得小于 0.3m；

(4)埋设在水田下时，不得小于 0.8m。

当采取行之有效的防护措施后，上述规定均可适当降低。输送湿燃气的燃气管道，应埋设在土壤冰冻线以下。

2. 管道的坡度及排水器的设置

在输送湿燃气的管道中，不可避免有冷凝水或轻质油，为了排除出现的液体，需在管道低处设置排水器，各排水器之间距一般不大于 500m。管道应有不小于 0.003 的坡度，且坡向排水器。

3. 地下燃气管道不得从建筑物(包括临时建筑物)下面穿过，不得在堆积易燃、易爆材料和具有腐蚀性液体的场地下面穿越，并不能与其他管线或电缆同沟敷设。当需要同沟敷设时，必须采取防护措施。

4. 一般情况下，燃气管道不得穿越其他管道，如因特殊情况需要穿过其他大断面管道(污水干管、雨水干管、热力管沟等或联合地沟、隧道及其他各种用途沟槽)时，需征得有关方面同意，同时燃气管道必须安装在钢套管内。套管伸出构筑物外壁不应小于表 3-2 中燃气管道与该构筑物的水平净距。套管两端应采用柔性的防腐、防水材料密封。

5. 地下燃气管道与其他管道或构筑物之间的最小垂直间距见表 3-3。

表 3-3　地下燃气管道与构筑物或相邻管道之间的垂直净距离(m)

序号	项目		地下燃气管道(当有套管时，以套管计)
1	给水管、排水管或其他燃气管道		0.15
2	热力管的管沟底(或顶)		0.15
3	电缆	直埋	0.50
		在导管内	0.15
4	铁路轨底		1.20
5	有轨电车轨底		1.00

如受地形限制无法满足表 3-2 和表 3-3 时，经与有关部门协商，采取行之有效的防护措施后，表 3-2 和表 3-3 规定的净距，均可适当缩小，但次高压燃气管道距建筑物外墙面不应

小于 0.3m，中压管道距建筑物基础不应小于 0.5m 且距建筑物外墙面不应小于 1m，低压管道应不影响建(构)筑物和相邻管道基础的稳固性。次高压 A 燃气管道距建筑物外墙面 6.5m 时，管道壁厚不应小于 9.5mm；管壁厚度不小于 11.9mm 或小于 9.5mm 时，距外墙面分别不应小于表 3-6 中地下燃气管道压力为 1.60MPa 的有关规定。

表 3-2 和表 3-3 规定除地下燃气管道与热力管的净距不适于聚乙烯燃气管道和钢骨架聚乙烯塑料复合管外，其他规定均适用于聚乙烯燃气管道和钢骨架聚乙烯塑料复合管道。聚乙烯塑料管道与热力管道的净距应按国家现行标准《聚乙烯燃气管道工程技术规程》CJJ 63 执行。

3.2.5 燃气管道穿越铁路、河流等障碍物的方法

1. 燃气管道穿越铁路、高速公路、电车轨道和城镇交通干道

城镇燃气管道穿越铁路、高速公路、电车轨道和城镇交通干道一般采用地下穿越，而在矿区和工厂区，一般采用架空敷设。燃气管道宜垂直穿越铁路、高速公路、电车轨道和城镇主要干道。

(1)燃气管道穿越高速公路、电车轨道和城镇交通干道

燃气管道穿越高速公路、电车轨道和城镇交通干道时宜敷设在套管或地沟内，见图 3-7 和图 3-8。

套管内径应比燃气管道外径大 100mm 以上，套管或地沟两端应密封，在重要地段的套管或地沟端部宜安装检漏管；套管端部距电车轨道不应小于 2.0m；距道路边缘不应小于 1.0m。

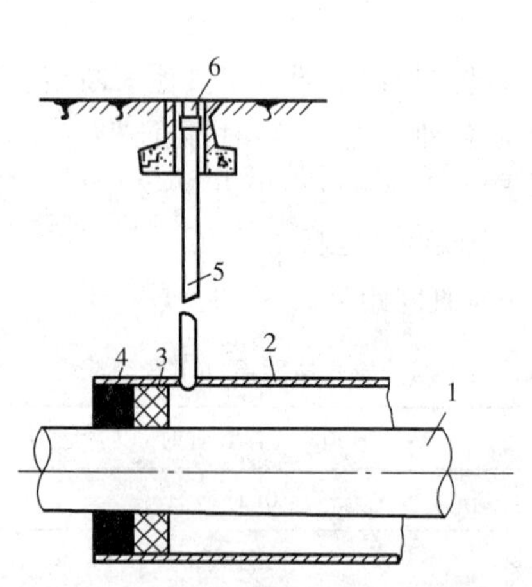

图 3-7 敷设在套管内的燃气管道

1-燃气管道；2-套管；3-油麻填料；4-沥青密封层；5-检漏管；6-防护罩

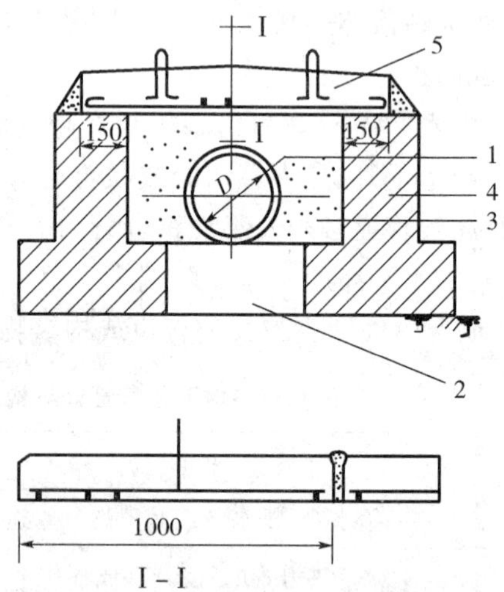

图 3-8 燃气管道的单管过街沟

1-燃气管道；2-原土夯实；3-填砂；4-砖墙沟壁；5-盖板

(2)燃气管道穿越铁路

燃气管道穿越铁路时(图 3-9)，套管宜采用钢管或钢筋混凝土管，套管内径应比燃气管道外径大 100mm 以上。套管两端与燃气管的间隙应采用柔性的防腐、防水材料密封，其一端应装设检漏管。铁路轨底至套管顶不应小于 1.20m，套管端部距路堤坡脚外距离不应小于

2.5m。穿越的管段不宜有对接焊缝；无法避免时，焊缝应采用双面焊或其他加强措施，须经物理方法检查，并采用特级加强防腐。穿越电气化铁路以及铁路编组枢纽一般采用架空跨越。

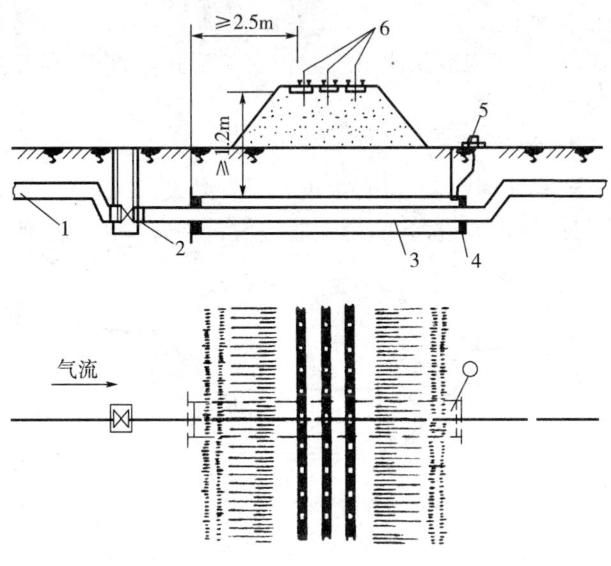

图 3－9　燃气管道穿越铁路

1－燃气管道；2－阀门；3－套管；4－密封层；5－检漏管；6－铁道

(3)燃气管道架空敷设

室外架空的燃气管道，可沿建筑物外墙或支架敷设。中压和低压燃气管道，可沿建筑耐火等级不低于二级的住宅或公共建筑的外墙敷设；次高压 B、中压和低压燃气管道，可沿建筑耐火等级不低于二级的丁、戊类生产厂房的外墙敷设。沿建筑物外墙敷设的燃气管道距住宅或公共建筑物门、窗洞口的净距：中压管道不应小于 0.5m，低压管道不应小于 0.3m，燃气管道距生产厂房建筑物门、窗洞口的净距不限。架空燃气管道与铁路、道路、其他管线交叉时的垂直净距不应小于表 3－4 的规定。

表 3－4　架空燃气管道与铁路、道路、其他管线交叉时的垂直净距

建筑物和管线名称		最小垂直净距(m)	
		燃气管道下	燃气管道上
铁路轨顶		6.0	—
城市道路路面		5.5	—
厂区道路路面		5.0	—
人行道路路面		2.2	—
架空电力线电压	3kV 以下	—	1.5
	3～10kV	—	3.0
	35～66kV	—	4.0
其他管道管径	≤300mm	同管道直径，但不小于 0.10	同管道直径，但不小于 0.10
	>300mm	0.30	0.30

架空敷设时，管道支架应采用难燃或不燃材料制成，并在任何可能的荷载情况下，能保证管道的稳定与不受破坏。

2. 燃气管道穿越（跨）河流

燃气管道通过河流时，可以采取从水下穿越河底的形式或管桥跨越的形式。条件许可时，也可以借助道路桥梁跨越河流。

（1）燃气管道水下穿越河流

水下穿越的敷设方式有埋沟敷设、裸管敷设和顶管敷设。

埋沟敷设：设置专门的管沟通过河底，燃气管道敷设在管沟内。这种方式因管道不易损坏而被采用，见图 3-10。

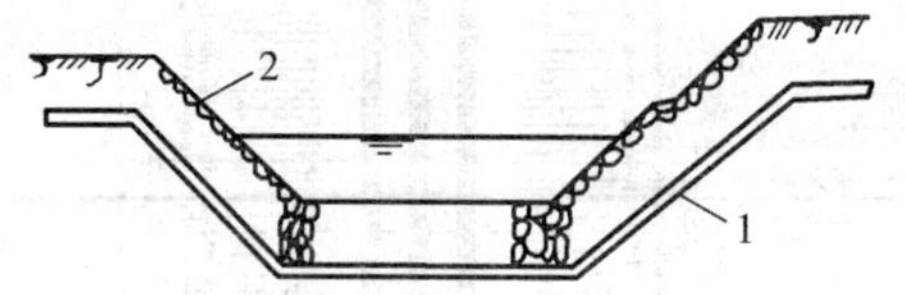

图 3-10 燃气管道穿越河流埋沟敷设示意图

1-管道；2-水泥砂浆

裸管敷设：直接将燃气管道敷设在河床平面上的敷设方式。当河床挖沟不容易或不经济，并且河床稳定，水流平稳，而燃气管道裸管敷设后不易被船锚破坏也不影响通行时，可以采用此种敷设方式。

顶管敷设：顶管敷设是采用顶管工艺不开挖沟槽而直接敷设管道的直接埋管敷设方式。它运用液压传动产生的强大推力，使管道克服土壤摩擦阻力顶进。这种穿越可以保证管线埋设于冲刷层以下。

燃气管道水下穿越河流时，宜采用钢管，应尽可能从直线河段穿越，并与水流轴向垂直，从河床两岸缓坡而又未冲刷、河滩宽度最小的地方经过。

燃气管道从水下穿越时，一般宜采用双线敷设。每条管道的通过能力是设计流量的 75%，但在环形管网可由另侧保证供气，或以枝状管道供气的工业用户在过河检修期间，可用其他燃料代替的情况下，允许采用单管敷设。

燃气管道至规划河底的覆土厚度应根据水流冲刷条件确定：不通航河流不应小于0.5m；通航河流不应小于 1.0m，还应考虑疏浚和投锚深度。穿越或跨越重要河流的燃气管道，在河流两岸均应设置阀门。在埋设燃气管道位置的河流两岸上、下游应设立标志。

为防止水下穿越管道产生浮管现象，必须采取稳管措施。稳管形式有混凝土平衡重块、管外壁水泥灌注覆盖层、修筑抛石坝、管线下游打桩、复壁环形空间灌注水泥砂浆等方法。

（2）沿桥架设

在相关部门同意后，可以将燃气管道架设在已有的桥梁上（图 3-11）。

利用道路桥梁跨越河流的燃气管道，其管道的输送压力不应大于 0.4MPa，且必须采取必要的安全防护措施。如：应采用加厚的无缝钢管或焊接钢管，尽量减少焊缝，对焊缝进行 100%无损探伤；跨越通航河流的燃气管道底标高，应符合通航净空的要求，管架外侧应设置护桩；燃气管道采用较高等级的防腐保护并应设置必要的补偿和减震措施；在确定管道位置时，应与随桥敷设的其他可燃的管道保持一定间距；过河架空的燃气管道向下弯曲时，向下弯曲部分与水平管夹角宜采用45°形式。

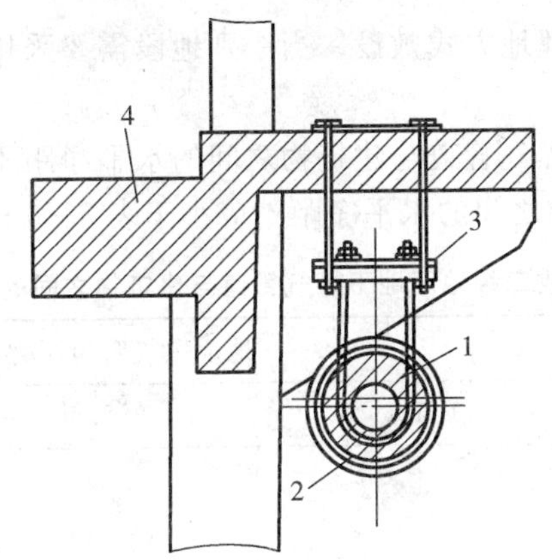

图 3-11　燃气管道沿桥敷设

1-燃气管道；2-隔热层；3-吊卡；4-钢筋混凝土

(3)管桥敷设

将燃气管道搁置在河床上自建的管道支架上，见图 3-12。

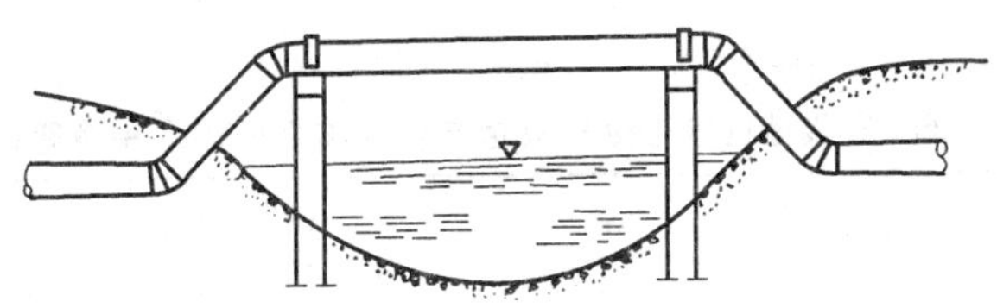

图 3-12　燃气管道管桥跨越

当不允许沿桥架设，河流情况复杂而河道狭窄时，可以采用这种敷设方式。此时，燃气管道的支座(架)应采用不燃材料制作，并在任何可能的荷载情况下，能保证管道的稳定和不受破坏。

3.2.6　压力大于 1.6MPa 小于 4.0MPa 室外燃气管网的布线

高压燃气管道的布置应符合下列要求：

1. 高压燃气管道不宜进入城市四级地区；不宜从县城、卫星城、镇或居民区中间通过。当受条件限制需要进入或通过上述地区时，应遵守下列规定：

(1)高压 A 地下燃气管道与建筑物外墙之间的水平净距不应小于 30m(当管壁厚度 δ≥9.5mm 或对燃气管道采取有效的保护措施时，不应小于 15m)；

(2)高压 B 地下燃气管道与建筑物外墙之间的水平净距不应小于 16m(当管壁厚度 δ≥9.5mm 或对燃气管道采取有效的保护措施时，不应小于 10m)；

(3)在高压燃气干管上，应设置分段阀门；管道分段阀门应采用遥控或自动控制。在高压燃气支管的起点处，也应设置阀门。

2. 高压燃气管道不应通过军事设施、易燃易爆仓库、国家重点文物保护单位的安全保护区、飞机场、火车站、海(河)港码头。当受条件限制需要通过上述区域时,必须采取安全防护措施。

3. 高压燃气管道宜采用埋地方式敷设。当个别地段需要采用架空敷设时,必须采取安全防护措施。

4. 一级或二级地区地下燃气管道与建筑物之间的水平净距不应小于表3-5的规定。三级地区地下燃气管道与建筑物之间的水平净距不应小于表3-6的规定。

表3-5 一级或二级地区地下燃气管道与建筑物之间的水平净距(m)

燃气管道 公称直径DN(mm)	地下燃气管道压力(MPa)		
	1.61	2.50	4.00
900<DN≤1050	53	60	70
750<DN≤900	40	47	57
600<DN≤750	31	37	45
450<DN≤600	24	28	35
300<DN≤450	19	23	28
150<DN≤300	14	18	22
DN≤150	11	13	15

注:如果燃气管道强度设计系数不大于0.4时,一级或二级地区地下燃气管道与建筑之间的水平净距可按表3-6确定。

表3-6 三级地区地下燃气管道与建筑物之间的水平净距(m)

燃气管道公称直径和壁厚δ (mm)	地下燃气管道压力(MPa)		
	1.61	2.50	4.00
所有管径、δ<9.5	13.5	15.0	17.0
所有管径、9.5≤δ<11.9	6.5	7.5	9.0
所有管径、δ≥11.9	3.0	3.0	3.0

5. 高压地下燃气管道与构筑物或相邻管道之间的水平净距,不应小于表3-2和表3-3次高压A的规定。但高压A和高压B地下燃气管道与铁路路堤坡脚的水平净距分别不应小于8m和6m;与有轨电车钢轨的水平净距分别不应小于4m和3m。当达不到此净距要求时,采取有效的防护措施后,净距可适当缩小。

6. 四级地区地下燃气管道输配压力不宜大于1.6MPa(表压)。

3.3 城镇燃气门站和储配站

城镇燃气门站和储配站是城镇燃气输配系统中的重要组成部分。城镇燃气门站一般具有接受气源来气并进行净化、加臭、贮存、控制供气压力、气量分配、计量和气质检测等功能。当接收长输管线来气并控制供气压力、计量,向城镇、居民点和工业区供应燃气时,称之为门站。当具有储存燃气功能并控制供气压力时,称之为储配站。两者在设计上有许多相似之处。

3.3.1 门站

城镇燃气门站是长距离输气干线或支线的终点站，城市、工业区管网的气源站。

图 3－13 所示是以天然气为气源的门站，它比一般的燃气高压储配站多一个接收清管球的装置。

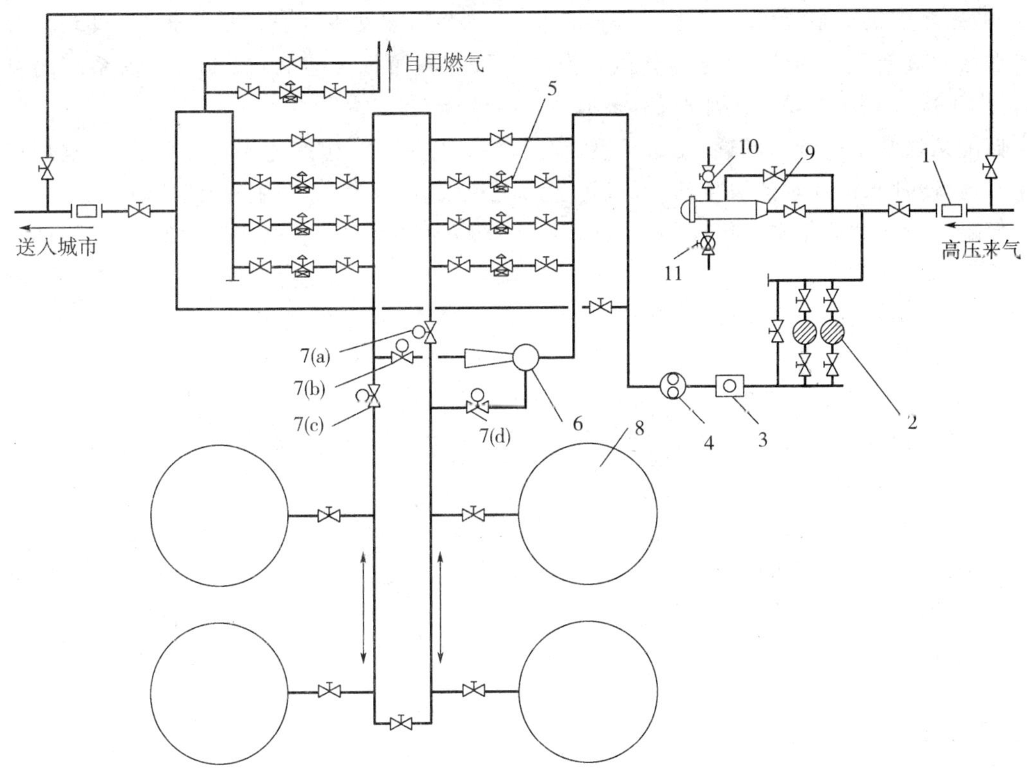

图 3－13　天然气门站工艺流程图

1－绝缘法兰；2－除尘装置；3－加臭装置；4－流量计；5－调压器；
6－引射器；7－电动球阀；8－储罐；9－接球装置；10－放散；11－排污阀

在低峰时，由燃气高压干线来的天然气一部分经过一级调压进入高压球罐，另一部分经过二级调压进入城镇管网；在用气高峰时，高压球罐和经过一级调压后的高压干管来气汇合经过二级调压送入城镇。

为了保证引射器的正常工作，球阀 7(a)、7(b)、7(c)、7(d)必须能迅速开启和关闭，因此应设电动阀门。引射器工作时，7(b)、7(d)开启，7(a)、7(c)关闭。引射器除了能提高高压储罐的利用系数之外，当需要开罐检查时它可以把准备检查的储罐罐内压力降到最低，减少开罐时所必须放散到大气中的燃气量，提高经济效益，减少大气污染。

3.3.2 低压储配站

1. 低压储配站

当城镇采用低压气源，而且供气规模又不是特别大时，燃气供应系统通常采用低压储气，与其相适应，需建设低压储配站。低压储配站的作用：在用气低峰时将多余的燃气储存起来，在高峰用气时通过储配站的压缩机将燃气从低压储罐中抽出送到中压管网中，保证正常供气。

城镇燃气供应系统中设置储配站的数量及其位置的选择，需要根据供气规模和城镇的特点，通过技术经济比较确定。当城镇燃气供应系统中只设一个储配站时，该储配站应设在气源厂附近，称为集中设置。集中设置可以减少占地面积，节省储配站投资和运行费用，便于管理。当设置两个储配站时，一个设在气源厂，另一个设置在管网系统的末端，成为对置设置。根据需要，城镇燃气供应系统可能有几个储配站，除了一个储配站设在气源厂附近外，其余均分散设置在城镇其他合适的位置，称为分散设置。分散布置可以节省管网投资、增加系统的可靠性，但由于部分气体需要二次加压，需多消耗一些电能。

储配站通常是由低压储罐、压送机室、辅助区（变电室、配电室、控制室、水泵房、锅炉房）、消防水池、冷却水循环水池及生活区（值班室、办公室、宿舍、食堂、浴室等）组成。

储罐应设在站区年主导风向的下风向，两个储罐的间距不小于相邻最大罐的半径；储罐的周围应有环形消防车道，并要求有两个通向市区的大门。锅炉房、食堂和办公室等有火源的建筑物宜布置在站区的上风向或侧风向。站区布置要紧凑，同时各建筑物之间的间距应满足建筑设计防火规范的要求。

2. 低压储配站工艺流程

(1)低压储气，中压输送工艺流程如图 3-14 所示。低峰时，操作阀门 6 开启，高峰时压缩机启动，阀门 6 关闭。

(2)低压储气，中、低压分路输送工艺流程如图 3-15 所示。低峰时，操作阀门 7、9 开启，阀门 8 关闭；高峰时，压缩机启动，阀门 7、9 关闭，阀门 8 开启，阀门 10 是常开阀门。中、低压分路输送的优点是一部分气体不经过加压，一般直接由储罐经稳压后作为站内用气或直接去低压管网，因此节省了电能。

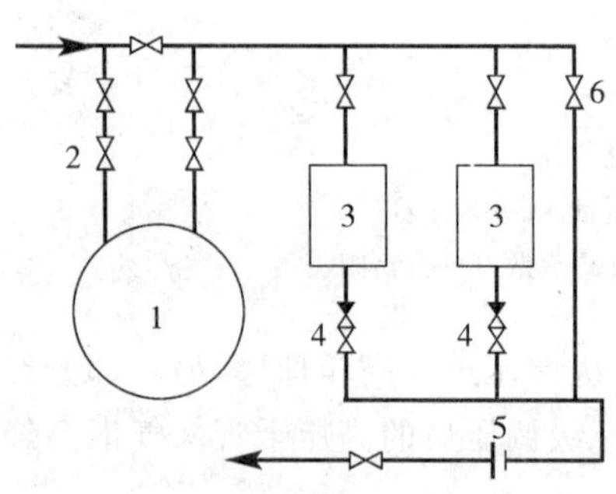

图 3-14　低压储存，中压输送工艺流程

1-低压储罐；2-水封阀；3-压缩机；4-单向阀；5-出口计量器；6-阀门

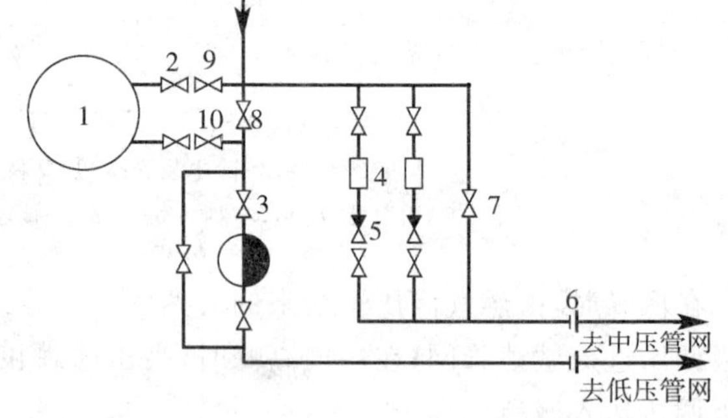

图 3-15　低压储存，中低压分路输送工艺流程

1-低压储罐；2-水封阀；3-稳压器；4-压缩机；5-单向阀；6-流量计；7、8、9、10-阀门

3.3.3　门站和储配站站址选择及平面布置

1. 选址

城镇门站和储配站站址应符合城市规划的要求；站址应具有适宜的地形、工程地质、供电、给排水和通信等条件；少占农田、节约用地并应注意与城市景观等协调；城镇燃气门站站址应

结合长输管线位置确定;根据输配系统具体情况,储配站与门站可合建。

储配站内的储气罐与站内的建、构筑物的防火间距应按表3-7执行。

表3-7　储气罐与站内的建、构筑物的防火间距(m)

储气罐总容积(m^2)	>1000	>1000至≤10000	>10000至≤50000	>50000至≤200000	>200000
明火或散发火花地点	20	25	30	35	40
调压间、压缩机间、计量间	10	12	15	20	25
控制室、配电间、汽车库等辅助建筑	12	15	20	25	30
机修间、燃气锅炉房	15	20	25	30	35
综合办公生活建筑	18	20	25	30	35
消防泵房、消防备水池取水口	20				
站内道路(路边)	10	10	10	10	10
围墙	15	15	15	15	18

2. 平面布置

门站和储配站总平面应分区布置,即分为生产区(包括储罐区、调压计量区、加压区等)和辅助区。站内的各建构筑物之间以及站外建筑物的耐火等级不应低于现行国家标准《建筑设计防火规范》GB 50016的有关规定。站内建筑物的耐火等级不应低于现行国家标准《建筑设计防火规范》GB 50016"二级"的规定。

储配站生产区应设置环形消防车通道,消防车通道宽度不应小于3.5m。

3. 门站和储配站的工艺设计要求

门站和储配站应满足输配系统输气调峰的要求;站内应根据输配系统调度要求分组设置计量和调压装置,装置前应设过滤器;门站进站总管上宜设置分离器;调压装置应根据燃气流量、压力降等工艺条件确定设置加热装置。站内计量调压装置和加压设置应根据工作环境要求露天或在厂房内布置,在寒冷或风沙地区宜采用全封闭式厂房。进出站管线应设置切断阀和绝缘法兰。

当长输管道采用清管工艺时,其清管器的接收装置宜设置在门站内;站内管道上应根据系统要求设置安全保护及放散装置;站内设备、仪表、管道等安装的水平间距和标高均应便于观察、操作和维修。站内宜设置自动化控制系统,并宜作为输配系统的数据采集监控系统的远端站。

门站和储配站内的消防设施设计应符合现行国家标准《建筑设计防火规范》GB 50016的规定,并符合下列要求:

(1)储配站内进罐管线上宜设置控制进罐压力和流量的调节装置;储配站在同一时间内的火灾次数应按一次考虑。储罐区的消防用水量不应小于表3-8的规定。

表 3-8 储罐区的消防用水量

储罐容积(m^3)	＞500 至 10000	＞10000 至 ≤50000	＞50000 至 ≤100000	＞100000 至 ≤200000	＞200000
消防用水量(L/s)	15	20	25	30	35

注:固定容积的可燃气体储罐以组为单位,总容积按其几何容积(m^3)和设计压力(绝对压力,10^2 kPa)的乘积计算。

(2)当设置消防水池时,消防水池的容量应按火灾延续时间 3h 计算确定。在火灾情况下能保证连续向消防水池补水时,其容量可减去火灾延续时间内的补水量。

(3)储配站内消防给水管网应采用环形管网,其给水干管不应少于 2 条。当其中一条发生故障时,其余的进水管应能满足消防用水总量的供给要求;站内室外消火栓宜选用地上式消火栓;门站和储配站内建筑物灭火器的配置应符合现行国家标准《建筑灭火器配置设计规范》GB 50140的有关规定。储配站内储罐区应配置干粉灭火器,配置数量按储罐台数每台设置 2 个;每组相对独立的调压计量等工艺装置区应配置干粉灭火器,数量不少于 2 个。但门站的工艺装置区可不设消防给水系统。

第 4 章　燃气管网的水力计算

燃气管网水力计算的任务是根据燃气的计算流量和允许的压力降来确定管径，在有些情况下，已知管径和压力降，求管道的通过能力。总之，通过水力计算，来确定管道的投资、金属耗量及保证管网工作的可靠性。

4.1　水力计算的基本公式

4.1.1　摩擦阻力

1. 基本公式

在通常情况下的一小段时间内，燃气管道中的燃气流动可视为稳定流。将摩擦阻力公式、连续性方程和气体状态方程组成方程组：

$$\begin{cases} -\dfrac{dP}{dx}=\dfrac{\lambda}{d}\rho\dfrac{u^2}{2} \\ \rho uA=\text{const} \\ P=Z\rho RT \end{cases} \tag{4-1}$$

为了对摩擦阻力公式进行积分，由连续性方程得：

$$\rho uA=\rho_0 Q_0$$

由气体状态方程得：

$$\frac{\rho_0}{\rho}=\frac{P_0 TZ}{PT_0 Z_0}$$

代入摩擦阻力公式，在管径不变的管段中 $A=\frac{\pi}{4}d^2$，整理得：

$$-PdP=\frac{8}{\pi^2}\lambda\frac{Q_0^2}{d^5}\rho_0 P_0\frac{TZ}{T_0 Z_0}dx \tag{4-2}$$

假设燃气在管道中是等温流动，则 λ 和 T 均为常数；考虑管道压力变化不太大，压缩因子 Z 也可视为常数。通过积分，得高、中压燃气管道的单位长度摩擦阻力损失为：

$$\frac{P_1^2-P_2^2}{L}=1.62\lambda\frac{Q_0^2}{d^5}\rho_0 P_0\frac{TZ}{T_0 Z_0} \tag{4-3}$$

式中，P_1——燃气管道起点的压力（绝对压力），Pa；

P_2——燃气管道终点的压力（绝对压力），Pa；

P_0——标准大气压，101325Pa；

λ——燃气管道的摩擦阻力系数；

d——管道内径，m；

ρ_0——标准状态下的燃气密度，kg/Nm^3；

T_0——标准状态下的绝对温度，273.15K；

T——设计中采用的燃气温度，K；

Q_0——燃气管道的计算流量，Nm^3/s；

Z_0——标准状态下的气体压缩因子；

Z——气体压缩因子；

L——燃气管道的计算长度，m。

对低压燃气管道 $P_1^2-P_2^2=(P_1-P_2)(P_1+P_2)=\Delta P\cdot 2P_m$

式中，$P_m=(P_1+P_2)/2$ 为管道1、2断面压力的算术平均值，对低压管道，$P_m\approx P_0$，代入式(4-3)，得低压燃气管道的单位长度摩擦阻力损失为：

$$\frac{\Delta P}{L}=0.81\lambda\frac{Q_0^2}{d^5}\rho_0\frac{TZ}{T_0Z_0} \tag{4-4}$$

若采用工程中常用单位，则高、中压燃气管道的单位长度摩擦阻力损失为：

$$\frac{P_1^2-P_2^2}{L}=1.27\times10^{10}\lambda\frac{Q^2}{d^5}\rho\frac{TZ}{T_0} \tag{4-5}$$

式中，Z——气体压缩因子，当燃气压力小于1.2MPa(表压)时，Z取1。

P、Q、d、L的单位分别是kPa、m^3/h、mm、km。

低压燃气管道的单位长度摩擦阻力损失为：

$$\frac{\Delta P}{l}=6.26\times10^7\lambda\frac{Q^2}{d^5}\rho\frac{T}{T_0} \tag{4-6}$$

式中，ΔP、Q、d、l的单位分别是Pa、m^3/h、mm、m。

根据燃气在管道中不同的流动状态，λ分别采用下列经验及半经验公式。

(1)层流状态(Re $\leqslant$2100)

$$\lambda=64/\mathrm{Re}$$

$$\frac{\Delta P}{l}=1.13\times10^{10}\frac{Q_0}{d^4}\upsilon\rho_0\frac{T}{T_0} \tag{4-7}$$

(2)临界状态(Re =2100～3500)

$$\lambda=0.03+\frac{\mathrm{Re}-2100}{65\mathrm{Re}-10^5}$$

$$\frac{\Delta P}{l}=1.9\times10^6\left(1+\frac{11.8Q_0-7\times10^4d\upsilon}{23Q_0-10^5d\upsilon}\right)\frac{Q_0^2}{d^5}\rho_0\frac{T}{T_0} \tag{4-8}$$

(3)紊流状态(Re >3500)

$$\frac{1}{\sqrt{\lambda}}=-2\lg\left(\frac{K}{3.7d}+\frac{2.51}{\mathrm{Re}\sqrt{\lambda}}\right) \tag{4-9}$$

由于是隐函数，工程中常采用适合于一定管材的专用公式：

(1)低压燃气管道：

① 钢管

$$\lambda=0.11\left(\frac{K}{d}+\frac{68}{\mathrm{Re}}\right)^{0.25}$$

$$\frac{\Delta P}{l}=6.9\times10^{6}\left(\frac{K}{d}+192.2\frac{d\upsilon}{Q_0}\right)^{0.25}\frac{Q_0^2}{d^5}\rho_0\frac{T}{T_0} \tag{4-10}$$

② 铸铁管

$$\lambda=0.102\left(\frac{1}{d}+5158\frac{d\upsilon}{Q_0}\right)^{0.284}$$

$$\frac{\Delta P}{l}=6.4\times10^{6}\left(\frac{1}{d}+5158\frac{d\upsilon}{Q_0}\right)^{0.284}\frac{Q_0^2}{d^5}\rho_0\frac{T}{T_0} \tag{4-11}$$

③ 塑料管

公式同式(4－10)。

式中，Re——雷诺数，$\mathrm{Re}=ud/\upsilon$；

ΔP——燃气管道摩擦阻力损失，Pa；

l——燃气管道的计算长度，m；

Q_0——燃气管道的计算流量，$\mathrm{Nm^3/h}$；

d——管道内径，mm；

υ——标准状态下的燃气运动黏度，$\mathrm{m^2/s}$；

K——管壁内表面的当量绝对粗糙度，mm。钢管：输送天然气和气态液化石油气时取 0.1mm，输送人工煤气时取 0.15mm；聚乙烯燃气管一般取 0.01mm。

(2)次高压和中压燃气管道：

① 钢管

$$\lambda=0.11\left(\frac{K}{d}+\frac{68}{\mathrm{Re}}\right)^{0.25}$$

$$\frac{P_1^2-P_2^2}{L}=1.4\times10^{9}\left(\frac{K}{d}+192.2\frac{d\upsilon}{Q}\right)^{0.25}\frac{Q^2}{d^5}\rho\frac{T}{T_0} \tag{4-12}$$

② 铸铁管

$$\lambda=0.102236\left(\frac{1}{d}+5158\frac{d\upsilon}{Q}\right)^{0.284}$$

$$\frac{P_1^2-P_2^2}{L}=1.3\times10^{9}\left(\frac{1}{d}+5158\frac{d\upsilon}{Q}\right)^{0.284}\frac{Q^2}{d^5}\rho\frac{T}{T_0} \tag{4-13}$$

③ 塑料管

公式同式(4－12)。

式中，L——燃气管道的计算长度，km。

(3)高压燃气管道的单位长度摩擦阻力损失，宜按现行国家标准《输气管道工程设计规范》GB 50251有关规定计算。

2. 燃气管道水力计算图

在实际的水力计算中，直接用水力计算公式进行计算是一项极为繁重的工作，为简化计算，根据上述水力计算公式绘制成水力计算图，如图 4－1～图 4－4 所示。

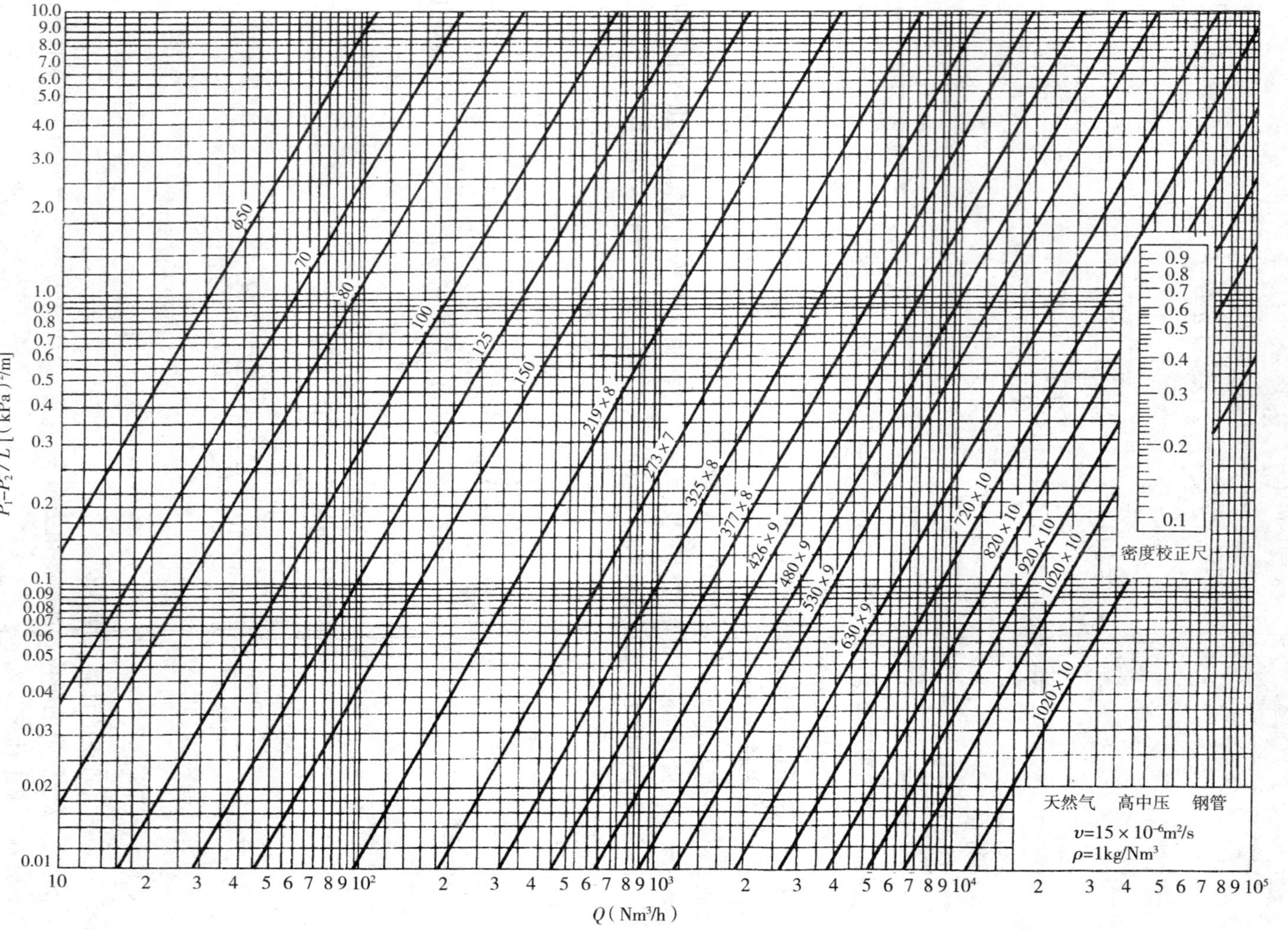

图 4-1 燃气管道水力计算图(一)

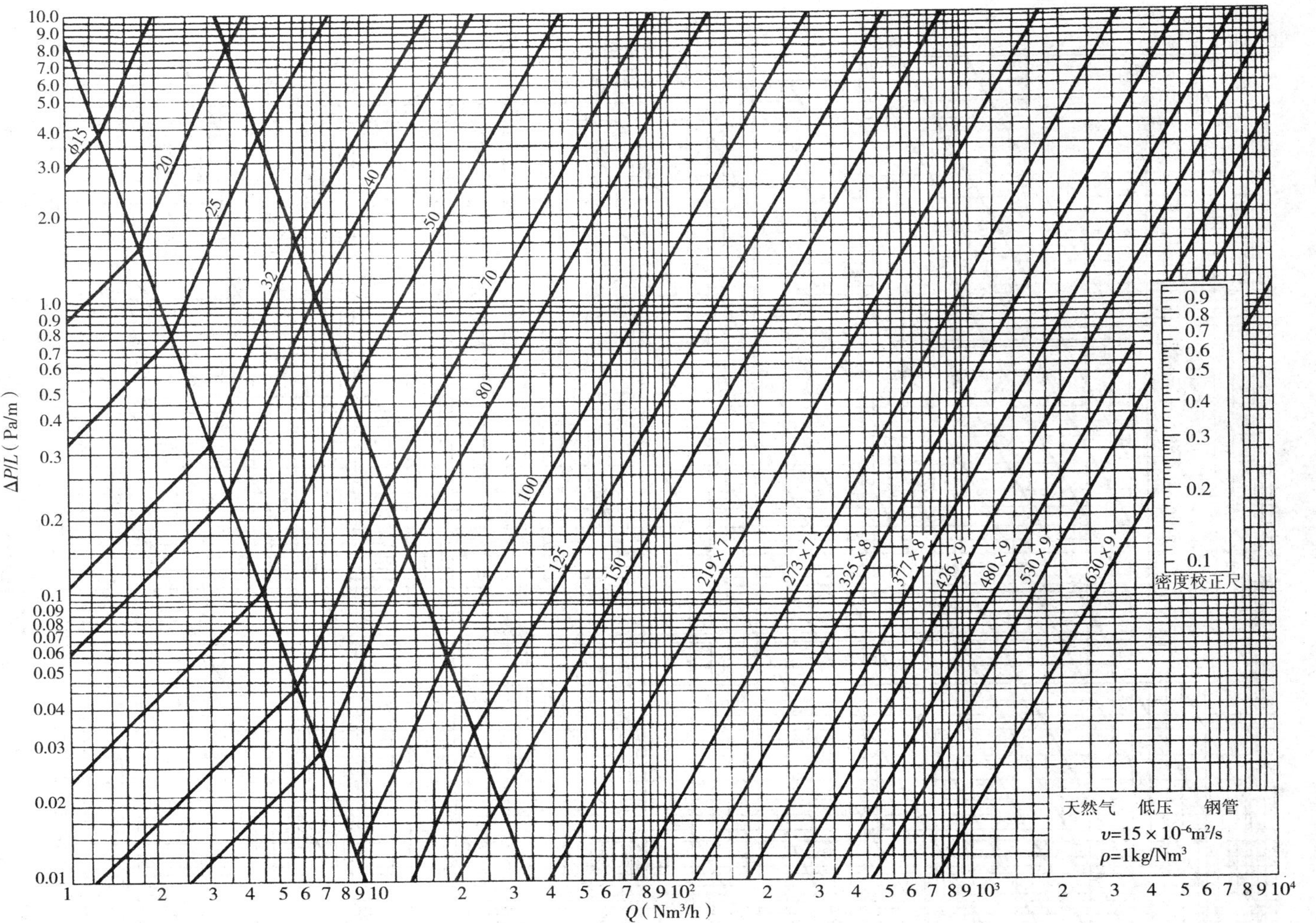

图 4-2　燃气管道水力计算图(二)

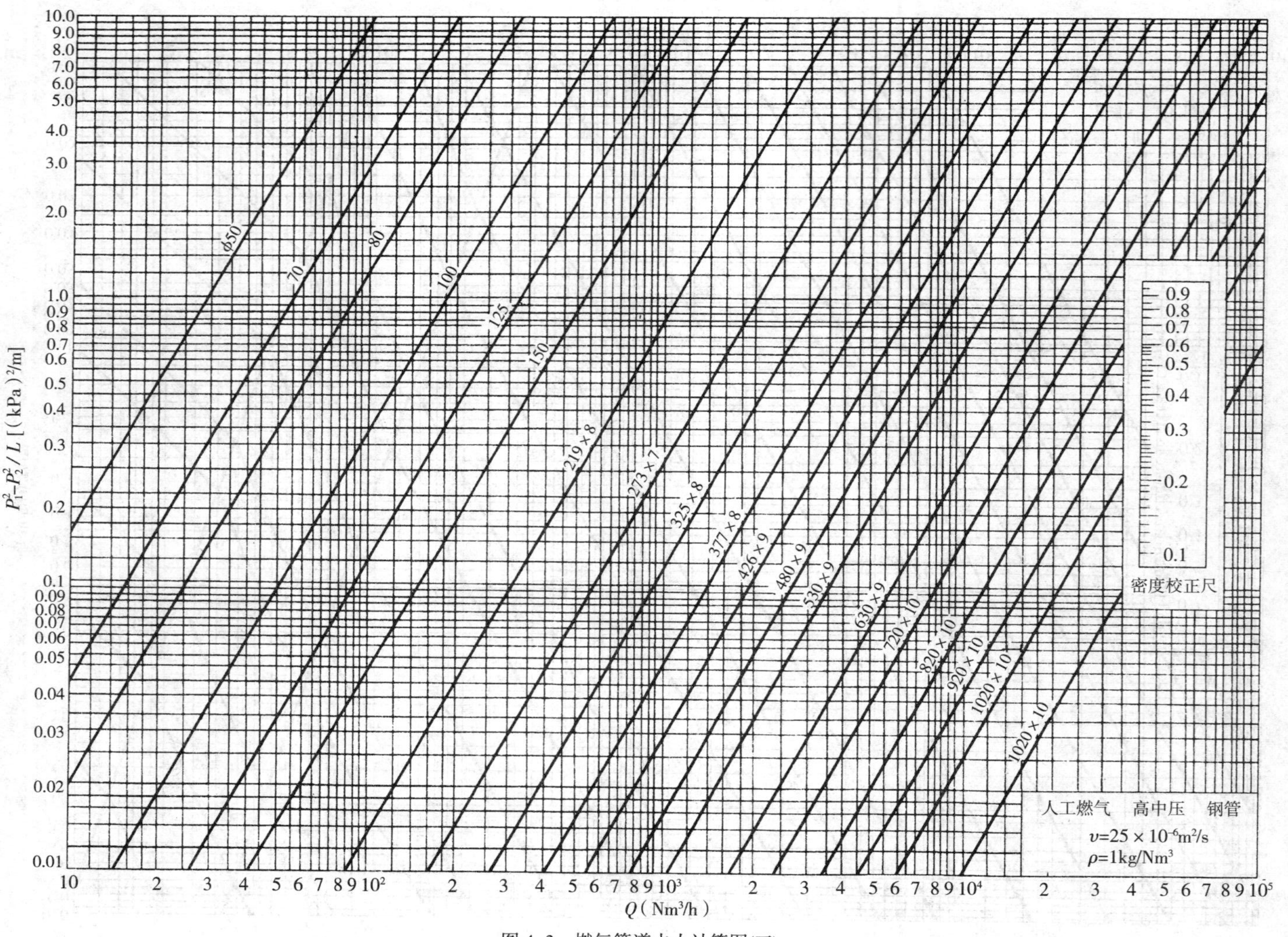

图 4-3 燃气管道水力计算图(三)

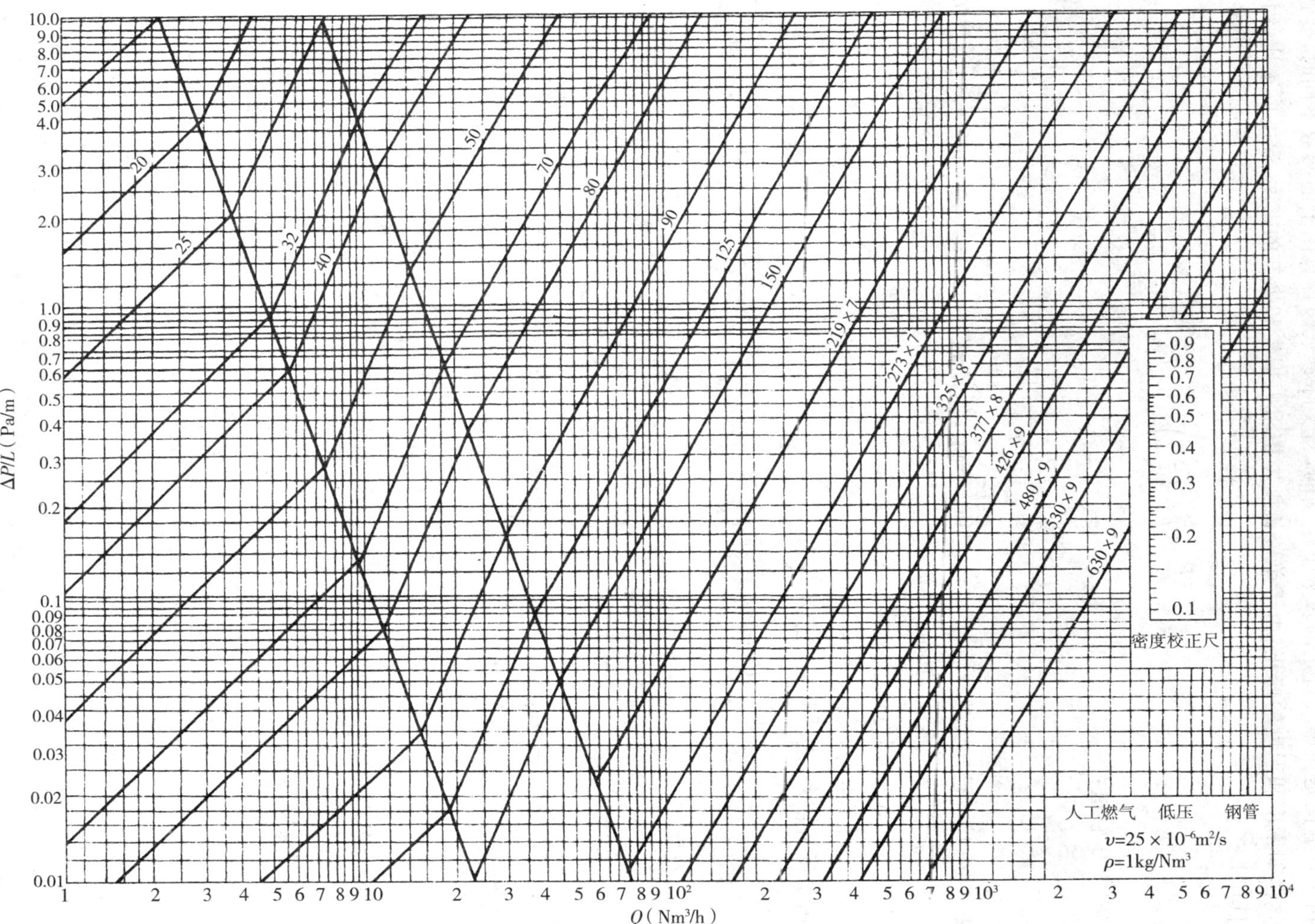

图 4-4　燃气管道水力计算图(四)

其编制条件是：密度 $\rho_0=1\text{kg/Nm}^3$；运动粘度：天然气 $\upsilon=15\times10^{-6}\text{m}^2/\text{s}$，人工燃气 $\upsilon=25\times10^{-6}\text{m}^2/\text{s}$。

由于计算图是在燃气特定的参数下绘制的，当实际参数与计算图上的参数不同时，要进行修正。例如密度和温度的修正：由于单位长度摩擦阻力损失和燃气的密度、温度成正比，因此

低压管道：

$$\frac{\Delta P}{l}/\rho T=\left(\frac{\Delta P}{l}\right)_{\rho_0=1}/T_0 \tag{4-14}$$

高、中压管道：

$$\frac{P_1^2-P_2^2}{L}/\rho T=\left(\frac{P_1^2-P_2^2}{L}\right)_{\rho_0=1}/T_0 \tag{4-15}$$

【例 4-1】 已知天然气密度 $\rho=0.73\text{kg/Nm}^3$，运动粘度 $\upsilon=15\times10^{-6}\text{m}^2/\text{s}$，当流量 $Q=1000\text{m}^3/\text{h}$、温度 $t=15$℃时，100m 长的低压燃气管道压力降为 85Pa，求该管道的管径。取钢管绝对粗糙度 $K=0.17\text{mm}$。

解法 1：公式法

由于流量较大，流动假定在紊流状态：

$$\frac{\Delta P}{l}=6.9\times10^6\left(\frac{K}{d}+192.2\frac{d\upsilon}{Q}\right)^{0.25}\frac{Q^2}{d^5}\rho\frac{T}{T_0}$$

代入数据：

$$\frac{85}{100}=6.9\times10^6\left(\frac{0.17}{d}+192.2\frac{d\times15\times10^{-6}}{1000}\right)^{0.25}\times\frac{1000^2}{d^5}\times0.73\times\frac{288.15}{273.15}$$

解上式得 $d=259\text{mm}$，取标准管径 $d=260\text{mm}$

校核：

$$\text{Re}=\frac{ud}{\upsilon}=\frac{4Q}{\pi d\upsilon}=\frac{4\times1000}{\pi\times0.26\times3600\times15\times10^{-6}}=90733$$

因 Re>3500，管内燃气的流动为紊流状态，计算有效。

解法 2：图表法

密度和温度的修正：

$$\left(\frac{\Delta P}{l}\right)_{\rho_0=1}=\frac{\frac{\Delta P}{l}T_0}{\rho T}=\frac{\frac{85}{100}\times273.15}{0.73\times288.15}=1.10\text{Pa/m}$$

查图 4-2，由流量 $Q=1000\text{m}^3/\text{h}$、在 $\left(\frac{\Delta P}{l}\right)_{\rho_0=1}=1.10\text{Pa/m}$ 附近，查得管径 $d=273\times7$，即 $d=260\text{mm}$。

4.1.2 局部阻力

在进行燃气管网的水力计算时，干管和配气管网由于局部阻力占总阻力的比例不大，一般按摩擦总阻力的 5%～10%进行估算；但对室内管道，由于部件较多，局部阻力占总阻力的比

例较大，要逐个进行详细计算。

局部阻力损失公式：

$$\Delta P = \sum \zeta \rho \frac{u^2}{2} \tag{4-16}$$

式中，ζ——管道局部阻力系数，通常由实验测得，有表或图可查。

局部阻力损失常有两种计算方法：

1. 查局部阻力损失计算表

实际工程中，产生局部阻力处的流动常处于紊流的粗糙区，它只与管件、部件或设备的形状、尺寸等几何参数及材料（粗糙度）有关，故一般由实验方法确定而制成表格，如表 4－1。

表 4－1　局部阻力系数 ζ 值

<table>
<tr><th rowspan="2">局部阻力名称</th><th rowspan="2">ζ</th><th rowspan="2">局部阻力名称</th><th colspan="6">不同直径(mm)的 ζ 值</th></tr>
<tr><th>15</th><th>20</th><th>25</th><th>32</th><th>40</th><th>≥50</th></tr>
<tr><td>管径相差一级的</td><td></td><td>90°直角弯头</td><td>2.2</td><td>2.1</td><td>2.0</td><td>1.8</td><td>1.6</td><td>1.1</td></tr>
<tr><td>骤缩变径管</td><td>0.35①</td><td rowspan="2">旋塞</td><td rowspan="2">4</td><td rowspan="2">2</td><td rowspan="2">2</td><td rowspan="2">2</td><td rowspan="2">2</td><td rowspan="2">2</td></tr>
<tr><td>三通直流</td><td>1.0②</td></tr>
<tr><td>三通分流</td><td>1.5②</td><td rowspan="2">截止阀</td><td rowspan="2">11</td><td rowspan="2">7</td><td rowspan="2">6</td><td rowspan="2">6</td><td rowspan="2">6</td><td rowspan="2">5</td></tr>
<tr><td>四通直流</td><td>2.0②</td></tr>
<tr><td>四通分流</td><td>3.0②</td><td rowspan="2">闸板阀</td><td colspan="2">d=50～100</td><td colspan="2">d=175～200</td><td colspan="2">d≥300</td></tr>
<tr><td>90°光滑弯头</td><td>0.3</td><td colspan="2">0.5</td><td colspan="2">0.25</td><td colspan="2">0.15</td></tr>
</table>

注：①ζ 对应于较小管径的管段；

②ζ 对应于燃气流量较小的管段。

如果将式(4－16)改写成：

$$\Delta P = \sum \zeta \alpha Q^2 \tag{4-17}$$

其中

$$\alpha = \frac{\rho}{2\,(\pi d^2/4)^2} = \frac{4.45 \times 10^4}{d^4}$$

式中，$\rho = 0.71\text{kg/Nm}^3$，$Q$、$d$ 的单位分别是 m^3/h、mm。可见 α 值与管径、燃气密度有关。

对应各种管径的 α 值如表 4－2 所示。

表 4－2　局部阻力的 α 值

管径(mm)	15	20	25	32	40	50
α	0.879	0.278	0.114	0.0424	0.0174	0.00712
管径(mm)	75	100	150	200	250	300
α	1.41×10^{-3}	4.45×10^{-4}	8.79×10^{-5}	2.78×10^{-5}	1.14×10^{-5}	5.49×10^{-6}

利用 α 值和流量 Q 可求出局部阻力。

如果燃气密度 $\rho \neq 0.71\text{kg/Nm}^3$、$T \neq T_0$，则表中 α 值要进行修正。

$$\alpha=\alpha_{表}\frac{\rho T}{0.71\times273.15}$$

2. 当量长度法

由
$$\Delta P=\sum\zeta\frac{u^2}{2}=\lambda\frac{L_2}{d}\frac{u^2}{2}$$

得
$$L_2=\sum\zeta\frac{d}{\lambda}=\sum\zeta l_2 \tag{4-18}$$

式中，L_2——局部阻力的当量长度，m；

l_2——相对于 $\zeta=1$ 时的局部阻力当量长度，m，$l_2=d/\lambda$。

l_2 与管道内径 d 和不同流态的 λ 有关，表 4-3 给出了相对于 $\zeta=1$ 时各种直径管子的当量长度。

表 4-3 $\zeta=1$ 时各种直径管子的当量长度

管径(mm)	15	20	25	32	38	50	75	100	150	200	250
当量长度 l_2(m)	0.4	0.6	0.8	1.0	1.5	2.5	4.0	5.0	8.0	12.0	16.0

这样，局部阻力就等于当量长度的摩擦阻力。计算含有局部阻力的总阻力时，管段的计算长度 L 为：

$$L=L_1+L_2 \tag{4-19}$$

式中，L_1——管段的实际长度，m。

利用燃气管道水力计算图，查出当量长度摩擦阻力损失，再乘以管段的计算长度 L，就可求出管段的总阻力(包括摩擦阻力和局部阻力)。

4.1.3 附加压头

由于燃气管道内的燃气与室外空气的密度不同，因此当管道的高程有变化时，管道中将产生附加压头 ΔP，公式为：

$$\Delta P=(\rho_a-\rho)g(H_2-H_1) \tag{4-20}$$

式中，ρ_a——当地空气的密度，kg/m^3；

ρ——燃气的密度，kg/m^3；

g——重力加速度，m/s^2；

H_1——管道起点的标高，m/s^2；

H_2——管道终点的标高，m。

附加压头有正有负，正值相当于动力，例如天然气、人工煤气(密度小于空气)的向上输运；负值相当于阻力，例如液化石油气(密度大于空气)的向上输运。管道总阻力等于摩擦阻力损失和局部阻力损失减去附加压头。因此在计算室内燃气管道时，附加压头相对较大，不可忽视，特别是高层建筑。

4.2　枝状管网的水力计算

管网基本上可分为枝状管网和环状管网。城市燃气干管一般都设计成环状管网，而自干管接出的配气管及室内燃气管道一般都是枝状管网。本节讲述枝状管网的水力计算。

4.2.1　室外枝状管网

从我国有关部门对居民用的天然气、人工煤气、液化石油气燃具所做的测定表明，当燃具前压力波动范围为0.5Pn～1.5Pn(Pn是燃具的额定压力)时，燃烧器的性能达到燃具质量标准的要求，但在实际使用中不宜把燃具长期置于0.5Pn下工作，因为这样不合乎中国人炒菜的要求。且使做饭时间加长，因此取0.75Pn。这样一个压力相当于燃气灶热负荷仅仅降低13.4%，能基本满足用户使用要求，而且这只是对距调压站最远的用户而言，在一年中也仅仅是在计算月的高峰时出现，对广大用户不会产生影响。因此把燃气灶具前的实际压力允许波动范围取为0.75Pn～1.5Pn。

由于低压燃气管道的计算压力降必须根据民用燃气灶具允许的波动范围来确定，则有1.5Pn－0.75Pn＝0.75Pn。按最不利情况，即当用气量最小时，靠近调压站的最近用户处有可能达到压力的最大值，但由调压站到此用户之间最小仍有约150Pa的阻力(包括燃气表阻力和干、支管阻力)，故低压燃气管道(包括室内和室外)总的计算压力降还可加大约150Pa，故ΔP_d＝0.75Pn＋150Pa。低压管道压力情况如表4-4所示。

表4-4　低压燃气管道压力数值表(Pa)

燃气种类	人工煤气		天然气
燃气灶额定压力 Pn	800	1000	2000
燃气灶前最大压力 Pmax	1200	1500	3000
燃气灶前最小压力 Pmin	600	750	1500
调压站出口最大压力	1350	1650	3150
低压燃气管道总的计算压力降(包括室内和室外)	750	900	1650

上表只是给出了低压燃气管道总压力降，至于其在街区干管、庭院管和室内管中的分配，根据技术经济分析比较后，列出的数值如表4-5所示，可供参考。

表4-5　低压燃气管道压力降分配参考表(Pa)

燃气种类及燃具额定压力	总压力降 ΔP	街区	单层建筑		多层建筑	
			庭院	室内	庭院	室内
人工燃气 1000	900	500	200	200	100	300
天然气 2000	1650	1050	300	300	200	400

很多城市采用中压一级系统，燃气直接由中压管网到达楼栋调压器，通过调压降至用户所需的额定压力，这样管网的管径可缩小而节省投资。

室外枝状管网的水力计算，一般按以下步骤进行：

先布置好的管线图,然后对管道的节点依次进行编号,再确定各管段的计算流量。计算流量按同时工作系数法进行计算,然后选取枝状管网的干管(最不利管线),根据给定的允许压力降来确定管道的单位长度允许压力降;根据管段的计算流量及单位长度允许压力降来选择标准管径;根据所选的标准管径,求出各管段实际阻力损失(摩擦阻力损失和局部阻力损失),进而求得干管总的阻力损失。

在计算支管之前,先检查干管的计算结果,若总阻力损失趋近允许压力降,则认为计算合格;否则要适当变动某些管径,再进行计算,直到符合要求为止。最后对支管进行水力计算。

【例 4-2】 如图 4-5 所示,天然气密度 $\rho=0.73\text{kg/Nm}^3$,每户的用具为一个燃气双眼灶和一个快速热水器,额定流量分别是 $0.7\text{m}^3/\text{h}$ 和 $1.7\text{m}^3/\text{h}$,此管道允许压力降为 1000Pa,求各管段的管径。

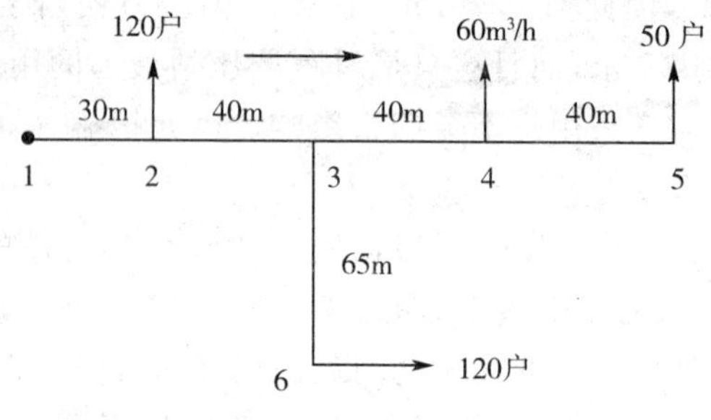

图 4-5 例 4-2 图

解:将各管段依次进行节点编号,取管段 1-2-3-4-5 为干管,总长 150m,根据给定的允许压力降 1000Pa,考虑局部阻力取 10%,单位长度摩擦损失为:

$$\frac{\Delta P}{l}=\frac{1000}{150\times1.1}=6.06\text{Pa/m}$$

以 4-5 管段为例,额定流量 $q=2.4\text{m}^3/\text{h}$,用户数 $N=50$ 户,同时工作系数 $k=0.178$,管段计算流量为:

$$Q=2.4\times50\times0.178=21.36\text{m}^3/\text{h}$$

为了利用图 4-2 进行水力计算,要进行密度修正。

$$\left(\frac{\Delta P}{l}\right)_{\rho_0=1}=\frac{\Delta P/l}{\rho}=\frac{6.06}{0.73}=8.30\text{Pa/m}$$

由 $Q=21.36\text{m}^3/\text{h}$,在 $\left(\frac{\Delta P}{l}\right)_{\rho_0=1}=8.30\text{Pa/m}$ 附近查得 $d=40\text{mm}$,$\left(\frac{\Delta P}{l}\right)_{\rho_0=1}=8.6\text{Pa/m}$;对应实际密度下的单位长度摩擦阻力损失 $\frac{\Delta P}{l}=8.6\times0.73=6.3\text{Pa/m}$,该管段长 40m,摩擦阻力损失 $\Delta P_1=6.3\times40=252\text{Pa}$。

干管各管段计算结果列表于表 4-6,从表中可见干管总阻力损失为 927Pa,趋近允许压力降 1000Pa。如果不适合,则要调整某些管径,再次计算。

支管的水力计算有两种方法:全压降法和等压降法,此处采用全压降法。由于支管 3-6 与干管 3-4-5 并联,其允许压力降 $\Delta P_1=\Delta P_{3-4-5}=252+252=504\text{Pa}$,单位长度摩擦阻力损失$\frac{\Delta P}{l}=\frac{504}{65}=7.75$Pa/m。仿照干管的水力计算，得管径 $d=50$mm，实际摩擦阻力损失 $\Delta P_1=$ 488Pa，趋近允许压力降 504Pa，见表 4－6。

如用等压降法进行水力计算，即各支管允许压力降均取相等的数值。两种设计各有利弊：全压降法充分利用允许压力降，减小管径，提高设计经济性，但在管网发生故障时，由于干管压力变化而影响支管压力，特别是支管末端的压力偏低，而等压降法正好相反。

表 4－6　枝状管网水力计算表

管段号	额定流量 q(m^3/h)	用户数 N(户)	同时工作系数 k	计算流量 Q(m^3/h)	管径 d (mm)	实际 $\Delta P/l$ (Pa/m)	管段长度 l(m)	摩擦阻力损失 ΔP_1 (Pa)	总阻力损失 ΔP (Pa)
4—5	2.4	50	0.178	21.36	40	6.3	40	252	
3—4				81.36	70	6.3	40	252	
2—3				129.74	80	6.3	40	252	
1—2	2.4	120	0.168	178.12	100	2.9	30	87	
								合计 843	843×1.1 =927
3—6	2.4	120	0.168	48.38	50	7.5	65	488	

4.2.2　室内燃气管道

室内燃气管道是指从引入管到管道末端燃具前的管道，其阻力损失应不大于表 4－7 的规定。

表 4－7　低压燃气管道允许的阻力损失(Pa)

燃气种类	单层建筑	多层建筑
人工煤气、矿井气	200	300
天然气、石油伴生气、液化石油混空气	300	400
液化石油气	400	500

注：阻力损失包括燃气计量装置的损失。

在水力计算前，必须根据燃气用具的数量和布置的位置，画出管道平面图和系统图，以后的步骤与室外枝状管网基本相同。室内管道部件较多，局部阻力要一一计算；由于高程变化大，管道的附加压头也要计算在内。

【例 4－3】　如图 4－6 所示的某六层居民住宅，天然气密度 $\rho=0.73$kg/Nm^3，每户的用具为一个燃气双眼灶和一个快速热水器，额定流量分别是 0.7m^3/h 和 1.7m^3/h，此管道允许压力降为 200Pa(不包括 100Pa 左右的燃气表压力降)，求各管段的管径。

解：将各管段进行节点编号，标出各管段的长度。根据各管段的用具数及同时工作系数，计算管段的计算流量。估计室内管道的局部阻力为摩擦阻力的 50%，根据允许压力降 200Pa，假设最不利管线为 0～9 管段，长 35m，得单位长度平均摩擦损失为：

$$\frac{\Delta P}{l}=\frac{280}{35\times1.5}=5.33\text{Pa/m}$$

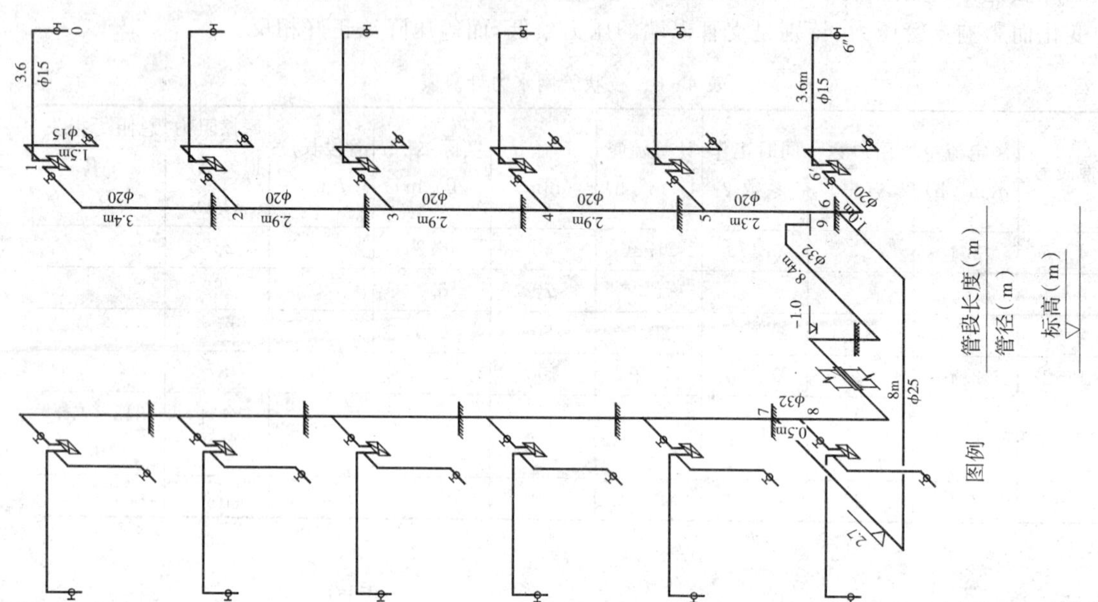

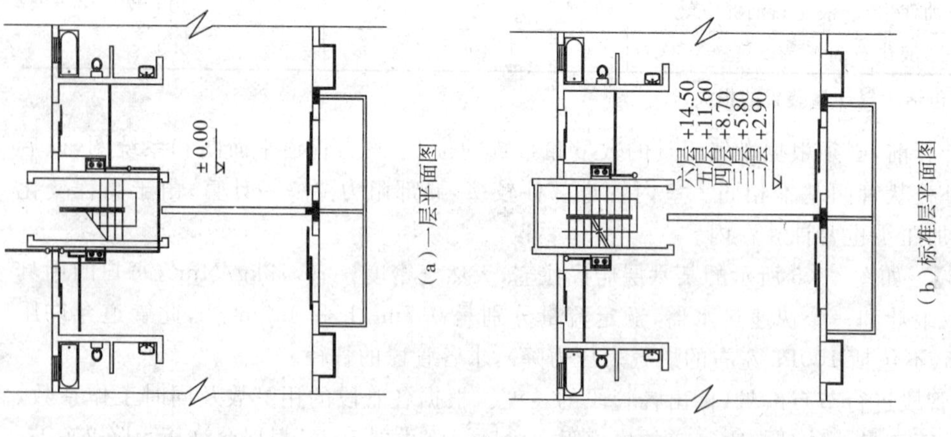

(a)一层平面图

(b)标准层平面图

图 4-6　室内燃气管道平面图及系统图

以 0－1 管段为例：热水器额定流量 $q=1.7m^3/h$，对一户而言，同时工作系数 $k=1.00$，计算流量为 $Q=1.7m^3/h$，为了利用图 4－2 进行水力计算，要进行密度修正：

$$\left(\frac{\Delta P}{l}\right)_{\rho_0=1}=\frac{\Delta P/L}{\rho}=\frac{5.33}{0.73}=7.30\text{Pa/m}$$

由 $Q=1.7m^3/h$，在 $\left(\frac{\Delta P}{l}\right)_{\rho_0=1}=7.30\text{Pa/m}$ 附近查得管径 $d=15$mm（天然气支管管径不得小于 15mm），$\left(\frac{\Delta P}{l}\right)_{\rho_0=1}=6.50\text{Pa/m}$；对应实际密度下的 $\frac{\Delta P}{l}=6.50\times0.73=4.75\text{Pa/m}$。

采用当量长度法计算局部阻力损失：$\sum\zeta=9.4$。查表 4－3 知，$d=15$mm、$\zeta=1$ 时的当量长度 $l_2=0.4$m，则当量长度 $l_2=\sum\zeta l_2=3.76$m，管段计算长度 $l=l_1+l_2=7.36$m，管段压降 $\Delta P_1=\frac{\Delta P}{l}\cdot l=34.96$Pa。

高程差（沿流动方向）$\Delta H=-1.2$m，附加压头

$$\Delta P_2=(\rho_a-\rho)g\Delta H=(1.29-0.73)\times9.8\times(-1.2)=-6.59\text{Pa}$$

该管段实际压力损失 $\Delta P=\Delta P_1-\Delta P_2=34.96-(-6.59)=41.50$Pa（与 0－1 管段并联的 0′－1 管段 $\Delta P=17.78$Pa，故只考虑 0－1 管段的压力损失），最后计算表明，9－8－7－6－5－4－3－2－1－0 管段的总压力损失为 104.88Pa。

再计算 6－6′－6″管段，得到 9－8－7－6－6′－6″管段的总压力损失为 166.83Pa，由于附加压头的作用，实际最不利管段不是 9～0，而是 9－8－7－6－6′－6″管段，但没有超过允许压降。管道设计合理。

全部计算列表于表 4－8（其他未计算管段均与所对应的计算管段相同）。

4.3　环状管网的水力计算

环状管网可保证管网工作的可靠性，但是如果改变环状管网某一管段的管径，不仅引起其他管段流量的重新分配，还改变了管网各点的压力值。其水力计算不但要确定管径，还要进行平差计算，确保在均衡的工况下运行，因此它比枝状管网的水力计算要复杂得多。环状管网分高、中压环状管网和低压环状管网。

4.3.1　管段计算流量的确定

1. 途泄流量

城市环网是一个输配管网，既有输运作用，又有分配功能，我们把沿管段直接分配给用户的流量叫途泄流量。一般低压管网和某些有分配流量的中压管网都有途泄流量，管网的计算流量中应包括途泄流量。将管段的途泄流量设为 Q_1，由此管段输往后面管段的转输流量设为 Q_2，很显然，管段的计算流量既不是 $Q=Q_1+Q_2$，也不是 $Q=Q_2$，这是一个变流量管段的水力计算。假定沿管段均匀输出流量，由该管段起点 A 的流量 Q_1+Q_2，均匀减少到终点 B 的流量 Q_2，用一个假想不变的流量 Q，使它产生的管段压力降与实际压力降相等，此流量 Q 就是该变流量管段的计算流量，如图 4－7 所示。从图上可以看出：

表 4-8 室内燃气管道水力计算表

管段号	额定流量 q (m^3/h)	用户数 N (户)	同时工作系数 k	计算流量 Q (m^3/h)	管径 d (mm)	$\Delta P/L$ (Pa/m)	管段长度 l_1 (m)	l_2 (m)	局部阻力系数 $\sum\zeta$	当量长度 l_2 (m)	计算长度 l (m)	阻力损失 ΔP_1 (Pa)	高程差 ΔH (m)	附加压头 ΔP_2 (Pa)	实际阻力 ΔP (Pa)	局部阻力名称及系数
0—1	1.7	1	1.00	1.7	15	4.75	3.6	0.4	9.4	3.76	7.36	34.96	−1.2	−6.59	41.55	90°弯头 $\zeta=2\times2.2$，三通直流 $\zeta=1$，旋塞 $\zeta=4$
(0′—1)	0.7	1	1.00	0.7	15	1.68	1.5	0.4	12.1	4.84	6.34	10.65	−1.3	−7.13	17.78	90°弯头 $\zeta=3\times2.2$，三通分流 $\zeta=1.5$，旋塞 $\zeta=4$
1—2	2.4	1	1.00	2.4	20	2.41	3.4	0.6	9.3	5.58	8.89	21.64	2.9	15.92	5.73	90°弯头 $\zeta=3\times2.1$，三通直流 $\zeta=1$，旋塞 $\zeta=2$
2—3	2.4	2	0.56	2.69	20	2.77	2.9	0.6	1	0.6	3.5	9.71	2.9	15.92	−6.21	三通直流 $\zeta=1$
3—4	2.4	3	0.44	3.17	20	4.38	2.9	0.6	1	0.6	3.5	15.33	2.9	15.92	−0.59	三通直流 $\zeta=1$
4—5	2.4	4	0.38	3.65	20	6.21	2.9	0.6	1	0.6	3.5	21.74	2.9	15.92	5.82	三通直流 $\zeta=1$
5—6	2.4	5	0.35	4.2	20	7.50	2.3	0.6	1.5	0.9	3.2	24.00	2.3	12.62	11.38	三通分流 $\zeta=1.5$
6—7	2.4	6	0.31	4.46	25	2.92	8	0.8	5.5	4.4	12.4	36.2	—	—	36.2	90°弯头 $\zeta=2\times2$，三通分流 $\zeta=1.5$
7—8	2.4	11	0.24	6.34	32	1.50	0.5	1	1	1	1.5	3.3	0.5	2.74	0.56	三通直流 $\zeta=1$
8—9	2.4	12	0.23	6.65	32	1.60	8.5	1	9	9	17.5	2.8	3.2	17.56	10.44	90°弯头 $\zeta=5\times1.8$
9—8—7—6—5—4—3—2—1—0 实际阻力损失 $\Delta P=104.88$Pa																
6—6′	2.4	1	1.00	2.4	15	10.95	1	0.6	9.8	5.88	6.88	75.34	−0.5	−2.74	78.08	90°弯头 $\zeta=3\times2.1$，三通分流 $\zeta=1.5$，旋塞 $\zeta=2$
6′—6″	1.7	1	1.00	1.7	15	4.75	3.6	0.4	9.4	3.76	7.36	34.96	−1.2	−6.59	41.55	90°弯头 $\zeta=2\times2.2$，三通直流 $\zeta=1$，旋塞 $\zeta=4$
9—8—7—6—6′—6″实际阻力损失 $\Delta P=166.83$Pa																

$$Q=\alpha Q_1+Q_2$$

式中，α——流量折算系数，它与途泄流量及转输流量的比值以及燃气沿途输出的均匀程度有关。经过分析，当管段上的支管数不少于 5～10 根，Q_1与总流量 Q_N的比值在 0.3～1.0 的范围内时，α=0.5～0.6，在实际计算时可取其平均值 α=0.55，则：

$$Q=0.55Q_1+Q_2 \tag{4-21}$$

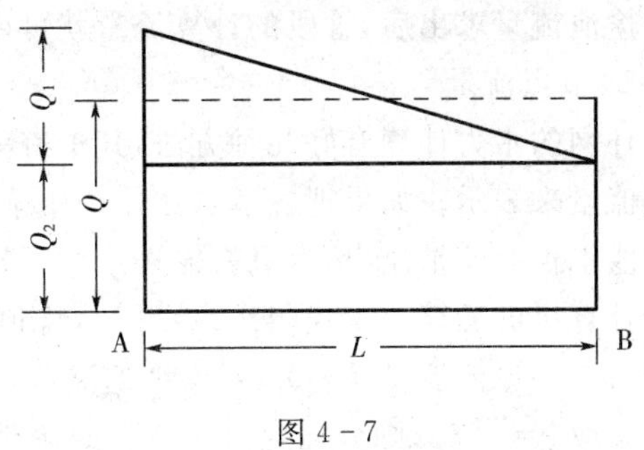

图 4－7

2. 途泄流量的计算

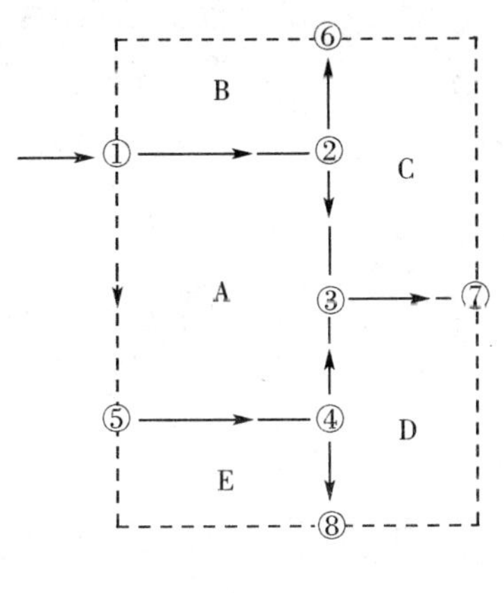

图 4－8

式(4－21)是建立在沿管段均匀输出流量的基础上，对沿管线的大量居民用户、小型商业用户的流量基本上可满足这个条件。对用气大的用户，可把该点作为集中流量的节点。

以图 4－8 所示的管网为例：

(1)根据该区域的布局，划分成小区 A、B、C、D、E，并布置配气管段 1－2、2－3、1－5……根据气源点的位置，决定或假设各管段燃气的流向；

(2)根据小区的燃气用气量，计算各管段的单位长度途泄流量：

$$q_{1i}=\frac{Q_{1i}}{L_i} \tag{4-22}$$

式中，q_{1i}——第 i 小区管道的单位长度途泄流量，$m^3/(h\cdot m)$；

Q_{1i}——第 i 小区内各类用户的小时计算流量，即途泄流量，m^3/h；

L_i——第 i 小区管道总长度，m。

例如：

$$q_{1A}=\frac{Q_{1A}}{L_{1-2}+L_{2-3}+L_{4-3}+L_{5-4}+L_{1-5}}$$

$$q_{1B}=\frac{Q_{1B}}{L_{1-2}+L_{2-6}}$$

$$\vdots$$

(3)计算各管段的途泄流量

管段的途泄流量等于单位长度途泄流量乘以该管段的长度，如果该管段是两个小区的公共管段，并同时向两侧供气，则单位长度途泄流量是管道两侧单位途泄流量之和，例如：

$$Q_1^{1-5}=q_{1A}L_{1-5}$$

$$Q_1^{1-2}=(q_{1A}+q_{1B})L_{1-2}$$

$$\vdots$$

途泄流量求出后，管段的计算流量就可由式(4-21)确定了。

3. 节点流量

环网的水力计算有好几种方法，其中有一种方法就是节点流量法，就是把途泄流量转化为节点流量来表示。如果把各节点比作调压站，有途泄流量的管网就像无途泄流量的管网一样，沿管线不再有流量流出，而只有输送给调压站的恒定流量。把途泄流量转化为节点流量，特别适合计算机的运算。由式(4-21)可知，管道的计算途泄流量为 αQ_1，也可以看作是流入管段末端节点的途泄流量是 αQ_1，对整个途泄流量而言，$(1-\alpha)Q_1$ 应分摊到管段始端，即流出端的节点。取 $\alpha=0.55$，则分摊到流入节点的途泄流量是 $0.55Q_1$，流出节点的途泄流量是 $0.45Q_1$，例如在图 4-8 中，各节点分摊到的途泄流量 q_{1i} 分别为：

$$q_{11}=0.45Q_1^{1-2}+0.45Q_1^{1-5}$$

$$q_{12}=0.55Q_1^{1-2}+0.45Q_1^{2-3}+0.45Q_1^{2-6}$$

$$\vdots$$

如果取 $\alpha=0.5$，则分摊到流入、流出节点的途泄流量均为 $0.5Q_1$。

对于管段上所接的大型集中用户，可将该点的用气量按离该管段两端节点的距离，反比例地分摊在两端节点上；或者就将此点作为节点，其用气量就是该节点的集中流量 q_{2i}。

4.3.2 环状管网水力计算的特点

环状管网的水力计算，有手工计算和计算机计算，不论采用何种方法，都要满足两个条件：

1. 每一节点处流量的代数和为零，即流入量等于流出量。

$$\sum Q_i=0 \tag{4-23}$$

2. 对每一个环，如果设按顺时针方向流动的管段压力降定为正值，逆时针方向流动的管段压力降定为负值，则环网的压力降之和为零，即：

$$\sum \Delta P_i=0 \tag{4-24}$$

要做到管网压力降的闭合差 $\sum \Delta P_i=0$，实际上是很困难的，常规定一个精度要求 ε(如 $\varepsilon<10\%$)或不超过某个值。

对高、中压管网：

$$\frac{\left|\sum \delta P^2\right|}{0.5\sum\left|\delta P^2\right|}\times 100\%<\varepsilon \tag{4-25}$$

式中，δP^2——管段的压力平方差。

对低压管网：

$$\frac{\left|\sum \Delta P\right|}{0.5\sum\left|\Delta P\right|}\times 100\%<\varepsilon \tag{4-26}$$

式中，ΔP——管段的压力差。

如果未达到精度要求，则必须进行流量的再分配，即采用校正流量来消除环网的闭合差。各环的校正流量 ΔQ 可近似地由两项表示：

$$\Delta Q=\Delta Q'+\Delta Q'' \tag{4-27}$$

式中，$\Delta Q'$——未考虑邻环校正流量对计算环的影响而得到的第一个校正流量；

$\Delta Q''$——考虑邻环校正流量对计算环的影响而得到的第二个校正流量，它是 $\Delta Q'$ 的附加项，使校正流量更精确些。

对高、中压管网：

$$\Delta Q'=-\frac{\sum \delta P^2}{2\sum \frac{\delta P^2}{Q}}$$

$$\Delta Q''=\frac{\sum \Delta Q_{nn}'\left(\frac{\delta P^2}{Q}\right)_{ns}}{\sum \frac{\delta P^2}{Q}}$$

式中，$\Delta Q_{nn}'$——邻环校正流量的第一个近似值；

$\left(\frac{\delta P^2}{Q}\right)_{ns}$——与该邻环共用管段的该计算管段$\frac{\delta P^2}{Q}$值。

对低压管网：

$$\Delta Q'=-\frac{\sum \Delta P}{1.75\sum \frac{\Delta P}{Q}}$$

$$\Delta Q''=\frac{\sum \Delta Q_{nn}'\left(\frac{\Delta P}{Q}\right)_{ns}}{\sum \frac{\Delta P}{Q}}$$

式中，$\left(\frac{\Delta P}{Q}\right)_{ns}$——与该邻环共用管段的该计算管段$\frac{\Delta P}{Q}$值。

如果校正后闭合差仍未达到精度要求，则需要再次计算校正流量，甚至改变某些管段的管径，重新计算，直到达到精度要求为止。

4.3.3　手工计算环状管网水力计算的示例

在手工计算中，常有表格法和图上作业法，现以一个例题介绍这两种方法。

【例 4-4】　有一低压环网，如图 4-9 所示，节点 2、6、9 处是集中用户，调压站出口压力为 3100Pa，管网中允许压力降为 800Pa，天然气对空气的相对密度 S 为 0.55，求管网中各管段的管径，并进行平差计算。

解：本网有三个环，分别为Ⅰ、Ⅱ、Ⅲ环，给各节点依次编号，将每个环距调压站最远处的点假定为压力最低点，简称零点，图中的 4、7、9 点定为零点。由节点处 $\sum Q_i=0$，从零点以及调压站两端开始决定气流方向,如果有的管段气流方向确定不了,可先假设。

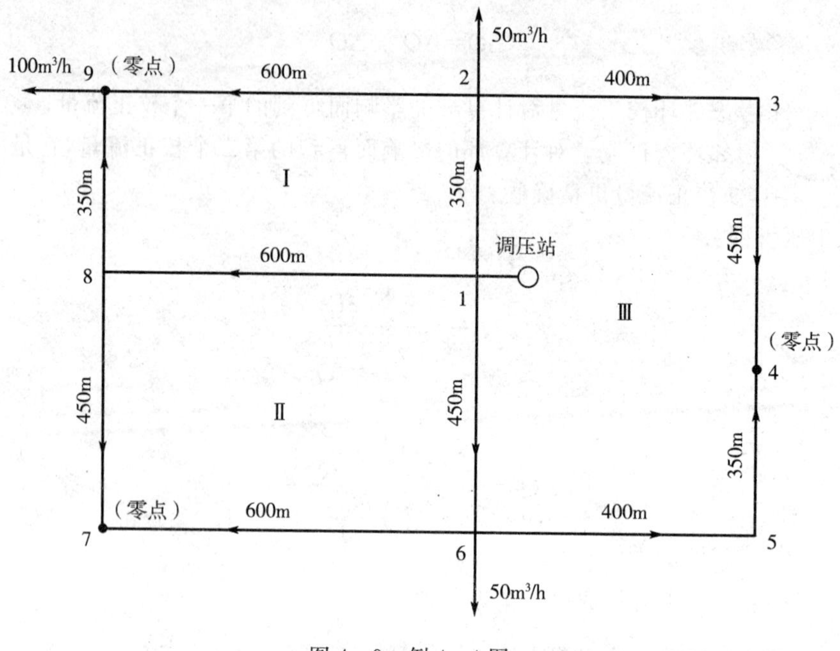

图 4-9 例 4-4 图

1. 表格法

(1)计算各管段的途泄流量 Q_1,方法见途泄流量的计算。为突出后面的平差过程,此题的途泄流量直接给出,并由 $Q=0.55Q_1+Q_2$,得到管段的计算流量,见表 4-9。

表 4-9 计算流量

环号	管段号	管段长度 l(m)	途泄流量 Q_1(m^3/h)	$0.55Q_1$ (m^3/h)	转输流量 Q_2(m^3/h)	计算流量 Q(m^3/h)	说明
Ⅰ	1—8	600	574	316	436	752	节点 9 的用气量由管段 2-9 及 8-9 各供气 $50m^3/h$
	8—9	350	155	85	50	135	
	1—2	350	341	188	818	1006	
	2—9	600	265	146	50	196	
Ⅱ	1—6	450	471	259	758	1017	
	6—7	600	308	170	0	170	
	1—8	600	574	316	436	752	
	8—7	450	231	127	0	127	
Ⅲ	1—2	350	341	188	818	1006	
	2—3	400	213	117	240	357	
	3—4	450	240	132	0	132	
	1—6	450	471	259	758	1017	
	6—5	400	213	117	187	304	
	5—4	350	187	103	0	103	

(2)由各环的单位长度平均压力降(局部阻力损失取摩擦阻力损失的 10%)及各管段的计算流量来选择管径,并得出管段的压力降。

① 各环的单位长度平均压力降:

Ⅰ环
$$\frac{\Delta P}{l}=\frac{800}{950\times1.1}=0.77\text{Pa/m}$$

Ⅱ环
$$\frac{\Delta P}{l}=\frac{800}{1050\times1.1}=0.69\text{Pa/m}$$

Ⅲ环
$$\frac{\Delta P}{l}=\frac{800}{1200\times1.1}=0.61\text{Pa/m}$$

② 选择管径和计算管段的压力降

此处采用低压管网中常用的普尔(Pole)公式,它实际上是将式(4-6)具体化的另一种表达式:

$$Q=0.316K\sqrt{\frac{d^5\Delta P}{SlK_1}} \tag{4-28}$$

式中,K——依管径而异,对于一般 $d\geqslant15$cm,K 取 0.707($d=12.5$cm,K 取 0.67);

S——燃气的相对密度;

K_1——考虑局部阻力损失占摩擦阻力损失的 10%,K_1取 1.1。

Q、d、ΔP、l 分别取 m^3/h、cm、Pa、m。

由计算流量 Q 及单位长度平均压力降 $\Delta P/l$ 代入式(4-28),解出管径,再标准化,得到初选管径,并求得管段的压力降。

以管段 1-8 为例:$Q=752m^3/h$,将Ⅰ环的 $\Delta P/l=0.77$Pa/m,Ⅱ环的 $\Delta P/l=0.69$Pa/m 取平均,按 $\Delta P/l=0.73$Pa/m 代入式(4-28),解出 $d=24.8$cm,再标准化,得到初选管径 $d=25$cm,将 $d=25$cm 代入式(4-28),求得该管段压降为 421Pa,其他计算见表 4-10。

(3)平差计算

从表中可见,初步计算中,Ⅰ、Ⅱ环闭合差的精度大于 10%,需进行校正。第一次校正后,Ⅱ环的 $\Delta P_{1-8-7}=447+355=802$Pa,超过允许压力降。虽然 3 个环闭合差的精度均小于 10%,但对于允许压力降大于 100Pa 的环网,闭合差不宜采用精度 $\varepsilon<10\%$的标准,而采用闭合差小于 10Pa 的精度标准。第一次校正后,Ⅰ环的闭合差大于 10Pa,因此再进行第二次校正,第二次校正后,各环的闭合差均小于 10Pa。

校核从调压站至零点的压力降:

Ⅰ环
$$\Delta P_{1-8-9}=450+300=750\text{Pa}$$
$$\Delta P_{1-2-9}=431+324=755\text{Pa}$$

Ⅱ环
$$\Delta P_{1-6-7}=560+236=796\text{Pa}$$
$$\Delta P_{1-8-7}=450+345=795\text{Pa}$$

Ⅲ环
$$\Delta P_{1-2-3-4}=431+195+129=755\text{Pa}$$
$$\Delta P_{1-6-5-4}=560+138+57=755\text{Pa}$$

均小于管网允许压力降 800Pa,计算结束。

表 4-10 低压环网水力计算表

环号	管段		初步计算					第一次校正计算							第二次校正计算					
	管段号	邻环号	长度 l (m)	流量 Q (m³/h)	管径 d (cm)	压力降 ΔP (Pa)	$\frac{\Delta P}{Q}$	校正流量(m³/h) $\Delta Q'$	$\Delta Q''$	ΔQ	校正流量 ΔQ_1	校正后流量 Q_1	$\Delta P'$	$\frac{\Delta P'}{Q_1}$	校正流量 $\Delta Q'$	$\Delta Q''$	ΔQ	校正流量 ΔQ_2	校正后流量 Q_2	实际压力降 $\Delta P''$
Ⅰ	1-8	Ⅱ	600	752	25	421	0.56	16.12	-7.93	8.19	22.63	775	447	0.58	3.69	0.07	3.76	2.31	777	450
	8-9		350	135	12.5	253	1.87				8.19	143	284	1.99				3.76	147	300
	1-2	Ⅲ	350	-1006	25	-440	0.44				5.78	-1000	-434	0.43				3.78	-996	-431
	2-9		600	-196	15	-368	1.88				8.19	-188	-338	1.80				3.76	-184	-324
	合计					-18 (-18.1%)	4.75						-31 (-4.1%)	4.80						-5 (-0.7%)
Ⅱ	1-6	Ⅲ	450	1017	25	578	0.57	-16.59	2.15	-14.44	-16.85	1000	559	0.56	1.11	0.34	1.45	1.47	1001	560
	6-7		600	170	15	277	1.63				-14.44	156	233	1.49				1.45	157	236
	1-8	Ⅰ	600	-752	25	-421	0.56				-22.63	-775	-447	0.58				-2.31	-777	-450
	8-7		450	-127	12.5	-288	2.27				-14.44	-141	-355	2.52				1.45	-139	-345
	合计					146 (18.7%)	5.03						-10 (-1.3%)	5.15						1 (0.1%)
Ⅲ	1-2	Ⅰ	350	1006	25	440	0.44	3.08	-0.67	2.41	-5.78	1000	434	0.43	-0.67	0.65	-0.02	-3.78	996	431
	2-3		400	357	20	193	0.54				2.41	359	195	0.44				-0.02	359	195
	3-4		450	132	15	125	0.95				2.41	134	129	0.96				-0.02	134	129
	1-6	Ⅱ	450	-1017	25	-578	0.57				16.85	-1000	-559	0.56				-1.47	-1001	-560
	6-5		400	-304	20	-140	0.46				2.41	-302	-138	0.46				-0.02	-302	-138
	5-4		350	-103	15	-59	0.57				2.41	-101	-57	0.56				-0.02	-101	-57
	合计					-19 (-2.5%)	3.53						4 (0.5%)	3.14						0 (0%)

2. 图上作业法

采用节点流量法计算：

(1)把途泄流量 Q_1 按 0.45Q_1 和 0.55Q_1 分摊到管段的流出端节点和流入端节点，得节点流量。例如第 9 节点，管段 2－9、8－9 的途泄流量是 265m^3/h 和 155m^3/h，考虑第 9 节点还有 100m^3/h 的集中用气量，该节点的流量为 Q_9＝(265＋155)×0.55＋100＝331m^3/h。

节点流量加上转输流量等于管段的计算流量，其中连接零点的管段计算流量是按相邻管段的长度正比例进行分摊，见表 4－11，并把这些参数标在草图上(图 4－10)。

表 4－11　管段计算流量表

管段号	节点流量(m^3/h)	转输流量(m^3/h)	管段计算流量(m^3/h)
2—9	331(节点 9)	0	331×6/9.5＝209
8—9	331(节点 9)	0	331×3.5/9.5＝122
8—7	297(节点 7)	0	297×4.5/10.5＝127
6—7	297(节点 7)	0	297×6/10.5＝170
3—4	235(节点 4)	0	235×4.5/8＝132
5—4	235(节点 4)	0	235×3.5/8＝103
2—3	225(节点 3)	132	357
6—5	201(节点 5)	103	304
1—8	489(节点 8)	122＋127＝249	738
1—2	453(节点 2)	209＋357＝566	1019
1—6	544(节点 6)	170＋304＝474	1018
	624(节点 1)		

(2)仿照表格法中的方法选择管径及管段的压力降，也把这些参数标在草图上(图 4－10)。

(3)平差计算

将各环的压力降 ΔP(Pa)，按顺时针方向为正，逆时针方向为负，得：

Ⅰ环	－869	613
Ⅱ环	－694	856
Ⅲ环	－778	769

各环的闭合差：

Ⅰ环

$$\frac{\sum \Delta P}{0.5\sum |\Delta P|}\times 100\% = \frac{-256}{741} = -34.5\%$$

同理：Ⅱ环为 20.9%；Ⅲ环为 1.2%。

Ⅰ、Ⅱ环闭合差超过 10%，并超过管网允许压力降，需进行校正。

从图 4－10 上看，管径设置是合理的，故不必调整管径，只调整流量。如果加大管段 1－8 的流量，它将增大Ⅰ环正压及Ⅱ环的负压，有利于闭合差的减小，所以将管段 1－8 的流量由

738m³/h,提高到768m³/h(因为离精度要求很远,可一次加的流量较大),分摊到管段8-9、8-7上;Ⅲ环的闭合精度较好,但管段1-8流量的增加势必减少了管段1-2、1-6的流量,而降低了Ⅲ环的压力降,故适当增加Ⅲ环中独立管段的流量,见草图(图4-10)中的①。

Ⅰ环	-783	719
Ⅱ环	-774	790
Ⅲ环	-767	764

第一次校正后,各环闭合差精度均小于10%,但Ⅰ、Ⅱ环的闭合差均大于10Pa,故再进行第二次校正(微调),见草图(图4-10)中的②。

Ⅰ环	-766	768
Ⅱ环	-768	768
Ⅲ环	-769	769

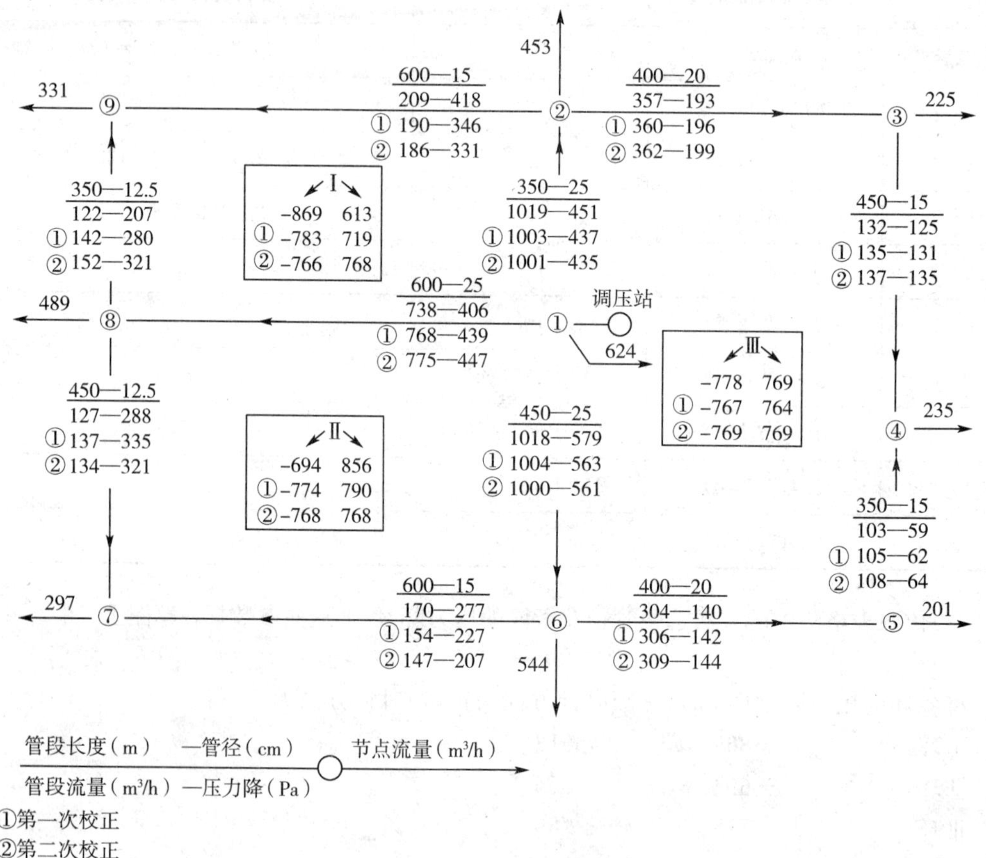

图4-10 管网平差计算草图

至此三个环的闭合差最多只有2Pa,调压站至各零点的压力降基本相等(766~769Pa),均在允许压力降(800Pa)范围内。将结果作在正式图上,见图4-11。其中各节点还标出节点流量和节点压力,便于对从该节点接出的支管进行水力计算。

两种方法比较一下。表格法:计算过程清楚,适合初学者;图上作业法:直观,较容易进行流量分配,平差效果比表格法好,但需要有一定的平差经验。

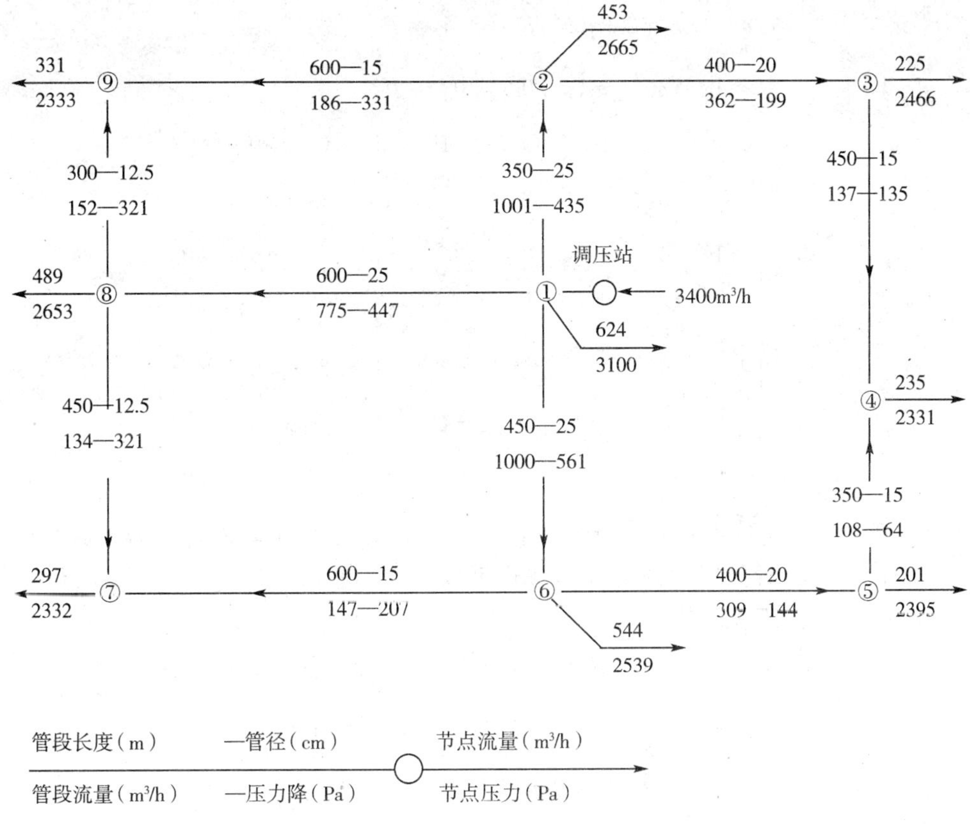

图 4－11　管网平差计算结果图

4.3.4　计算机在燃气管网计算中的运用

随着计算机技术的迅速发展和普及，克服了以往手工计算燃气管网时工作量大的困难。现在应用普通微型计算机，就可以在数十秒内求得有数千节点和管段的大型管网计算结果。

计算机在燃气管网计算中的运用主要是根据燃气管网流动的规律(有压管道、流态、阻力等)和已知条件(节点流量、管网的拓扑关系等)，得出管网的流量分配、各管段的燃气流动方向、管径、管段的压降等。可以采用多种计算机语言编程程序解决燃气管网的计算问题。燃气管网平差计算的方法有多种，本书计算程序采用解节点方程法。解节点方程法的最大优点是输入数据少，大部分工作均可由计算机程序自动完成，因而使用极为方便，是目前应用最广的一种计算方法。

任何管网图形都是由一些节点和管段连接起来的几何图形，因为燃气流动有一定的方向，所以是有向图。它可以用数学模式来描述，其目的是表达管网结构的信息。表达管网图形性质的有力工具是矩阵，可以用关联矩阵和节点间关系矩阵来表示管网图形。

节点间关系矩阵的行数等于节点个数，列数也等于节点个数，节点间关系矩阵的元素 b_{ij} 具有如下特点：

$$b_{ij}=\begin{cases} n_i & i=j; \\ 0 & ij\text{ 不连接}; \\ -1 & ij\text{ 连接。} \end{cases} \tag{4-29}$$

例如图 4－13 所示管网图的节点间关系矩阵为：

$$B=\begin{vmatrix}2 & -1 & 0 & 0 & -1 & 0 & 0 & 0 & 0\\ -1 & 2 & -1 & 0 & 0 & 0 & 0 & 0 & 0\\ 0 & -1 & 3 & 0 & -1 & -1 & 0 & 0 & 0\\ 0 & 0 & -1 & 2 & 0 & 0 & -1 & 0 & 0\\ -1 & 0 & 0 & 0 & 3 & -1 & 0 & -1 & 0\\ 0 & 0 & -1 & 0 & -1 & 4 & -1 & -1 & 0\\ 0 & 0 & 0 & -1 & 0 & -1 & 3 & 0 & -1\\ 0 & 0 & 0 & 0 & -1 & -1 & 0 & 3 & -1\\ 0 & 0 & 0 & 0 & 0 & 0 & -1 & -1 & 2\end{vmatrix}$$

关联矩阵是表示管网中每一节点与所有管段的联系关系，矩阵的行数为管网节点数 N，而列数为管段数 M。管网图中的管段和节点可以任意编号，编号为 i 的节点，其信息记在 i 行，编号为 j 的管段，其信息记在 j 列。矩阵中元素 a_{ij} 的表示方法为：

$$a_{ij}=\begin{cases}1 & \text{表示管段 } j \text{ 与节点 } i \text{ 相关联，且流出节点 } i\\ -1 & \text{表示管段 } j \text{ 与节点 } i \text{ 相关联，且流进节点 } i\\ 0 & \text{表示管段 } j \text{ 与节点 } i \text{ 不关联。}\end{cases} \tag{4-30}$$

由元素 a_{ij} 构成的一个 $N\times M$ 阶矩阵，称为管网图的完全关联矩阵。由图论可知，作为环状管网，其本身就是一个约束，因此完全关联矩阵的秩是 $N-1$，在管网计算中要舍去一个节点作为参考点（一般取气源点作为参考点），得到的矩阵称为关联矩阵，记为 $A_{(N-1)\times M}$。例如图 4－13 所示管网图的完全关联矩阵为：

$$A=\begin{vmatrix}1 & 0 & 0 & 1 & 0 & 0 & 0 & 0 & 0 & 0 & 0 & 0\\ -1 & 1 & 0 & 0 & 0 & 0 & 0 & 0 & 0 & 0 & 0 & 0\\ 0 & -1 & 1 & 0 & 1 & 0 & 0 & 0 & 0 & 0 & 0 & 0\\ 0 & 0 & -1 & 0 & 0 & -1 & 0 & 0 & 0 & 0 & 0 & 0\\ 0 & 0 & 0 & -1 & 0 & 0 & 1 & 0 & -1 & 0 & 0 & 0\\ 0 & 0 & 0 & 0 & -1 & 0 & -1 & -1 & 0 & -1 & 0 & 0\\ 0 & 0 & 0 & 0 & 0 & 0 & 0 & 1 & 0 & 0 & -1 & 0\\ 0 & 0 & 0 & 0 & 0 & 0 & 0 & 0 & 1 & 1 & 0 & -1\\ 0 & 0 & 0 & 0 & 0 & 0 & 0 & 0 & 0 & 0 & 1 & 1\end{vmatrix}$$

燃气管网的流量分配有多种方法：均匀法、节点累计法、截面法、最短树法或最短路线法、最小平方和法等，本节采用了最小平方和法。该法是将分配后的各管段流量取平方和，然后求其最小值。事先无需规定管段的气流方向，因此可用于复杂的管网。其特点是使管网起点附近流量较大的管段，流量分配比较均匀。

假设管网的管段数为 P，连接在节点 i 的各管段流量为 q_{ij}，使目标函数 Ω 为最小：

$$\Omega = \sum_{1}^{P} q_{ij} \tag{4-31}$$

约束条件为各节点满足节点流量平衡条件，即流向任一节点 i 的流量须等于流离该节点的流量。

因目标函数为非线性，约束条件为线性，可用拉格朗日法求解。引入未定乘数 λ_i，得：

$$\Omega = \frac{1}{2}\sum_{1}^{P} q_{ij} + \sum \lambda_i \left[\sum q_{ij} + Q_i\right] \tag{4-32}$$

式中，Q_i——节点 i 的流量。

将式(4-32)对 q_{ij} 偏微分，并令其等于零。解线性方程组，因式(4-32)对 q_{ij} 为凸函数，可求得 Ω 的最小值。由 $\frac{\partial \Omega}{\partial q_{ij}}=0$，得：

$$q_{ij} + \lambda_i - \lambda_j = 0 \tag{4-33}$$

共 P 个管段方程。将式(4-33)对 λ_i 偏微分，并令其等于零。由 $\frac{\partial \Omega}{\partial \lambda_i}=0$，得：

$$\sum_{j \in I}^{n_i} q_{ij} + Q_i = 0 \tag{4-34}$$

式中，I——与第 i 节点相连接的管段集合。

由式(4-33)和(4-34)得：

$$n_i \lambda_i - \sum_{j \in I} \lambda_j = Q_i \tag{4-35}$$

式中，n_i——与第 i 节点相连接的管段数。

式(4-34)中的 $J-1$ 个方程独立，所以式(4-35)也只有 $J-1$ 个方程线性独立。

式(4-35)可写成矩阵的方程式：

$$A\lambda = Q \tag{4-36}$$

式中，A 为节点间关系矩阵，考虑到式(4-35)只有 $J-1$ 个方程线性独立，所以必须删去一个方程，消除 A 矩阵的第一行第一列，得到 A^0 矩阵，删除 λ、Q 列向量的第一个元素，形成 λ^0、Q^0，则有：

$$A^0 \lambda^0 = Q^0 \tag{4-37}$$

采用主元素消去法解方程，可求得 λ^0 及 λ_1，再由式(4-33)求得初分流量 $q_{ij}=\lambda_j-\lambda_i$，若 $q_{ij}>0$。则气流从 i 节点流向 j 节点，反之 $q_{ij}<0$，则气流从 j 节点流向 i 节点。

解节点方程法的关键就是如何将以管段流量为自变量的节点方程转换为以节点气压为自变量的表达式，并线性化。将管段压降方程代入到连续性方程可得：

$$AG\Delta P+Q=0 \tag{4-38}$$

式中，G——导纳矩阵，$G=\frac{1}{Sq^{n-1}}$；

A——关联矩阵；

S——阻力系数对角矩阵；

q——管段流量向量；

Q——节点流量向量。

再将式 $\Delta P=A^TP$ 代入到式(4-38)中得：

$$AGA^TP+Q=0 \tag{4-39}$$

式(4-39)即是解节点方程法的主要公式，而且是一个线性表达式。向量 G 中含有管段流量 q，因此须采用迭代法求解。根据所拟订的初始流量计算出管段的 G 值，从而由计算机程序解出各节点压力 P，由此得出各管段两端节点压力，继而计算各管段流量，并按前后两次迭代所得管段流量的平均值重新计算 G 值，再次形成式(4-39)，重新求解节点压力，如此反复迭代，直到前后两次迭代所求得的同一管段流量之差的最大值小于给定精度为止。

本节采用了 Visual LISP 语言编制程序完成管网的水力计算。LISP 是 List Processor(表处理程序)的缩写，主要用于人工智能(AI)领域。借助 AutoLISP，用户可以用适合编写图形应用程序的强大的高级语言来编写宏程序和函数，并开发各种软件包。Visual LISP 既是 LISP 编辑器又是编译器，它提供一套简单的可视环境去开发和维护原有的 AutoLISP 源程序。

程序由以下几个部分组成：

1. 管网拓扑关系的自动搜索。利用 Visual LISP 强大的图形交互能力和访问底端数据库的能力，自动生成关联矩阵，同时自动判别出节点和管段之间的关系，进而生成节点间关系矩阵。根据节点和管段的数据结构，对管网中的节点和管段依次自动编号，方便后面的水力计算。

2. 管网原始数据的输入。通过调用外部文本获得各管段的管长和各节点的节点流量。

3. 管段流量的初分和管径的选择。管段流量的初分采用了最小平方和法，管径的选择和手工计算时管径的确定方法相同。

4. 管网的水力计算。管网的水力计算采用了解节点方程法，其过程如图 4-12 所示。

5. 气流方向和水力计算结果的标注。程序利用 Visual LISP 图形处理的能力，根据计算结果分析出气流的方向，采用箭头标注出气流的方向；同时根据计算出的节点气压、管段流量等数据自动标注在管网图形中，使得计算结果更加直观化。

平差程序的流程图如下所示：

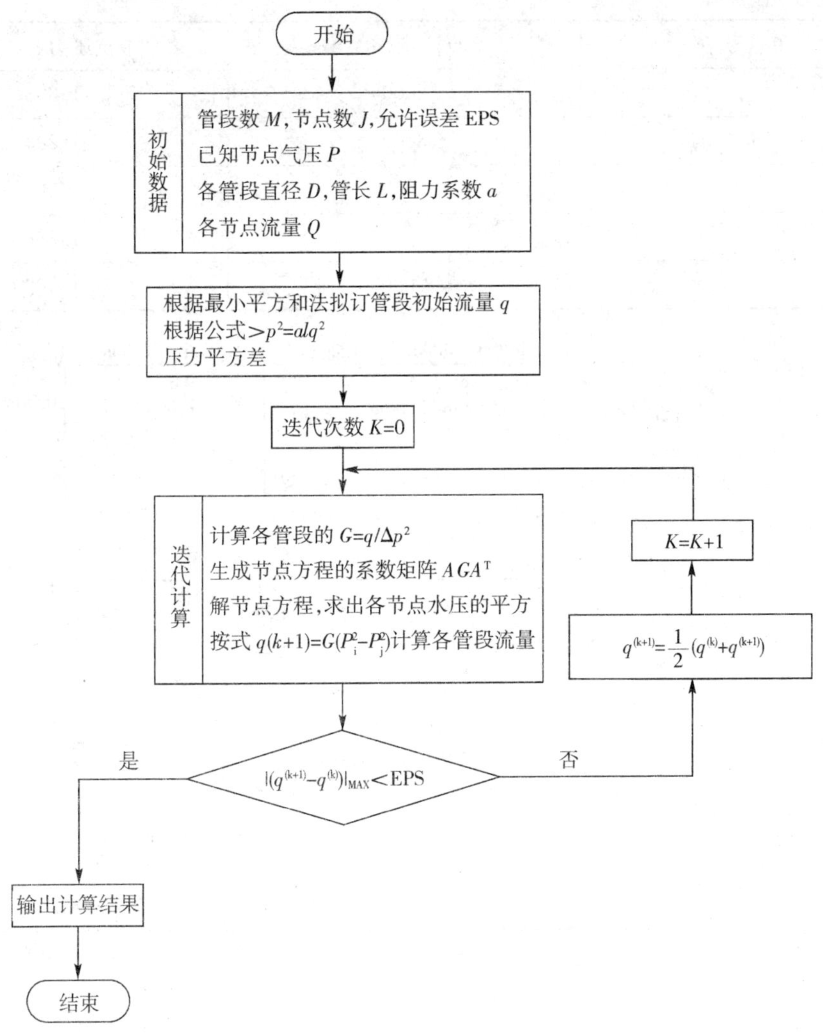

图 4-12

【例 4-5】 如图 4-13 所示的中压管网,A,B 两点为气源点,其出口压力为 0.5×10^5 Pa,管网的最低压力不低于初始 0.2×10^5 Pa,燃气密度为 0.73kg/m³。管网中各调压器的流量列于图中,求各管段燃气流量及各节点压力。

计算结果如下:

表 4-12　节点数据

节点号	节点流量(m^3/h)	节点压力(10^5 Pa)
1	8100	1.5
2	2000	1.438
3	2500	1.267
4	2000	1.23

（续表）

节点号	节点流量(m^3/h)	节点压力(10^5 Pa)
5	2000	1.393
6	3000	1.293
7	2000	1.364
8	2500	1.365
9	7900	1.462

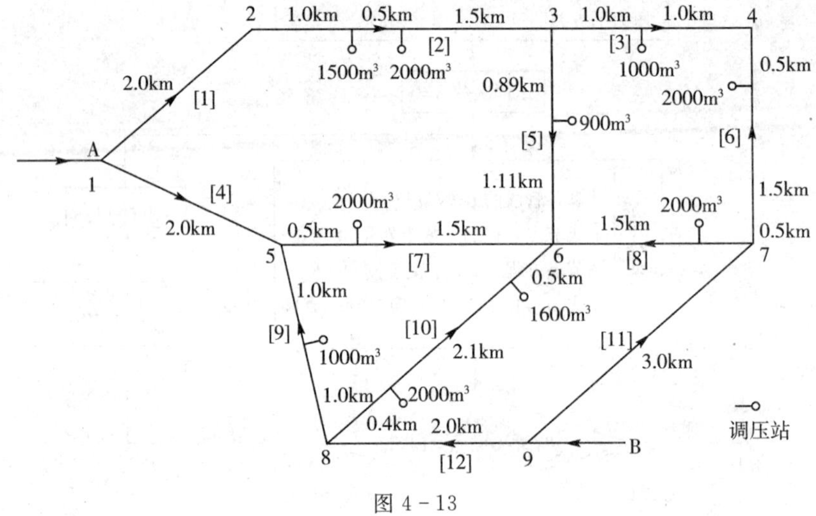

图 4－13

表 4－13　管段数据

管段编号	管段流量(m^3/h)	管段直径(mm)	管段压力平方差(10^{10} Pa)
1	4334.4	350	0.2816
2	2334.4	250	0.461
3	117.4	100	0.0937
4	3765.6	300	0.3091
5	283.0	150	0.0653
6	1882.6	225	0.3465
7	1659.1	225	0.2692
8	479.8	150	0.1875
9	106.5	100	0.0771
10	1144.1	225	0.1921
11	4362.4	350	0.2775
12	3537.6	300	0.2728

计算结果图如下所示：

图例：
管长(km)—管径(mm)　管段编号
管段流量(m³/s)—管段压降平方差（10¹⁰Pa）
节点气压(10⁵Pa)
节点流量(m³/s)
节点号

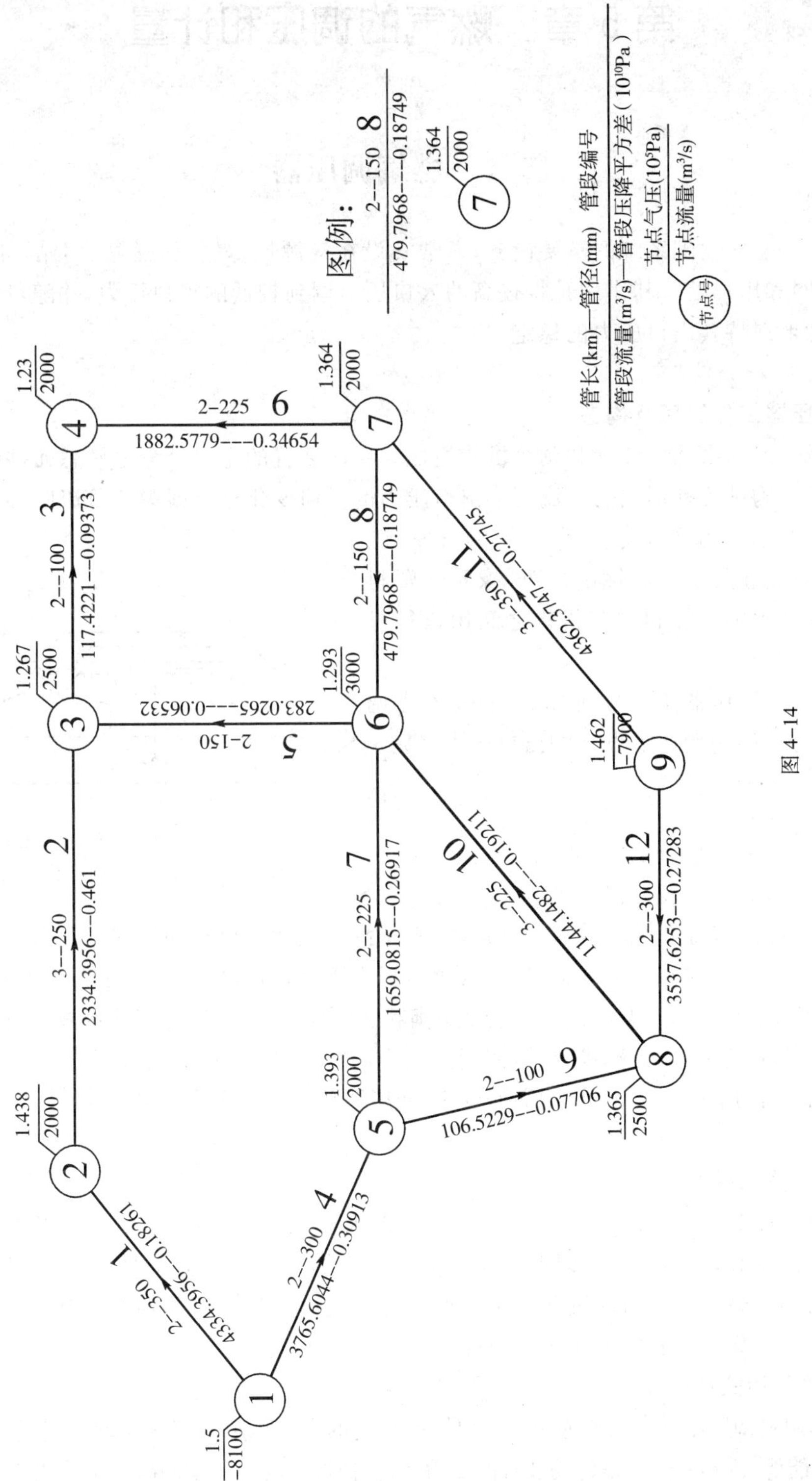

图 4-14

第5章 燃气的调压和计量

5.1 燃气调压器

调压器是燃气输配系统的重要设备，通常安设在气源厂、燃气压送站、门站、储配站、调压站、输配管网和用户处。其作用是将较高的入口压力调到较低的出口压力，并随着燃气需用量的变化自动地保持其出口压力的稳定。

5.1.1 调压器工作原理及构造

调压器一般均由感应装置和调节机构组成。感应装置的主要部分是敏感元件(薄膜、导压管等)，调压机构是各种形式的节流阀。出口压力的任何变化通过薄膜使节流阀移动，因此，薄膜材料常用具有较高的灵敏度和良好的气密性、耐腐蚀性、耐热性及耐低温性的皮革、橡胶及塑料等材料制成。敏感元件和调节机构之间用执行机构连接。

图5-1为调压器工作原理图。图中 P_1 为调压器进口压力，P_2 为调压器设定的出口压力。则

$$N = P_2 F_a \tag{5-1}$$

式中，N——燃气作用在薄膜上的力，N；

F_a——薄膜有效表面积，m^2。

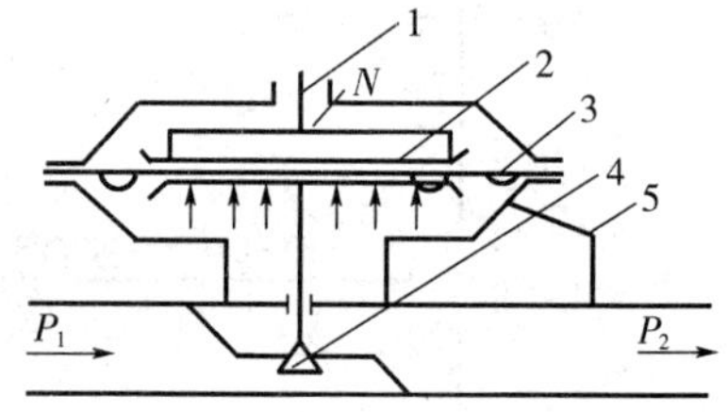

图5-1 调压器工作原理图

1—气孔；2—重块；3—薄膜；4—阀；5-导压管

燃气作用在薄膜上的力与薄膜上方重块(或弹簧)向下的力相等时，阀门开启度不变。当出口处的用气量增加或进口压力降低时，燃气出口压力下降，造成薄膜上下压力不平衡，此时薄膜下降，阀门下降，燃气流量增加，使压力恢复平衡状态。反之，当出口处用气量减少或入口压力增大时，燃气出口压力升高，此薄膜上升，使阀门关小，燃气流量减少，又逐渐使出口压力恢复原来状态。可见，无论用气量及入口压力如何变化，调压器总能自动保持稳定的供气压力。

5.1.2 调压器的种类

调压器按照被调压力的位置分为后压调压器和前压调压器。后压调压器以调压器出口燃气压力为被调参数，前压调压器以调压器前的压力为被调参数。城镇燃气供应系统通常采用后压调压器调节燃气的压力。按照调压器动作时燃气出口压力是否直接作用于调节阀门，调压器又分为直接作用式和间接作用式两种。

1. 直接作用式调压器

直接作用式调压器只依靠敏感元件(薄膜)所感受的出口压力的变化移动阀门进行调节，不需要消耗外部能源，敏感元件就是传动装置的受力元件，使调节阀门移动的能源是被调介质。

常用的直接作用式调压器有：液化石油气调压器、用户调压器及各类低压调压器。

(1)液化石油气调压器

目前采用的液化石油气调压器装在液化石油气钢瓶的角阀上，流量在 0～0.6m^3/h，其构造见图 5-2。

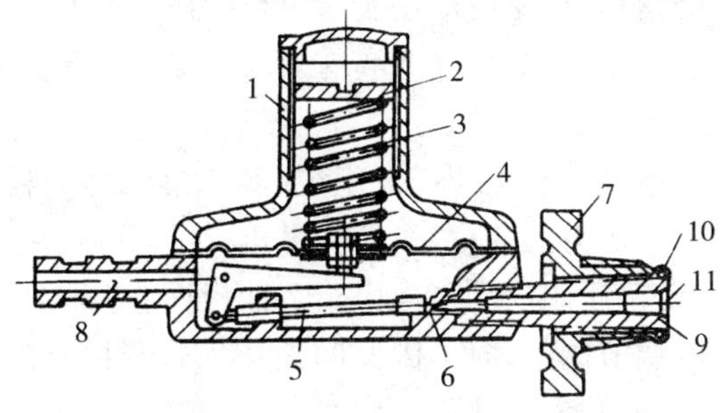

图 5-2 液化石油气调压器

1-壳体；2-调节螺钉；3-调节弹簧；4-薄膜；5-横轴；6 阀口；7-手轮；8-出口；9-进口；10-胶圈；11-滤网

调压器的进口接头由手轮旋入角阀，压紧于钢瓶出口上，出口用胶管与燃具连接。当用户用气量增加时，调压器出口压力就降低，作用在薄膜上的压力也就相应降低，横轴在弹簧与薄膜作用下开大阀口，使进气量增加。经过一定时间，压力重新稳定在给定值。当用气量减少时，调压器薄膜及调节阀门动作与上述相反。当需要改变出口压力设定值时，可调节调压器上的调节螺钉。

这种弹簧薄膜结构的调压器，随着流量增加、弹簧增长、弹簧力减弱，给定值降低；同时随着流量的增加，薄膜挠度减小，有效面积增加；气流直接冲击在薄膜上，将抵消一部分弹簧力。这些因素都会使调压器随着流量的增加而出口压力降低。

液化石油气调压器是将高压的液化石油气调节至低压供给用户，故为高低压调压器。

(2)用户调压器

用户调压器可以直接与中压管道相连，将燃气减至低压送入用户。可以用于集体食堂、小型工业用户等。其构造如图 5-3 所示。

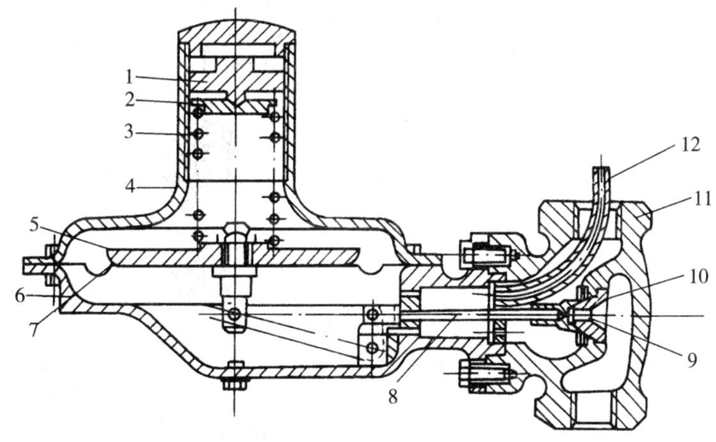

图 5-3 用户调压器

1-调节螺钉；2-定位压板；3-弹簧；4-上体；5-托盘；6-下体；7-薄膜；8-横轴；9-阀垫；10-阀座；11-阀体；12-导压管

该调压器具有体积小、重量轻、性能可靠、安装方便等优点。由于通过调节阀门的气流不直接冲击到薄膜上，因此改善了由此引起的出口压力低于设计理论值的缺点。另外，由于增加了薄膜上托盘的重量，减少了弹簧力变化对出口压力的影响。导压管引入点置于调压器出口管流速最大处。当出口流量增加时，该处动压头增大而静压头减小，使阀门有进一步开大的趋势，能够抵消由于流量增大弹簧推力降低和薄膜有效面积增大而造成的出口压力降低的现象。

2. 间接作用式调压器

间接作用式调压器是由指挥器和主调压器组成，其敏感元件和传动装置的受力元件是分开的。当敏感元件感受到出口压力的变化后，使操纵机构（如指挥器）动作，接通外部能源或被调介质（压缩空气或燃气），使调压阀门动作。由于多数指挥器能将所受力放大，故出口压力微小变化也可导致主调压器的调节阀门动作，因此间接作用式调压器的比直接作用式调压器灵敏。间接作用式调压器的品种很多，在此仅介绍两种有代表性的调压器。

(1)轴流式调压器

① 工作原理

图 5-4 所示轴流式调压器，其进口压力为 P_1，出口压力为 P_2，进出口流线是直线，故称为轴流式。

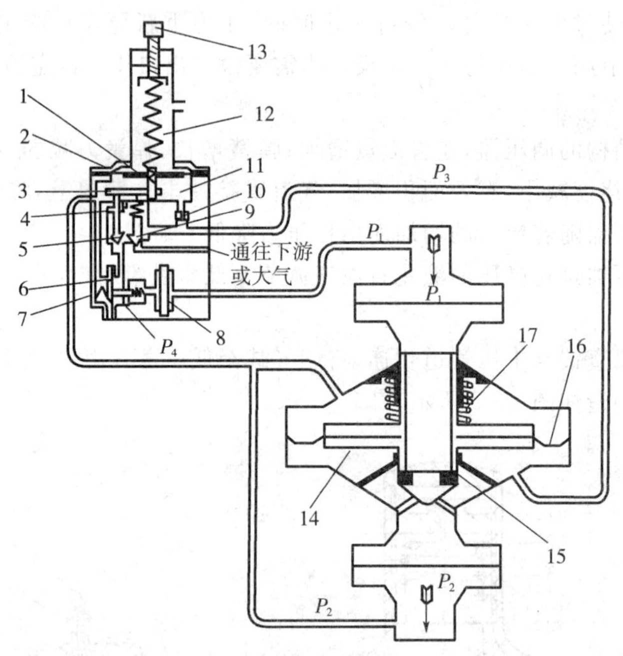

图 5-4　轴流式调压器结构及工作原理

1-阀柱；2-指挥器薄膜；3-阀杆；4、5-指挥器阀；6-皮膜；7-弹簧；8-带过滤器的稳压器；9-排气阀；10-校准孔；11-指挥器阀室；12-指挥器弹簧；13-调节螺丝；14-主调压器阀室；15-主调压器阀；16-主调压器薄膜；17-主调压器弹簧

调压器的出口压力 P_2 是由指挥器的调节螺丝 13 给定。稳压器 8 的作用是消除进口压力变化对调压的影响，使 P_4 始终保持在一个变化较小的范围。P_4 的大小取决于弹簧 7 和出口压力 P_2。稳压器内的过滤器主要防止指挥器流孔阻塞，避免操作故障。在平衡状态时，主调压

器弹簧 17 和出口压力 P_2 与调节压力 P_3 平衡，因此 $P_3>P_2$，指挥器内由阀 5 流进的流量与阀 4 和校准孔 10 流出的流量相等。

当用气量减少，P_2 增加时，指挥器阀室 11 内的压力增加，破坏了和指挥器弹簧的平衡，使指挥器薄膜 2 带动阀柱 1 上升。借助阀杆 3 的作用，阀 4 开大，阀 5 关小，使阀 5 流进的流量小于阀 4 和校准孔 10 流出的流量，使 P_3 降低，主调压器膜上、膜下压力失去平衡。主调压器阀向下移动，关小阀门，使通过调压器的流量减小，因此使 P_2 下降。如果 P_2 增加较快，则指挥器薄膜上升速度也较快，使排气阀 9 打开，加快了降低 P_3 的速度，使主调压器阀尽快关小甚至完全关闭。当用气量增加，P_2 降低时，其各部分的动作相反。

② 特点

该系列调压器流量可以从 $160m^3/h$ 到 $15\times10^3\ m^3/h$，进口压力可以从 0.01MPa 到 1.6MPa，出口压力可以从 500Pa 到 0.8MPa。轴流式的优点为燃气通过阀口阻力损失小，所以可以使调压器在进出口压力差较低的情况下通过较大的流量。

(2)曲流式调压器

① 工作原理

图 5-5 所示的曲流式调压器的主调压器主要由外壳、橡胶套、内芯、阀盖组成。调压器外壳可用无缝钢管加工或铸造。橡胶套用腈基橡胶制作，呈筒状，是曲流式调压器的关键部件，具有耐摩擦、耐腐蚀、不易变形等性能，同时还有很好的弹性。内芯可用表面镀镍的可锻铸铁制作。在内芯的周围加工成若干个长条形缝隙作为通气孔道。调压器内腔用椭圆形金属板分成两部分，一侧为进口，另一侧为出口。

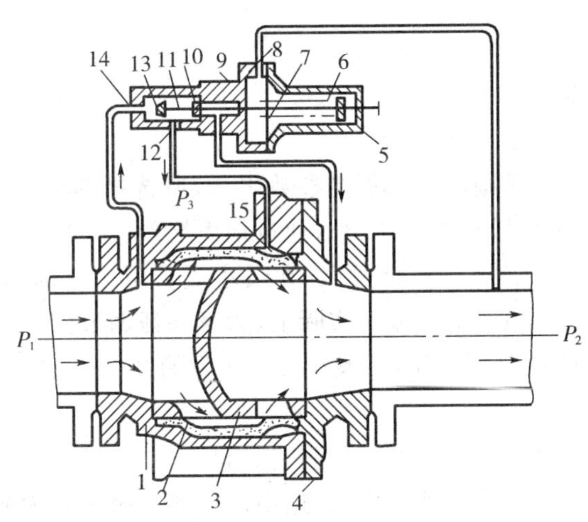

图 5-5 曲流式调压器结构及工作原理

1-外壳；2-橡胶套；3-内芯；4-阀盖；5-指挥器上壳体；6-弹簧；7-橡胶膜片；8-导压管入口；9-指挥器下壳体；10-阀口；11-阀杆；12-孔口；13-阀芯；14-阀口；15-环状腔室

根据调压器的调节参数和用途不同，调压器配置的指挥器构造也不相同。图 5-5 所示的曲流式调压器的指挥器由壳体、弹簧、橡胶膜片、阀杆、阀芯等零件组成。

指挥器有两个阀芯，在同一传动杆上，阀口 14 为进气口，孔口 12 排出压力为 P_3（指挥压力）的气体至环状腔室 15，余气经阀口 10 排至调压器出口侧。指挥器固定在调压器上，成为一个整体。

燃气从调压器的进口侧通过通气孔道流向橡胶套和内芯之间的空腔，然后穿过内芯通气孔道，从出口侧流出。

调压器尚未开始工作时，指挥器呈松开状态，阀口 14 完全打开，阀口 10 为关闭状态。燃气经阀口 14、孔口 12 流进调压器环状腔室，这时 $p_1=p_3$，橡胶套靠自身弹性使调压器呈关闭状态。

调压器启动时，调节指挥器弹簧，阀杆向左侧移动，阀口 14 关小，阀口 10 打开，调压器环状腔室内的指挥压力 p_3 降低，依靠压力差 p_1-p_3 使橡胶套开启，调压器启动。继续调节指挥器弹簧，将出口压力 p_2 调至所需压力值。

当进口压力 p_1 降低或负荷增加时，出口压力 p_2 降低，因此作用在指挥器橡胶套膜片上的压力降低，橡胶膜片带动阀杆向左侧移动，阀口 14 开度减小，阀口 10 开度增大，使得指挥器压力 p_3 减小，橡胶套和内芯之间的距离增大。流量增加，出口压力 p_2 升高，恢复到给定值。

当进口压力 p_1 升高或负荷减小时，出口压力 p_2 升高，因此作用在指挥器橡胶膜片上的压力也升高，橡胶膜片带动阀杆向右侧移动，阀口 14 开度增大，阀口 10 开度减小，p_3 增大，橡胶套和内芯间的间距减小，出口压力 p_2 降低，恢复到给定值。这种指挥器的导压管和出气管是分开的，称三通道指挥器，排除了导压管的压力损失，提高了调节的灵敏度。

② 特点

曲流式调压器具有运动无声、关闭严密、调节范围广、结构紧凑等优点，可供城市燃气输配系统、门站、区域调压站及用户调压站使用。

5.1.3 调压器的选择

1. 选择调压器应考虑的因素

(1)流量

通过调压器的流量是选择调压器的重要参数之一，所选择的调压器既要满足最大进口压力时通过最小流量，又要满足最小进口压力时通过最大流量。当出口压力超出工作范围时，调节阀应能自动关闭。若调压器规格选择过大，在最小流量下工作时，调节阀几乎处于关闭状态，则会产生颤动、脉动及不稳定的气流。实际上，为了保证调节阀出口压力的稳定，调节阀不应在小于最大流量 10%的情况下工作，一般在最大流量的 20%～80%之间使用为宜。

(2)燃气种类

燃气的种类影响所选用调节器的类型与制造材料。

由于燃气中的杂质有一定的腐蚀作用，故选用调压器的阀体宜为灰铸等耐腐蚀材料，阀座宜为不锈钢，薄膜、阀垫及其他橡胶部件宜采用耐腐蚀的腈基橡胶，并用合成纤维加强。

(3)调压器进出口压力

进口压力影响所选调压器的类型和尺寸。调压装置必须承受压力的作用，并使高速燃气引起的磨损达到最小。要求的出口值决定了调节器薄膜的尺寸，薄膜越大对压力变化得愈灵敏。

当进出口压力降太大时，可以采用串联两个调压器的方式进行调压。

(4)调节精度

在选择调压器时，应采用满足所需调节精度的调压装置。调节精度是以出口压力的稳压精度来衡量的，即调压器出口压力偏离额定值的偏差与额定出口压力的比值。稳压精度一般为±5%～±15%。

（5）阀座形式

在压差作用下，调节阀需经常启用。当需完全切断燃气流时，应选用柔性阀座为宜。而在高压气流作用下，选用硬性阀座可以减少高速气流引起的磨损，但噪音较大。

（6）连接方式

调压器与管道连接可以用标准螺纹或法兰连接。

2. 选择方法

在实际应用中，常按产品样本选择调压器。产品样本中给出的调压器通过能力是按某种气体（如空气）在一定进出口压力降和气体密度下实验得出的，在使用时要根据调压器给定的参数进行换算。

如果产品样本中给出的试验调压器时所用的参数流量 Q'_0（m^3/h）、压降 $\Delta P'$（Pa）、出口压力 P'_2（绝对压力 Pa）、气体密度 ρ'_0（kg/m^3），则换算公式有如下形式：

（1）亚临界状态　$\frac{p_2}{p_1}>\nu_c$

$$Q_0=Q'_0\sqrt{\frac{\Delta p p_2 \rho'_0}{\Delta p' p'_2 \rho_0}} \tag{5-1}$$

（2）临界状态　$\frac{p_2}{p_1}\leqslant\nu_c$

$$Q_0=0.5Q'_0 p_1\sqrt{\frac{\rho'_0}{\rho_0 \Delta p' p'_2 \rho}} \tag{5-2}$$

式中，Q_0——调压器实际通过最大能力，m^3/h；

ΔP——调压器实际降压，Pa；

ρ_0——燃气实际密度，kg/m^3；

P_1——调压器入口燃气绝对压力，Pa；

P_2——调压器出口燃气绝对压力，Pa；

ν_c——临界压力比。$\nu_c=\left(\frac{P_2}{P_1}\right)_c=0.91\left(\frac{2}{K+1}\right)^{\frac{K}{K-1}}$，$K$ 是绝热指数。

按上述公式计算所得调压器的通过能力，是在可能的最小压降和阀门完全开启条件下的最大流量。

在实际运行中，调压器阀门不宜处在完全开启状态下工作，因此选用调压器时，调压器的最大流量与调压器的计算流量（额定流量）有如下关系：

$$Q_0^{max}=(1.15\sim1.2)Q_p \tag{5-3}$$

式中，Q_0^{max}——调压器的最大流量，m^3/h；

Q_p——调压器的计算流量，m^3/h。

为保证调压器在最佳状况下工作，调压器的计算流量，应按该调压器所承担的管网计算流量的 1.2 倍确定。调压器的压降，应根据调压器前燃气管道的最低压力与调压器后燃气管道需要的压力差值确定。

5.1.4 燃气调压站

调压站包括调压装置及调压室的建筑物或构筑物等，承担用气压力的调节。调压站适用于规模较大、进口压力较高($P \geqslant 0.4$MPa)且需要遥控调度的调压装置。一般高压—次高压、次高压—中压调压装置宜设在调压站内。流量大于 2000m^3/h 的中低压调压装置，且有建站条件时，经济技术比较后，可设调压站。

1. 调压站的组成及工艺流程

(1)调压站的组成

调压站在城市燃气管网系统中是用来调节和稳定管网压力的设施。通常是由调压器、阀门、过滤器、安全装置、旁通管及测量仪表等组成。有的调压站还装有计量设备，除了调压外，还起计量作用，通常将这种调压站叫做调压计量站。

① 阀门

阀门的主要作用是当调压器、过滤器检修或发生事故时切断燃气，调压站进口及出口处必须设置阀门。而且在调压站之外的进、出口管道上也应设置切断阀门，此阀门是常开的(但要求它必须随时可以关断)，以便当调压站发生事故时，不必靠近调压站即可关闭阀门，避免事故蔓延和扩大。

② 过滤器

过滤器的作用是清除积存在调压器和安全阀内的杂质，保证调压器和安全阀的正常工作，因此，有必要在调压器入口处安设过滤器。调压站常采用以马鬃或玻璃丝作为填料的过滤器。过滤器前后应设置压差计，根据测得的压力降可以判断过滤器的堵塞情况。在正常工作情况下，燃气通过过滤器的压力损失不得超过 10kPa，压力损失过大时应拆下清洗。

③ 安全装置

安全装置的作用是当调压器中薄膜破裂或调节系统失灵时，出口压力会突然增高，危及设备的正常工作，甚至会对公共安全造成危害。防止出口压力过高的安全装置有安全阀、安全水封、监视器装置等。

(a)安全阀　安全阀可以分为安全切断阀和安全放散阀。安全切断阀的作用是当出口压力超过允许值时自动切断燃气通路。安全切断阀通常安装在箱式调压装置、专用调压站和采用调压器并联装置的区域调压站中。安全放散阀是当出口压力出现异常但尚没有超过允许范围前即开始工作，把足够数量的燃气放散大气中，使出口压力恢复到规定的允许范围内。

(b)安全水封　安全水封构造简单，当超压时，燃气冲破水封放散到大气中。采用安全水封必须随时注意液位的变化，在寒冷季节应防水封冰冻。安全阀放散管应高出调压站屋顶 1.5m，并注意周围建筑物的高度、距离及风向，应采取适当的措施防止燃气放散时发生危险。

(c)监视器装置　它是由两个调压器串联连接的装置(图 5-6)。

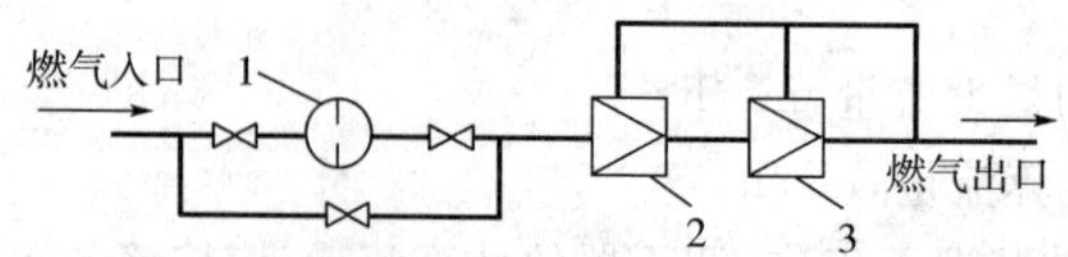

图 5-6　监视器装置

1-过滤器；2-备用调压器；3-正常工作调压器

图 5-6 中备用调压器 2 的给定出口压力略高于正常工作调压器 3 的出口压力，因此，正常工作时备用调压器的调节阀是全开的。当调压器 3 失灵，出口压力上升到调压器 2 的给定出口压力时，备用调压器 2 投入运行。

④ 旁通管

为了保证在调压器维修时不间断的供气，在调压站内设有旁通管。燃气通过旁通管供给用户时，管网的压力和流量是由手动调节旁通管上的阀门来实现。对于高压调压装置，为便于调节，通常在旁通管上设置两个阀门。旁通管的管径通常比调压器出口管的管径小 2～3 号。

⑤测量仪表

调压站的测量仪表主要是压力表。通常在调压器入口处安装指示型压力表，调压器出口处安装自动记录式压力表，以便监视调压器的工作状况。专用调压站通常还安装流量计。

(2)调压站的工艺流程

调压站的工艺流程如图 5-7 所示。此系统正常运行时，入口燃气经进口阀以及过滤器进入调压器，调压后的燃气经流量计及出口阀送到管网。当维修时燃气可由旁通管通过。因为进站前及出站后燃气管线采用埋地敷设并通常采用电保护防腐措施，所以进出站管线应设置绝缘法兰。

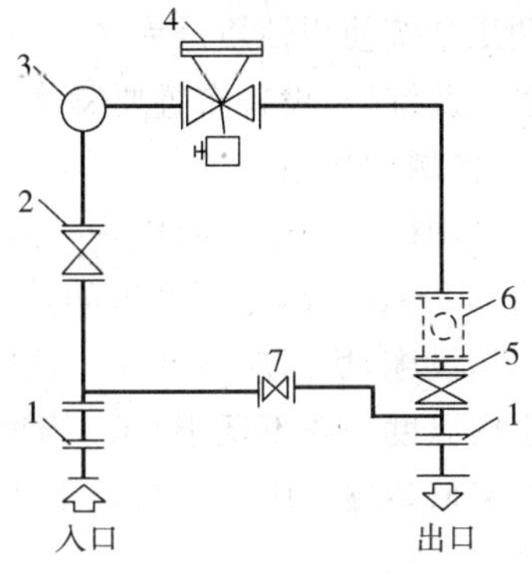

图 5-7　单通道调压站流程图

1-绝缘法兰；2-入口阀门；3-过滤器；4-带安全阀的调压器；5-出口阀门；6-流量计；7-旁通阀

2. 调压站的选址

调压站应力求布置在燃气负荷中心，或接近大型用户与大量用气区域，以减少输配管网的长度，并尽可能避开城市繁华地段及主要道路、密集的居民楼、重要建筑物及公共活动场所。调压站与其他建筑物、构筑物的水平净距应符合表 5-1 之规定。

表 5-1　调压站(含调压柜)与其他建筑物、构筑物水平净距(m)

设置形式	调压装置入口燃气压力级制	建筑物外墙面	重要公共建筑物	铁路(中心线)	城镇道路	公共电力变配电柜
地上单独建筑	高压(A)	18.0	30.0	25.0	5.0	6.0
	高压(B)	13.0	25.0	20.0	4.0	6.0
	次高压(A)	9.0	18.0	15.0	3.0	4.0
	次高压(B)	6.0	12.0	10.0	3.0	4.0
	中压(A)	6.0	12.0	10.0	2.0	4.0
	中压(B)	6.0	12.0	10.0	2.0	4.0
调压柜	次高压(A)	7.0	14.0	12.0	2.0	4.0
	次高压(B)	4.0	8.0	8.0	2.0	4.0
	中压(A)	4.0	8.0	8.0	1.0	4.0
	中压(B)	4.0	8.0	8.0	1.0	
地下单独建筑	中压(A)	3.0	6.0	6.0	—	3.0
	中压(B)	3.0	6.0	6.0	—	3.0

（续表）

设置形式	调压装置入口燃气压力级制	建筑物外墙面	重要公共建筑物	铁路（中心线）	城镇道路	公共电力变配电柜
地下调压箱	中压(A)	3.0	6.0	6.0	—	3.0
	中压(B)	3.0	6.0	6.0	—	3.0

注：(1)当调压装置露天设置时，则指距离装置的边缘。

(2)当建筑物(含重要公共建筑物)的某外墙为无门、窗洞口的实体墙，且建筑物耐火等级不低于二级时，燃气进口压力级制为中压A或中压B的调压柜一侧或两侧(非平行)，可贴靠上述外墙设置。

(3)当达不到上表净距要求时，采取有效措施，可适当缩小净距。

3. 调压站的布置

调压站按使用性质分为区域调压站、箱式调压装置和专用调压站。调压站内部的布置要便于管理及维修，设备布置要紧凑，管道及辅助管线力求简短。

(1)区域调压站

区域调压站通常布置成一字形，有时也可布置成Ⅱ形及L形(图5-8)。调压站调压净高通常为3.2～3.5m，主要通道的宽度及每两台调压器之间的净距不小于1m。调压站的屋顶应有泄压设施，房门应向外开。调压站应有自然通风和自然采光，通风次数每小时不宜少于2次。室内温度一般不低于0℃，当燃气为气态液化石油气时，不得低于其露点温度。室内电器设备应采取防爆措施。区域调压站内一般不必设置流量计。

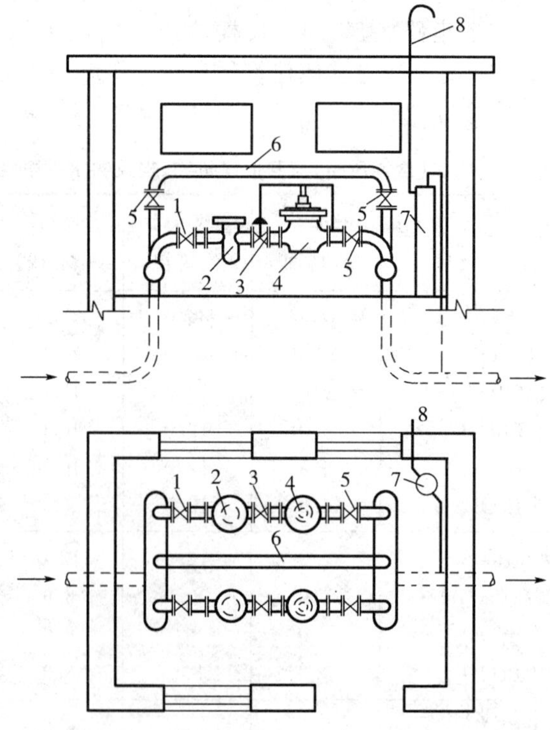

图5-8 区域调压站平面、剖面图

1-阀门；2-过滤器；3-安全切断阀；4-调压器；5-阀门；6-旁通管；7-安全水封；8-放散管

(2)专用调压站

工业企业和部分商业用户的燃烧器通常用气量较大,可以使用较高压力的燃气,因此,这些用户与中压或高压燃气管道连接较为合理。这样不仅可以减轻低压燃气管网的负荷,还可以充分利用燃气本身的压力来引射空气。因此,专用调压站的进出口都可以采用比较高的压力。通常用与燃烧设备毗邻的单独房间作为专用调压站,如图 5-9 所示。

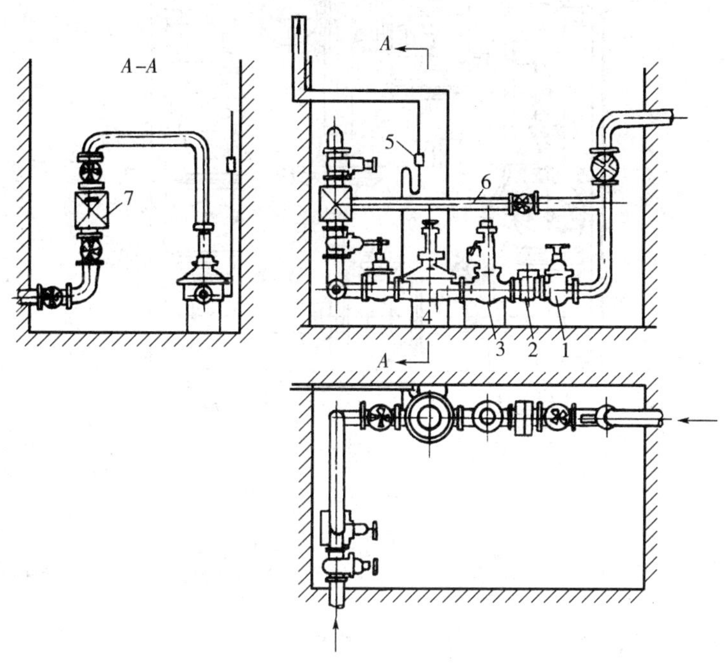

图 5-9　专用调压站

1-闸门;2-过滤器;3-安全切断阀;4-调压器;5-安全放散阀;6-旁通管;7-燃气表

(3)箱式调压装置

当燃气直接由中压管网(或压力较高的低压管网)供给居民用户时,应将燃气压力通过用户调压器直接降至燃具正常工作时的额定压力。这时常将用户调压器装在金属箱中挂在墙上,故亦作燃气调压箱,如图 5-10 所示。

采用单独的燃气调压箱对一幢建筑物(即楼栋调压)或一片区域供气时,只有一段中压(或次高压)管网在市区沿街布置,各幢楼的低压室内管道通过燃气调压箱直接与管网相连。因而提高了管网的输气压力,节省燃气管道管材,节约基建投资,且占地省,便于施工,运行费用低,使用灵活。此外,由于用户调压器出口直接与户内管相连,故用户的灶前压力一般比由低压管网供气时稳定,有利于燃具正常燃烧。但设置燃气调压箱个数较多时,其维护管理工作量较大。

区域性调压箱为地上落地式调压箱,与建筑物、构筑物的水平净距应符合表 5-1 的规定。落地式调压箱应单独设置在钢筋混凝土基础上,箱底距地坪高度宜为 0.3m。箱体体积大于 1.5m^{3}时应有爆炸泄压口。箱体均应设自然通风口,调压箱四周宜设护栏及雨罩。

调压装置进口压力不大于 0.4MPa,且调压器进出口管径不大于 DN100 时,可设置在符合规范的用气建筑物的平屋顶上。

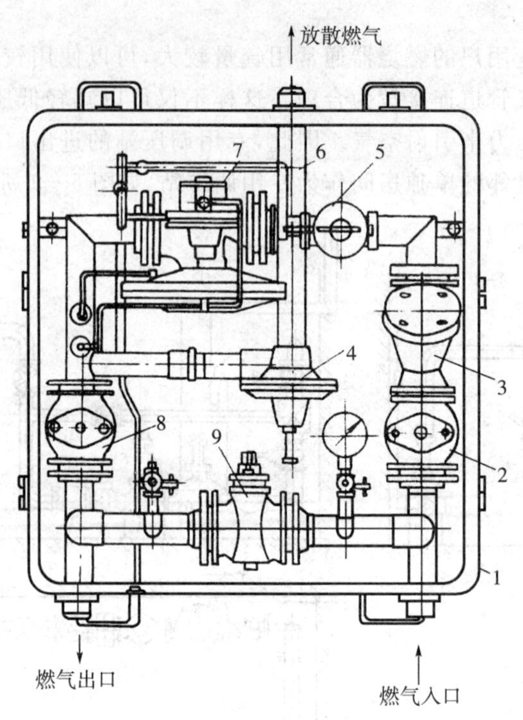

图 5－10　箱式调压装置

1－金属箱；2－关闭旋塞；3－网状过滤；4－安全放散阀；5－安全切断阀；6－放散管；7－调压器；8－关闭旋塞；9－旁通管阀门

4. 调压站的运行管理

调压站是输配系统的主要组成部分之一，因此维护和管理工作需要制度化和保持经常性。

调压站通常是无人值班或看管的，因此需在调压器的进出口处安装自记式压力计，记录一昼夜或两到三天的压力变化情况，用以了解调压器的工作情况。

一般在日常更换压力记录纸的同时应对设备及附件进行检查。

调压站内往往由于设备及附件接头处不够严密而有燃气漏出，故应保持室内通风良好。冬季，在不采暖地区的地上调压站中，由于气温低而容易发生系统内壁结冰结萘，皮膜发硬等导致调压器失灵甚至停止工作的情况，需加强巡查作业，及时消除故障。也可以对调压器的明露部分（空气孔除外）用棉布毛毡等保温。地下调压站因通风不良容易积聚燃气，为防止事故的发生，其设备及附件接头等处要有较高的严密性，但在更换压力记录纸时仍需要有一定时间通风换气后才可进入。

调压站内的设备需进行预防性的检查和维修。测量和控制仪表也需定期校验。

注意对调压器的日常维修保养，特别用于人工燃气的调压器，更应注意定期检查和清洗。

调压器的薄膜必须保持正常的弹性，及时更换失去弹性的薄膜。

调压器的阀座容易附沾污物，致使阀门关闭不严，因此需定期清洗。当阀门或阀垫有损坏时需及时更换。

在对调压器作清洗检修时，应事先对调压站供气情况进行调查，因为即使出口管道与邻近调压站的出口管道相连通，有时也会产生局部地区管道压力下降的现象，这时就应适当提高邻近调压站的出口压力或开启旁通管的阀门，以保持正常的供应压力。

5.2　燃气计量

燃气计量即燃气供需流动中流量和总量的测量，主要包括产量、供量、销量以及购量的计量。

燃气计量主要是流量测量。其单位以体积表示称“体积计量”，以质量表示称“质量计量”。此外，还有与燃气性质相关的“热值计量”。

(1)体积计量单位 m^3/h，体积总量计量单位为 m^3；

(2)质量计量单位 kg/h，质量总量计量单位为 kg 或 t；

(3)热值计量单位 kJ/m^3 或 kJ/kg。

5.2.1　流量计的种类

常用的燃气计量仪表有容积式流量计、速度式流量计、差压式流量计以及涡街式流量计等。

1. 容积式流量计

容积式流量计是依据流过流量计的液体或气体的体积来测定流量的。下面介绍居民用户中常用的膜式计量表(图 5－11)。

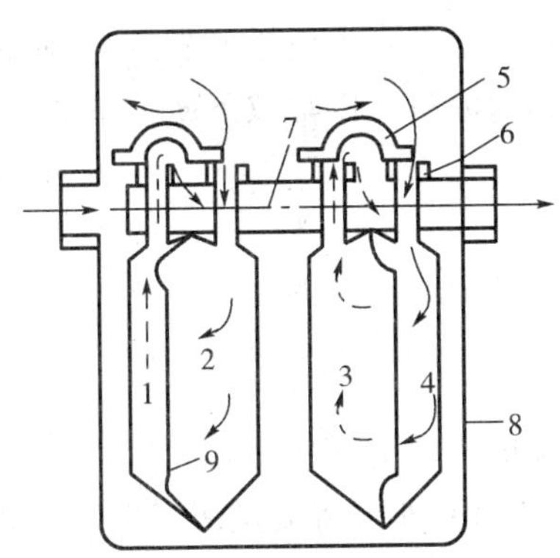

图 5－11　膜式表的工作原理

1、2、3、4－计量室；5－滑阀盖；6－滑阀座；7－分配室；8－外壳；9－薄膜

(1)工作原理

被测量的燃气从表的入口进入，充满表内空间，经过开放的滑阀座孔进入计量室 2 及 4，依靠薄膜两面的气体压力差推动计量室薄膜运动，迫使计量室 1 及 3 内的气体通过滑阀及分配室从出口流出。当薄膜运动到尽头时，依靠传动机构的惯性作用使滑阀盖相反运动。计量室 1、3 和入口相通，2、4 和出口相通，薄膜往返运动一次，完成一个回转，这时表的读数就应为表的一回转流量(即计量室的有效体积)，膜式表的累积流量值即为一回转流量和回转数的乘积。

(2)特点

目前膜式表的结构为装配式，便于维修。外壳耐腐蚀能力强，阀座及传动机构使用寿命长，计量容积稳定。膜式表可以计量人工燃气，也可以计量天然气和液化石油气。该表的性能曲线如图 5-12 所示。

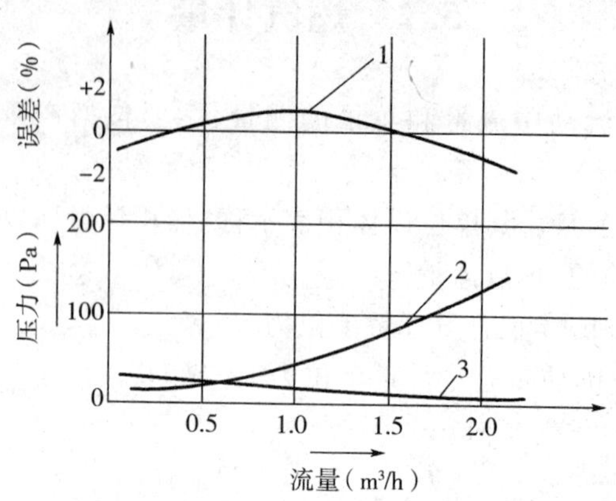

图 5-12 膜式表的性能曲线

1-计量误差曲线;2-压力损失曲线;3-压力跳动曲线

膜式表除用于居民用户计量外,也适用于燃气用量不太大的商业用户和工业用户。为了便于收费及管理,配有智能卡的燃气表正得到广泛的应用。

2. 速度式流量计

在燃气的计量中速度式流量计应用较为广泛。速度式流量计的基本原理是利用流体以某种速度流过仪表,使叶轮旋转,在一定范围内由于叶轮的转速和流体的流速成正比,因此也和流量成正比来测量流量的。转速和流量可以写成下面关系式

$$n=cQ \tag{5-4}$$

式中,n——叶轮每秒钟旋转次数,r/s;

c——仪表常数;

Q——流量,m^3/h。

对于每一种固定的速度式流量计,c 为固定值,通过实验确定。

通过式(5-4)可知,如测出转速 n 即可将流量测定出来。此外,测定转速的方法还可以用光电法和放射线法等。

速度流量计有良好的计量性能,其测量范围较宽($Q_{max}/Q_{min}=10\sim15$),误差小,惰性小;但制造的精度和线组技术要求较高,所有的叶片必须仔细加以平衡,而且轴承的摩擦力必须很小。

3. 差压式流量计

差压式流量计的工作原理是基于流体连续性方程和能量方程为依据,根据节流原理,当流体通过突然缩小的管道断面时,使流体的动能发生变化而产生一定的压力降,压力降的变化和流速有关,此压力降可借助于差压计测出。因此差压流量计又称为节流流量计。同时,压差式流量计包括两部分:一部分是与管道连接的节流件,此节流件可以是孔板、喷嘴和文丘里管三种,但在燃气流量的测量中,主要是用孔板。另一部分是差压计,它被用来测量孔板前后的压力差。差压计与孔板上的测压点借助于两根导压管连接,差压计可以制成指示式的或自动记录式的。差压流量是目前工业上用得最广的一种测量流体流量的仪表,但它会增大管道的局部阻力。

4. 涡街式流量计

涡街式流量计属于流体振荡型仪表，是旋涡流量计中的一种。涡街流量计的工作原理是在流体中安放非流线型旋涡发生体，流体在旋涡发生体两侧交替地分解释放出两列规则的交替排列的旋涡涡街，在一定的流量范围内，旋涡的分离频率与流经涡街流量传感器处流体的体积流量成正比。涡街式流量计的原理如图 5-13 所示。

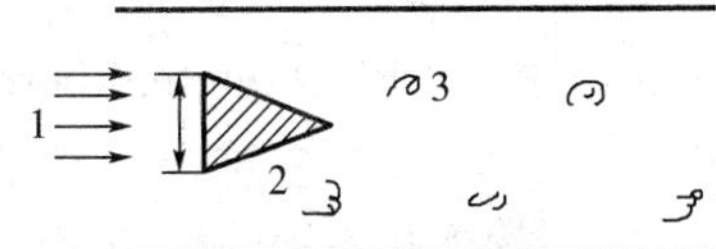

图 5-13　涡街式流量计原理
1-流束；2-检测柱；3-旋涡

在一个二度流体场中，实验和理论分析表明，只有当涡街中的旋涡是错排时，涡街才是稳定的。此时：

$$f=S_t\frac{u}{d} \quad (5-5)$$

式中，f——物体单侧旋涡剥离频率，Hz；

u——流体场流速，m/s；

d——检测柱与流线垂直方向尺寸，m；

S_t——无因次系数，称为斯特罗哈尔数。当 R_e 数大于一定值时，S_t 是常数，且大小与柱形有关。

在一个三度场（管道中的流体场）中，旋涡阵列受边界影响，破坏了稳定性。为了避免此种影响，可以使用三角柱流量计。对于三角柱流量计，当仪表的几何尺寸确定后，有

$$f=kQ \quad (5-6)$$

式中，k——流量常数，$Hz/(m^3 \cdot h^{-1})$；

Q——容积流量，m^3/h。

从上两式可以看出，当测出旋涡剥离频率信号 f，即可测出流速及流量。

涡街式流量计具有无运动部件、稳定性和再现性好、精度高、仪表常数与介质物性参数无关、适应性强以及信号便于远传等特点。

5.2.2　流量计的选择

1. 选择的基本条件

流量计的选择应从技术、经济和维护管理三方面加以综合考虑。技术方面首先要考虑流量计的实用性和需要满足的计量精度，即流量计的各项技术性能是否符合实际工作条件和计量要求。经济方面除了考虑流量计的实际价格外，还要考虑它的压力损失、准确度以及安装时的复杂程度。维护管理方面的难易程度是考虑了流量计的技术性能和经济性满足使用要求后再来判断的。

2. 几种流量计适用的场所

(1)膜式表除用于居民用户计量外，也用于燃气用量不大的商业用户（采用低压管道进户的供气）和工业用户（采用低压管网供气）。

(2)回转式流量计主要用于工业用户（采用低压管网供气且用气量大于 $100m^3/h$）及大型商业用户的气体计量。

(3)湿式流量计用于实验室及用来校正民用燃气表。

(4)涡轮式流量计用于商业用户（采用中压管道进户、低压管道供气）及工业用户（采用低压、中压或高压管网供气）的计量。

(5)涡街式流量计和压差式流量计用于由城市中压或高压管网供气的工业用户。

第 6 章 液化石油气供应

液化石油气 LPG(liquefied petroleum gas)是以 C_3、C_4为主要成分的液态石油产品。作为民用燃料,液化石油气应符合国家标准《液化石油气》GB 11174 的要求。

目前,我国液化石油气供应系统的流程如图 6-1 所示。

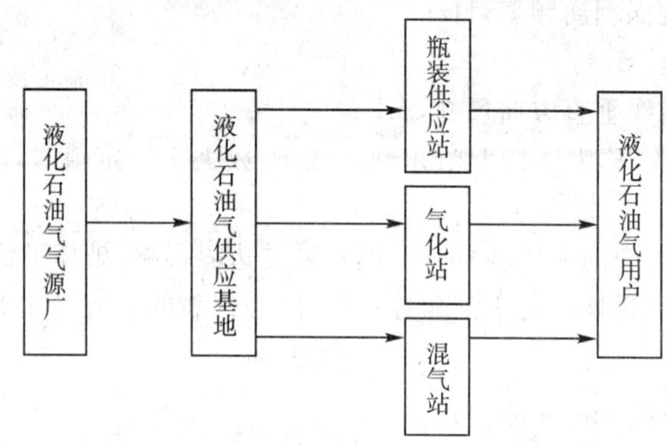

图 6-1 液化石油气供应系统示意图

液化石油气供应基地按其功能可分为储存站、储配站和灌装站,按其供应方式又可分为瓶装供应站、气化站和混气站。

1. 储存站

储存液化石油气,并将其输送给灌装站、气化站和混气站的液化石油气储存站场。

2. 灌装站

进行液化石油气灌装作业的站场。可灌装液化石油气钢瓶,也可灌装汽车槽车。

3. 储配站

兼有储存站和灌装站两者全部功能的站场。

4. 瓶装供应站

经营和储存液化石油气气瓶的场所。

5. 气化站

配置储存和气化装置,将液态液化石油气转换成气态液化石油气,并向用户供气的生产设施。

6. 混气站

配置储存、气化和混气装置,将液态液化石油气转换成气态液化石油气后,与空气或其他可燃气体按一定比例混合配制成混合气,并向用户供气的生产设施。

鉴于液化石油气供应技术内容较多,本章着重介绍液化石油气的运输、液化石油气储配站和气化站。

6.1　液化石油气的运输

液化石油气由生产厂或供应基地至接收站（指储存站、储配站、灌装站、气化站和混气站）可采用管道、铁路槽车、汽车槽车和槽船运输。在进行液化石油气接收站方案设计和初步设计时，运输方式的选择是首先要解决的问题之一。运输方式主要根据接收站的规模、运距、交通条件等因素，经过基建投资和常年运行管理费用等方面的技术经济比较择优确定。当条件接近时，一般优先采用管道输送。在实际工程中，液化石油气供应基地通常采用两种运输方式，互为备用，以保障供应。中小型液化石油气灌装站、气化站和混气站常采用汽车槽车运输。

6.1.1　管道运输

管道运输方式的特点是：液化石油气的运输量大，系统运行安全，管理简单，运行费用低。但管道铺设一次性投资较大，管材用量多（金属耗量大）。适用于运输量大的液化石油气接收站，也适用于运输量不大，但靠近气源的接收站。

液化石油气管道运输系统，是通过管道将起点站的贮罐、泵站、计量站和终点站的贮罐连接起来，如图 6－2 所示。在运输过程中，要求管道中沿途任何一点的压力都必须高于其输送温度下的饱和蒸气压，否则，液化石油气会气化，在管道中形成“气塞”，大大降低管道的运输能力。因此，当运输距离较长时，为了补充沿途压力损失，还应设置若干个中间泵站。

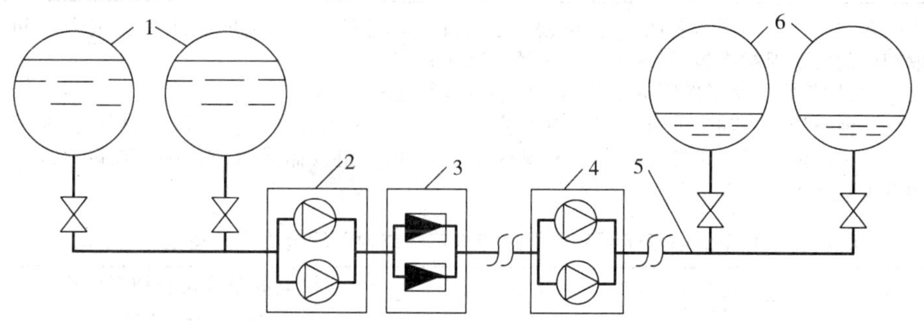

图 6－2　液化石油气管道运输系统图

1－起点站贮罐；2－起点站泵站；3－起点站计量站；4－中间泵站；5－管道；6－终点站贮罐

1. 液化石油气管道布置原则

液化石油气的管道布置应遵循安全可靠、经济合理的原则。根据《城镇燃气设计规范》GB 50028，液态液化石油气输送管线不得穿越居住区、村镇和公共建筑群等人员集聚的地区，并且管线走向及位置应避开地形复杂、地质条件不利的地段；在布置液化石油气管道时，应保证液态液化石油气管道与建、构筑物或相邻管道之间的水平净距和垂直净距不应小于表6－1 和表 6－2 的规定。

表6-1　地下液态液化石油气管道与建、构筑物或相邻管道之间的水平净距(m)

项　目 \ 管道级别		Ⅰ级	Ⅱ级	Ⅲ级
特殊建、构筑物(军事设施、易燃易爆物品仓库、国家重点文物保护单位、飞机场、火车站和码头等)		100		
居民区、村镇、重要公共建筑		50	40	25
一般建、构筑物		25	15	10
给水管		1.5	1.5	1.5
污水、雨水排水管		2	2	2
热力管	直埋	2	2	2
	在管沟内(至外壁)	4	4	4
其他燃料管道		2	2	2
埋地电缆	电力线(中心线)	2	2	2
	通信线(中心线)	2	2	2
电杆(塔)的基础	≤35kV	2	2	2
	＞35kV	5	5	5
通信照明电杆(至电杆中心)		2	2	2
公路、道路(路边)	高速,I、II级,城市快速	10	10	10
	其他	5	5	5
铁路(中心线)	国家线	25	25	25
	企业专用线	10	10	10
树木(至树中心)		2	2	2

注:(1)当因客观条件达不到本表规定时,可按规范的有关规定降低管道强度设计系数,增加管道壁厚和采取有效的安全保护措施后,水平净距可适当减小;

(2)特殊建、构筑物的水平净距应从其划定的边界线算起;

(3)当地下液态液化石油气管道或相邻地下管道中的防腐采用外加电流阴极保护时,两相邻地下管道(缆线)之间的水平净距尚应符合国家现行标准《钢质管道及储罐腐蚀控制工程设计规范》SY 0007的有关规定。

表6-2　地下液态液化石油气管道与构筑物或地下管道之间的垂直净距(m)

项　目		地下液态液化石油气管道(当有套管时,以套管计)
给水管,污水、雨水排水管(沟)		0.20
热力管、热力管的管沟底(或顶)		0.20
其他燃料管道		0.20
电力线、通信线	直埋	0.50
	在导管内	0.25
铁路(轨底)		1.20
有轨电车(轨底)		1.00
公路、道路(路面)		0.90

注:(1)地下液化石油气管道与排水管(沟)或其他有沟的管道交叉时,交叉处应加套管;

(2)地下液化石油气管道与铁路、高速公路、Ⅰ级或Ⅱ级公路交叉时,尚应符合规范的有关规定。

液态液化石油气管道一般采用埋地敷设，其埋设深度应在土壤冰冻线以下，且覆土厚度应能避免外部动荷载破坏管道。当液态液化石油气管道采用地上敷设时，应采取有效的安全措施，如：采用较高级的管道材料，提高焊缝无损探伤的抽查率，加强日常检查和维护等。地上管道两端应设置阀门。两阀门之间应设置管道安全阀，其放散管管口距地面不应小于 2.5m，防止因太阳辐射热使其压力升高造成管道破裂。

为便于维修，液态液化石油气管道在下列地点应设置阀门：

(1)起、终点和分支点；

(2)穿越铁路国家线、高速公路、I 级或Ⅱ级公路、城市快速路和大型河流两侧；

(3)管道沿线每隔约 5km 处。

液态液化石油气管道上的阀门不宜设置在地下阀门井内。如确需设置，井内应填满干砂。此外，液态液化石油气输送管线沿途应设置里程桩、转角桩、交叉桩和警示牌等永久性标志。

2. 液化石油气管道运输设计计算

(1)流速

由于液态石油气是易燃、易爆的低粘度液体，若其流速过大，有产生静电火花的危险。为确保液态液化石油气在管道内流动过程中所产生的静电有足够的时间导出，并防止静电电荷集聚和电位增高，管道内最大流速不应超过 3m/s。一般控制在 0.8～1.4m/s 范围内，并且管径越大，流速应越低。

(2)管径

管径一般由下式确定：

$$d=\sqrt{\frac{4Q}{\pi u}}\times 1000=\sqrt{\frac{4G}{\pi u\rho}}\times 1000 \tag{6-1}$$

式中，d——管道内径，mm；

Q——液化石油气体积流量，m^3/s；

u——管道内平均流速，m/s；

G——液化石油气质量流量，kg/s；

ρ——液态液化石油气的密度，kg/m^3。

(3)泵的计算

管道输送液态液化石油气时，泵的扬程应大于公式(6-2)的计算值。

$$H_j=\Delta P_z+\Delta P_Y+\Delta H \tag{6-2}$$

式中，H_j——泵的计算扬程，MPa；

ΔP_z——管道总阻力损失，可取 1.05～1.10 倍管道摩擦阻力损失，MPa；

ΔP_Y——管道终点进罐余压，可取 0.2～0.3MPa；

ΔH——管道终、起点高程差引起的附加压力，MPa。

液态液化石油气管道摩擦阻力损失，按公式(6-3)计算：

$$\Delta P=10^{-6}\lambda\frac{Lu^2\rho}{2d} \tag{6-3}$$

$$\frac{1}{\sqrt{\lambda}}=-2\lg\left[\frac{K}{3.7d}+\frac{2.51}{\mathrm{Re}\sqrt{\lambda}}\right] \tag{6-4}$$

式中，ΔP——管道摩擦阻力损失，MPa；

L——管道计算长度，m；

u——液态液化石油气在管道中的平均流速，m/s；

d——管道内径，mm；

ρ——平均输送温度（可取管道中心埋深处，最冷月的平均地温）下的液态液化石油气密度，$\mathrm{kg/m^3}$；

λ——管道的摩擦阻力系数，按公式（6-4）计算；

K——管壁内表面的当量绝对粗糙度，mm；

Re——雷诺数。

液态液化石油气泵的安装高度应保证不使其发生气蚀，并采取防止振动的措施。液态液化石油气泵进、出口管应设置操作阀和放气阀；泵进口管应设置过滤器；泵出口管应设置止回阀，并宜设置液相安全回流阀。

（4）液化石油气管道的设计压力

输送液态液化石油气管道的设计压力应高于管道系统起点的最高工作压力。管道系统起点最高工作压力按公式（6-5）计算：

$$P_q=H+P_s \tag{6-5}$$

式中，P_q——管道系统起点最高工作压力，MPa；

H——所需泵的扬程，MPa；

P_s——起点站储罐最高工作温度下的液化石油气饱和蒸气压力，MPa。

按输送管道设计压力来分，液态液化石油气输送管道可分为3级，见表6-3。

表6-3 液态液化石油气输送管道设计压力（表压）分级

管道级别	设计压力（MPa）
Ⅰ级	$P>4.0$
Ⅱ级	$1.6<P\leqslant4.0$
Ⅲ级	$P\leqslant1.6$

6.1.2 铁路槽车运输

液化石油气铁路槽车应符合国家现行标准《液化气体铁路槽车技术条件》GB 10478的规定，其基本结构如图6-3所示，通常是将圆筒形卧式储罐安放在火车底盘上，在罐体上部有人孔，其上设置铁路槽车的附属设备，包括供装卸用的液相管和气相管、液面指示计、紧急切断装置、压力表、温度计等。人孔左右各设一个弹簧式安全阀。为减少太阳光对槽车的直接热辐射，在罐体上部装设包角为120°的遮阳罩，罩板用不小于2mm厚的钢板制成。有的槽车设有隔热层，既防日晒，也防火灾的影响。槽车上还有操作平台和罐内外直梯。有的车底设有蒸汽夹套，防止罐内水分冻结。

在新型铁路槽车的设计中，采用高强度的材料，提高槽车的设计压力，取消遮阳罩，减轻了铁路槽车的自重，提高了槽车的运输能力。

铁路槽车运输方式的特点是：运输能力较大、费用较低、运输距离远，但是铁路运输的运行调度和管理比较复杂，并且受铁路接轨和铁路专用线建设条件的限制。一般适用于距铁路线较近、具有较好接轨条件的接收站。

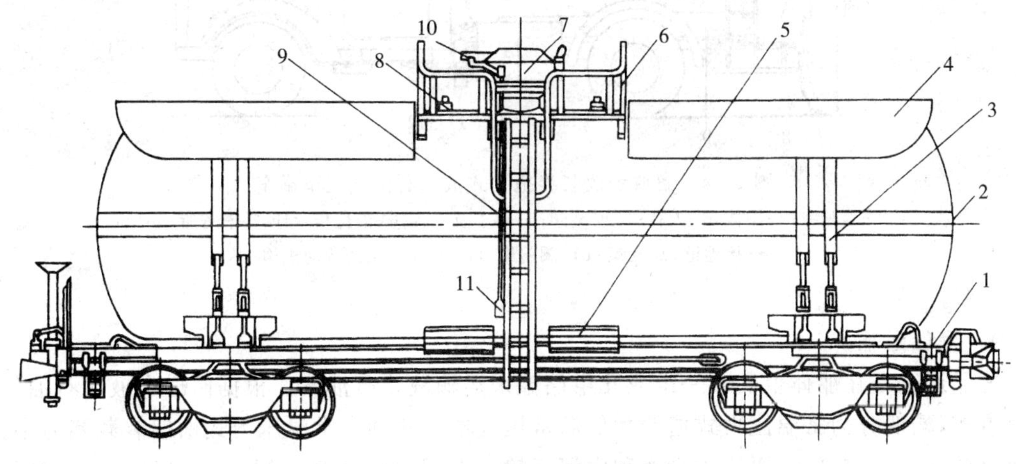

图 6-3　火车槽车构造

1-火车底盘；2-圆筒形储罐；3-拉紧带；4-遮阳罩；5-中间托板；6-操作平台；7-附属设备；8-安全阀；9-外梯；10-拉阀；11-拉阀手柄

6.1.3　汽车槽车运输

液化石油气汽车槽车是用于运输液化石油气的特种车辆，通常是指采用某种固定方式把容器(罐体)与载重汽车底盘固定连接成一个整体的专用运输车辆，一般由车辆行驶部分(底盘)、罐体、装卸系统和安全附件四部分组成。液化石油气汽车槽车应符合国家现行标准《液化石油气汽车槽车技术条件》HG/T 3143 的规定。目前，我国使用的液化石油气汽车罐车主要有两种形式，即单车固定式槽车和半拖挂式汽车槽车。

单车固定式槽车是将液化石油气储罐罐体及附件永久性地固定在载重汽车的底盘上。由于受到汽车底盘大小及载重量的限制，这类槽车的装载量不大，一般为 5～10t，但整车性能好、运行平稳、车辆行驶速度比较快。

半拖挂式汽车槽车由牵引汽车拖动装有储罐罐体的挂车组成。它能充分利用汽车的牵引性能，不受底盘尺寸的限制，装载量较大，一般为 15～20t，稳定性能好，可以用功率相对小的汽车来牵引载重较大的挂车。但车身较长，整体灵活性较差，对公路的通过性要求较高。半拖挂式汽车槽车的结构如图 6-4 所示。

汽车槽车运输方式的特点是：运输量小，常年费用较高，但机动性大，灵活性强，便于调度，一般适用于运输距离短，运输数量小的情况。目前，汽车槽车运输广泛用于各类中、小型液化石油气站，同时也可作为大中型液化石油气供应基地的辅助运输工具。

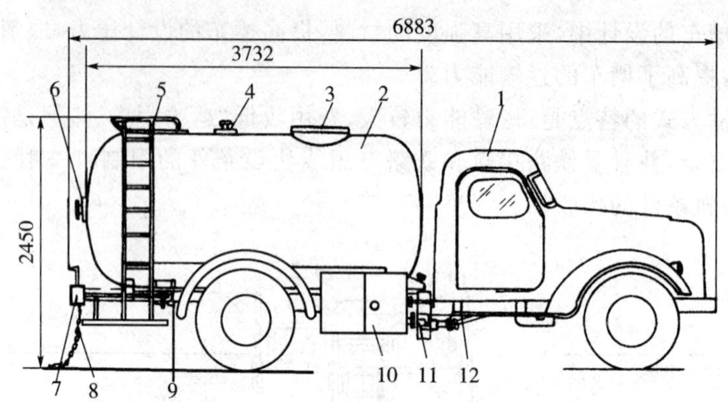

图 6-4 解放牌改装半拖挂式液化石油气汽车罐车

1-驾驶室；2-罐体；3-人孔；4-安全阀；5-梯子及平台；6-液位指示计；7-汽车底盘；8-接地链；9-支架；10-阀门箱；11-泵；12-泵的传动机构

6.1.4 槽船运输

槽船运输是在船体上安装一组或几组储罐来运输液化石油气。根据储罐中液化石油气的储存方式，槽船分为常温压力式槽船和低温常压式槽船两种。常温压力式槽船装载能力小，多为数百吨或上千吨级，主要用于沿海和内河运输。低温常压式槽船罐体是用耐低温钢材制成的，装载能力大，其容量可达数万吨，适用于远洋运输。

水路槽船运输能力大，运输费用低，适用于具有水路运输条件的情况。但船舶建造技术难度较大，建造费用较昂贵，同时要配合兴建必要的输送管道及码头设施。

6.2 液化石油气储配站

液化石油气储配站是从气源厂接收液化石油气，储存在站内的固定储罐中，并通过各种形式转售给各种用户。其主要任务为：

(1)接收：自气源厂或储罐站接受液化石油气；

(2)储存：将液化石油气卸入站内固定储罐进行储存；

(3)灌装：接收空瓶，将站内固定储罐中的液化石油气灌注到钢瓶、汽车槽车的储罐或其他移动式储罐中，发送实瓶；

(4)残液回收处理：将空瓶内的残液或有缺陷的实瓶内的液化石油气倒入残液罐中，并对残液进行处理；

(5)日常维护检修：检查和修理气瓶，站内设备、仪表、管线的日常维修。

6.2.1 储配站的平面布置

1. 站址选择

液化石油气储配站属于甲类火灾危险性企业，选择液化石油气储配站站址时，应考虑以下几个方面：

(1)储配站布局应符合城市总体规划的要求，且应远离城市居住区、村镇、学校、影剧院、体育馆等人员集聚的场所。同时要考虑储配站的供电、供水和电话通讯网络等因素。

(2)站址宜选择在所在地区全年最小频率风向的上风侧，且应是地势平坦、开阔、不易积存液化石油气的地段。同时，应避开地震带、地基沉陷和废弃矿井等地段。

(3)当液化石油气用铁路运输时，选址应考虑经济合理的接轨条件；用管道输送时，站址应接近气源厂；用水路运输时，站址应选在靠近卸船码头的地方。

(4)储配站应避开油库、桥梁、铁路枢纽站、飞机场等重要战略目标。

(5)站址不应受洪水和山洪的淹灌和冲刷，站址标高应高出历年最高洪水位 0.5m 以上。同时应避开滑坡、塌方、断层、淤泥等不良地质地区，站址的土壤耐压力一般不低于 150kPa。

2. 平面布置

根据生产工艺过程的需要，液化石油气储配站内一般设置下列建筑物和构筑物：

(1)用于接收和储存液化石油气的储罐。

(2)当液化石油气由铁路运输时，应设有铁路专用线、火车槽车卸车栈桥及其卸车附属设备。

(3)汽车槽车装卸台。

(4)用于压送液化石油气的压缩机间。

(5)灌瓶间(包括残液倒空、灌瓶和钢瓶存放)。

(6)修理间(包括机修间、瓶修间、角阀修理间、电焊与气焊车间等)。

(7)车库(包括汽车槽车、运瓶汽车和其他车辆)。

(8)消防水池和消防水泵房。

(9)其他辅助用房(包括配电室、仪表间、空压机室、化验室、变电所、水泵房和锅炉房)。

(10)行政管理及生活用房。

厂区的总平面布置，除考虑生产工艺流程合理、流畅，平面布置整齐、紧凑，合理利用地形、地貌等因素外，还应严格遵守《建筑设计防火规范》GB 50016 等国家标准规范要求的防火间距，并考虑留有发展的余地。

为保证安全和便于生产管理，液化石油气储配站总平面必须分区布置，即分为生产区(包括储罐区和灌装区)和辅助区。生产区宜布置在站区全年最小频率风向的上风侧或上侧风侧，而辅助区布置在下风侧；生产区应设置高度不低于 2m 的不燃烧体实体围墙。辅助区可设置不燃烧体非实体围墙。生产区应设置环形消防车道，消防车道宽度不应小于 4m。当储罐总容积小于 500m^3 时，可设置尽头式消防车道和面积不小于 12m×12m 的回车场。生产区和辅助区至少应各设置 1 个对外出入口。当液化石油气储罐总容积超过 1000m^3 时，生产区应设置两个对外出入口，其间距不应小于 50m，对外出入口宽度不应小于 4m。生产区内严禁设置地下和半地下建、构筑物(寒冷地区的地下式消火栓和储罐区的排水管、沟除外)。生产区内的地下管(缆)沟必须填满干砂。

储罐区内设置各种储罐、专用铁路支线、火车卸车栈桥及卸车附属设备等。

灌装区内设置灌瓶车间、压缩机室、配电及仪表间、汽车槽车装卸台、汽车槽车车库及运瓶汽车回车场地等。灌装区布置在储罐区与辅助区之间，以利用装卸车回车场地，保持储罐区与辅助区之间有较大的安全防火距离。

生活辅助区内布置生产、生活管理及生产辅助、建(构)筑物。这些建筑可以成组布置，既便于管理和工作联系，又可以形成共同的室外操作场地。

年供应量为 1000t 和 10000t 的储配站总平面布置示例如图 6-5、图 6-6 所示。

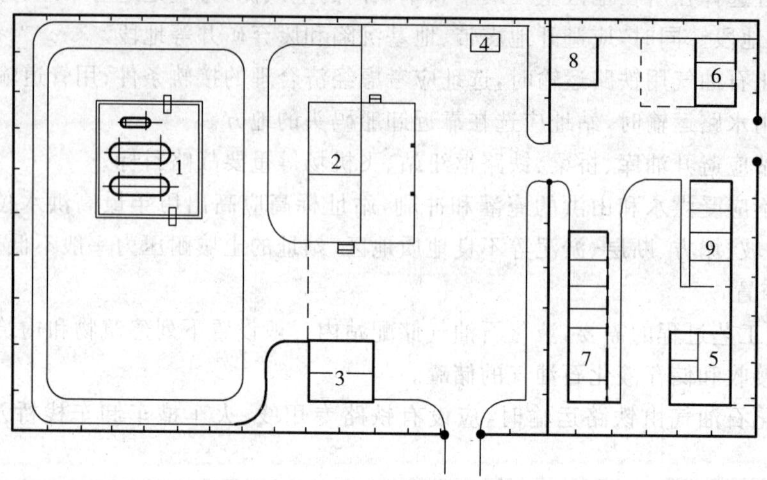

图 6-5　1000t/年液化石油气储配站总平面图

1-储罐区；2-压缩机室；3-汽车槽车库；4-汽车装卸台；5-锅炉房；
6-营业、修理及瓶库；7-配电、休息室等；8-车库；9-办公、门卫

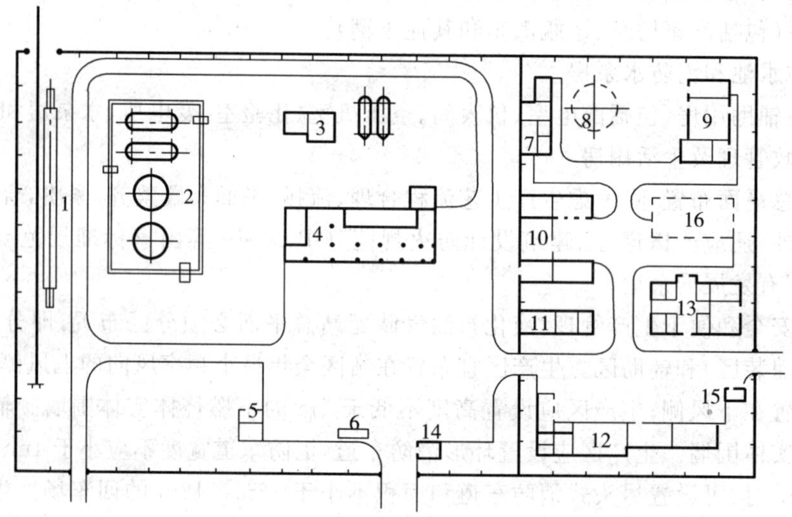

图 6-6　10000t/年液化石油气储配站总平面图

1-火车栈桥；2-罐区；3-压缩机室、仪表间；4-灌瓶间；5-汽车槽车库；6-汽车装卸台；
7-变配电、水泵房；8-地下消防水池；9-锅炉房；10-空压机室、机修间；11-休息室；
12-车库；13-综合楼；14-门卫；15-传达；16-钢瓶大修

6.2.2 液化石油气储配站主要设备和装置

1. 液化石油气储存装置

(1)分类

① 根据储存装置的形状不同，液化石油气储存装置主要有钢瓶、圆筒形储罐和球形储罐三种。

钢瓶是供用户使用的盛装液化石油气的专用压力容器。钢瓶的构造形式如图 6-7 所示。钢瓶由底座、瓶体、瓶嘴、耳片和护罩(或瓶帽)所组成。供民用、商业及小工业用户使用的钢

瓶，其充装量为 10kg、15kg 和 50kg，其技术特性见表 6－4。

圆筒形储罐的构造及其附件的安装如图 6－8 所示，其规格和技术特性见表 6－5。

球性储罐的构造及其附件的安装如图 6－9 所示，其规格和技术特性见表 6－6。

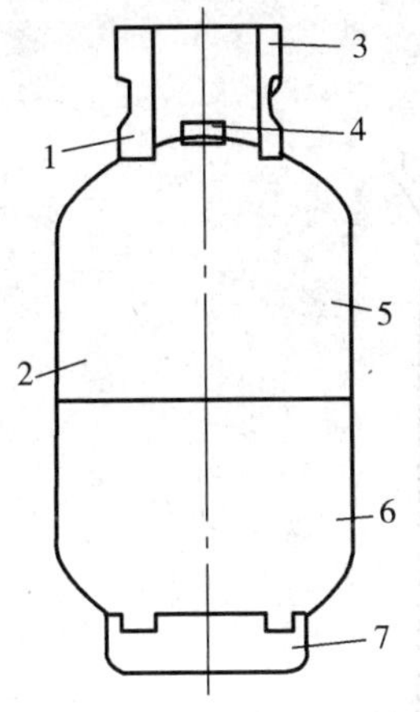

图 6－7　钢瓶构造

1－耳片；2－瓶体；3－护罩；4－瓶嘴；5－上封头；6－下封头；7－底座

表 6－4　钢瓶规格及其技术特性

参数	型号		
	YSP－10	YSP－15	YSP－50
筒体内径(mm)	314	314	400
几何容积(L)	23.5	35.5	118
钢瓶高度(mm)	534	680	1215
底座外径(mm)	240	240	400
护罩外径(mm)	190	190	
设计压力(MPa)	1.6	1.6	1.6
允许冲装量(kg)	10	15	50
壁厚(mm)	2.5	2.5	2.5
重量(kg)	10.85	14.07	47.60

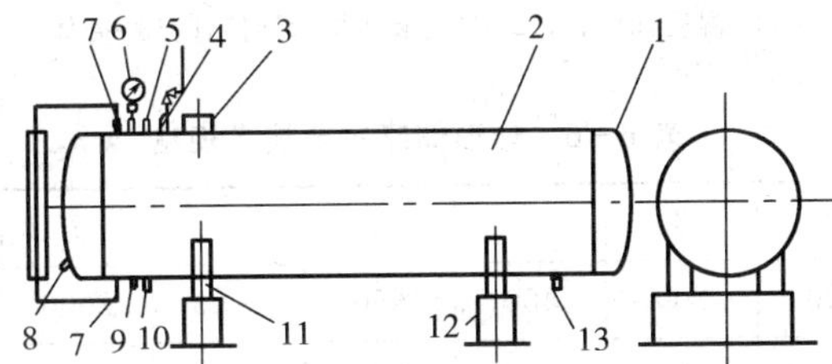

图 6－8　圆筒形储罐的构造及其附件的安装

1－封头；2－筒体；3－人孔；4－安全阀接管；5－液相回流接管；6－压力表接管；7－液面指示计接管；8－温度计接管；9－气相进出口接管；10－液相进出口接管；11－鞍式支座；12－非燃烧体刚性基础；13－排污管接管

表 6－5　常用圆筒形储罐主要技术规格

公称容积 V_0 (m^3)	几何容积 V (m^3)	最大充装重量 G (t)	公称直径 D_0 (mm)	壁厚 δ(mm)		总长 L_0 (mm)	设备总重 (kg)
				筒体	封头		
2	2.01	0.85	1000	8	8	2740	931.1
5	5.07	2.14	1200	10	10	4704	1848.5
10	10.01	4..22	1600	12	12	5258	3156.8
20	20.11	8.49	2000	14	14	6762	5547
30	30.03	12.67	2200	14	16	8306	7135
50	50.04	21.12	2600	16	18	9900	12659
100	100.01	42.20	3000	18	20	14764	22729
100	100.02	42.21	3200	20	22	13008	23965
120	120.07	50.67	3200	20	22	15498	27957

注：本系列设计压力为 1.6MPa，使用温度范围为－40～＋48℃，主体材质为 16MnR，最大充装重量按 $G=\Phi V$计算，其中 Φ 取 0.422t/m^3。

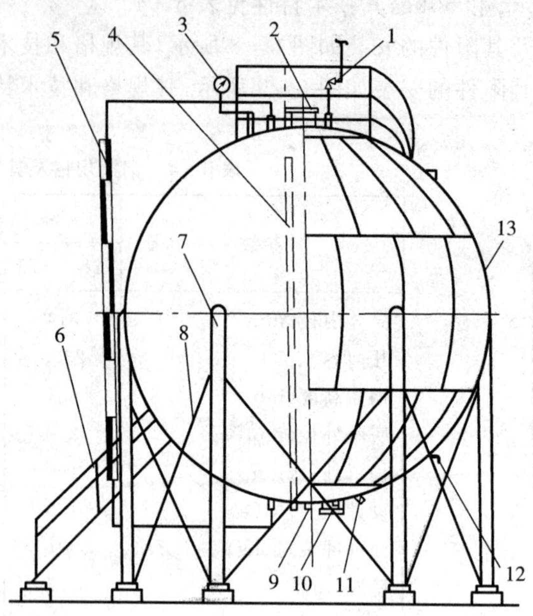

图 6-9　球形储罐的构造及其附件的安装

1-安全阀；2-上下人孔；3-压力表；4-气相进出口接管；5-液面计；6-盘梯；
7-赤道正切式支柱；8-拉杆；9-排污管接管；10-液相进出口接管；
11-温度计接管；12-二次液面指示计接管；13-壳体

表 6-6　球形储罐主要技术规格

序号	1	2	3	4	5	6	7	8	9	10
公称容积(m^3)	50	120	200	400	650	1000	2000	3000	4000	5000
内径(mm)	Φ4600	Φ6100	Φ7100	Φ9200	Φ10700	Φ12300	Φ15700	Φ18000	Φ20000	Φ21200
几何容积(m^3)	52	119	188	408	640	975	2025	3064	4189	4989

注：设计压力为 1.6MPa。

② 根据储存液化石油气的原理不同，液化石油气储罐有全压力式储罐、半冷冻式储罐和全冷冻式储罐三种。

全压力式储罐是指在常温和较高压力下盛装液化石油气的储罐。

半冷冻式储罐是指在较低温度和较低压力下盛装液化石油气的储罐。

全冷冻式储罐是指在低温和常压下盛装液化石油气的储罐。

由于储罐具有结构简单、建造方便，类型多、便于选择，可分期分批建造等优点，因此，当储配站内储存容量较小时，多采用圆筒形全压力式储罐；储存容量较大时，多采用球形全压力式储罐，也可采用半冷冻式和全冷冻式储罐。这类储罐绝大多数建在地面上，也有的建在地下或半地下。

(2)储罐设计容量

液化石油气储配站的储罐设计总容量宜根据其规模、气源情况、运输方式和运距等因素确定，一般不超过 3000m^3。当储罐设计总容量超过 3000m^3时，宜将储罐分别设置在储存站和灌装站。灌装站的储罐设计容量宜取 1 周左右的计算月平均日供应量，其余为储存站的储罐设计容量。

液化石油气储罐最大设计允许充装质量应按式(6－6)计算：

$$G=0.9\rho V_h \tag{6-6}$$

式中，G——最大设计允许充装质量，kg；

ρ——40℃时液态液化石油气密度，kg/m^3；

V_h——储罐的几何容积，m^3。

当采用地下储罐时，液化石油气密度可按当地最高地温计算。

(3)储罐的布置

全冷冻式液化石油气储罐与全压力式液化石油气储罐不得设置在同一罐区内，两类储罐之间的防火间距不应小于相邻较大储罐的直径，且不应小于 35m。

液化石油气储配站采用全压力式液化石油气储罐时，储罐数量不应少于 2 台。其储罐区的布置应符合下列要求：

① 地上储罐之间的净距不应小于相邻较大罐的直径；

② 数个储罐的总容积超过 3000m^3 时，应分组布置。组与组之间相邻储罐的净距不应小于 20m；

③ 组内储罐宜采用单排布置；

④ 储罐组四周应设置高度为 1m 的不燃烧体实体防护墙；

⑤ 储罐与防护墙的净距：球形储罐不宜小于其半径，卧式储罐不宜小于其直径，操作侧不宜小于 3.0m；

⑥ 防护墙内储罐超过 4 台时。至少应设置 2 个过梯，且应分开布置；

⑦ 地下储罐宜设置在钢筋混凝土槽内，槽内应填充干砂。储罐罐顶与槽盖内壁净距不宜小于 0.4m；各储罐之间宜设置隔墙，储罐与隔墙、槽壁之间的净距不宜小于 0.9m。

液化石油气储罐与所属泵房的间距不应小于 15m。当泵房面向储罐一侧的外墙采用无门、窗洞口的防火墙时，其间距可减少至 6m。液化石油气泵露天设置在储罐区内时，泵与储罐之间的距离不限。

液化石油气储配站的储罐与储配站内外建(构)筑物、明火、散发火花地点的防火间距应符合《城镇燃气设计规范》GB 50028 的规定。

2. 装卸台

储配站内铁路引入线和铁路槽车装卸线的设计应符合现行国家标准《工业企业标准轨距铁路设计规范》GBJ 12 的有关规定。储配站内的铁路槽车装卸线应设计成直线，其终点距铁路槽车端部不应小于 20m，并应设置具有明显标志的车挡。如图 6－10 所示，铁路槽车装卸栈桥应采用不燃烧材料建造，其长度可取铁路槽车装卸车位数与车身长度的乘积，宽度不宜小于 1.2m，两端应设置宽度不小于 0.8m 的斜梯。铁路槽车装卸栈桥上的液化石油气装卸鹤管如图 6－11 所示，应设置便于操作的机械吊装设施。

液化石油气汽车槽车库与汽车槽车装卸台柱之间的距离不应小于 6m。当邻向装卸台柱一侧的汽车槽车库山墙采用无门、窗洞口的防火墙时，其间距不限。汽车槽车装卸台柱的装卸接头应采用与汽车槽车配套的快装接头，其接头与装卸管之间应设置阀门。装卸管上宜设置拉断阀。汽车槽车装卸栈桥如图 6-12 所示。

图 6-10 铁路槽车装卸栈桥

图 6-11 装卸鹤管

图 6-12 汽车槽车装卸栈桥

3. 压缩机间

压缩机是储配站正常运行的主要设备，常用往复活塞式压缩机。储配站内液化石油气压缩机设置台数不宜少于2台。压缩机机组间的净距不宜小于1.5m；机组操作侧与内墙的净距不宜小于2.0m；其余各侧与内墙的净距不宜小于1.2m；气相阀门组宜设置在与储罐、设备及管道连接方便和便于操作的地点。液化石油气压缩机的进口应设置阀门过滤器，出口应设置阀门、止回阀和安全阀，进、出口管之间应设置旁通管及旁通阀。

4. 灌瓶间和瓶库

灌瓶间内气瓶存放量宜取1～2d的计算月平均日供应量。当总存瓶量(实瓶)超过3000瓶时，宜另外设置瓶库。灌瓶间和瓶库内的气瓶应按实瓶区、空瓶区分组布置。液化石油气储配站宜配置备用气瓶，其数量可取总供应户数的2%左右。

采用自动化、半自动化灌装和机械化运瓶的灌瓶作业线上应设置灌瓶质量复检装置，且应设置检漏装置或采取检漏措施。采用手动灌瓶作业时，应设置检斤秤，并应采取检漏措施。灌瓶间应设置残液倒空和回收装置。

新瓶库和真空泵房应设置在辅助区。新瓶和检修后的气瓶首次灌瓶前应将其抽至80kPa真空度以上。

灌瓶间的气瓶装卸平台前应有较宽敞的汽车回车场地。

灌瓶间和瓶库与站外建、构筑物之间的防火间距，应按现行国家标准《建筑设计防火规范》GB 50016中甲类储存物品仓库的规定执行。

灌瓶间和瓶库与站内建、构筑物的防火间距，应按现行国家标准《城镇燃气设计规范》GB 50028的规定执行。

5. 消防装置

液化石油气储配站属易燃易爆、甲类防火企业，其火灾危险性和破坏性很大。尤其对储配站中的液化石油气储罐和储罐区而言，更是站内最危险的设备和区域，一旦发生事故，其后果不堪设想。为保证液化石油气储配站的生产安全，必须配备消防给水系统。

液化石油气储配站的消防给水系统包括：消防水池(罐或其他水源)、消防水泵房、给水管网、地上式消火栓和储罐固定喷水冷却装置等。消防给水管网应布置成环状，向环状管网供水的干管不应少于两根。当其中一根发生故障时，其余干管仍能供给消防总用水量。消防水池的容量应按火灾连续时间6h所需最大消防用水量计算确定。当储罐总容积小于或等于220m^3，且单罐容积小于或等于50m^{3}的储罐或储罐区时，其消防水池的容量可按火灾连续时间3h所需最大消防用水量计算确定。当火灾情况下能保证连续向消防水池补水时，其容量可减去火灾连续时间内的补水量。消防水泵房的设计应符合现行国家标准《建筑设计防火规范》GB 50016的有关规定。液化石油气球形储罐固定喷水冷却装置宜采用喷雾头。卧式储罐固定喷水冷却装置宜采用喷淋管。储罐固定喷水冷却装置的喷雾头或喷淋管的管孔布置，应保证喷水冷却时将储罐表面全覆盖(含液位计、阀门等重要部位)。液化石油气储罐固定喷水冷却装置的设计和喷雾头的布置应符合现行国家标准《水喷雾灭火系统设计规范》GB 50219的规定。

此外，液化石油气储配站内还需配置干粉灭火器。磷酸氨盐灭火器因既可扑灭液化石油气、天然气等易燃、易爆气体和液体火灾，也可扑灭电气火灾，因此在液化石油气储配站中广为应用。为防止灭火后复燃，也可以和氟蛋白空气泡沫联合使用，但忌与普通泡沫同时使用。

6.2.3 液化石油气储配站工艺

液化石油气储配站的规模应以城镇燃气专业规划为依据，按其供应用户类别、户数和用气量指标等因素确定。供应规模20000t/a以上为大型储配站；供应规模5000～20000t/a为中型储配站；供应规模5000t/a以下为小型储配站。储配站的规模不同，相应的液化石油气运输方式、装卸车方法以及灌瓶方法就不同，储配站的工艺流程也不同。

中、小型储配站工艺流程：液化石油气由生产厂通过管道、汽车槽车、火车槽车、槽船输送到储配站储罐，再由液化石油气泵送至灌瓶间进行灌瓶，将灌好的实瓶用汽车运至各瓶装供应站供给用户。将用过的空瓶运回储配站，把瓶内的残液倒空再进行灌装。

大型储配站：一般采用机械化、自动化的灌装和运输设备，通常采用泵——压缩机联合工作的工艺流程，即用压缩机卸车，而用泵来灌瓶，其工艺流程如图6-13所示。

1. 液化石油气的装卸

当采用管道输送时，可利用管道末端的压力将液化石油气直接压入储罐。采用槽车槽船运输时，通常采用泵、压缩机、升压器进行装卸，个别场合也可以用静压差或不溶于液化石油气的压缩气体进行装卸。

(1)利用泵装卸的方式

泵装卸液化石油气的工艺流程如图6-14所示。

卸车时，打开阀门2和3，开启泵，槽车中的液化石油气在泵的作用下，经液相管进入储罐中，气相管只起压力平衡作用。

装车时，关闭阀门2和3，打开阀门1和4，在泵的作用下，液化石油气由储罐进入槽车。

在整个系统中，应保证泵的吸入口处有比饱和蒸汽压大的静压力，否则，吸入管中的液化石油气将气化造成"气塞"，使泵空转。因此采用这种装卸方式要注意泵的选择。采用提高槽车位置或将泵安装在槽车的下面，可以提高泵的吸入口的静压力。

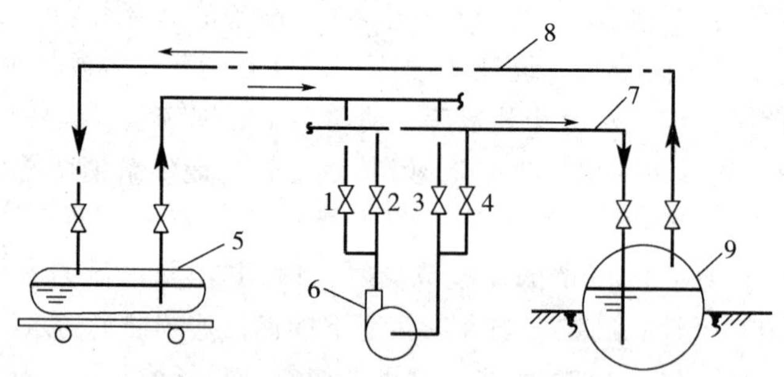

图6-14 泵装卸工艺流程图

1、2、3、4-阀门；5-槽车；6-泵；7-液相管；8-气相管；9-储罐

(2)利用压缩机装卸的方式

压缩机装卸液化石油气的工艺流程如图6-15所示。

卸车时，打开阀门2与3，开启压缩机，将储罐中的气态液化石油气压送到槽车中。槽车中的液态液化石油气在压力作用下(压差通常为0.2～0.3MPa)，经管道送入储罐。当槽车内的液化石油气卸完后，还应将气态液化石油气由槽车中抽出，压入储罐内。因此，需关闭储罐和槽车的液相阀门，同时关闭阀门2和3，打开阀门1和4，启动压缩机，但不应使槽车储罐中的

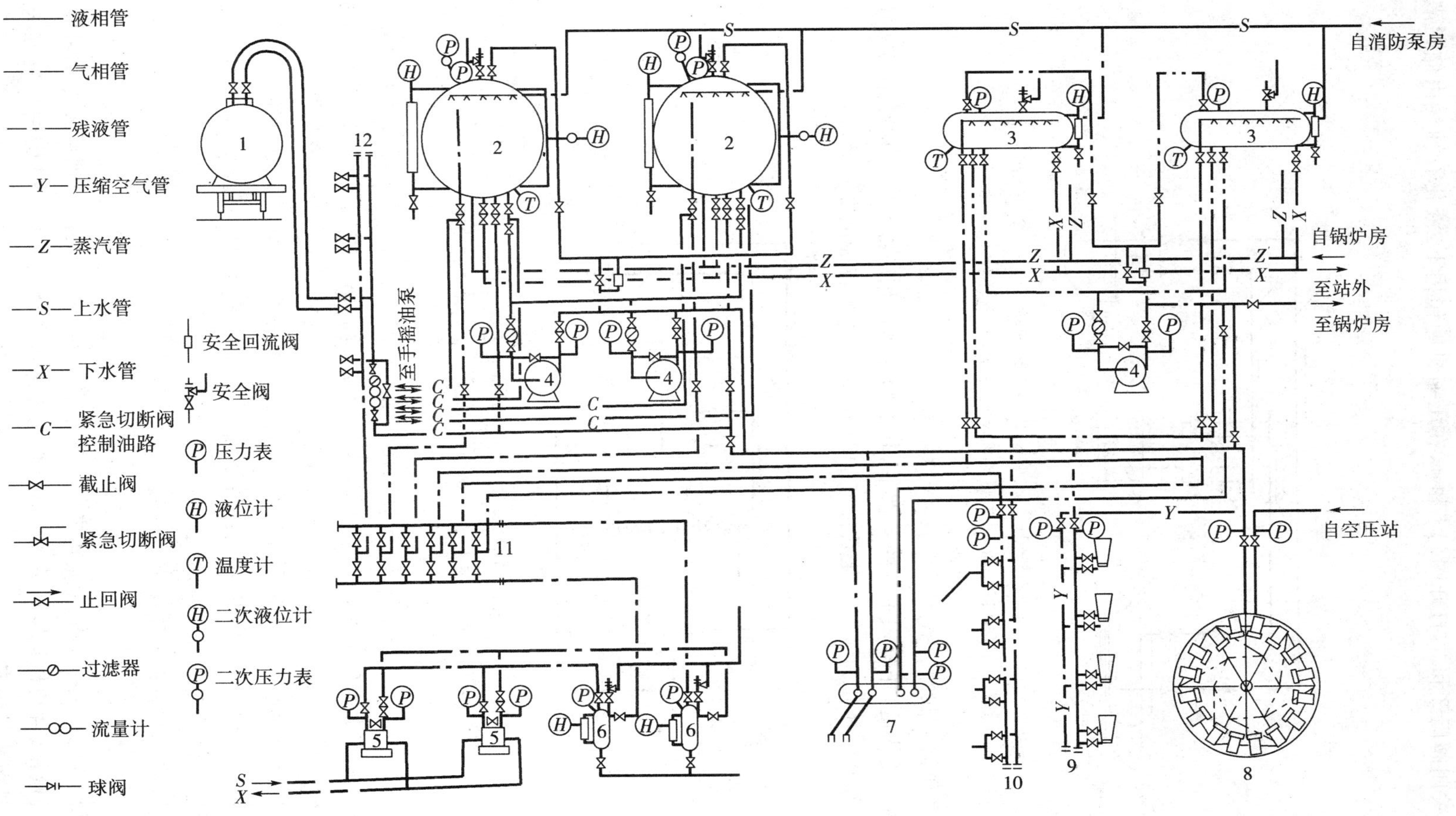

图 6-13　大型液化石油气储配站工艺流程

1-铁路槽车;2-固定储罐;3-残液罐;4-泵;5-压缩机;6-分离器;7-汽车槽车装卸台;8-机械化灌装转盘;9-手工灌装台;10-残液倒空架;11-气相阀门组;12-铁路槽车装卸栈桥

压力过低，一般应保持在0.1～0.2MPa左右，通过这个过程可以回收液化石油气3%～4%。

装车时，关闭阀门2和3，打开阀门1和4，在压缩机的作用下，液化石油气由储罐灌装到槽车中去。

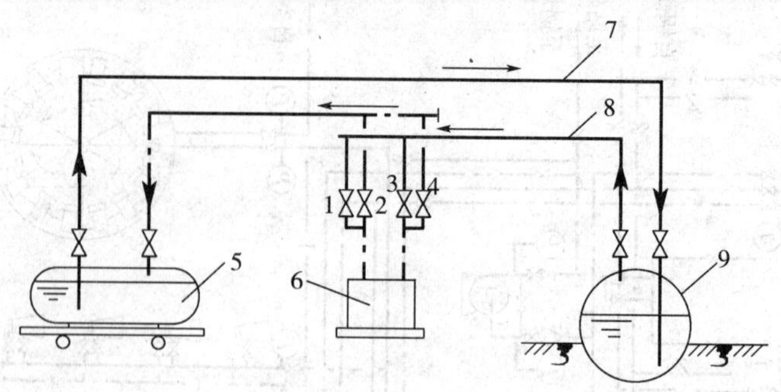

图6-15 压缩机装卸工艺流程

1、2、3、4-阀门；5-槽车；6-压缩机；7-液相管；8-气相管；9-储罐

(3)气化升压器装卸的方式

液化石油气受热后，在容积不变的条件下，其饱和蒸气压相应提高。气化升压器装卸就是利用提高的饱和蒸气压作为装卸液化石油气的动力，其工艺流程如图6-16所示。

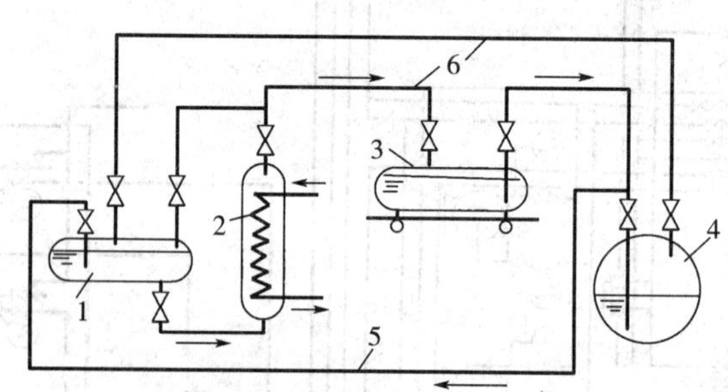

图6-16 气化升压器装卸工艺流程

1-中间储罐；2-蒸发器；3-槽车；4-储罐；5-液相管；6-气相管

液化石油气在气化升压器中加热，受热气化的液化石油气蒸气经气相管进入槽车，一部分液化石油气蒸气凝结于槽车中液相表面，使表面层温度升高，槽车中气相空间的压力也随之提高，下部液相液化石油气在压力作用下进入储罐。同样，也可以用冷却的方法装卸液化石油气。通过热交换器将储罐中的液化石油气冷却，使其压力降低，或者将储罐中的气相排出(排入城市燃气管网)，气相空间的压力降低，液相剧烈蒸发而大量吸热，使储罐中液化石油气的温度下降，压力降低，槽车中的液化石油气即可装入储罐。

加热液化石油气的热媒可用蒸汽或热水。

2. 液化石油气的灌装

气瓶供应是液化石油气的供应方式之一。钢瓶灌装方法按灌装的原理可分为重量灌装和容积灌装；按机械化、自动化程度可分为手工、半自动化及自动化灌装。储配站灌瓶方法的选择主要取决于日灌装量的多少。

(1)手工灌瓶

手工灌瓶时用泵(或泵和压缩机串联)经液相管道将液化石油气送至灌瓶间的液相干管,再经支管分送到手工灌瓶嘴进行灌瓶作业。灌瓶过程中的钢瓶运输、灌装嘴阀门的开关、钢瓶上下台秤等均为手工操作。手工灌瓶系统和工艺流程如图6-17、图6-18所示。

手工灌瓶工艺简单,投资小,运行费用低,但操作繁琐,劳动强度大,效率低,液化石油气漏失量大,灌装量误差大。适用于日灌瓶量不超过1000瓶的小型储配站。

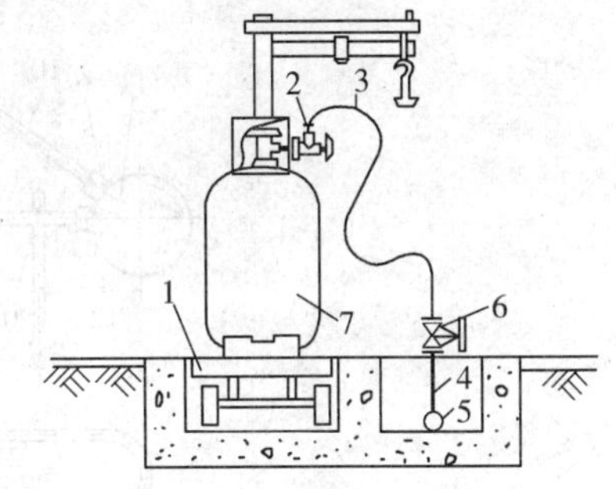

图6-17　手工灌瓶系统

1-普通台秤;2-手工灌瓶嘴;3-软管;4-液相支管;5-液相干管;6-截止阀;7-钢瓶

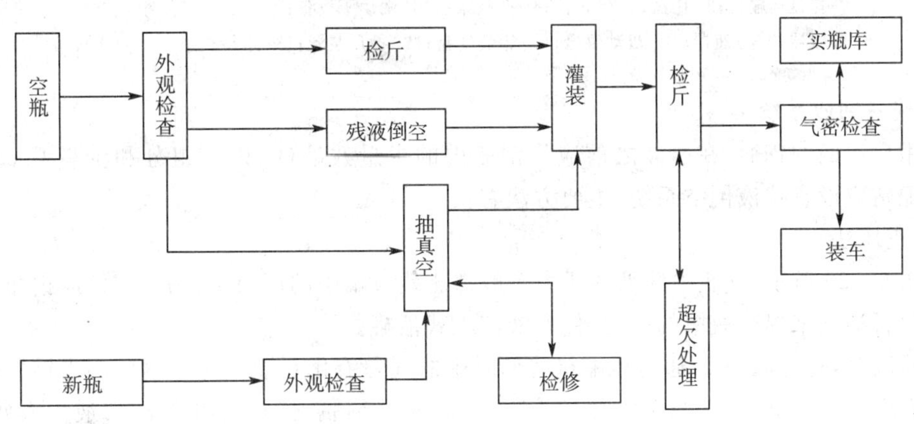

图6-18　手工灌瓶工艺流程图

(2)半机械化半自动化灌瓶

半机械化半自动化灌瓶是指在灌瓶过程中采用自动灌装秤和气动灌装嘴,在灌装到规定重量时,能够自动切断液化石油气的通路而停止灌装,从而提高了钢瓶灌装量的准确性。一般还采用链条式运输机运送钢瓶,以减轻劳动强度,加快灌装进度。

(3)机械化、自动化灌瓶

这种方法是指运到灌瓶站的空瓶,从卸车开始,直到将灌装后的实瓶装车运出的全过程,均采用机械化和自动化,如图6-19所示。

用叉瓶器或抓瓶机将回站钢瓶从运瓶汽车上卸下,放在托盘运输机上的托盘中,推瓶器将空瓶推上传送带运进灌瓶间。经清洗、烘干后,由上瓶器将钢瓶推上倒空转盘。倒出钢瓶中的残液后,空瓶沿机动辊道去灌装转盘。灌装完的实瓶经检斤装置对钢瓶的灌装量进行复检,并在水检机组上进行瓶阀的气密性检验。经检查合格的实瓶,在烘干设备中烘干后沿传送带送去装车外运。

液化石油气的机械化自动化灌装工艺成熟,技术设备国产化程度高,规格全。适用于日灌装量3000瓶以上的储配站。

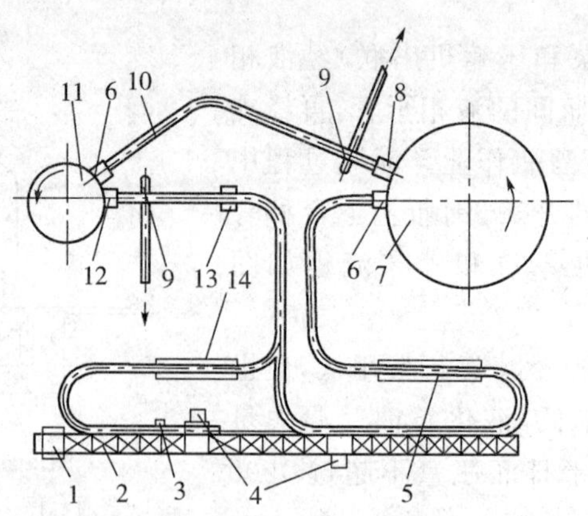

图 6-19 液化石油气机械化自动化灌瓶工艺流程

1-托盘运输机；2-托盘；3-停止器；4-推瓶器；5-清洗烘干设备；6-上瓶器；7-倒空转盘；8-卸瓶器；9-分瓶器；10-机动辊道；11-罐装转盘；12-检斤装置；13-水检机组；14-烘干设备

3. 残液回收系统

从用户运回的钢瓶，在灌装之前应将钢瓶内的少量残液（C_5以上组分和少量C_4组分）回收。储配站应设置残液倒空系统，主要方法有：

(1)正压法

如图 6-20 所示，气瓶中残液的压力一般都比残液罐中的压力小，用压缩机向钢瓶内压入气态液化石油气来提高瓶中的压力，使残液流入残液罐。

倒残液时，打开阀门 1，通过压缩机将储罐中的气态液化石油气压入钢瓶。当钢瓶内压力比残液灌内压力大 0.1～0.2MPa 时，关闭阀门 1，翻转钢瓶，打开阀门 2，使残液流入残液罐。与此同时，压缩机将残液罐上部空间的气体抽回储罐。

(2)负压法

如图 6-21 所示，利用压缩机将残液罐内气相抽出压入液化石油气储罐，以降低残液罐内的压力，将钢瓶倒转，使残液流入残液贮罐。

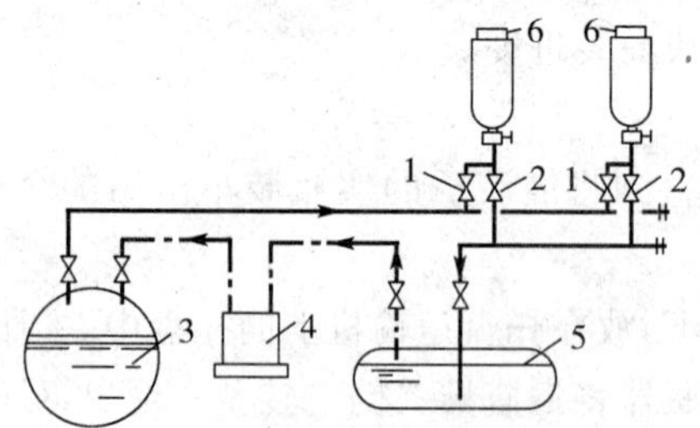

图 6-20 正压法残液倒空回收系统工艺流程

1、2-阀门；3-储罐；4-压缩机；5-残液罐；6-钢瓶

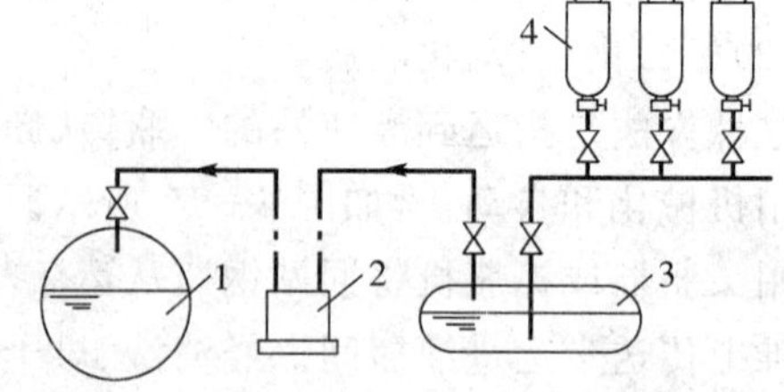

图 6-21 负压法残液倒空回收系统工艺流程

1-储罐；2-压缩机；3-残液罐；4-钢瓶

(3)利用泵和喷射器联合工作

如图 6-22 所示，在喷口处形成负压，将倒转钢瓶中的残液吸入残液贮罐中。

残液罐通常采用圆筒形卧式罐，其容量应能储存 7～10 天的残液回收量。残液罐的设计压力与残液的成分和地区的温度有关，一般选用 1.0MPa。储配站回收的残液可在站内使用(用作残液锅炉的燃料)或集中外运(用作化工原料)。

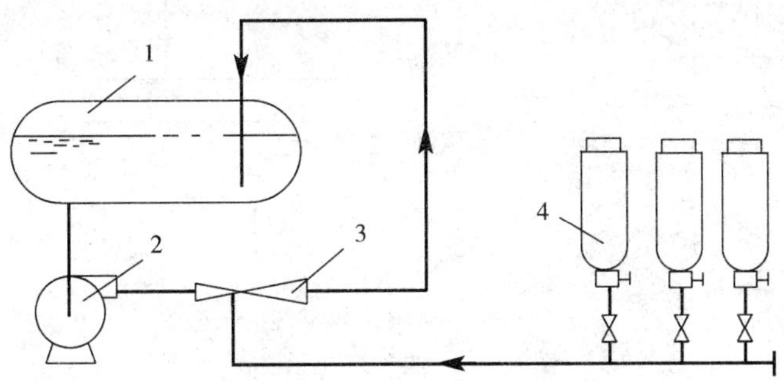

图 6－22　利用泵和喷射器回收残液工艺流程

1－残液罐；2－泵；3－喷射器；4－钢瓶

6.3　液化石油气气化站

液化石油气管道供应系统如图 6－23 所示。气化站中产生的气态液化石油气，通过输配管网、用户引入管及户内管道，经计量后送至燃具使用。

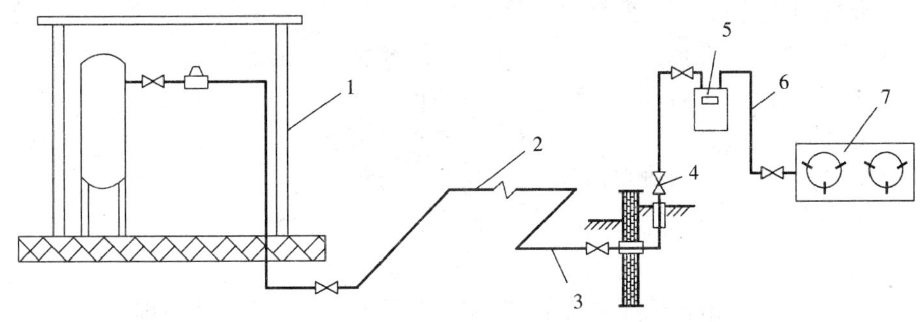

图 6－23　液化石油气管道供应系统示意

1－气化站；2－输配管道；3－引入管；4－阀门；5－计量表；6－户内管道；7－燃具

6.3.1　液化石油气的气化方式

根据吸收热量的来源来分，液化石油气气化方式有两种：自然气化和强制气化。

1. 自然气化

自然气化是指储存在容器中的液态液化石油气吸收自身显热和周围环境的热量而气化的过程，如图 6－24 所示。

自然气化过程中发生的主要变化及影响是比较有规则的。在尚未从容器往外导出气体时，容器内液体温度与外界环境温度相同，压力是该液体温度的饱和蒸气压；当容器内的气体被导出时，容器内气相压力下降，液态液化石油气为保持平衡状态而不断气化。由于液体温度

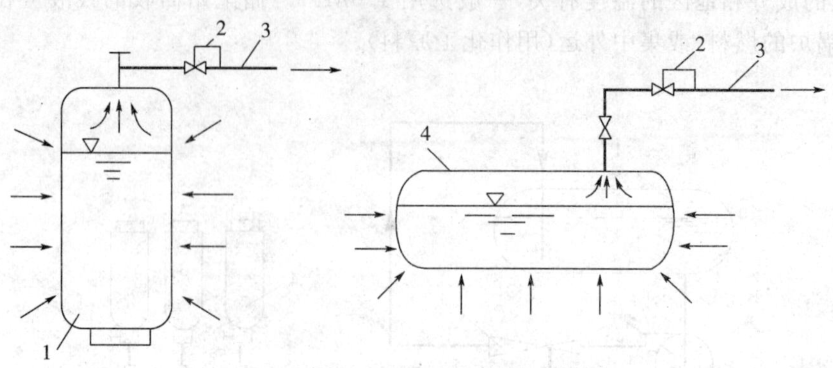

图 6-24　自然气化示意图

1-钢瓶；2-调压器；3-气相管道；4-储罐

与外界环境温度相同，液体不能通过传热从外界大气环境中获得气化潜热，只有消耗自身的显热用以气化，于是液体温度下降。随之，液体与外界气温产生温差，气化所需热量就通过容器壁从外界吸收，开始液体温度与外界气温之间的温差较小，从外界所获得的气化热不能满足气化要求时，不足部分的热量继续由自身的显热进行补充。经过一段时间后，液体温度降至气化所需热量可全部由外界传热提供时，液体温度就不再下降并稳定在一定值。

由于液化石油气是由多种碳氢化合物组成的混合物，组分以 C_3、C_4 为主。而每一种组分的气化能力大小不一，沸点低、蒸气压高的组分（如丙烷）气化能力大，沸点高、蒸气压低的组分（如丁烷）气化能力小，因此在自然气化过程中，随着容器中液量的减少，液相中的丁烷、戊烷组分越来越多，总的气化能力将变小，并且气化导出的气相组分也在相应的发生变化，从而造成气态液化石油气的热值、比热、沸点等物理特性也起变化。

自然气化时，用气过程是间歇的。气化时，容器内液温低于环境温度，减少用气量甚至停气后，容器内液温会回升，由此积蓄起来的显热在下次用气期间可在短时间内产生大量气体。自然气化能力根据实际条件具有一定的缓冲性质。这种性质称为气化能力的适应性，这是自然气化的一大特点。

自然气化时，容器内液温低于环境温度，在液温下气化的气态液化石油气在输送管道中如果处在比气化时温度高的环境温度下，即气态液化石油气在管道内处于过热状态，不会发生再液化现象。但是如果长时间停留管道中（例如夜间不用气的情况下），而管道环境温度不断下降，低于气化时液温时，气态液化石油气会再次液化而汇集于管道最低处。不过在实际过程中，自然气化的供气规模小，再次液化量少，在再次供气时会立即气化。因此自然气化可以不考虑再液化问题。

自然气化由于依靠吸收外界环境热量和自身的显热而气化，因此气化量小且不稳定，有残液，受环境温度的影响较大，特别在寒冷季节问题更为突出。但自然气化供应工艺简单，使用灵活，建设周期短，因此适合于距城市燃气管网较远的分散居民用户、用气量不大的商业和小型工业用户。

2. 强制气化

强制气化是指用人为的方法对液态液化石油气进行加热气化的过程。这种方式有气相导出和液相导出两种形式。

气相导出形式大致上与自然气化方式相同，是用热媒加热装有液体的容器，并把液温控制在低于容器设计压力时的温度以内。这种方法在气化过程中热量损失严重，气化能力低，不经济，故目前已很少采用。

液相导出形式是指将容器内液态液化石油气导出送至专设的气化器中，通过电、蒸汽（热水）或燃气等进行加热而气化的过程，如图 6－25 所示。

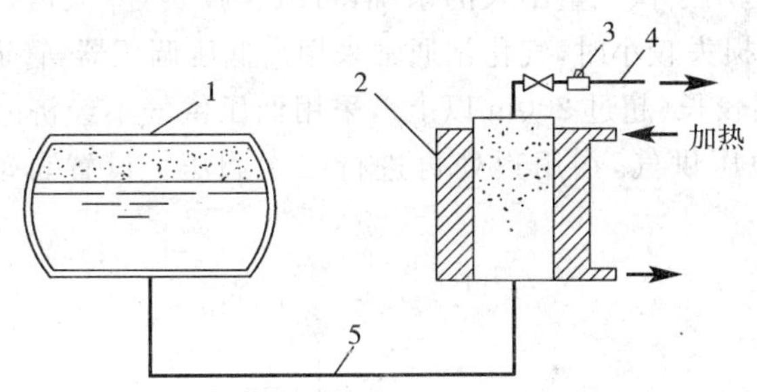

图 6－25　强制气化示意图

1－LPG 容器；2－气化器；3－调压器；4－气相管道；5－液相管道

强制气化由于利用气化器和外加热源而使液化石油气气化，气化能力不再受环境温度的限制，通过选择合适的气化器，可以满足大量用气的需求，且供气组分稳定，没有残液，但强制气化所需设备多，维护管理复杂，消防安全要求高，因此适合于用气量大的住宅小区或小城镇居民区。

液化石油气气化后，如仍保持气化时的压力进行输送，则可能出现再液化的问题。为防止再液化，必须使已气化了的气体尽快降到适当压力，或者继续加热提高温度，使气体处于过热状态后再输送。

6.3.2　气化站

根据储存设备的不同，气化站有瓶组气化站和储罐气化站之分。根据气化方式不同，气化站有自然气化和强制气化两种方式。根据输气距离的远近，气化站输气有低压输送和中压输送。

1. 气化站的总平面布置

气化站站址宜选择在所在地区全年最小频率风向的上风侧，且应是地势平坦、开阔、不易积存液化石油气的地段。同时，应避开地震带、地基沉陷和废弃矿井等地段。

液化石油气气化站总平面应按功能分区进行布置，即分为生产区（储罐区、气化区）和辅助区。生产区一般布置在站区全年最小频率风向的上风侧或上侧风侧，并应设置高度不低于 2m 的不燃烧体实体围墙。辅助区可设置不燃烧体非实体围墙。对储罐总容积等于或小于 $50m^3$ 的气化站，其生产区与辅助区之间可不设置分区隔墙。

为保证使用和生产安全，气化站与建（构）筑物、明火、散发火花地点的防火间距应符合现行的相关国家标准规范如《城镇燃气设计规范》GB 50028、《建筑设计防火规范》GB 50016、《高层民用建筑设计防火规范》GB 50045 等的规定。

2. 自然气化站

(1)自然气化供应系统

自然气化供应系统通常采用50kg钢瓶作为液化石油气储存装置,并设置两组钢瓶组,由手动控制或自动切换控制瓶组的工作和备用。当工作瓶组中钢瓶内液化石油气量减少、压力降低到最低供气压力时,手动控制或自动切换至备用瓶组,由备用瓶组侧钢瓶供气。

自然气化供应系统适用于供气量不大的系统,可减少投资,降低运行费用。当供气量小,输气距离很短,管道阻力损失较小时,气化站通常采用高低压调压器,管道采用低压供气,如图6-26所示。当输气距离较长(超过200m以上),采用低压供气不经济时,气化站设置高中压调压器或自动切换阀,中压供气,在用户处再进行二次调压。设置自动切换阀的系统如图6-27所示。

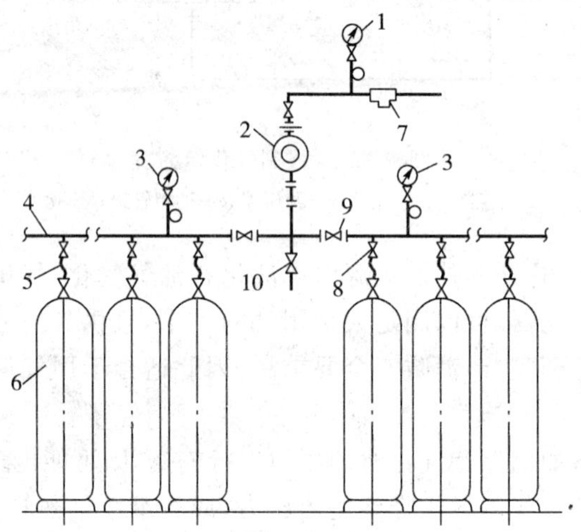

图6-26 设置高低压调压器的系统

1-低压压力表;2-高低压调压器;3-高压压力表;4-集气管;5-高压软管;6-钢瓶;7-备用供气口;8-阀门;9-切换阀;10-泄液阀

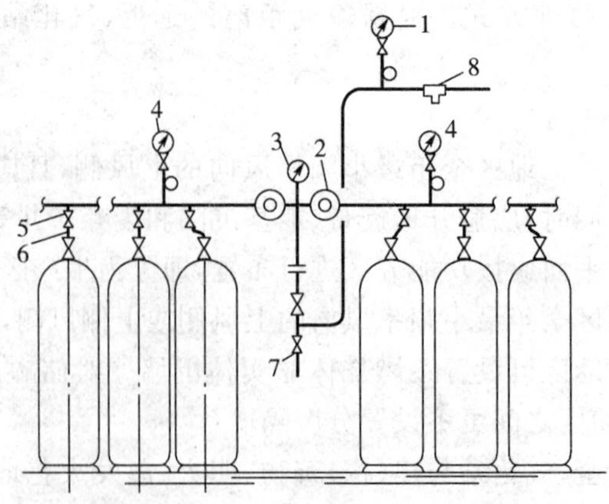

图6-27 设置自动切换阀的系统

1-中压压力表;2-气相自动切换阀;3-压力指示计;4-高压压力表;5-阀门;6-高压软管;7-泄液阀;8-备用供气口

(2)气相自动切换阀

气相自动切换阀是高中(低)压调压器,如图 6-28 所示。开始工作时,首先搬动转换把手,通过凸轮的作用使一个调压器的膜上弹簧压紧,这个调压器即为使用侧调压器,另一个调压器则为待用侧调压器。由于弹簧压紧程度不同,两个调压器的关闭压力也就不同。当使用侧调压器工作时,其出口压力大于待用侧调压器关闭压力,所以待用侧钢瓶不供给气体,只有使用侧钢瓶供给气体。随着液量的减少,液温降低及成分的变化,调压器入口压力降低,出口压力也相应下降,当降到低于待用侧调压器的关闭压力时,则待用侧调压器也开始工作(此时是两侧同时工作)。当使用侧钢瓶组内的液体用完时,搬动转换把手,原来待用侧调压器膜上弹簧被压紧变成使用侧,原来使用侧瓶组关闭,更换钢瓶后成为新的待用侧。使用侧、待用侧或两侧处于工作状态时,指示器上均有标志。

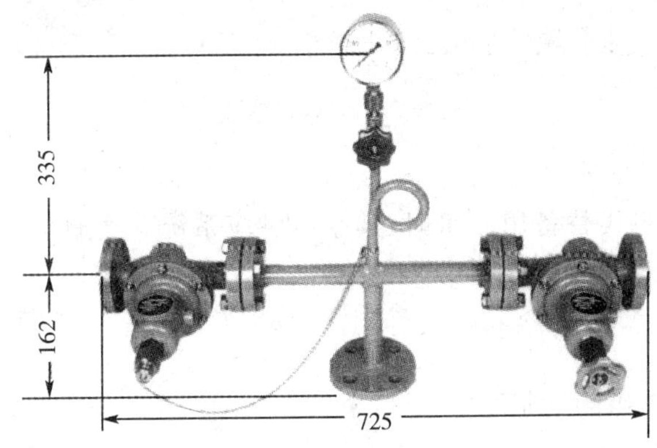

图 6-28　气相自动切换阀

(3)自然气化站气瓶的配置数量

采用自然气化方式供气时,瓶组宜由使用瓶组和备用瓶组组成。使用瓶组的气瓶配置数量应根据高峰用气时间内平均小时用气量、高峰用气持续时间和高峰用气时间内单瓶小时自然气化能力计算确定。备用瓶组的气瓶配置数量宜与使用瓶组的气瓶配置数量相同。当供气户数较少时,备用瓶组可采用临时供气瓶组代替。

① 使用瓶组的气瓶配置数量可按公式(6-7)计算确定。

$$N_s=\frac{Q_f}{\omega}+N_y \tag{6-7}$$

式中,N_s——使用瓶组的气瓶配置数量,个。

Q_f——高峰用气时间内平均小时用气量。可按同时工作系数法计算或根据统计资料得出高峰月高峰日小时用气量变化表,确定高峰用气持续时间和高峰用气时间内平均小时用气量,kg/h。

ω——高峰用气持续时间内单瓶小时自然气化能力。此值与液化石油气组分,环境温度和高峰用气持续时间等因素有关。不带和带有自动切换装置的 50kg 气瓶组单瓶自然气化能力可参照表 6-7 和表 6-8 确定,kg/h。

N_y——相当于 1d 左右计算月平均日用气量所需气瓶数量,个。

② 备用瓶组气瓶配置数量 N_b 和使用瓶组气瓶配置数量 N_s 相同,即:

$$N_b = N_s \tag{6-8}$$

③ 当采用临时瓶组代替备用瓶组供气时，其气瓶配置数量可根据更换使用瓶组所需要的时间、高峰用气时间内平均小时用气量和临时供气时间内单瓶小时自然气化能力计算确定。临时供气瓶组的气瓶配置数量可按公式(6-9)计算确定。

$$N_L = \frac{Q_f}{\omega_L} \tag{6-9}$$

式中，N_L——临时供气瓶组的气瓶配置数量，个；

Q_f——同公式(6-6)；

ω_L——更换气瓶时，临时供气瓶组的单瓶自然气化能力，可参照表6-9确定，kg/h。

④ 总气瓶配置数量

瓶组供应系统的总气瓶配置数量按公式(6-10)计算。

$$N_z = N_s + N_b = 2N_s \tag{6-10}$$

式中，N_z——总气瓶配置数量，个。

当采用临时供气瓶组代替备用瓶组时，其瓶组供应系统总气瓶配置数量按公式(6-11)计算。

$$N_z = N_s + N_L \tag{6-11}$$

式中，N_L——临时供气瓶组的气瓶配置数量，个。

表6-7 不带自动切换装置的50kg气瓶组单瓶自然气化能力

高峰用气持续时间(h)	1		2		3		4	
气温(℃)	5	0	5	0	5	0	5	0
高峰小时单瓶气化能力(kg/h)	1.14	0.45	0.79	0.39	0.67	0.34	0.62	0.32
非高峰小时单瓶气化能力(kg/h)	0.26	0.26	0.26	0.26	0.26	0.26	0.26	0.26

表6-8 带有自动切换装置的50kg气瓶组单瓶自然气化能力

高峰用气持续时间(h)	1		2		3		4	
气温(℃)	5	0	5	0	5	0	5	0
高峰小时单瓶气化能力(kg/h)	2.29	1.3	1.5	0.99	1.3	0.88	1.18	0.79
非高峰小时单瓶气化能力(kg/h)	0.41	0.41	0.41	0.41	0.41	0.41	0.41	0.41

表6-9 临时供气的50kg气瓶组单瓶自然气化能力(kg/h)

更换气瓶时间	2d			1d			1h			30min		
气温(℃)	5	0	−5	5	0	−5	5	0	−5	5	0	−5
高峰用气持续时间4h	1.8	1	0.2	2.5	1.7	0.9	—	—	—	—	—	—
高峰用气持续时间3h	2.3	1.3	0.3	3	2	1	8	6.8	4.8	14.8	11.8	8.7
高峰用气持续时间2h	3.3	2.1	1	4.1	2.9	1.7	—	—	—	—	—	—
高峰用气持续时间1h	6.4	4.4	2.5	7.1	5.1	4.2	—	—	—	—	—	—

(4)瓶组间

瓶组气化站的瓶组间不得设置在地下室和半地下室内。当采用自然气化方式供气且瓶组气化站配置气瓶的总容积小于 $1m^3$ 时，瓶组间可设置在与建筑物(住宅、重要公共建筑和高层民用建筑除外)外墙毗连的单层专用房间内，并应符合下列要求：建筑物耐火等级不应低于二级；应通风良好；设有直通室外的门；与其他房间相邻的墙应为无门、窗洞口的防火墙；配置燃气浓度检测报警器；室温不应高于 45℃，且不应低于 0℃。当瓶组间独立设置，且面向相邻建筑的外墙为无门、窗洞口的防火墙时，其防火间距不限。当瓶组气化站配置气瓶的总容积超过 $1m^3$ 时，应将其设置在高度不低于 2.2m 的独立瓶组间内。钢瓶可以单排存放，也可以双排存放。站内通道以及两排钢瓶的间距不应小于 0.8～1.0m。

3. 强制气化站

(1)强制气化供应系统

当供气规模和供气量较大时，采用自然气化势必造成所需钢瓶数量多，气化站占地面积大且不经济，运行管理不便，这时应采用强制气化供应系统。

强制气化的气化站，既可以采用 50kg 钢瓶，也可以采用储罐。采用 50kg 钢瓶时，可以采用气、液两相引出的钢瓶。高峰时，依靠强制气化供气，低峰或停电时可以依靠自然气化供气，既节省电能，又提高了供气的可靠性。瓶组强制气化供应系统如图 6－29 所示。

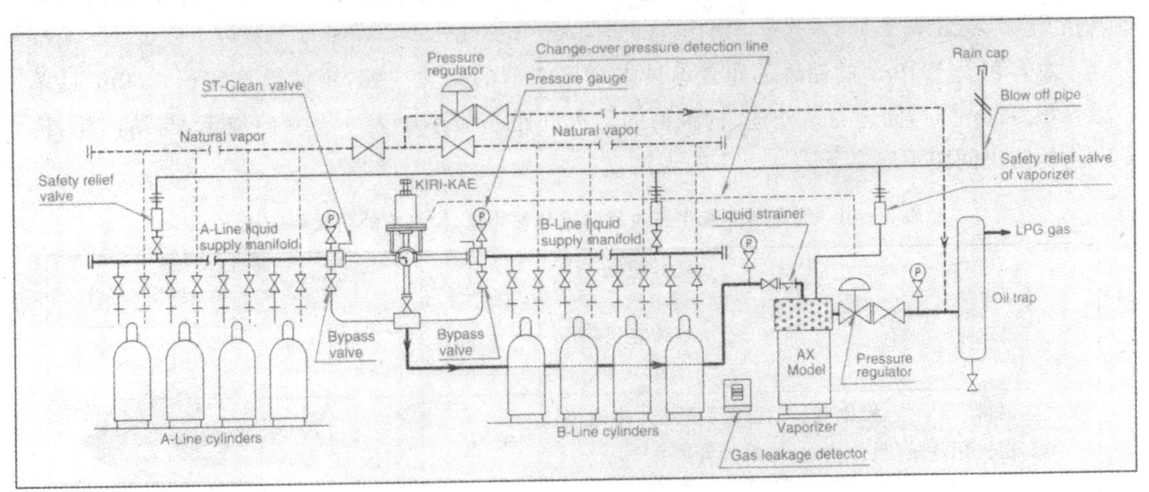

图 6－29　瓶组强制气化供应系统

采用储罐供气时，可以采用地面罐，当安全距离不能满足要求时，也可采用地下罐。不过采用地下罐时必须配置昂贵的潜液泵，这样就提高了造价，也增加了维护的难度。强制气化的储罐供气装置如图 6－30 所示。储罐 1 中的液化石油气在储存压力下送至气化器 2，经气化器 2 气化后，经过调压器调压后送至燃气管网供用户使用。用气低峰时可由储罐直接自然气化供气。

强制气化的供气系统根据输送距离的远近可以采用中压供气，也可采用低压供气。

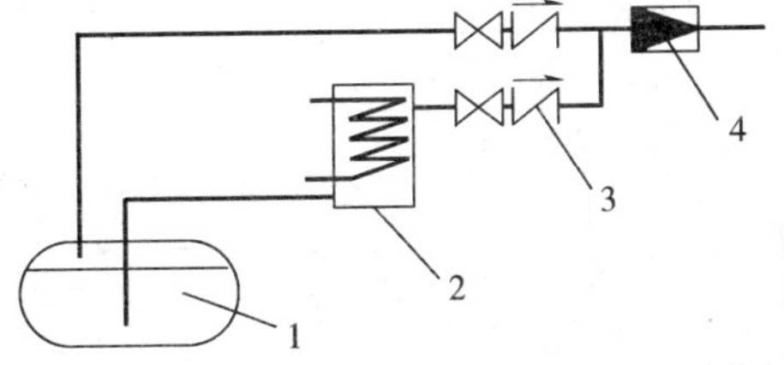

图 6－30　储罐强制气化供应系统

1－储罐；2－气化器；3－止回阀；4－调压器

(2)液相自动切换阀

液相自动切换阀的工作原理与气相自动切换阀相同，不同的是自动切换阀内流动的介质不同。气相自动切换阀中流动的是气态液化石油气；液相自动切换阀中流动的则是液态液化石油气。

(3)强制气化站储量

采用瓶组强制气化方式供气时，气瓶组向气化器供气，瓶组气瓶的配置数量可按1～2d的计算月最大日用气量确定。

采用储罐强制气化方式供气时，储罐气源是由液化石油气生产厂供气时，其设计总容量一般根据供气规模、气源情况、运输方式和运距等因素确定；由液化石油气供应基地供气时，其设计总容量可按计算月平均日3d左右的用气量计算确定。

(4)瓶组间和储罐的布置

① 强制气化瓶组间的布置同自然气化瓶组间；

② 储罐的布置。

储罐总容积不大于$10m^3$时，可设置在独立建筑物内；储罐之间及储罐与外墙的净距均不应小于相邻较大罐的半径，且不应小于1m；储罐室与相邻厂房的室外设备之间的防火间距不应小于12m；设置非直火式气化器的气化间可与储罐室毗连，但应采用无门、窗洞口的防火墙隔开。

总容积大于$10m^3$的储罐的布置参见本章第二节的相关内容，当储罐总容积≤$50m^3$且单罐容积≤$20m^3$时，储罐与站外建、构筑物的防火间距不应小于表6－10的规定，与站内建、构筑物的防火间距不应小于表6－11的规定。

表6－10 气化站的液化石油气储罐与站外建、构筑物的防火间距(m)

<table>
<tr><td colspan="3">总容积(m^3)</td><td>≤10</td><td>>10～≤30</td><td>>30～≤50</td></tr>
<tr><td colspan="3">单罐容积(m^3)
项目</td><td>—</td><td>—</td><td>≤20</td></tr>
<tr><td colspan="3">居民区、村镇和学校、影剧院、体育馆等重要公共建筑，一类高层民用建筑(最外侧建、构筑物外墙)</td><td>30</td><td>35</td><td>45</td></tr>
<tr><td colspan="3">工业企业(最外侧建、构筑物外墙)</td><td>22</td><td>25</td><td>27</td></tr>
<tr><td colspan="3">明火、散发火花地点和室外变配电站</td><td>30</td><td>35</td><td>45</td></tr>
<tr><td colspan="3">民用建筑，甲、乙类液体储罐。甲、乙类生产厂房，甲、乙类物品库房，稻草等易燃材料堆场</td><td>27</td><td>32</td><td>40</td></tr>
<tr><td colspan="3">丙类液体储罐，可燃气体储罐。丙、丁类生产厂房。丙、丁类物品库房</td><td>25</td><td>27</td><td>32</td></tr>
<tr><td colspan="3">助燃气体储罐、木材等可燃材料堆场</td><td>22</td><td>25</td><td>27</td></tr>
<tr><td rowspan="3">其他建筑</td><td rowspan="3">耐火等级</td><td>一、二级</td><td>12</td><td>15</td><td>18</td></tr>
<tr><td>三级</td><td>18</td><td>20</td><td>22</td></tr>
<tr><td>四级</td><td>22</td><td>25</td><td>27</td></tr>
<tr><td colspan="2" rowspan="2">铁路
(中心线)</td><td>国家线</td><td>40</td><td>50</td><td>60</td></tr>
<tr><td>企业专用线</td><td colspan="3">25</td></tr>
</table>

（续表）

<table>
<tr><td colspan="2" rowspan="2">总容积(m³)
单罐容积(m³)
项目</td><td>≤10</td><td>>10～≤30</td><td>>30～≤50</td></tr>
<tr><td>—</td><td>—</td><td>≤20</td></tr>
<tr><td rowspan="2">公路、道路
（路边）</td><td>高速，Ⅰ、Ⅱ级，城市快速</td><td colspan="3">20</td></tr>
<tr><td>其他</td><td colspan="3">15</td></tr>
<tr><td colspan="2">架空电力线(中心线)</td><td colspan="3">1.5 倍杆高</td></tr>
<tr><td colspan="2">架空通信线(中心线)</td><td colspan="3">1.5 倍杆高</td></tr>
</table>

注：(1)防火间距应按本表总容积或单罐容积较大者确定，间距的计算应以储罐外壁为准；

(2)居住区、村镇系指 1000 人或 300 户以上者，以下者按本表民用建筑执行；

(3)当采用地下储罐时，其防火间距可按本表减少 50%；

(4)与本表规定以外的其他建、构筑物的防火间距应按现行国家标准《建筑设计防火规范》GB 50016 执行。

表 6-11　气化站的液化石油气储罐与站内建、构筑物的防火间距(m)

<table>
<tr><td colspan="2" rowspan="2">总容积(m³)
单罐容积(m³)
项目</td><td>≤10</td><td>>10～≤30</td><td>>30～≤50</td><td>>50～≤200</td><td>>200～≤500</td><td>>500～≤1000</td><td>>1000</td></tr>
<tr><td></td><td></td><td>≤20</td><td>≤50</td><td>≤100</td><td>≤200</td><td></td></tr>
<tr><td colspan="2">明火、散发火花地点</td><td>30</td><td>35</td><td>45</td><td>50</td><td>55</td><td>60</td><td>70</td></tr>
<tr><td colspan="2">办公、生活建筑</td><td>18</td><td>20</td><td>25</td><td>30</td><td>35</td><td>40</td><td>50</td></tr>
<tr><td colspan="2">气化间、混气间、压缩机室、仪表间、值班室</td><td>12</td><td>15</td><td>18</td><td>20</td><td>22</td><td>25</td><td>30</td></tr>
<tr><td colspan="2">汽车槽车库、汽车槽车装卸台柱(装卸口)、汽车衡及其计量室、门卫</td><td colspan="2">15</td><td>18</td><td>20</td><td>22</td><td>25</td><td>30</td></tr>
<tr><td colspan="2">铁路槽车装卸线(中心线)</td><td colspan="4"></td><td colspan="3">20</td></tr>
<tr><td colspan="2">燃气热水炉间、空压机室、变配电室、柴油发电机房、库房</td><td colspan="2">15</td><td>18</td><td>20</td><td>22</td><td>25</td><td>30</td></tr>
<tr><td colspan="2">汽车库、机修间</td><td colspan="3">25</td><td>30</td><td colspan="2">35</td><td>40</td></tr>
<tr><td colspan="2">消防泵房、消防水池(罐)取水口</td><td colspan="2">30</td><td colspan="4">40</td><td>50</td></tr>
<tr><td rowspan="2">站内道路
（路边）</td><td>主要</td><td colspan="3">10</td><td colspan="4">15</td></tr>
<tr><td>次要</td><td colspan="3">5</td><td colspan="4">10</td></tr>
<tr><td colspan="2">围墙</td><td colspan="3">15</td><td colspan="4">20</td></tr>
</table>

注：(1)防火间距应按本表总容积或单罐容积较大者确定。间距的计算应以储罐外壁为准：

(2)地下储罐单罐容积小于或等于 50m³，且总容积小于或等于 400m³ 时，其防火间距可按本表减少 50%；

(3)与本表规定以外的其他建、构筑物的防火间距应按现行国家标准《建筑设计防火规范》GB 50016 执行；

(4)燃气热水炉间是指室内设置微正压室燃式燃气热水炉的建筑。当设置其他燃烧方式的燃气热水炉时，其防火间距不应小于 30m；

(5)与空温式气化器的防火间距，从地上储罐区的防护墙或地下储罐室外侧算起不应小于 4m。

(5)气化间

① 气化器

气化器实质上是一换热器，按热媒不同可分为水蒸气、热水、电热、火焰和空气等。按换热的形式可以分为蛇管式、列管式、U形管式和套管式等。这里只介绍应用较多的电热式气化器和空温式气化器。

电热式气化器是以电能加热中间介质(油或水)来加热液化石油气。气化1kg液化石油气一般需要消耗432～504kJ的电能。电热式气化器一般都装有温度计、压力表、安全阀、液面指示计等仪表，其构造如图6-31所示。电热式气化器的规格为20～500kg/h，适用于气化量不大的场所。

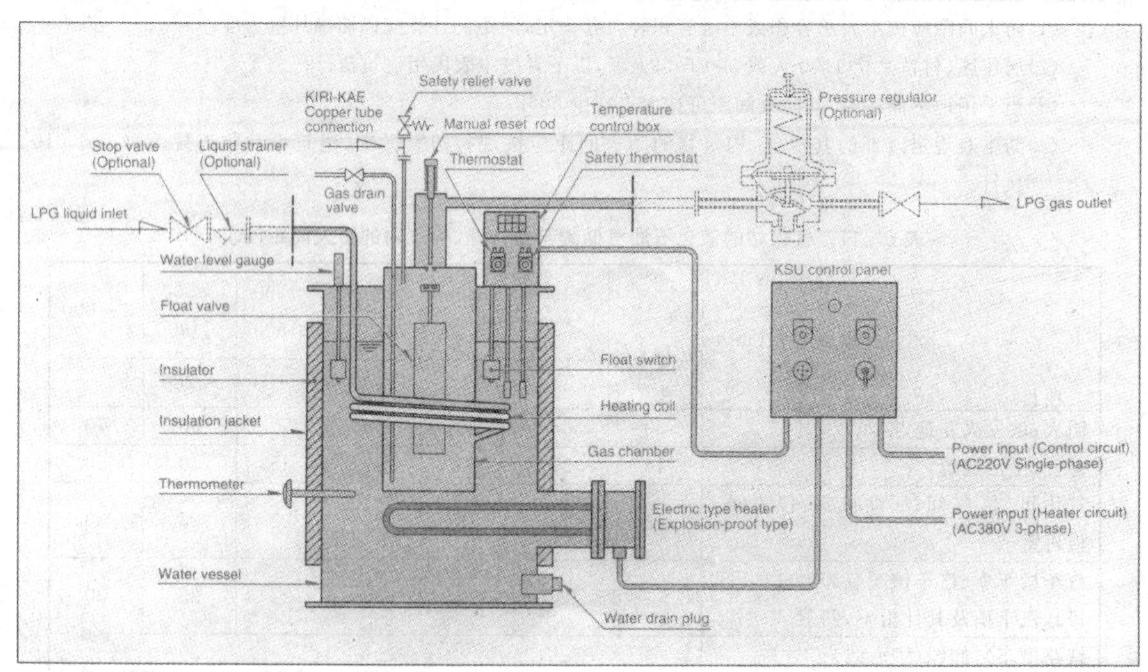

图6-31 电热式气化器

空温式气化器可分为等压气化和减压气化两种。等压气化就是指液态液化石油气在其自身压力下吸收自身显热和外界大气环境热量而进行的气化，其过程相当于自然气化。减压气化是将液态液化石油气减压后吸收自身显热和外界大气环境热量而进行的气化。减压气化所需的传热面积比等压气化要少。空温式气化器的核心换热装置多采用防锈铝合金翅片管，如图6-32所示，其规格为30～2000kg/h，适用于用气量较大的住宅小区和小城镇。

图6-32 空温式气化器

空温式气化器利用空气作为热源，因此，设备体积较大，占地较大，受气温变化影响显著，为保证气化能力，空温式气化器应设置在室外阳光充足通风良好的位置。但不需任何热源，节能环保，在实际工程中应用越来越广。

② 气化器的供气能力

气化装置的总供气能力应根据高峰小时用气量的1.2倍确定。当设有足够的储气设施时，其总供气能力可根据计算月最大日平均小时用气量确定。

③ 气化间布置

气化装置配置台数不应少于2台，且至少应有1台备用。调压、计量装置可设置在气化间内。

气化间的布置要求应满足：气化器之间的净距不宜小于0.8m；气化器操作侧与内墙之间的净距不宜小于1.2m；气化器其余各侧与内墙的净距不宜小于0.8m。

瓶组气化站的气化间宜与瓶组间合建一幢建筑，两者间的隔墙不得开门、窗洞口，且隔墙耐火极限不应低于3h。瓶组间、气化间与建、构筑物的防火间距应按表6-12执行。

设置在露天的空温式气化器与瓶组间的防火间距不限，与明火、散发火花地点和其他建、构筑物的防火间距可按表6-12中气瓶总容积小于或等于$2m^3$一档的规定执行。

瓶组气化站的四周宜设置非实体围墙，其底部实体部分高度不应低于0.6m。围墙应采用不燃烧材料。

表6-12　瓶组间与建、构筑物的防火间距(m)

项目 ＼ 气瓶总容积(m^3)		≤2	>2～≤4
明火、散发火花地点		25	30
民用建筑		8	10
重要公共建筑、一类高层民用建筑		15	20
道路(路边)	主要	10	
	次要	5	

(6)其他专业配套要求

① 建筑

液化石油气气化站的建、构筑物必须进行防火、防爆和抗震设计。建筑物耐火等级不应低于二级：门、窗应向外开；封闭式建筑应采取泄压措施，其设计应符合现行国家标准《建筑设计防火规范》GB 50016的有关规定；地面面层应采用撞击时不产生火花的材料，其技术要求应符合现行国家标准《建筑地面工程施工质量验收规范》GB 50209的规定。承重结构应采用钢筋混凝土或钢框架、排架结构。钢框架和钢排架应采用防火保护层。

非采暖地区的灌瓶间及附属瓶库、汽车槽车库、瓶装供应站的瓶库等宜采用敞开或半敞开式建筑。

液化石油气储罐应牢固地设置在基础上。卧式储罐的支座应采用钢筋混凝土支座。球形储罐的钢支柱应采用不燃烧隔热材料保护层，其耐火极限不应低于2h。

在地震烈度为7度和7度以上的地区建设液化石油气气化站时，其建、构筑物的抗震设计应符合现行国家标准《建筑抗震设计规范》GB 50011和《构筑物抗震设计规范》GB 50191的规定。

② 通风

液化石油气气化站的封闭式建筑应采取良好的通风措施。事故通风量每小时换气不应少于12次。当采用自然通风时，其通风口总面积按每平方米房屋地面面积不应少于$300cm^2$计算确定。通风口不应少于2个,并应靠近地面设置。

③ 电气

液化石油气气化站的供电系统设计应符合现行国家标准《供配电系统设计规范》GB 50052“二级负荷”的规定;电力装置设计应符合现行国家标准《爆炸和火灾危险环境电力装置设计规范》GB 50058的规定;防雷设计应符合现行国家标准《建筑物防雷设计规范》GB 50057中“第二类防雷建筑物”的有关规定;静电接地设计应符合国家现行标准《化工企业静电接地设计规程》HGJ 28的规定。

④ 消防和报警

液化石油气气化站必须配备消防给水设施和相应的排水设施,消防给排水按国家现行的给排水规范和消防规范执行;

液化石油气气化站应设置燃气浓度检测报警器,报警器应设在值班室或仪表间等有值班人员的场所。检测报警系统的设计应符合国家现行标准《石油化工企业可燃气体和有毒气体检测报警设计规范》SH 3063的有关规定。瓶组气化站可采用手提式燃气浓度检测报警器。报警器的报警浓度值应取其可燃气体爆炸下限的20%。液化石油气气化站内还应配置干粉灭火器。

⑤ 通信和绿化

液化石油气气化站内至少应设置1台直通外线的电话。供应居民50000户以上的气化站内设置电话机组。在具有爆炸危险场所使用的电话应采用防爆型。

绿化应符合下列要求:生产区内严禁种植易造成液化石油气积存的植物;生产区四周和局部地区可种植不易造成液化石油气积存的植物;生产区围墙2m以外可种植乔木;辅助区可种植各类植物。

6.3.3 液化石油气管道供应举例

【例】 某小区地处城市燃气管网供气区域以外,建设单位要求采用液化石油气管道供应,气源为液化石油气,低热值为87.8～108.7MJ/Nm³。小区共有100户,每户月平均用气量15kg,每户配置燃气双眼灶一台。试进行气化站设计计算。

解:1. 自然气化供气方式

(1)钢瓶数量计算过程与结果见表6-13。

表6-13 气化站钢瓶数量计算表

序号	计算内容	依 据	计算结果	备 注
1	Q_f	同时工作系数法	13.94kg/h	气态液化石油气密度取2.05kg/m³
2	ω	表6-8	2.29kg/h	5℃,1h,自动切换
3	N_S	式6-7	7个	
4	Nb	式6-8	7个	
5	V	表6-4	1.65m³	50kg气瓶几何容积为118L;气化站钢瓶数为14个
6	τ		14天	换气周期=气化站LPG储量/日平均用气量
7	ω_L	表6-9	7.1kg/h	1d,1h
8	N_L	式6-9	2个	
9	V	表6-4	1.06m³	50kg气瓶几何容积为118L;气化站钢瓶数为9个
10	τ_L		9天	换气周期=气化站LPG储量/日平均用气量

当气化站液化石油气总储量大于 4m^3 时，宜采用储罐自然气化方式，如图 6 - 33 所示。当气化站液化石油气总储量不大于 4m^3 时，宜采用瓶组供气方式，如图 6 - 34 所示。上表中当备用侧与使用侧钢瓶数相同时，气化站 LPG 储量为 1.65m^3，当采用临时供气方式时，气化站 LPG 储量为 1.06m^3，均可采用瓶组自然气化供气方式。

图 6 - 33　储罐自然气化供气实例

图 6 - 34　带自动切换阀瓶组自然气化供气实例

(2)气相自动切换阀的选型

选气化能力为 15kg/h 的气相自动切换阀。

2. 强制气化供气方式

(1)钢瓶数按 1～2d 的计算月最大日用气量确定，取 2 个，总钢瓶数 4 个；

(2)气化器的气化能力取 $1.2Q_f=17$kg/h；

(3)液相自动切换阀规格 20kg/h；

(4)换气周期 $\tau=4$ 天。

第7章 液化天然气供应

液化天然气LNG(Liquefied Natural Gas)是天然气的一种形式。其一般生产工艺过程是将气田开采出来的天然气,经过预处理,脱除其中的杂质后,采用制冷工艺,深冷至-162℃变为液体。

目前,世界上80%以上的天然气液化装置采用混合制冷剂液化循环,该循环以$C_1 \sim C_5$的碳氢化合物及氮气等组成的多组分混合制冷剂为工质,进行逐级冷凝、蒸发、节流、膨胀,得到不同温度水平的制冷量,以达到逐步冷却和液化天然气的目的。天然气液化后,必须用特殊输送工具及设备送到买方接收站,再通过卸料装置送到低温储存罐,然后通过气化装置使其转变为常温气态天然气,最后用管道将其输送到用户。

7.1 液化天然气概述

7.1.1 液化天然气的特性

天然气主要成分有甲烷、氮及$C_2 \sim C_5$的饱和烷烃,另外还含有微量的氦、二氧化碳及硫化氢等。不同LNG工厂生产的产品组成不同,这主要取决于生产工艺和气源气组成。按照欧洲标准EN1160的规定,LNG的甲烷含量应高于75%,氮含量应低于5%。一般商业LNG产品的组成见表7-1。

表7-1 商业LNG的基本组成

组分	φ/%	组分	φ/%
甲烷	92~98	丁烷	0~4
乙烷	1~6	其他烃类化合物	0~1
丙烷	1~4	惰性成分	0~3

LNG的性质随组分变化而略有不同,一般商业LNG的基本性质为:在-162℃与0.1MPa下,LNG为无色无味的液体,其密度约为430kg/m³,燃点为650℃,热值一般为21540MJ/m³。在-162℃时的汽化潜热约为510kJ/kg。

气化后密度(常压)为0.688kg/m³,气液体积比为625,热值(气态)为38518.6kJ/m³。

LNG不同于一般的低温液体,它具有以下特性:

(1)LNG的蒸发 LNG储存在绝热储罐中,任何热量渗漏到罐中,都会导致一定量的LNG气化为气体,这种气体被称为蒸发气。LNG蒸发气的组成主要取决于液体的组成,它一般含20%氮气(约为LNG中N_2含量的20倍),80%甲烷及微量乙烷。对于纯甲烷而言,-113℃以下的蒸发气比空气重;对于含有20%氮气的甲烷而言,低于-80℃的蒸发气比空气重。

(2)LNG的溢出与扩散　LNG倾倒至地面上时,最初会猛烈沸腾蒸发,其蒸发率将迅速衰减至一个固定值。蒸发气沿地面形成一个层流,从环境中吸收热量逐渐上升和扩散,同时将周围的环境空气冷却至露点以下,形成一个可见的云团,这可作为蒸发气移动方向的指南,也可作为蒸发气—空气混合物可燃性的指示。蒸气云团扩散是一个复杂的过程,通常采用EVANUM和EOLE模型来计算蒸气云团扩散的安全距离。

(3)LNG的燃烧与爆炸　LNG具有天然气的易燃易爆特性,在-162℃的低温条件下,其燃烧范围为6%~13%(体积百分比);LNG着火温度即燃点随组分的变化而变化,其燃点随重烃含量的增加而降低,纯甲烷着火温度为650℃。

LNG的主要优点表现在以下方面:

(1)安全可靠　LNG的燃点比汽油高230℃,比柴油更高;LNG爆炸极限比汽油高2.5~4.7倍;LNG的相对密度为0.47左右,汽油为0.7左右,它比空气轻,即使稍有泄漏,也将迅速挥发扩散,不至于自燃爆炸或形成遇火爆炸的极限浓度。因此,LNG是一种安全的能源。

(2)清洁环保　根据取样分析对比,LNG作为汽车燃料,比汽油、柴油的综合排放量降低约85%左右,其中CO排放减少97%、HC减少70%~80%、NOx减少30%~40%、CO_2减少90%、微粒排放减少40%、噪声减少40%,而且无铅、苯等致癌物质,基本不含硫化物,环保性能非常优越。因此,LNG是一种洁净的能源。

(3)经济高效　LNG液化后体积大约缩小为气态天然气的1/625,其储存成本仅为气态天然气的l/70~1/6,其投资少、占地少、储存效率高。此外,LNG携带的冷量可以部分回收利用。

(4)灵活方便　LNG通过专门的槽车或轮船可以将大量的天然气运输到管道难以到达的任何用户,不仅比地下输气管道节省投资,而且方便可靠、风险性小、适应性强。据统计,在美国、日本、欧洲已建成投产100多座LNG调峰装置,它不仅比地面高压储气罐和地下储气库建设节省土地、资金、工期,而且方便、灵活,不受地质条件限制。对于自身气源不足的国家,进口LNG是解决其燃气供应的最方便、最经济的方式。此外,用海水可使LNG很容易地气化。

由于LNG有利于生态环境保护,尤其是在工业中心和人口稠密地区,使用LNG更具优越性,目前世界上环保先进的国家都在推广使用LNG。LNG主要应用于以下方面:

(1)解决边远地区的能源供应　LNG可以通过地面或水上运输工具运输到远离天然气田的边远能源消费地,从而取代地下远距离管道输送,节省大量管线及站场建设的投资。

(2)解决边远气田的开发或天然气回收　利用LNG方式,可以有效解决远海、荒漠地区等边远气田的开发及其天然气回收。

(3)天然气调峰　由于民用用户季节或日用气量波动、工业用户或LNG厂本身检修或改造以及输气管网发生故障等因素都将造成定期或不定期的供气不平衡,建设LNG储罐可有效地削峰填谷。对于高峰负荷型LNG工厂,一般建在用户附近,调节工业与民用天然气的不均衡负荷,确保供气的安全与平稳。

(4)LNG冷量回收利用　LNG在常温下携带有大约836J/kg的冷量,不仅可以利用这些冷量来液化和分离空气,生产液氧、液氮或干冰,而且还可以用来发电、冷藏冷冻物品、低温破碎处理工业废弃物、淡化海水等。为此,有的调峰装置常与冷冻厂联建。此外,LNG储罐的蒸发气也可就近回收。目前,LNG冷量回收率可达到50%以上。

(5)生产 LNG 副产品　在 LNG 生产过程中的不同阶段，可分离出 C_2、C_3、C_4、C_5、C_5^+ 烃类以及 H_2S、H_2 等化工原料及燃料，由于氦(He)的液化温度为－269℃，当温度降到－162℃时天然气将全部液化成 LNG，因此 LNG 与氦(He)可以联产，这不仅节省投资、降低操作费用，而且提高了装置的操作灵活性。

(6)LNG 用作燃料和化工原料　天然气在液化之前除去了酸性气体、重烃、水、汞等有害成分，它除了用作发电厂、工厂、家庭用户的燃料外，其中甲烷还可用来制造肥料、甲醇溶剂及合成醋酸等化工产品，而乙烷和丙烷可以通过裂解来生产乙烯及丙烯等塑料原料。所以，LNG 是一种优质的化工原料和民用燃料。

不同类型的 LNG 厂，其工业链略有不同，大致可以分为三段，如图 7－1 所示。

(1)生产段：主要包括天然气净化、分离、液化等；

(2)储运段：主要包括装卸及运输、终端站(包括储罐和气化设施)和供气主干管网的建设；

(3)用户段：主要包括联合循环电站、城市燃气公司、工业园区和建筑物冷热电多联供的分布式能源站、加气站以及化工厂等用户，其中大部分用户通过干线管网供气，也有通过 LNG 冷储罐箱运输、气化供气的。

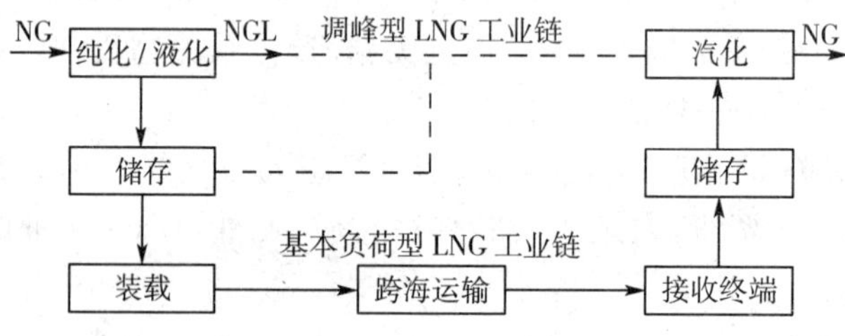

图 7－1　LNG 工业链

7.1.2　液化天然气的发展

1. 世界 LNG 的发展

1910 年，美国开始了工业规模的天然气液化研究和开发工作。

1917 年，卡波特(Cabot)获得了第一个有关天然气液化、储存和运输的美国专利，同年在美国的西弗吉利亚地区建起了世界上第一家液化甲烷工厂，进行甲烷液化生产。

1937 年，英国的埃吉汤(Egerton)工程师提出用液化天然气调节城市供气中的高峰负荷，将天然气液化并储存，供冬季供气负荷和应急事故时的供应。

1955 年，美国康斯托克国际甲烷公司，致力研究跨海运输液化天然气的规划和设计。

1957 年，英国气体公司决定和康斯托克公司签订合同，引进液化天然气补充城市煤气供应不足，并在英国的坎威尔岛上建起世界上第一个液化天然气接收基地，用于储存引进的液化天然气作为调峰使用。

1959 年，美国康斯托克国际甲烷公司建造了世界上第一艘液化天然气运输船——“甲烷先锋”号。

1960 年 1 月 28 日至 2 月 20 日，运载了 2200 吨的液化天然气从美国路易斯安那州的查理斯湖出发，航行至英国的坎威尔岛接收基地，标志着世界液化天然气工业的诞生。

1960 年，英国壳牌公司购买了康斯托克公司“甲烷先锋”号 40％的股份。1964 年 9 月 27 日，世界上第一座 LNG 工厂在阿尔及利亚建成投产。同年“甲烷先锋”号船运载着 12000 吨 LNG 开始了由阿尔及利亚至英国的 LNG 运输业务，使世界 LNG 商业贸易迅速地发展起来。

从 1964 年开始，法国和英国分别每年从阿尔及利亚进口 LNG4.2 亿和 10 亿 m^3。1967 年法国与阿尔及利亚达成 15 年供应协议，从 1971 年开始额外增加 15 亿 m^3 的天然气，1975 年每年上升至 35 亿 m^3，1977 年又签订了第二个补充协议，除了每年 40 亿 m^3 天然气协议之外，每年再购入 51.5 亿 m^3 天然气。法国在建成勒阿弗尔接收站和佛斯港接收站之后又在大西洋海岸蒙度雅建了第三个 LNG 接收站。由于英国在北海发现了大量天然气资源，于 1982 年终止了购买 LNG 的合同。

1988 年比利时从法国蒙度雅接收站进口 LNG，西班牙也在 1988 年建成第一个 LNG 接收站，1994 年土耳其，1998 年希腊，1999 年意大利也相继建成 LNG 接收站。意大利进口 LNG，先送到法国，再通过天然气管线送至意大利。

在亚洲，日本东京煤气公司 1969 年起，大阪煤气公司 1972 年起，东邦煤气公司 1977 年起，西部煤气公司 1988 年起各自分别从阿拉斯加、文莱、印尼、马来西亚、澳大利亚等地引入 LNG，至 1998 年全国实现了天然气转换。目前日本已建 LNG 接收站 22 座，使用 5600 多万吨 LNG。韩国于 1986 年开始进口 LNG，我国的台湾也于 1990 年开始进口 LNG，使亚洲 LNG 进口总量达到世界贸易量的 73％，欧洲为 22％，北美为 5％。而 LNG 生产量的 52％来自亚太地区，23％来自非洲，22％来自中东，3％来自美国。

2. 中国 LNG 的发展

中国 LNG 工业起步比较晚，但近 10 年来发展迅猛。我国从 20 世纪 80 年代末开始进行小型 LNG 装置的实践，第一台实现商业化的液化装置是于 2001 年建成的中原天然气液化装置，第一台事故调峰型液化装置是于 2000 年建成的上海浦东天然气液化装置。在引进液化技术的同时，国内有关企业也开始注重自己开发天然气液化技术，并已基本掌握了小型天然气液化技术。已建和在建的商业化液化装置见表 7－2。

表 7－2　中国已建和在建的商业化液化装置表

类别	名称	规模 ($10^4 m^3/d$)	地点	投产或拟投产时间	采用的液化工艺
引进技术	上海浦东 LNG 装置	10	上海浦东	2000－02	法国索菲公司级联式液化流程(CII)
	中原绿能 LNG 装置	15	河南濮阳	2001－11	法国索菲公司级联制冷循环
	新疆广汇 LNG 装置	150	新疆鄯善	2005－08	德国林德公司的 SMRC
	新奥涠洲 LNG 装置	15	广西北海	2006－03	美国 SALOF 两级膨胀机制冷循环
	海南海燃 LNG 装置	25	海南福山	2006－03	加拿大 PROPAK 公司氮气循环两级膨胀制冷流程
	中海油珠海 LNG 装置	60	广东珠海	2008－10	美国 B&V 公司 Prico 液化工艺(SMRC)
	鄂尔多斯 LNG 装置	100	鄂尔多斯	2008－12	美国 B&V 公司 Prico 液化工艺(SMRC)

（续表）

类别	名称	规模($10^4m^3/d$)	地点	投产或拟投产时间	采用的液化工艺
国产技术	龙泉驿 LNG 工厂	10	四川成都	2008－08	全液化装置、氮气膨胀制冷
	宁夏 LNG 工厂	30	宁夏银川	2009－10	全液化装置、(氮气＋甲烷)膨胀制冷
	鄂尔多斯 LNG 工厂	15	鄂尔多斯	2009－06	全液化装置、(氮气＋甲烷)膨胀制冷
	犍为 LNG 工厂	4	四川犍为	2005－11	利用管网压差、单级膨胀制冷、部分液化
	江阴 LNG 工厂	5	江苏江阴	2006－10	利用管网压差、双级膨胀制冷、部分液化
	沈阳 LNG 工厂	2	辽宁沈阳	2007－09	全液化装置、(氮气＋甲烷)膨胀制冷
	西宁 LNG 工厂(一期)	6	青海西宁	2008－01	利用管网压差、单级膨胀制冷、部分液化
	西宁 LNG 工厂(二期)	20	青海西宁	2008－08	全液化装置、氮气膨胀制冷
	安阳 LNG 工厂	10	河南安阳	2009－02	利用管网压差、双级膨胀制冷、部分液化
	晋城 LNG 工厂	25	山西晋城	2008－10	全液化装置、MRC 制冷流程
	晋城 LNG 工厂(二期)	60	山西晋城	2009－09	全液化装置、MRC 制冷流程
	内蒙古时泰 LNG 工厂	60	额托克前旗	2009－04	全液化装置、(氮气＋甲烷)膨胀制冷
	西宁 LNG 工厂(三期)	20	青海西宁	2009－06	全液化装置、氮气膨胀制冷
	合肥 LNG 工厂	8	安徽合肥	2009－05	全液化装置、(氮气＋甲烷)膨胀制冷
	泸州 LNG 工厂	5	四川泸州	2007－03	利用管网压差、膨胀制冷、部分液化
	山西顺泰 LNG 工厂	50	山西晋城	2008－11	全液化装置、(氮气＋甲烷)膨胀制冷
	泰安 LNG 工厂	15	山东泰安	2008－03	全液化装置、氮气膨胀制冷
	苏州 LNG 工厂	7	江苏苏州	2007－11	利用管网压差、膨胀制冷、部分液化
	LNG 试验装置	2	黑龙江大庆	2007－12	全液化装置、MRC 制冷
合计	729(其中引进技术规模为 $375\times10^4m^3/d$，国产技术规模为 $354\times10^4m^3/d$)				

3. LNG 贸易形势展望

目前全球已建 LNG 生产线 81 条，总产能已达 $1.91\times10^8t/a$。在建 LNG 生产线有 13 条，总产能约为 $0.58\times10^8t/a$，规划中的 LNG 生产线有 30 条，总产能为 $1.44\times10^8t/a$。LNG 贸易正日益成为全球能源市场的新热点，其占天然气地区间贸易的比例从 1970 年的 0.3%增加到 2007 年的 29.17%。

全球现有 3 个主要的 LNG 消费市场：亚太地区（不包括北美）、欧洲和北美。亚太地区由于人口增长较快、经济保持良性发展、能源多样化以及环境保护的需要，LNG 需求量由 2000 年的 $994\times10^8m^3$ 增至 2007 年的 $1480\times10^8m^3$。预计 2010 年将达 $1800\times10^8m^3$，年均增量约 7%。

近年来，中国 LNG 项目得到了迅猛的发展，并形成了一些发展 LNG 产业的有利条件。中国近海油气生产已形成相当规模。随着渤海、东海、南海的天然气登陆，沿海一带的天然气管网已初步形成。沿海一带经济发达，地区资源普遍匮乏，天然气需求愿望强烈，且在城市燃气、化工、发电等应用方面都已具备完善的基础设施，对天然气的消化潜力大，对气价的承受能力强。中国沿海港口设施条件好，便于进口液化天然气的运输、装卸和接收站建设，液化天然气可与城市燃气系统贯通、与海上天然气登陆衔接，形成两种气源的互补。

7.2　天然气液化工艺

天然气制冷循环的类型，按其功能来分可分为基本负荷型和调峰型；按制冷方式可分为：(1)级联式制冷循环；(2)混合制冷剂制冷循环，包括闭式、开式、丙烷预冷、CII 等；(3)膨胀制冷循环，包括天然气膨胀、氮气膨胀、氮—甲烷混合膨胀等。天然气液化工艺一般由天然气预处理流程、制冷循环、储存系统、控制系统及消防系统等组成。

7.2.1　天然气的液化

天然气的液化属于深度冷冻，靠一段制冷达不到液化的目的。

1. 级联式制冷循环

级联式制冷循环也被称为阶式(Cascade)制冷循环、复叠式制冷循环或串联蒸发冷凝制冷循环，如图 7－2 所示，主要用于基本负荷型天然气液化装置。该制冷循环一般由三级独立的制冷循环组成。制冷剂分别为丙烷(也可用氨)、乙烯(也可用乙烷)和甲烷，每个制冷循环中均含有三个换热器。

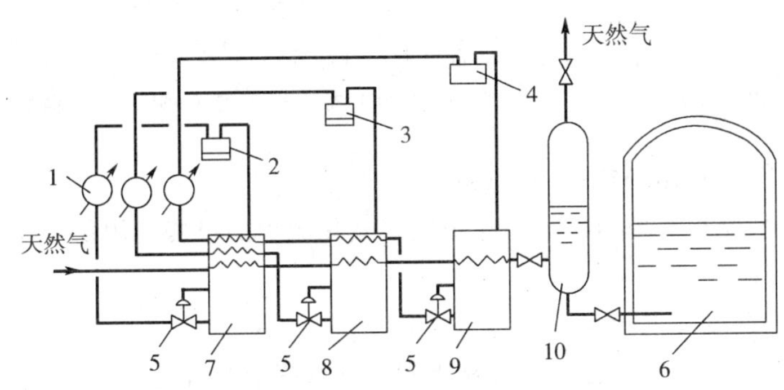

图 7－2　阶式循环制冷流程

1－冷凝器；2－丙烷制冷机；3－乙烯制冷机；4－甲烷制冷机；5－节流阀；6－低温储液；7－丙烷蒸发器；8－乙烯蒸发器；9－甲烷蒸发器；10－气液分离器

在丙烷通过蒸发器 7 冷却乙烯和甲烷的同时，天然气被冷却到－35℃左右；乙烯通过蒸发器 8 冷却甲烷的同时，天然气被冷却到－97℃左右；甲烷通过蒸发器 9 把天然气冷却到－163℃使之液化，经气液分离器 10 分离后，液态天然气进罐储存。三个被分开的循环过程都包括蒸发、压缩和冷凝三个步骤。

级联式制冷循环能耗最小，在目前天然气制冷循环中效率最高，所需换热面积小(相对于混合制冷循环)，且制冷循环与天然气液化系统各自独立，相互影响少、操作稳定、适应性强、技术成熟。其缺点是流程复杂、机组多，至少要有 3 台压缩机，要有生产和储存各种制冷剂的设备，各制冷循环系统不许相互渗漏，管线及控制系统复杂，管理维修不便，对制冷剂的纯度要求严格。阶式循环最适用大型装置。

2. 混合制冷剂制冷循环 MRC(Mixed－Refrigerant Cycle)

混合制冷剂(又称多组分制冷剂)制冷循环是采用 N_2 和 C_1～C_5烃类混合物作为循环制冷剂。如图 7－3 所示，丙烷、乙烯及氮的混合蒸气经制冷机 6 压缩和冷却器 5 冷却后进入丙烷储罐1。丙烷呈液态，压力为3MPa，乙烯和氮呈气态。丙烷在换热器4中蒸发，使天然气冷却到－70℃，同时也冷却了乙烯和氮气，乙烯呈液态进入乙烯储槽，氮气仍呈气态。液态乙烯在换热器中蒸发，冷却了天然气及氮气。氮气进入氮储槽并进行气液分离，液氮在换热器中蒸发，进一步冷却天然气，同时冷却了气态氮气。气态氮气进一步液化并在换热器中蒸发，将天然气冷却到－163℃送入储罐。

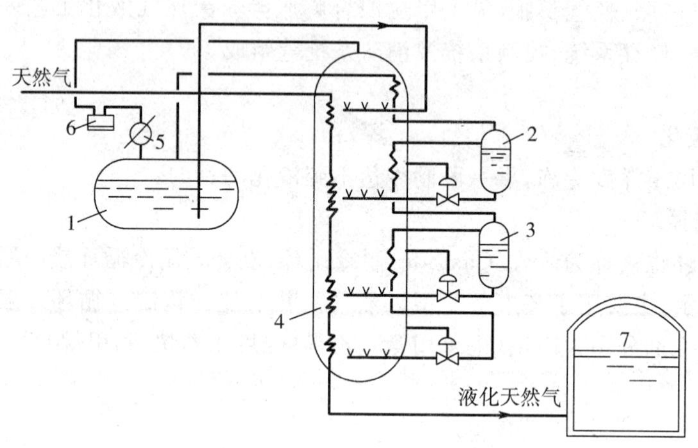

图7－3　混合制冷剂制冷循环

1－丙烷储罐；2－乙烯储槽；3－氮储槽；4－换热器；5－冷却器；6－制冷机；7－储罐

与级联式制冷循环相比，MRC的优点是：

(1)机组设备少、流程简单、投资省，比级联式液化流程的投资费用低15％～20％；

(2)管理方便；

(3)对制冷剂的纯度要求不高；

(4)混合制冷剂组分可以部分或全部从天然气本身提取与补充。

其缺点是：

(1)单级制冷剂的循环能耗比级联式液化流程高，一般高10％～20％；

(2)混合制冷剂的合理配比难确定；

(3)流程计算需提供各组分可靠的平衡数据与物性参数，计算困难。

MRC是目前最具活力和生命力的制冷工艺，其最大特点是混合工质在换热器内的热交换过程是一个变温过程，能与同样是混合组分的天然气相匹配，因此可使冷热流体间的换热温差保持较低的水平，这实质上等价于级联式液化流程在无穷级数时的极限，而且又避免了级联式系统复杂的缺点。目前，全球各大LNG设备公司为争夺市场展开了激烈的竞争，如美国空气制品公司开发的APCI和AP－X流程，法国燃气公司开发的CII流程，以及壳牌公司设计的DMR流程，它们都是MRC的变种，代表了天然气液化技术的发展趋势。

从以上分析可以看出，混合制冷剂液化流程由于具有设备少、流程简单等优点，可以作为小型LNG装置的候选流程。虽然能耗比级联式高，但是通过合理的流程设计，可以显著降低其能耗指标。

3. 膨胀制冷循环

膨胀制冷循环(Expander Cycle)是指利用高压制冷剂，通过透平膨胀机绝热膨胀的克劳德循环制冷，实现天然气液化。如图 7－4 所示，膨胀制冷循环是充分利用长输干管与用户之间较大的压力梯度作为液化的能源。这种方法适用于远程干管压力较高且液化容量较小的地方。来自长输干管的天然气，先流经换热器 1，然后大部分天然气在膨胀涡轮机中减压到输气管网的压力。没有减压的天然气在换热器 2 中被冷却，并经节流阀 3 节流膨胀，降压液化后进入储罐 4。储罐上部蒸发的天然气，由膨胀祸轮机带动的压缩机吸出并压缩到输气管网的压力，并与膨胀涡轮机出来的天然气混合作为冷媒，经换热器 2 及 1 送入管网。

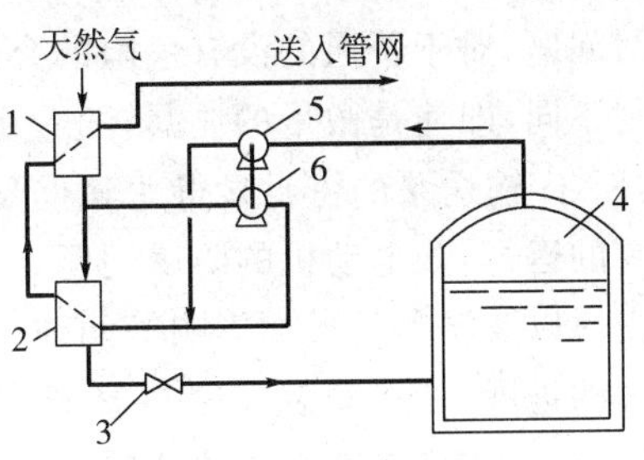

图 7－4　膨胀制冷循环

1、2－换热器；3－节流阀；4－储罐；5－压缩机；6－膨胀涡轮机

7.2.2　天然气液化设备

1. 压缩机

压缩机在天然气液化装置中主要用于增压。对于逐级式液化装置，在不同温区还设置有制冷压缩机，它们是天然气制冷循环中的关键设备之一。常用压缩机有：往复式、离心式和轴流式。往复式压缩机通常用于天然气处理量较小（$100m^3$/min 以下）的液化装置；轴流式压缩机组从 20 世纪 80 年代开始用于天然气液化装置，主要用于混合制冷剂循环装置；而离心式压缩机主要用于大型液化装置。大型离心式压缩机的功率可达到 41000kW。目前正在发展中的撬装式小型天然气液化装置，主要采用小体积的螺杆式压缩机。

用于天然气液化装置的压缩机，应充分考虑到所压缩的气体是易燃、易爆的危险介质，要求压缩机的轴密封具有良好的气密性，电气设施和驱动电动机具有防爆装置。对于深冷的制冷压缩机，还应充分考虑低温对压缩机构件材料的影响，因为很多材料在低温下将失去韧性，发生冷脆破坏。另外，如果压缩机进气温度很低，润滑油将发生冻结而无法正常工作，此时应选择无油润滑的压缩机。

2. 换热器

换热器是直接进行天然气液化的设备。原料气经预处理后，便进入换热器被冷却，从而实现液化。在 LNG 生产中常用的换热器主要包括绕管式、板翅式和管壳式。它们的主要功能是对原料气进行预冷和液化，提供酸气脱除、分馏装置和公用设施所需要的冷量。液化是这种设备的主要功能。

绕管式换热器体积小、热效率高，管程走天然气，壳程走冷剂，最高承受压力为 20MPa。铝制板翅式换热器最高承受压力为 8MPa，板翅式比绕管式换热器更具优势，特别体现在它的紧凑性上。在给定换热面积下，板翅式换热器比绕管式换热器的安装面积小，且成本也较低。因此，除大型天然气液化装置外，几乎在所有的低温工程应用中，板翅式换热器已经替代了绕管式换热器。

3. LNG 输送泵

LNG 在转移过程中，离不开 LNG 输送泵。比如从 LNG 液化装置储罐向 LNG 船液舱内的装货、LNG 船到达接收站时的卸货、接收站对外进行 LNG 的输送或转运等。

输送 LNG 之类的低温易燃介质，其输送泵不仅应具有一般低温液体输送泵所能承受的低温性能，而且对泵的气密性能和电气方面的安全性能要求更高。常规泵很难克服轴封处的泄漏问题，对于普通的没有危险的介质，微量泄漏不会影响使用；但 LNG 之类的易燃、易爆介质则不同，即使是微量的泄漏，随着在空气中的不断积累，也可能与空气形成可燃的混合物，因此，LNG 输送泵的密封显得尤其重要。除了密封问题以外，还存在其他一些因素影响 LNG 输送泵的运行，如电动机的防爆问题、电动机的轴承系统问题、联轴器的对中问题、长轴驱动时轴的支撑以及温差的负面影响等问题。为解决这些问题，目前在泵的结构、材料等方面都取得了很大的进展，一种安装在密封容器内的潜液式电动泵在 LNG 系统中已得到了广泛的应用。此外，在一些传统离心泵的基础上，通过改进密封结构和材料性能等措施，可应用在 LNG 输送中。柱塞泵在某些场合也有应用，如在 LNG 汽车技术中，可采用柱塞泵将 LNG 转变为压缩天然气。

7.3 液化天然气的运输

LNG 的运输方式有槽车运输、管道运输和海上运输。

7.3.1 槽车运输

我国 LNG 从生产地运往使用地是用槽车方式运输的。槽车运输主要包括火车和汽车运输两种方式，LNG 槽车是这两种车运方式必不可少的运输工具。

LNG 槽车设备流程主要包括：进排液系统、进排气系统、自增压系统，吹扫置换系统、仪控系统、紧急截断阀与气控系统、安全系统、抽空系统、测满分析取样系统，如图 7-5 所示。各系统的组成与功能如下。

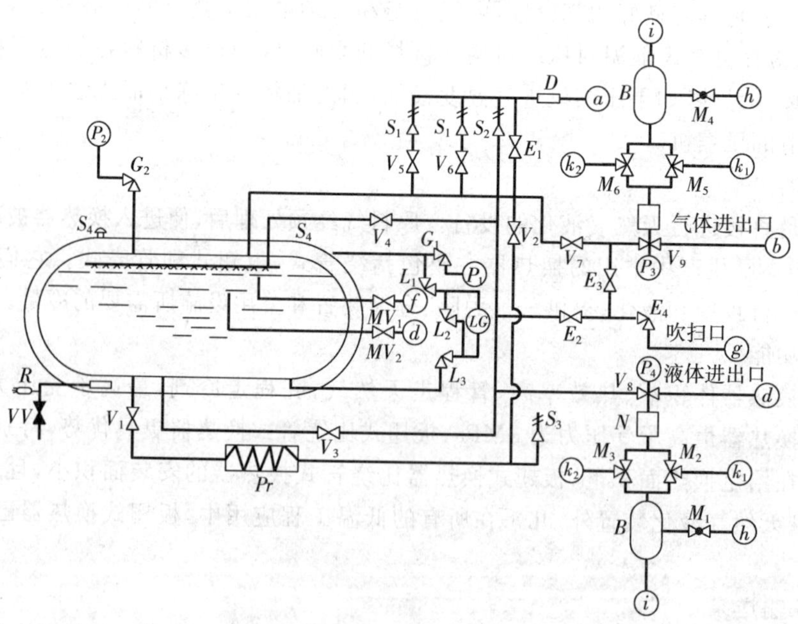

图 7-5 LNG 槽车设备流程

(1)进排液系统　由 V_3、V_4、V_8 阀组成。V_3 为底部进排液阀，V_4 为顶部进液阀，V_8 为液相管路紧急截断阀。d 管口连接进排液软管。

(2)进排气系统　V_7、V_9 阀为进排气阀，V_9 阀为气相管路紧急截断阀。装车时，槽车的气体介质经此阀排出，并予以回收。卸车时则由此阀输入气体，以便维持压力。也可不用此口，改用增压器增压维持压力。b 管口连接进排气软管。

(3)自增压系统　由 V_1、V_2 阀与 P_r 增压器组成。V_1 阀排出液体去增压器加热气化成气体后，经 V_2 阀返回内筒顶部增压。增压的目的是维持排液时内筒压力稳定。

(4)吹扫置换系统　由 E_2、E_3、E_4 阀组成。吹出气由 g 管口进入，a、b、d 管口排出，关闭 V_3、V_4、V_9 阀，可单独吹扫管路；打开 V_3、V_4、V_9、E_1 阀，可吹扫容器和管路系统。

(5)仪控系统　由 P_1、P_2、LG 仪表和 L_l、L_2、L_3、G_1、G_2 阀门组成。P_1 压力表和 LG 液位计装在操作箱内；P_2 装在车前。L_1、L_2、L_3 与 G_l、C_2 阀为仪表控制阀门。

(6)紧急截断阀与气控系统　在液相和气相进出口管路上，分别设有气液相紧急截断装置。

① 液相紧急截断装置　V_8 为液相紧急截断阀，在紧急情况下由气控系统实行紧急开启或截断作用，它也是液相管路的第二道安全防护措施；V_8 阀为气开式（控制气源无气时自动处于关闭状态）低温截止阀，且具有手动、气动（两者只允许选择一种）两种操作方式。

② 气相紧急截断装置：V_9 阀为气相紧急截断阀。

③ 气控系统　M_1 为气源总阀；M_2，M_3 为三通排气阀，一只安装在 V_8 阀上，另一只安装在汽车底盘空气罐旁的储气罐 B 上；N 为易熔塞；P_3，P_4 为控制气源压力表，气源由汽车底盘提供。V_8 阀在 0.1MPa 气源压力下可打开，低于此压力即可关闭。

(7)安全系统　由 S_1、S_2、S_3 安全阀与 V_5、V_6 控制阀、阻火器 D 组成。S_l 为容器安全阀；S_2、S_3 为管路安全阀，此为第一道安全防护措施；S_4 为外筒安全装置，阻火器 D 用于阻止放空管口处着火时火焰回窜。

(8)抽空系统　VV 为真空阀，用于连接真空泵。R 为真空规管，与真空计配套可测定真空度。

(9)测满分析取样系统　MV_l、MV_2 阀为测满分析取样阀。f 管口喷出液体，则液体容量已满时可用于取样分析 LNG 纯度。

LNG 槽车由内胆、外壳、绝热层和支承构件组成。漏热量是影响其性能的主要因素，因此低温贮槽绝热结构的设计是非常关键的技术，直接决定着容器的性能。目前常用的几种绝热形式为：堆积绝热（非真空）；高真空绝热；真空—粉末（含纤维）绝热（含微球绝热）；高真空多层绝热（含多屏绝热）。其有效导热系数如图 7-6 所示。

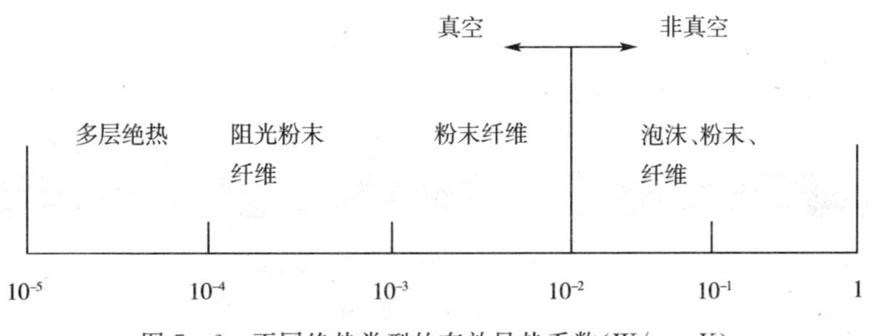

图 7-6　不同绝热类型的有效导热系数(W/m·K)

7.3.2 管道运输

LNG 管道输送的优点主要表现在两个方面：一方面，由于 LNG 的密度是天然气的 600 多倍，与常规输气管道相比，输送相同体积的天然气，LNG 输送管的直径要小得多；另一方面，LNG 泵站比天然气增压站的投资低，且前者的能耗比后者低若干倍。LNG 管道输送也存在一些不足，主要体现在：LNG 输送管道与设备必须采用价格昂贵的镍钢和性能良好的低温绝热材料，为实现低温液体单相流动、防止液体气化，需在管道上增建中间冷却站。因此，管道工程的设计复杂和施工技术要求高，长距离 LNG 管线的初期投资较大。

迄今为止，LNG 低温管线在调峰装置和 LNG 船装卸设施上已有应用，且低温材料与设备的应用和天然气贸易量都在逐年增加，但是尚未见到采用低温管线长距离输送 LNG 的实例。最新理论研究表明，建设长距离 LNG 输送管道在技术上是可行的，在经济上也是合理的。

7.3.3 海上运输

LNG 贸易和运输起源于欧美。1960 年 1 月，甲烷先锋号(Methane Pioneer)进行了历史上首次 LNG 的船舶运输，运送 5000m^3 LNG 货物由美国的路易斯安那州的查尔斯湖到英国的 Canvey 岛。此次航行证明了 LNG 长距离船舶运输是可行的。1964 年 10 月"Jules Verne"号开始了由阿尔及利亚到英国 Canvey 岛世界上第一个 15 年长期合同的 LNG 船舶商业运输服务。之后数年，欧洲国家如法国、西班牙、意大利、荷兰、比利时等先后加入了进口 LNG 的行列。

日本是亚洲第一个进口 LNG 的国家。1969 年，日本从美国阿拉斯加进口了第一船 LNG。目前，日本已是世界上最大的 LNG 进口国，2004 年 LNG 年进口量约为 769.5 亿 m^3。20 世纪 90 年代中期，韩国开始进口 LNG，继日本之后韩国是目前世界上第二大 LNG 进口国。

LNG 船舶是世界上技术含量最高的船舶之一。LNG 船主要有独立球型(MOSS)和薄膜型两种，如图 7-7 所示。薄膜型 LNG 船是法国 GTT 公司的技术，在船型性能方面要优于 MOSS 型 LNG 船。

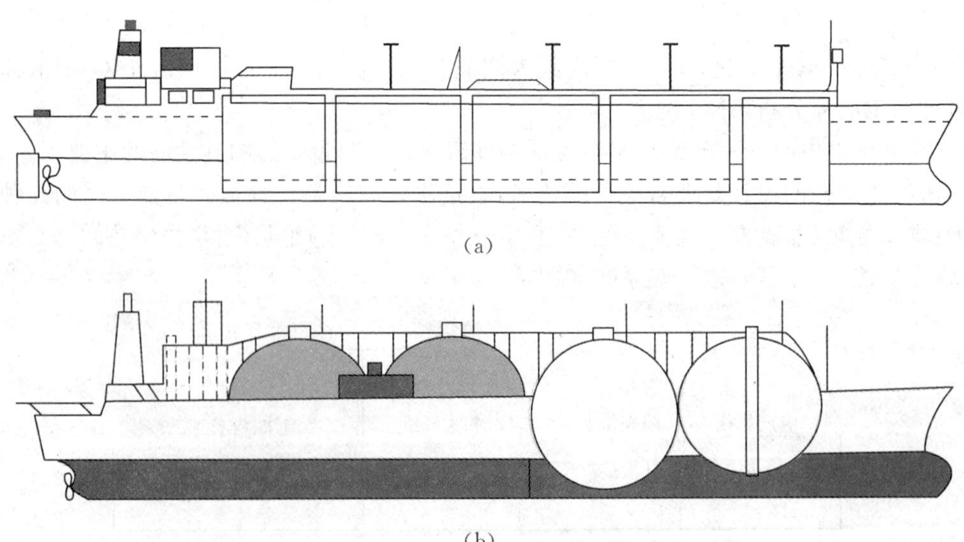

(a)

(b)

图 7-7 LNG 运输船

a-GTT 薄膜型；b-MOSS 型

中国目前是世界第三大造船国，2008 年 4 月 3 日，由我国自主设计、自行建造的第一艘液化天然气（LNG）运输船在上海沪东中华造船厂集团正式交付使用，其运输能力为 $14.5\times10^4\ m^3$，GTTNo.96 型 LNG 船舶，低温内壁直接由双层外壳支撑，内壁由两层材料相同的膜和两个独立的绝热层组成，之间有珍珠岩绝热材料。内壁材料为 0.7mm 的不锈钢（36%Ni 合金钢）。这艘 LNG 船造价高达 1.6 亿美元，船长 292m、宽 43.35m、型深 26.25m，整个船装载量为 14.721 万 m^3，全部气化以后容量将达 9000 万 m^3。

7.4　液化天然气终端接收站

LNG 终端接收站接收 LNG 船从基本负荷型 LNG 工厂运来的 LNG，将其储存和再气化后再分配给用户。其工艺系统主要由 LNG 卸船、储存、再气化与外输、蒸发气处理、储罐防真空补气、火炬与放空等 6 部分组成。站内工艺设施可归纳为 4 类：①卸料设施：由卸料臂、卸料管线、气体回流臂、回流气管线和循环管线等组成；②储存设施：主要是储罐槽；③再气化设施：主要有低压泵、外输用高压泵、气化器、海水泵站；④闪蒸气处理设施：包括再冷凝器、增压器、压缩机和火炬系统。

7.4.1　液化天然气终端接收站工艺流程

LNG 终端接收站按照储罐中蒸发气体 BOG（Boil Off Gas）的处理不同有两种工艺流程：一种是 BOG 再冷凝工艺，另一种是 BOG 直接压缩工艺。BOG 再冷凝式 LNG 终端工艺流程如图 7－8 所示。

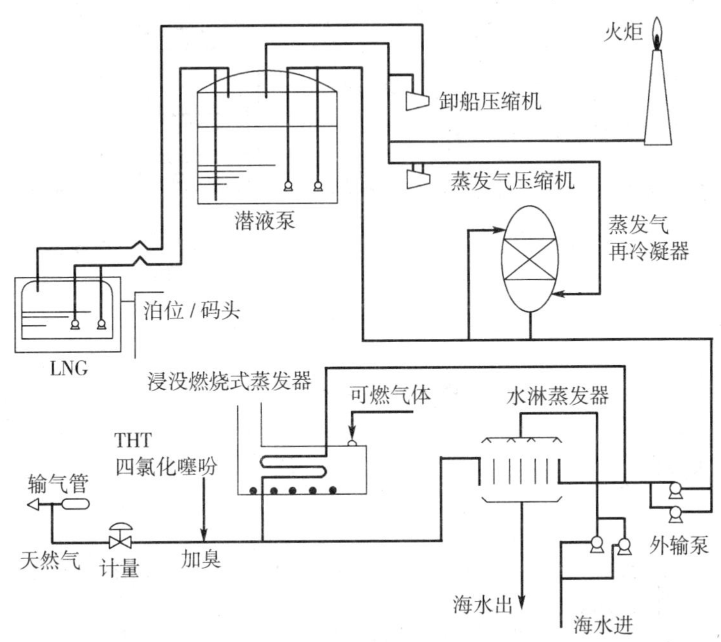

图 7－8　BOG 再冷凝式 LNG 终端工艺流程

LNG 运输船抵达 LNG 站码头后，启动船上 LNG 输送泵，经 LNG 卸料臂将 LNG 输送到 LNG 储罐储存。卸料期间，由于热量的传入和物理位移，储罐内会产生蒸发气 BOG。这些

BOG一部分增压后经回流管线返回LNG船的料舱，以平衡料舱内压力；另一部分通过压缩机升压后进入再冷凝器冷凝后，和外输的LNG一起经外输泵加压后进入气化器。利用海水喷淋(水淋蒸发器)或热水(浸没燃烧式蒸发器)加热气化成气态天然气，进加臭计量后送入输气干线。

储罐储存过程中因冷损气化产生的BOG气体，若采用BOG再冷凝工艺，BOG先通过压缩机加压到1MPa左右，然后与LNG低压泵送来的压力为1MPa的LNG过冷液体换热、冷凝成LNG。若采用BOG直接压缩工艺，则由压缩机加压到用户所需压力后直接进入外输管网。BOG直接压缩工艺需要将气体直接升压，达到管网的压力，并消耗大量压缩功；而LNG再冷凝工艺是将液体用泵升压，体积要小得多。据资料介绍可节省约50%的BOG升压能耗。

7.4.2 液化天然气终端接收站主要设备

LNG终端接收站主要设备台数并不算多，但结构复杂、要求高且大型。主要设备有：LNG储罐、气化器、LNG泵和LNG卸料臂等。

1. LNG储罐

LNG储罐均为双层金属罐，与LNG接触的内层为含9%Ni低温钢，外层为碳钢，中间绝热层为膨胀珍珠岩，罐底绝热层为泡沫玻璃。LNG储罐根据防漏措施不同有地上式和地下式之分。

(1)地上式储罐

地上式储罐根据其在地面上的位置，可分为高架式和落地式两种，如图7-9所示。高架式储罐支撑于伸出地面的桩上，有利于保持罐底与地面间的空气畅通，防止LNG吸收大量热量引起土壤冻结。落地式储罐底部用珍珠岩混凝土加绝热层构成，在预埋的加热管中通入热风和热水，或在罐基础上预设电加热器，以防土壤冻胀鼓起损坏储罐。

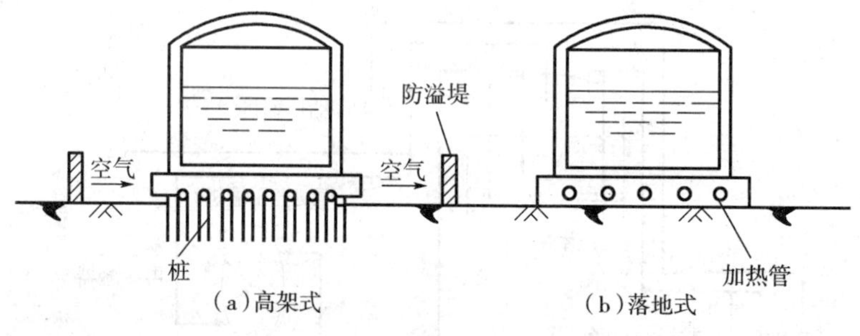

图7-9 高架式和落地式储罐

地上式储罐根据其构造不同，可分为单容积式、双容积式和全容积式。

① 单容积式储罐。如图7-10所示，此类储罐在金属罐外有一比罐高低得多的混凝土围堰，围堰内容积与储罐容积相等。该形式储罐造价最低，但安全性稍差、占地较大。

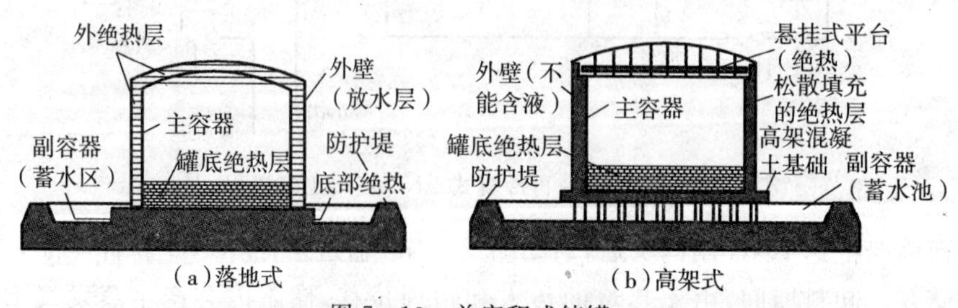

图7-10 单容积式储罐

② 双容积式储罐。如图 7－11 所示，此类储罐在金属罐外有一与储罐筒体等高的无顶混凝土外罐，即使金属罐内 LNG 泄漏也不致于扩大泄漏面积，只能少量向上空蒸发，安全性比前者好。

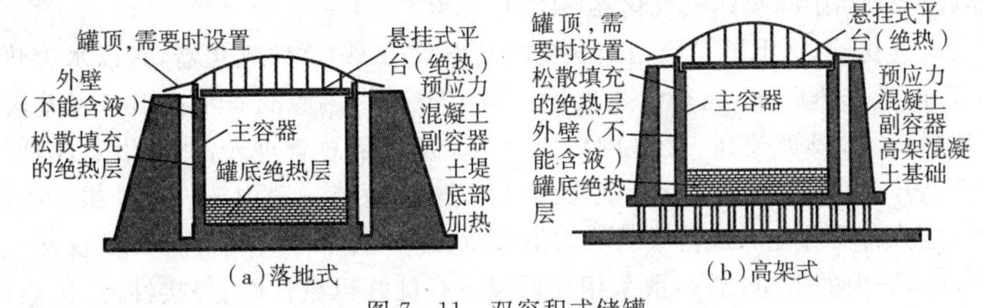

图 7－11　双容积式储罐

③ 全容积式储罐。如图 7－12 所示，此类储罐在金属罐外有一带顶的全封闭混凝土外罐，金属罐泄漏的 LNG 只能在混凝土外罐内而不致于外泄。在以上三种地上式储罐中安全性最高，造价也最高，流行于欧美。

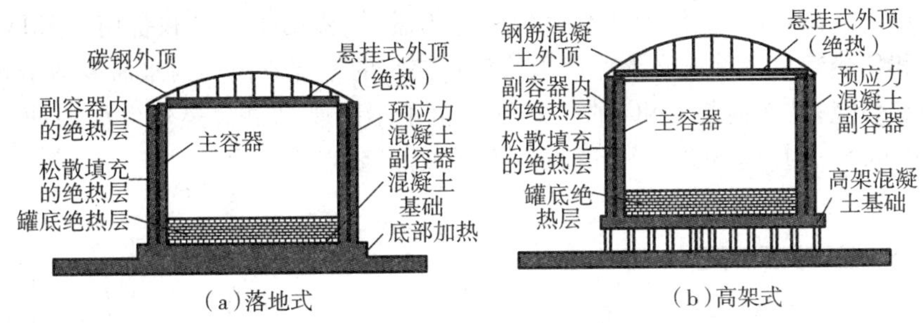

图 7－12　全容积式储罐

(2)地下式储罐

如图 7－13 所示，地下式储罐全部建在地面以下，金属罐外是深达百米左右的混凝土连续地中壁。地下式储罐主要集中在日本，抗地震性好，适宜建在海滩回填区上，占地少、多个储罐可紧密布置、对站周围环境要求较低、安全性最高。但投资大(约比单容积储罐高出一倍)，建设期长。

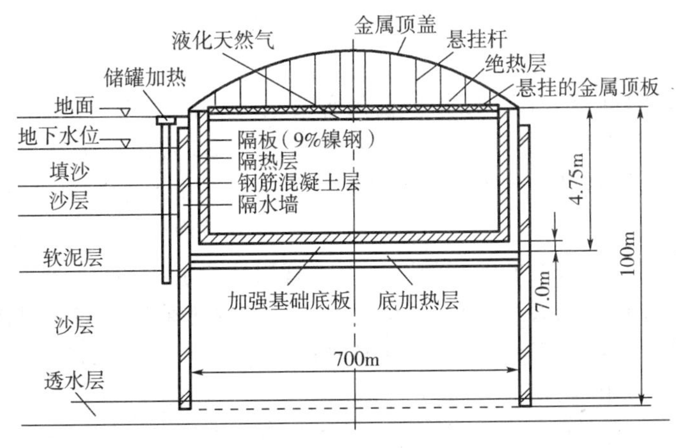

图 7－13　地下式储罐

2. 气化器

LNG气化器的常用热源有水和燃料两种。水一般指海水、河水和工厂热排水，燃料主要是天然气。根据加热方式不同，LNG气化器有以下三种形式：开架式气化器（ORV）、浸没燃烧式气化器（SMV）和中间媒体式气化器（IFV）。

（1）开架式气化器。ORV是应用最广泛的基本负荷型LNG气化器，它以水为热源，通常是海水或电厂的直排热海水，运行成本低廉。但由于提供热源的海水进出口温差较小，以致ORV设备比较庞大，投资较高。在ORV中，LNG从下部总管进入，然后沿着成幕状结构的LNG换热管上升，与海水换热气化后成常温气体送出，每幕一般由70～100根管组成。海水从上部进入，经分布器分配后成薄膜状均匀沿幕状LNG管下降，使管内LNG受热气化，如图7-14所示。ORV内的LNG管一般采用在低温下有良好机械性能、焊接性能、传热性好且对海水有优良耐腐蚀性的铝合金材料。

（2）浸没燃烧式气化器。SMV又称水中燃烧式气化器，它利用天然气在浸没于水中的燃烧器中燃烧将水加热，然后热水加热不锈钢管内的LNG并使之气化，如图7-15所示。SMV体积小、与ORV相比省掉了大型取水和排水设备，热效率高、开停车迅速方便；但因消耗天然气而使运行成本较高，一般不作为基本负荷型气化器，主要用于调峰和备用。SMV的关键部分是燃烧器和传热管束。首先必须保证天然气在狭小的燃烧室内和因水面波动不断变化的背压下均匀稳定燃烧；其次内装LNG的传热管束由于不断受到高温燃烧气体的冲击和自身的振动，要采用SUS304L或SUS316L等低碳不锈钢，且要消除应力。

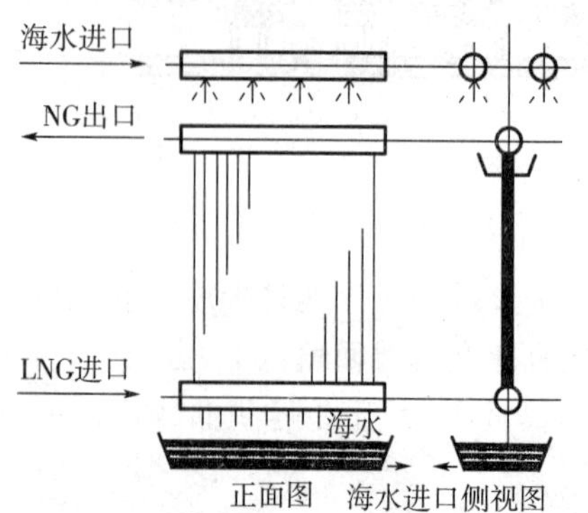

图7-14 开架式气化器

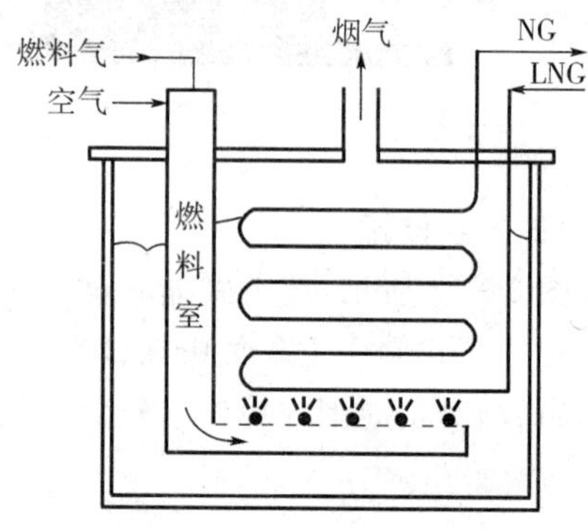

图7-15 浸没燃烧式气化器

（3）中间媒体式气化器。IFV结构较前两种复杂，它由LNG气化器（E2）、中间媒体蒸发器（E1）和NG升温器（E3）三部分组成。LNG首先进入E2管内与来自E1的中间热媒体（丙烷气等）进行换热、气化成约－30℃的NG，NG再进入E3由海水加热至常温送出；中间热媒体丙烷气在E2中被冷凝后送往E1。在E1中液体丙烷被海水加热气化，气化后的丙烷气再进入E2。在IFV中E2和E1采用SUS304，海水管用钛合金TTH35，外部海水输送总管采用碳钢内涂环氧树脂。IFV以海水为热源，运行成本低。由于采用中间热媒体，消除了LNG管外海水结冰的现象。LNG气化采用分段升温，降低了热应力。也可将E1分开设置以利于冷量综合利用，如冷热发电等。

3. LNG泵

LNG泵是站内输送LNG的关键设备，由于LNG温度低、易汽化、易燃易爆，因此LNG

泵有许多独特结构。它要求低温下轴封可靠，以便将泄漏的可能性减少到最低程度。为防止处于气—液平衡状态进料的 LNG 在泵内汽化、保持泵内 LNG 与储罐内 LNG 具有相同的温度，LNG 泵被设计成浸没式结构，连同马达一起浸没于装有 LNG 液体的泵内容器中。

LNG 泵一般为多级泵，扬程可根据用户要求而定，选择范围为 50～2000m，以适应不同输气管网对压力的要求。在 LNG 泵中，泵内容器和轴采用奥氏体不锈钢，泵体和叶轮采用铝合金。

4. LNG 卸料臂

LNG 卸料臂与一般油品卸料臂在结构形式上没有什么本质上的区别，只是在某些方面要求更高罢了。比如旋转接头，为了保证在低温下有良好的密封性能而采用了双重密封结构；为了安全，每台 LNG 卸料臂必须配备紧急脱离装置。

LNG 卸料臂的材质主要为不锈钢和铝合金，铝合金质轻、价廉，但由于强度稍差，故仅限于制造直径 16 英寸(40.64cm)以下的臂。常用的不锈钢有 SUS304 和 SUS304L，用于制造直径 16 英寸(40.64cm)以上的臂，SUS304L 虽比 SUS304 焊点的低温耐冲击性好、抗晶间腐蚀性好，但考虑到价格等因素，实际应用的以 SUS304 为多。

臂内 LNG 的设计流速一般为 10m/s，在此流速下，12 英寸(30.48cm)臂的流量为 $2500m^3/h$、16 英寸(40.64cm)臂的流量为 $4200m^3/h$、20 英寸(50.80cm)臂的流量为 $6700m^3/h$，实际流速范围为 8～12m/s。为了平衡 LNG 储罐与船之间的压力，还设置有气相臂，臂内 NG 气体的流速设计值为 50m/s。目前大型 LNG 船的容积为 $13.5\times10^4m^3$，一般需在 12h 内卸料完毕，因此可选择 16 英寸(40.64cm)臂四台，三台用于 LNG 卸料，一台用于气相压力平衡，每台臂内 LNG 的流量为 $3750m^3/h$，流速为 8.7m/s，处于正常范围。

7.5　液化天然气气化站

LNG 已成为目前无法使用管输天然气供气城市的主要气源或过渡气源，也是许多使用管输天然气供气城市的补充气源或调峰气源。LNG 气化站凭借其建设周期短以及能迅速满足用气市场需求的优势，已逐渐在我国东南沿海众多经济发达、能源紧缺的中小城市建成，成为永久供气设施或管输天然气到达前的过渡供气设施。国内 LNG 供气技术正处于发展和完善阶段。

7.5.1　液化天然气气化站工艺流程

LNG 气化站的气源来自国内液化工厂或接收站，故也称之为卫星站，其工艺流程框图如图 7-16 所示。LNG 小型气化站工艺流程如图 7-17 所示。

1. LNG 卸车工艺

LNG 通过公路槽车或罐式集装箱车从 LNG 液化工厂运抵用气城市 LNG 气化站，利用槽车上的空温式升压气化器对槽车储罐进行升压(或通过站内设置的卸车增压气化器对罐式集装箱车进行升压)，使槽车与 LNG 储罐之间形成一定的压差，利用此压差将槽车中的 LNG 卸入气化站储罐内。卸车结束时，通过卸车台气相管道回收槽车中的气相天然气。

卸车时，为防止 LNG 储罐内压力升高而影响卸车速度，当槽车中的 LNG 温度低于储罐中 LNG 的温度时，采用上进液方式。槽车中的低温 LNG 通过储罐上进液管喷嘴以喷淋状态进入储罐，将部分气体冷却为液体而降低罐内压力，使卸车得以顺利进行。若槽车中的 LNG

温度高于储罐中LNG的温度时，采用下进液方式，高温LNG由下进液口进入储罐，与罐内低温LNG混合而降温，避免高温LNG由上进液口进入罐内蒸发而升高罐内压力导致卸车困难。实际操作中，由于目前LNG气源地距用气城市较远，长途运输到达用气城市时，槽车内的LNG温度通常高于气化站储罐中LNG的温度，只能采用下进液方式。所以除首次充装LNG时采用上进液方式外，正常卸槽车基本都采用下进液方式。

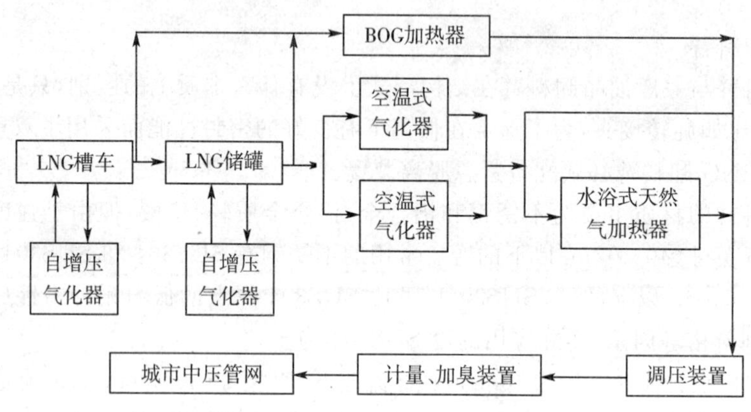

图 7-16 城市 LNG 气化站工艺流程

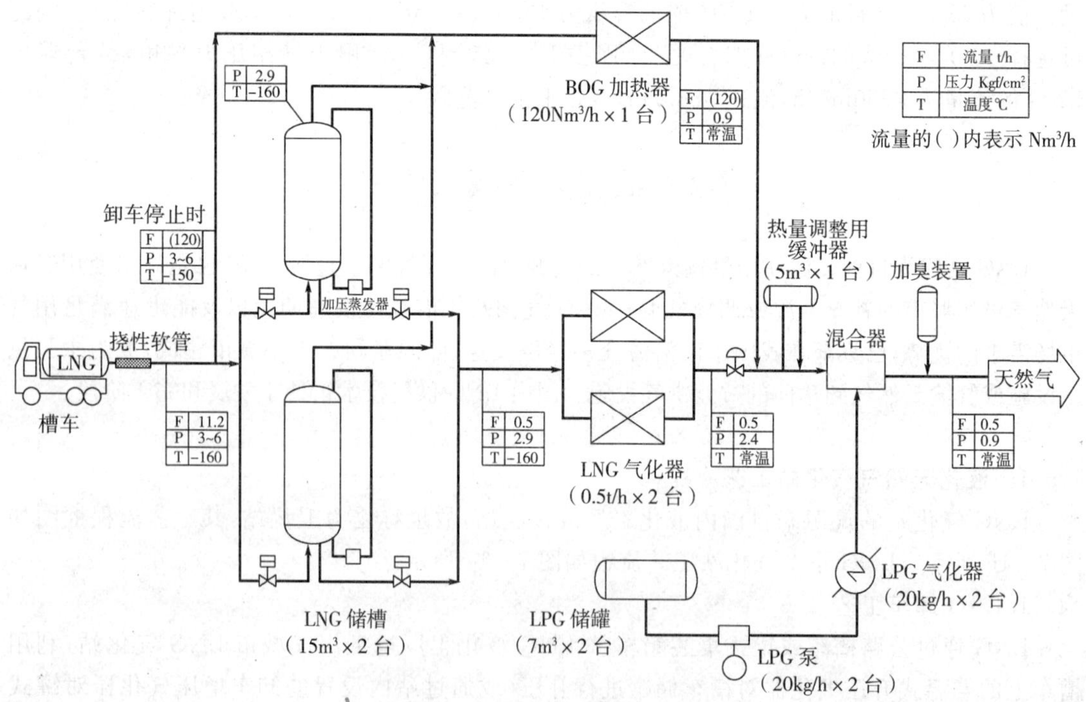

图 7-17 LNG 小型气化站工艺流程

为防止卸车时急冷产生较大的温差应力损坏管道或影响卸车速度，每次卸车前都应当用储罐中的LNG对卸车管道进行预冷。同时应防止快速开启或关闭阀门使LNG的流速突然改变而产生液击损坏管道。

2. 储罐自动增压与LNG气化

靠压力推动，LNG从储罐流向空温式气化器，气化为气态天然气后供应用户。随着储罐内LNG的流出，罐内压力不断降低，LNG出罐速度逐渐变慢直至停止。因此，正常供气操作中必须不断向储罐补充气体，将罐内压力维持在一定范围内，才能使LNG气化过程持续下去。储罐的增压是利用自动增压调节阀和自增压空温式气化器实现的。当储罐内压力低于自动增压阀的设定开启值时，自动增压阀打开，储罐内LNG靠液位差流入自增压空温式气化器（自增压空温式气化器的安装高度应低于储罐的最低液位），在自增压空温式气化器中LNG经过与空气换热气化成气态天然气，然后气态天然气流入储罐内，将储罐内压力升至所需的工作压力。利用该压力将储罐内LNG送至空温式气化器气化，然后对气化后的天然气进行调压（通常调至0.4MPa）、计量、加臭后，送入城市中压输配管网为用户供气。在夏季空温式气化器天然气出口温度可达15℃，直接进管网使用。在冬季或雨季，气化器气化效率大大降低，尤其是在寒冷的北方，冬季时气化器出口天然气的温度（比环境温度低约10℃）远低于0℃而成为低温天然气。为防止低温天然气直接进入城市中压管网导致管道阀门等设施产生低温脆裂，也为防止低温天然气因密度大而产生过大的供销差，气化后的天然气需再经水浴式天然气加热器将其温度升到10℃，然后再送入城市输配管网。通常设置两组以上空温式气化器组，相互切换使用。当一组使用时间过长，气化器结霜严重，导致气化器气化效率降低，出口温度达不到要求时，人工（或自动或定时）切换到另一组使用，本组进行自然化霜备用。在自增压过程中随着气态天然气的不断流入，储罐的压力不断升高，当压力升高到自动增压调节阀的关闭压力（比设定的开启压力约高10%）时自动增压阀关闭，增压过程结束。随着气化过程的持续进行，当储罐内压力又低于增压阀设定的开启压力时，自动增压阀打开，开始新一轮增压。

7.5.2　液化天然气气化站主要设备

LNG气化站的主要设备有储罐、气化器和自增压气化器等。它们的结构特点如下。

1. LNG储罐

其容积根据用气量、储存天数、运输距离和运输工具等因素确定。LNG气化站储罐主要包括金属储罐和钢筋混凝土储罐两类，容积有$30m^3$、$50m^3$、$100m^3$、$150m^3$、$200m^3$五种规格。LNG气化站常用立式LNG储罐，其隔热方式有真空粉末隔热、正压堆积隔热和高真空多层隔热三种类型。目前国内大多采用$50m^3$和$100m^3$的圆筒形双金属真空粉末隔热型储罐，LNG日蒸发率一般小于等于总储量的0.3%。储罐内筒及管道的材质为0Crl8Ni9奥氏体不锈钢，外筒选用优质碳素钢16MnR，压力容器用钢板，内筒内径为3000mm，外筒内径为3450mm，夹层填充珠光砂并抽真空。$100m^3$储罐技术特性参数见表7-3。

2. LNG气化器

LNG的气化应满足当地的气候条件及工艺要求，可选用加热式气化器和环境式气化器。目前通常采用的加热式气化器是水浴式气化器，而环境式气化器则为空温式气化器，如图7-18所示。空温式气化器是LNG气化

图7-18　空温式气化器

站向城市供气的主要气化设施。冬季环境温度较低时,即当空温式气化器出口天然气温度低于5℃时,则需要在空温式气化器后串联加热式气化器加热天然气。气化器的选型应根据高峰小时用气量和气化器的气化能力来确定,通常按高峰小时用气量的1.3～1.5倍确定。

表7-3 100m³储罐的技术特性参数

项　目	内　筒	外　筒
容器类别	三类	
储罐介质	LNG	—
最高工作压力,MPa	0.50	常压
设计压力,MPa	0.75	常压
管与罐气密性试验压力,MPa	0.75	—
安全阀启排压力,MPa	0.55	—
设计温度或最低工作温度,℃	−196	—
工作温度,℃	−162	—
几何容积,m^3	105	—
有效容积,m^3	100	—
设计厚度,mm	8.93	11.20
主体材质	0Cr18Ni9	16MnR
满质量,kg	85×10^3	

美国标准NFPA59A对气化器的安全设计做了明确的规定,主要包括安全间距与阀门等附件设置两方面的内容。

(1)保证安全间距

① 除非导热介质不可燃,否则气化器及其主热源与其他任何火源之间的水平净距至少15m。

② 当需要布置多个气化器时,它们之间的水平净距至少1.5m。

③ 整体加热气化器应布置在距用地线至少30m处,并距下述地点至少15m:

(a)任何围堰内的LNG、可燃制冷剂或可燃液体、或其他任何泄漏事故源等,以及这些液体在围堰之间的输送管道;

(b)LNG、可燃制冷剂或可燃液体的储罐;含有这几种液体的工艺设备或用于输送这些液体的装卸接口;

(c)控制大楼、办公室、车间和其他有人的或重要的建筑物。

④ 远程加热气化器、环境气化器和工艺气化器应布置在距用地线至少30m以外,而远程加热气化器和环境气化器允许布置在围堰区内。

⑤ 对于含有LNG、制冷剂、可燃液体或可燃气体的工艺设备,应当布置在离火源、用地线、控制室、办公室、车间和其他建筑物至少15m;燃烧设备和其他火源应当布置在离任何围堰区或储罐排泄系统至少15m。

(2)合理设置阀门等附件

① 每台气化器都应设置进出口切断阀和安全阀。

② 为防止泄漏 LNG 进入备用气化器，可安装两个进口阀门，并采用安全措施排空积存在阀门之间的 LNG 或 BOG。

③ 在与气化器的水平净距为 15m 的 LNG 管路上安装切断阀，该阀门可由现场操作或远程控制，且有一定保护措施，预防阀门因温度过低而失效。

④ 在液体管路上设自动控制切断阀，它与气化器的水平净距至少 3m，且在液体流量过大、设备周围温度异常、气化器出口温度过低时能自动关闭。

⑤ 加热气化器应配备切断热源的装置，可由现场操作或远程控制。

⑥ 设置自动装置，防止 LNG 或 BOG 在异常温度下进入输配系统，这些装置应与专门用于紧急情况的管路阀门配合使用。

⑦ 设置温度检测仪，测量 LNG、BOG 和加热介质的进出口温度。

3. 自增压气化器

当储罐内的低温液体向外排出时，储罐内的压力将逐渐下降。为保持储罐内的压力稳定，必须采用自增压系统对储罐进行增压。常见的自增压系统主要包括经典型、电加热型、回气型和真空型，如图 7－19 所示。

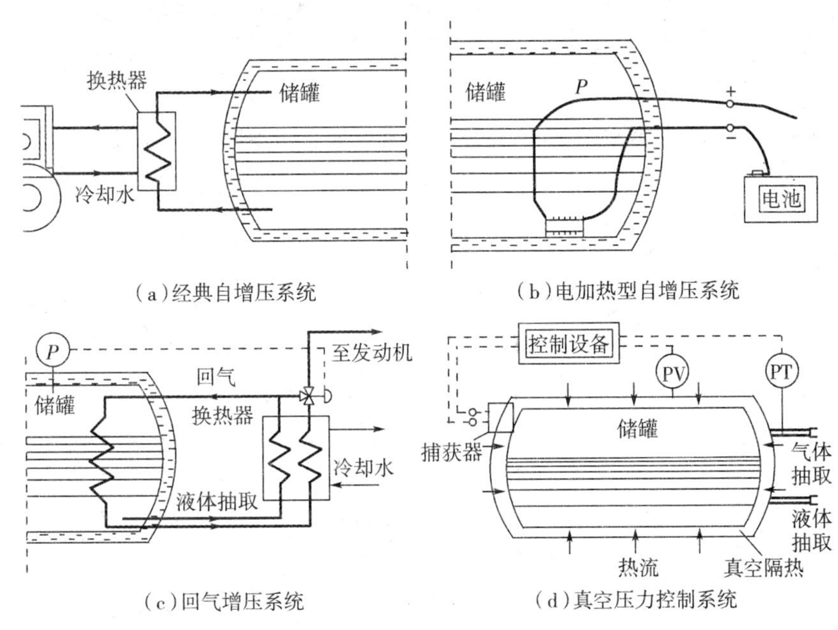

(a)经典自增压系统　(b)电加热型自增压系统

(c)回气增压系统　(d)真空压力控制系统

图 7－19　LNG 自增压系统

图 7－19(a)为经典型自增压系统，是目前最常用的自增压系统，它将部分 LNG 排出储罐，经气化器气化后返回储罐的气相空间，以达到增压的目的。气化热源可采用发动机的冷却水。该系统结构简单，储罐内部没有维修元件，可有效利用废热；但增压性能不稳定，受发动机冷却水温度的影响较大。

图 7－19(b)为电加热型自增压系统。该系统在储罐内设置电加热器，在车上配置电池，其优点是控制方便，但储罐内有维修元件，一旦出现故障，须拆开储罐维修，而储罐一般采用焊

接密封，不允许拆卸。此外，电能采用电池，电能有限，且须充电。此系统应用很少。

图 7-19(c)为回气增压系统。此系统是对经典型系统的改进，气化后的气体不直接返回储罐的气相空间，而是返回储罐内的换热盘管，与储罐内的液体换热后再返回气化器，经气化器再热后进入发动机。储罐内的液体从回气中吸收热量后气化，从而达到增压的目的。该系统比经典型系统工艺复杂，对三通阀的性能要求也很高。

图 7-19(d)为真空压力控制系统，利用捕获器吸附或脱附储罐内外胆间的气体，改变内外胆间的真空度，控制储罐的漏热，使储罐内的液体受热气化，从而达到增压的目的。该系统不需要额外的气化器和外部热源，经济性较好，控制也方便，但吸附和脱附需要时间，因此压力调节存在一定的滞后。

4. 泵和压缩机

气化站的泵和压缩机的材料都要适合 LNG 的温度和压力条件。

5. 管材及附件

LNG 为低温液体，低温部分的管道和阀门必须耐－162℃低温。LNG 管道通常采用奥氏体不锈钢管，材质为 0Crl8Ni9。阀门材质也为 0Crl8Ni9，且在－196℃温度下能开闭自如。在调压器之后的管道采用无缝钢管，阀门采用常温阀门即可。

LNG 管道虽然有优异的低温机械性能，但冷收缩率高达 0.003。站区 LNG 管道在常温下安装，在低温下运行，前后温差高达 180℃，存在着较大的冷收缩量和温差应力，通常采用"门形"补偿装置补偿工艺管道的冷收缩。

6. 调压、计量与加臭装置

根据 LNG 气化站的规模选择调压装置。通常设置 2 路调压装置，调压器选用带指挥器、超压切断的自力式调压器。计量采用涡轮流量计。加臭剂采用四氢噻吩，加臭以隔膜式计量泵为动力，根据流量信号将加臭剂注入燃气管道中。

7.5.3 液化天然气气化站消防要求

由于 LNG 的易燃、易爆特性，LNG 气化站主要考虑的是安全问题，包括防止天然气泄漏、消除引发燃烧的基本条件以及满足 LNG 设备的防火及消防要求。由于涉及相变过程，为防止低温 LNG 设备超压，避免超压排放和爆炸，在装置中还应设有 BOG 系统、放散系统和氮气吹扫系统等。另外，根据 LNG 的低温特性，除对材料选择和设备制作方面提出相关要求外，在进行 LNG 操作时，操作人员还应做好防护。为此，为保证 LNG 气化站的安全运行，在设计时必须做到以下几点：

1. 气化站的储罐区、气化区、装卸区等生产区与站内外的建构筑物的安全防火距离必须达到《城镇燃气设计规范》GB 50028 的相关要求。

2. 储罐之类的工艺设备上必须设置紧急关闭系统 ESD(Emergency Shut Down)，以控制 LNG 连续释放产生的危害。

ESD 系统可隔离或切断 LNG、可燃液体、可燃制冷剂或可燃气体的来源，并关闭一些继续运行可能加大或维持灾情的设备。如果某些设备的关闭可能引起其他危险，或导致重要部分机械损坏，这些设备或辅助设备的关闭可不包括在 ESD 中。若盛放液体的储罐未受保护，则它暴露在火灾中时可能会受到金属过热的影响，并造成灾难性的损坏，这时应通过 ESD 减压。ESD 应采用失效保护或其他保护措施，使其在紧急情况下失效的可能性最小。对于没有失效保护的 ESD,距设备 15m 之内的全部部件应安装在不可能暴露到火焰中的地点,或者应保证其暴露在火灾中可安全运行至少 10min 以上。ESD 的启动可以手动、自动或两者兼有,手动调节器应设在紧急情况发生时可接近的地点,距其保护的设备至少 15m,并显著标识其功能。

3. 对于生产区易产生 LNG 溢出和泄漏的部位,应设置可燃气体泄漏检测仪及低温检测仪,并设有报警装置。

可能发生可燃气体聚集、LNG 或可燃制冷剂泄漏以及发生火灾的区域,包括封闭的建筑物,均应进行火灾和泄漏监控。连续监控低温传感器或可燃气体监控系统以及火灾警报器应在现场或常有人在岗的地点发出警报,当监控气体或蒸气的浓度超过 25%的燃烧下限时,检测系统应启动声光警报,火灾警报器应能激活 ESD。

4. 低温设备和材料必须根据低温条件选定。

5. 建设消防给水系统和灭火器配备。

在气化区应提供消防水源和消防水系统。消防水系统的作用是保护暴露在火灾中的设备,如冷却容器、装备和管道等,并控制尚未着火的泄漏和溢流。对于消防用水的供应和分配系统的设计,应能满足系统中各固定消防系统同时使用的要求,使它们能在正常的设计压力和流量下供水,同时设计流量还考虑 63L/s 的富裕量,以满足手持软管喷水。连续供水时间应大于 2h。

在 LNG 设施内和槽车上的关键位置,应设便携式或轮式灭火器,它们应能扑灭气体发生的火灾。进入场区的机动车辆至少应配备一个便携式干式灭火器,其容量不低于 9kg。灭火器的配置要求见《城镇燃气设计规范》GB 50028。

6. 建立健全各项规章制度,对员工必须进行操作规程和常规事故处理方法的培训,经考试合格、取得上岗证后方可上岗。

7.5.4　液化天然气其他供气形式

1. LNG 橇装站

LNG 撬装站是针对城镇独立居民小区、中小型工业用户和大中型商业用户用气需求而开发的一种供气形式。它的突出特点是将小型气化站的工艺设备、阀门、仪表、附件等集中在一个橇装的底座上,形成一个可闭环控制的整体设备系统。LNG 橇装站的储存设备与卫星站相同,只是储量较小。由于受到公路运输能力等的限制,它目前尚不能做到较大规模,如其储罐只能做到 $50m^3$。

LNG 撬装站的发展体现了气化站模块化、标准化、系统化的发展趋势,使得气化站工艺设计简化、施工周期缩短、安装维护便捷;同时还具有占地面积小、工程投资少、外形美观大方等优点。另外,由于采用了橇装式设计理念,一旦管网输气到达或由于其他原因导致用户中断供气需求,撬装站能够很方便地拆迁异地,另作他用。

2. LNG 瓶组气化站

LNG 瓶组供气工艺是用钢瓶在卫星站等气源站内实现罐装,然后运输到瓶组气化站内,以瓶组的方式储存,经气化、调压、计量和加臭后直接供给小区居民或工业用户的一种供气方式。站内主要设备包括瓶组、空浴式气化器、加热器、加臭装置、调压器和流量计等。其中贮存设备采用的是高真空多层缠绕绝热气瓶,双层结构,用不锈钢制作,边缘采用防震橡胶来抗冲击,一般有 175L、210L 和 410L 等 3 种规格。

LNG瓶组站同样具有灵活机动、占地面积小、建设周期短和运行安全可靠等优点，特别适合于小型供气的需求，可迅速实现供气。这种供气形式投资省，以供气户居民为例，其投资仅万元左右，将是卫星站的有力补充或者作为它建设前的过渡供气方案。在国内，乌鲁木齐、南昌、福建晋江等地已有成功应用的实例。

3. LNG汽车加气站

在燃气汽车发展方面，继LPG和CNG之后，LNG也正逐步应用于汽车燃料，对推动以公交车和出租汽车为先行对象的汽车"油改气"进程起了很大作用。

第 8 章　压缩天然气供应

8.1　概　述

压缩天然气 CNG(Compressed Natural Gas),是将天然气净化压缩到 25MPa,使之体积减小,约为标准状态下同质量天然气体积的 1/300。尽管压缩天然气能储密度比液化石油气和液化天然气低,但作为汽车替代燃料或对难觅优质民用燃料的城镇而言,由于 CNG 生产工艺、技术、设备较简单,运输、储存方便,又在环境保护方面有明显优势,因此它不失为值得选择的气源之一。

压缩天然气供应技术,指将 CNG 储存在撬装容器内以车载、船载方式运输,供应给中小城市各类燃气用户或者天然气汽车用气。并且 CNG 质量应符合现行国家标准《车用压缩天然气》GB 18047(表 8-1)的规定。

表 8-1　汽车用压缩天然气 GB 18047

项　目	质量标准
高位热值(MJ/m³)	>31.4
硫化氢(mg/m³)	≤15
总硫(mg/m³)	≤200
二氧化碳(%)	≤3
氧(%)	≤0.5
水露点	在特定地理区域内,在最高操作压力下,水露点不应高于−13℃; 当最低温度低于−8℃时,水露点应比最低温度低 5℃

注:体积的标准参比条件是 101.325kPa,20℃。

CNG 城镇供气系统主要由气源管线、天然气压缩加气站、压缩天然气运输工具、压缩天然气卸气站、城镇输配管网组成(见图 8-1)。气源管线主要包括天然气高中压输气管道,储配站或气田处理站的出站管道。CNG 的生产在天然气压缩加气站内完成,CNG 的运输可采用汽车载运气瓶组或拖挂气瓶车,也可采用船载气瓶组或气瓶车水上运输。CNG 的接收在卸气站完成。按照供气规模和储气方式,卸气站可分为 CNG 储配站和 CNG 瓶组供应站,在这里,CNG 经调压、计量、补充加臭后送入城镇输配管网。

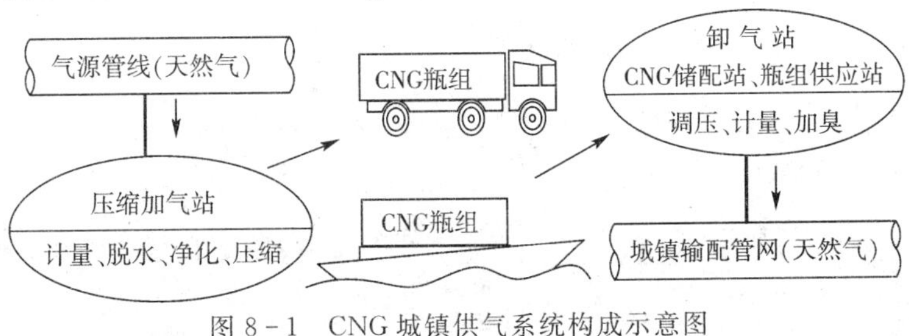

图 8-1　CNG 城镇供气系统构成示意图

8.2 压缩天然气加气站

压缩天然气加气站是由气源管道引入天然气，经净化、计量、压缩并向气瓶组或气瓶车充装压缩天然气的加气站，压缩加气站可兼有向天然气汽车加气功能，也称加气母站。其作业流程如图 8-2 所示。

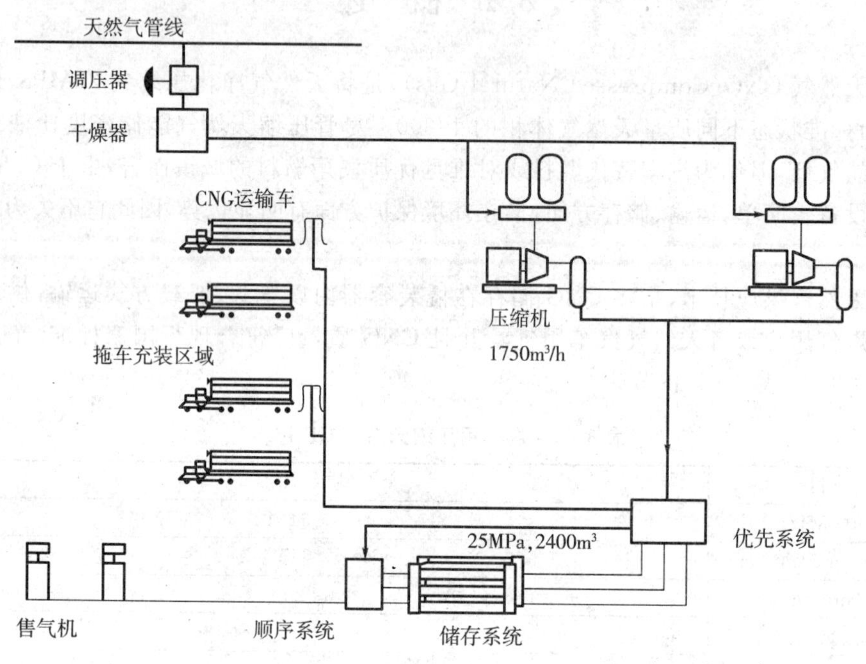

图 8-2 压缩天然气加气站作业流图

8.2.1 压缩天然气加气站的选址

压缩天然气加气站的选址宜靠近气源，并应具有适宜的交通、供电、给排水及工程地质条件。一般多与油气田集气处理站、天然气输气干线的分输站和城市天然气门站、储配站毗邻。在城镇区域内建设压缩天然气加气站应符合城市总体规划的要求，并应经城市规划主管部门批准。

通常母站都设置储气装置，总储气容积（标准状态）根据站址附近人口密集程度可按三级区分：

一级站： $3000<V\leqslant4000(m^3)$

二级站： $1500<V\leqslant3000(m^3)$

三级站： $V<1500(m^3)$

根据站内储气装置、瓶组、放散管管口和加气柱的布置，要求它与站外建、构筑物保持最小的防火间距，如表 8-2 所示。

表 8-2　压缩天然气加气站内装置与站外建、构筑物的防火间距(m)

项目 \ 名称		储气瓶组、脱水装置	放散管管口	加气柱、压缩机
重要公共建筑		100	100	100
明火或散发火花地点		30	25	20
民用建筑保护类别	一类保护物	30	25	20
	二类保护物	20	20	14
	三类保护物	18	15	12
站外甲、乙类物品生产厂房及库房和甲、乙类液体储罐		25	25	18
其他类物品生产厂房、库房和丙类液体储罐以及容积不大于 $50m^3$ 的埋地甲、乙类液体储罐		18	18	13
室外变配电站		25	25	18
铁路		30	30	22
城市道路	快速路、主干道	12	10	6
	次干道、支路	10	8	5
架空通信线	国家一、二级	1.5 倍杆高	1.5 倍杆高	不应跨越加气站
	一般	1.0 倍杆高	1.0 倍杆高	
架空电力线	电压＞380V	1.5 倍杆高	1.5 倍杆高	不应跨越加气站
	电压≤380V	1.5 倍杆高	1.0 倍杆高	

8.2.2　压缩天然气加气站的工艺设计

1. 压缩天然气加气站的平面布置

压缩天然气系统运行压力高，气瓶数量多、接头多，其发生天然气泄漏的概率较高。为便于运行管理和安全管理，压缩站总平面应分区布置，即分为生产区和辅助区，压缩天然气加气站宜设 2 个对外出入口。加压站与站外建、构筑物相邻一侧，应设置高度不小于 2.2m 的非燃烧实体围墙；面向进、出口道路一侧宜设置非实体围墙或敞开。车辆进、出口应分开设置，站内平面布置宜按进站的气瓶运转车正向行驶设计。站区内停车场应设置气瓶车固定车位，每台气瓶车的固定车位宽度不应小于 4.5m，长度宜为气瓶车长度，在固定的车位场地上应有明显的边界线，每台车位应对应 1 个加气嘴，在固定车位前应留有足够的回车场地；气瓶车固定车位与站内建、构筑物的防火间距不应小于表 8-3 的规定。

表 8-3 气瓶车固定车位与站内建、构筑物的防火间距(m)

名称 \ 气瓶车固定车位最大储气容积(m^3)		>4500～≤10000	>10000～≤30000
明火或散发火花的地点		25.0	30.0
压缩机室、调压室、计量室		10.0	12.0
变、配电室、仪表室、燃气热水炉室、值班室、门卫		15.0	20.0
办公、生活建筑		20.0	25.0
消防水泵房、消防水池取水口		20.0	
站内道路(路边)	主要	10.0	
	次要	5.0	
围墙		6.0	10.0

注:(1)变、配电室,仪表室,燃气热水炉室,值班室,门卫等用房的建筑耐火等级不应低于现行国家标准《建筑设计防火规范》GB 50016 中“二级”规定。

(2)露天的燃气工艺装置与气瓶车固定车位的间距可按工艺要求确定。

(3)气瓶车在固定车位储气总几何容积不大于 $18m^3$,且最大储气容积不大于 $4500m^3$ 时,应符合现行国家标准《汽车加油气站设计与施工规范》GB 50156 的规定。

若该站与城镇天然气门站(储配站)合建时,还应符合《城镇燃气设计规范》GB 50028 关于门站(储配站)的相关规定。并且站内的天然气储罐与气瓶车固定车位的防火间距不应小于表 8-4 的规定。

表 8-4 天然气储罐与气瓶车固定车位的防火间距(m)

储罐总容积(m^3)		≤5000	>50000
气瓶车固定车位最大储气容积(m^3)	≤10000	12.0	15.0
	>10000～≤30000	15.0	20.0

注:天然气储罐与气瓶车固定车位的防火间距,除符合本表规定外,还不应小于较大罐直径。

气瓶车固定车位最大储气容积(m^3)为固定车位储气的各气瓶车总几何容积(m^3)与其最高储气压力(绝对压力 10^2kPa)乘积之和,并除以压缩因子,其数值不应大于 $30000m^3$。加气柱宜设在固定车位附近,距固定车位 2～3m。加气柱距站内天然气储罐不应小于 12m,距围墙不应小于 6m,距压缩机室、调压室、计量室不应小于 6m,距燃气热水室不应小于 12m。

站内的道路转弯半径按行驶车型确定,且不宜小于 9m,道路坡度不应大于 6%,且宜坡向站外,固定车位按平坡设计。站内停车场和道路路面不应采用沥青材料。

2. 压缩天然气加气站的工艺流程

压缩天然气系统的设计压力应根据工艺条件确定,且不应小于该系统最高工作压力的 1.1 倍。向压缩天然气储配站和压缩天然气瓶组供气站运送压缩天然气的气瓶车和气瓶组,在充装温度为 20℃时,充装压力不应大于 20.0MPa(表压)。

CNG 站可采用两种工艺流程方案:一种方案是,原料天然气进站后,先经过滤、计量、调压进入缓冲罐，再进入前置脱水装置进行深度脱水，使露点不高于－54℃（常压下），脱水后的天然气进入压缩机，经四级增压，达到 25MPa 后进入储气装置或直接给车辆加气。如图 8－3 所示。

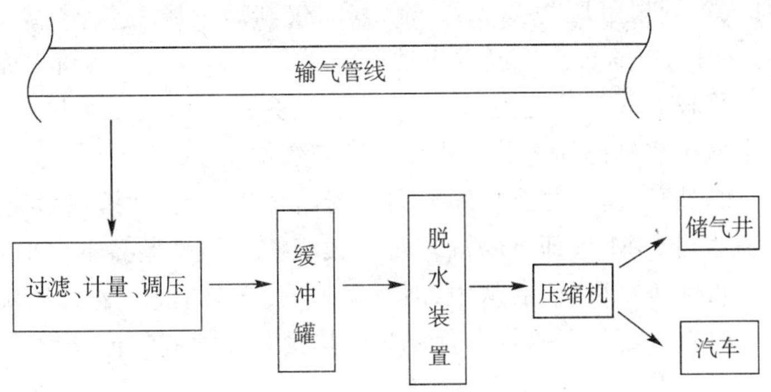

图 8－3　低压脱水流程框图

另一种方案是，原料天然气进站后，先经过滤、计量、调压进入缓冲罐，再进入压缩机，经四级增压，达到 25MPa 后进入后置高压脱水装置进行深度脱水，使露点不高于－54℃（常压下）。脱水后的天然气经分配装置进入储气装置或直接给车辆加气，如图 8－4 所示。无论采用何种技术方案，都要根据原料天然气的组分和含水量变化情况来确定。如果来气气质稳定，含水量变化不大，一般采用前置脱水方式，否则选用后置脱水方式。为了有效提高 CNG 的质量，目前国内市场上也有压缩机前后都加脱水装置的 CNG 站。

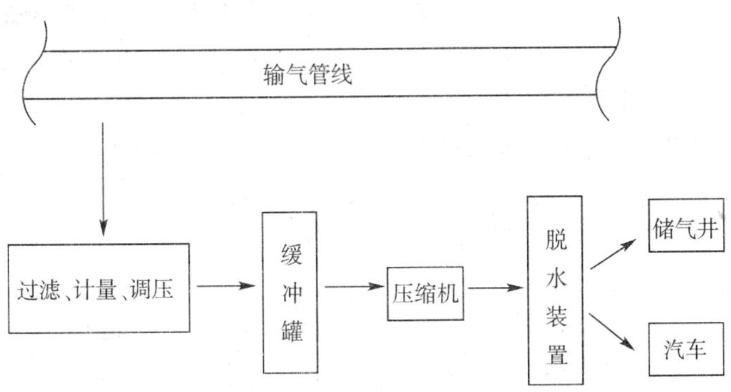

图 8－4　高压脱水流程框图

以前置脱水为例，经压缩机压缩后的高压天然气有以下几个去向：

（1）如果站内有拖车及普通汽车加气，天然气直接经加气柱及加气机进入拖车上的集气管束或普通汽车上的车载气瓶，当瓶内的压力达到 20MPa 时，自动关闭充气阀门，再将站内储气井压力升高到 25MPa，然后自动停机。

（2）如果站内无拖车加气，仅有普通汽车加气，则可直接向汽车加气。当车载储气瓶内的压力达到 20MPa 时，自动关闭充气阀门，将站内储气井压力升到 25MPa，然后自动停机。

（3）如果站内无拖车及普通汽车加气，可将站内储气井压力升高到 25MPa，然后自动停机。普通汽车加气时，首先使用储气井内的储存天然气给汽车加气，如果储气井内的压力过低，则启动压缩机给汽车直接加气。

为了减少压缩机频繁启动操作，在压缩机下游应设置储气装置，因为绝大多数加气站为气瓶车和CNG汽车的加气速度(流量)要大于压缩机的排量(供气能力)。对于小型站可能储气装置小，虽可节省投资，但缓冲能力小。压缩机将储气装置充气到储存规定压力25MPa，储气装置再给气瓶车加气达到规定压力20MPa时，其间仅利用了压力差5MPa，实际利用的储气容积只有20%左右，因此压缩机需要经常启动而能耗大。对于加气负荷大而且不均匀的大型站而言，需要设置容积较大的缓冲能力，把储气装置分为高、中、低压力区，一般按1∶2∶3的体积比分配容积，采取压缩机向储气装置优先控制充气原则。

储气与充气的优先顺序流程是指压缩机向站内储气装置储气时，控制气流先充高压级、后充中、低压级直至都达到25MPa即可停机。而车载气瓶由储气装置取气时，则采取顺序取气原则，即控制气流先从低压区取气，后从中、高压区取气。当储气装置无法快速加满车载气瓶时，也可从压缩机出口直接取气。这样的优先顺序均由程序控制气流分配系统，能提高储气装置容积利用率，一般可达32%～50%。

8.2.3 压缩天然气加气站的设备配置

压缩站的工艺一般包括以下几个部分：

(1)原料天然气气质处理(脱硫、脱水、过滤)；(2)计量及调压；(3)天然气增压；(4)高压天然气储存及分配；(5)天然气充装。

为满足以上各工艺环节，CNG压缩站一般需有以下设备配置：

1. 过滤净化装置

当进站天然气硫化氢含量超过表8-1规定时，应在进压缩机前进行脱硫，可以保护压缩机。脱硫装置应设在室外，并且应设双塔。进入加压站的天然气含尘量大于5mg/m^3，或微尘直径大于10μm时，应进行除尘净化。除尘装置应设在脱水装置前。常用的过滤装置是滤芯为玻璃纤维的筒式过滤器，通常其最大工作压力为6.0MPa，最大压降为0.015MPa。当过滤器前后压力降超过上述值时，可离线开启筒盖，更换新的滤芯。

2. 计量装置

进站天然气管道上应设计量装置，计量精度应不低于1.0级。计量显示应以公制单位：m^{3}或kg，最小分度值为1.0m^{3}或1.0kg。凡以体积计量时，宜附设压力—温度传感器，经压力—温度补偿校正后换算成标准状态下的读值。通常可选用远传速度式体积流量计，如涡轮流量计。

3. 调压装置

调压装置设置与否，可根据供气条件和建设合同而定。如天然气长输门站、储配站，供气方可供选择的供气压力的余地很大，可在供气方调压后专线进入CNG压缩站。若在市政高、中压天然气管线上取气，取气点越远，离调压站压力波动越大，压缩站内需设置调压装置，进站天然气调压装置宜选用单体间接作用式调压器或其系列成套调压箱产品。

4. 脱水装置

由于进站的天然气已符合现行国标的质量要求，因此选择脱水的方法应力求简便实效。一般采用固体干燥剂吸附法较多。工艺设备简单，只要在天然气进入储气容器前进行即可。根据CNG压缩站的工艺条件，可选在压缩机前低压脱水、在压缩机级间或压缩机末级出口处设置高压脱水装置。后者的优点是设备少，但压缩机带水运行宜损坏，维修工作量大。

5. 压缩机

压缩机的选型和台数，应根据加压站压缩天然气出口压力、总加气能力和加气的工作特征确定。一般压缩机型号宜选一致，装机总数不宜超过 5 台，其中需有一台备用。压缩机的排气压力不应大于 25MPa（表压）。当多台压缩机并联运行时，则其单台排气量应按公称容积流量的 80%～85%计。压缩机动力宜选用电动机，具有投资少、占地少、运行可靠、操作维修方便、对周围影响小的优点，不具备供电条件的地方也可选用天然气发动机。为保证压缩机工作平稳，在压缩机前应设置缓冲罐稳压。

压缩机组运行的安全保护应符合下列规定：

(1)压缩机出口与第一个截断阀之间应设安全阀，安全阀的泄放能力不应小于压缩机的安全泄放量；

(2)压缩机进、出口应设高、低压报警和高压越限停机装置；

(3)压缩机组的冷却系统应设温度报警及停车装置；

(4)压缩机组的润滑油系统应设低压报警及停机装置；

(5)压缩机的卸载排气不得对外放散，回收的天然气可输至压缩机进口缓冲罐，机前机后排出的废油和冷凝液应集中处理。

6. 储气装置

为平衡 CNG 供需在数量和时间上的不同步和不均匀性，有必要在站内设储气设施。储气装置的最高工作压力达到 25MPa，其设计温度应满足环境温度要求。储气装置在 CNG 压缩站的工程投资中占有相当大的份额，并在工艺平面设计中须恰当考虑其占地面积及相对位置。

目前已采用的储气方式主要有 4 种：

(1)小气瓶储气方式。采用钢或者复合材料制成水容积为 40～80L 的气瓶，可几十上百地把气瓶分为若干组设置。这种方式主要用于规模较小的 CNG 压缩站，每站总瓶数不宜超过 180 只。由于气瓶数量多，管道连接及阀件也多，泄露概率大，因此维修工作量和费用高。

(2)大气瓶组储气方式。钢制大气瓶组形同管束，每只水容积 500L 以上，以 3～9 只组成瓶组，并用钢结构框架固定。相对于小气瓶组储气方式，具有快充性能较好、容积利用率高的特点。由于气瓶数显著减少，系统的可靠性较高，维护费用也较少。

(3)大容积高压容器储气方式。这是指水容积为 $2m^3$ 以上的钢制压力容器储气。由于容器的水容积较大，其壁厚相应较大，材质选用和制造工艺都会要求更高，因而工程费用要高于上述储气方式。

(4)地下储气井储气方式。是将 CNG 储存在地下储气井内，一般单井水容积 $2m^3$～$3m^3$，采用进口钢材质的套管和钢筋混凝土固井技术，主要由井底封头、储气井管、储气井口、进(排)气阀、压力表、井下积液排污管、排污阀等组成，见图 8－5。地下储气井在 CNG 压缩站保障供气安全上具有不可代替的作用，地下储气井的建设受到许多地区的重视，而且各地方都把地下储气井的建设作为天然气上下游一体化工程的一个重要组成部分进行总体规划。各 CNG 站在不断加大储气井的建设力度，以增加储气量。其优点是安全牢固、减少占地、爆炸事故发生时减少地面冲击波范围和强度，缺点是耐压试验无法检验强度和密封性、制造缺陷不能及时发现、排污不彻底容易对套管造成应力腐蚀。

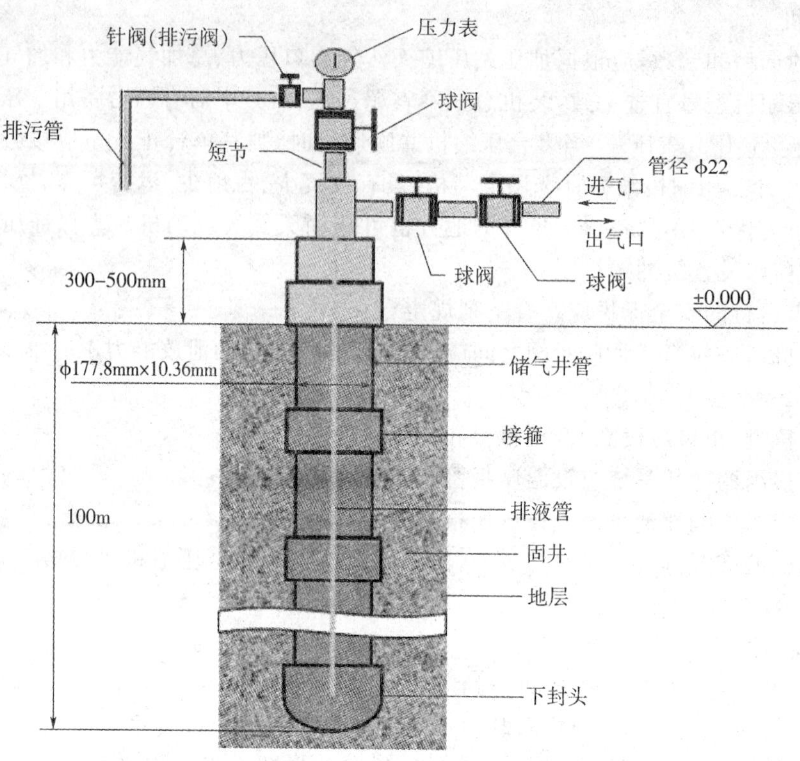

图 8-5 储气井示意图

7. 自动化控制系统

CNG 压缩站实行高度自动化的控制管理,以工控机及可编程控制器 PLC 为核心,采用温度及压力传感器实现各级压力超压、油/水压低压报警和过载保护、自动记录与故障显示。除有压缩机的启停控制和优先顺序控制功能以外,还应包括现场实时监控、系统安全保护、远程通讯与监控等功能。

8. 加气岛及加气柱

加气岛、加气柱及气瓶车固定车位宜设在采用非燃烧材料筑成的罩棚内,罩棚有效高度不应小于 4.5m,罩棚与加气柱的水平距离不小于 2.0m。加气岛略高出车位地坪 0.15~0.2m,其宽度不小于 1.2m,其端部与罩棚支柱净距不应小于 0.6m。

加气柱设施应根据地区环境、温度条件建设,应设有截止阀、泄压阀、拉断阀、加气软管、加气嘴和压力一温度补偿式计量表,其进气管道上应设止回阀。包括软管接头在内都应选用防腐蚀性材料制造的专用标注件。加气柱充装 CNG 的额定压力为 20MPa,计量准确度不应小于 1.0 级,最小计量分度值为 0.1kg。

9. 气瓶转运车

CNG 压缩站的气瓶转运车的气瓶组,与储气装置的气瓶组一样有两种形式,分别为小气瓶和大气瓶组,其中管束式大气瓶转运车用的较多。实际上,气瓶车本身就是 CNG 子站的气源,其由框架管束储气瓶组、运输半拖挂车底盘和牵引车头三个部分组成。常用管束气瓶组有 7 管、8 管和 13 管等几种组合,见图 8-6。

图 8 - 6　气瓶车示意图

8.2.4　压缩天然气加气站设施的安全防护

在远离作业区的天然气进站管道合适位置上应设紧急手动截断阀，一旦发生火灾或其他事故，自控系统失灵时，操作人员可靠近并关闭截断阀，切断气源，防止事故扩大。

储气瓶组（储气井）进气总管上应设安全阀及紧急放散管、压力表及超压报警器。每个储气瓶（井）出口应设截止阀。车载储气瓶组应有与站内工艺安全设施相匹配的安全保障措施，但可不设超压报警器。储气瓶组（储气井）与加气枪之间应设储气瓶组（储气井）截断阀、主截断阀、紧急截断阀和加气截断阀，如图 8 - 7 所示。

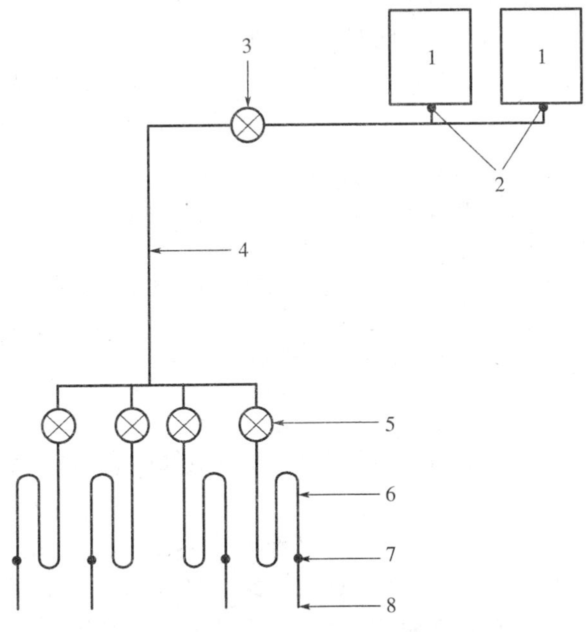

图 8 - 7　储气瓶组与加气枪间阀门设置示意图

1 -储气瓶组（储气井）；2 -储气瓶组（储气井）截断阀；3 -主截断阀
4 -输气管道；5 -紧急截断阀；6 -供气软管；7 -加气截断阀；8 -加气枪

加气站内缓冲罐、压缩机出口、储气瓶组应设置安全阀。安全阀的设置应符合《压力容器安全技术监察规程》的有关规定。安全阀的定压 P_0 除应符合《压力容器安全技术监察规程》的有关规定外，尚应符合下列规定：

(1)当 $P \leqslant 1.8$MPa 时，$P_0 = P + 0.18$MPa；

(2)当 1.8MPa $< P \leqslant 4.0$MPa 时，$P_0 = 1.1P$；

(3)当 4.0MPa $< P \leqslant 8.0$MPa 时，$P_0 = P + 0.4$MPa；

(4)当 8.0MPa $< P \leqslant 25.0$MPa 时，$P_0 = 1.05P$。

注：P——设备最高操作压力。

加气机应设安全限压装置，加气机的进气管道上应设置防撞事故自动切断阀，加气机的加气软管上应设拉断阀，拉断阀在外力作用下分开后，两端应自行密封。当加气软管内的天然气工作压力为 20MPa 时，拉断阀的分离拉力范围为 400～600N。加气机附近应设防撞柱(栏)，防止进站汽车失控撞上加气机。

加气站内的天然气管道和储气瓶组应设置泄压保护装置，以便迅速排放天然气管道和储气瓶组中需泄放的天然气。在储气瓶组发生事故时紧急排放气体，火灾或检修设备时排放系统气体，一次泄放量大于 500m^3，很难予以回收，只能通过放散管迅速排放。压缩机停机卸载的天然气量一般大于 2m^3，并且泄放次数约 2～3 次/h 以上，排放到专用回收罐较为妥当。因为天然气密度小于空气，能很快扩散，拆修仪表或加气作业时一次泄放量小于 2m^3(基准状态)的气体可排入大气。泄压保护装置应采取防塞和防冻措施。加气站不同压力级别系统的放散管宜分别设置，放散管管口应高出设备平台 2m 以上，且应高出所在地面 5m 以上。

站内调压箱、压缩机组、变配电间、储气装置和加气岛等危险场所应设置天然气检漏报警探头。检漏报警装置的安装与使用应符合《爆炸性环境用电器设备》GB 3836 的相关规定并集中设置，并与本站供电系统(不包括消防泵)连锁和配置不间断电源。

加气站内爆炸危险区域及等级范围划分应按《汽车加油加气站设计与施工规范》GB 50156 确定。操作危险区域内电器设备的选型、安装及其电力线路的敷设等应符合现行《爆炸和火灾危险环境电力装置实际规范》GB 50058 的规定。

低压配电装置允许设在加压加气站的站房内，其配电装置所在的门、窗均应与生产工艺操作装置保持大于 6m 的净距。

站内各操作间和营业室均应设置事故照明，其连续照明时间不少于 20min。站内爆炸危险区域以外的照明，可选用非防爆型灯具，但罩棚小的灯具应选防护等级不低于 IP44 级的节能型灯具。

8.3 压缩天然气供应站

压缩天然气储配站和瓶组供气站都是压缩天然气的供应站。压缩天然气瓶组供应是城镇天然气供应的一种方式。目前我国天然气输气干线密度较小，许多城市还不具备由输气干线供给天然气的条件。对于一些距气源(气田或天然气输气干线等)不太远(一般在 200km 以内)，用气量较少的城镇或小区，可以采用气瓶车(气瓶组)运输天然气到城镇供给居民生活、商业、工业及采暖通风和空调等各类用户作燃料使用，并在城镇区域内建设城镇天然气输配管道或工业企业供气管道。在选择压缩天然气供应方式时，应与城市其他燃气供应方式进行技术经济比较后确定。

8.3.1　压缩天然气供应站站址的选择及其平面布置

1. 压缩天然气储配站

压缩天然气储配站的设计规模应根据城镇各类天然气用户的总用气量和供应本站的压缩天然气加气站供气能力及气瓶车运输条件等确定。其天然气总储气量应根据气源、运输和气候等条件确定，但不应小于本站计算平均日供气量的 1.5 倍。总储气量包括停靠在站内固定车位的压缩天然气瓶车的总储气量。气瓶车在站内应采取转换式的供气、储气方式，避免气瓶车在站内储气时间(停靠时间)过长，应转换使用(运输、供气、储存按管理顺序转换)。

当气瓶车的储气量大于 30000m^3时，除采用气瓶车储气外，应建天然气储罐等其他储气设施。因为气瓶车是一种活动式的储气设施，储气量过大，停靠固定车位的气瓶车数量过多，会给安全管理、运行管理带来不便，增加事故发生概率。根据我国已投产和在建的压缩天然气储配站实际情况调研，确定气瓶车在固定车位的最大储气能力不大于 30000m^3是比较适宜的。

压缩天然气储配站站址的选择符合城镇总体规划的要求，应具有适宜的地形、工程地质、交通、供电、给水排水及通信条件。为了靠近用户，储配站一般离城镇中心区域较近，选址应考虑环保及城镇景观的要求，尽量做到少占农田、节约用地并注意与城市景观协调。

压缩天然气储配站内天然气储罐与站外建、构筑物的防火间距应符合《建筑设计防火规范》GB 50016 的规定。站内露天天然气工艺装置与站外建、构筑物的防火间距按甲类生产厂房与厂外建、构筑物的防火间距执行。站内天然气储罐与站内建、构筑物的防火间距应符合表 3－7 的规定，与气瓶车固定车位相关的防火间距参见本章第二节内容。

2. 压缩天然气瓶组供气站

CNG 供应站是指压缩天然气用汽车运输气瓶组至本站，采用气瓶组作为储气设施，在此卸气、调压、计量和加臭后，送入城镇燃气输配管道。气瓶组可与调压计量装置设置在一起，也可采用撬装设备。

压缩天然气瓶组供应站宜设在用气负荷的附近，供气规模不应大于 1000 户，其规模应符合以下要求：

(1)气瓶组最大储气总容积不应大于 1000m^3，气瓶总几何容积不应大于 4m^3；

(2)气瓶组储气总容积应按 1.5 倍计算月平均日供气量确定。

CNG 供应站站址的选择应符合城镇总体规划的要求，远离大型公共建筑、重要物资仓库以及通讯和交通枢纽等重要设施。尽可能地靠近公路，宜设置在供气小区的边缘，并应具有良好的地形、工程地质、供电和给排水等条件。

CNG 供应站工程设计的内容包括：卸气、调压、储气、计量、加臭以及相关的辅助设施。站内气瓶车固定车位及卸气柱与站内、外建、构筑物防火间距应符合表 8－2、表 8－3 中的规定。气瓶组应在站内固定地点设置。气瓶组及天然气放散管管口、调压装置至明火散发火花的地点和建、构筑物的防火间距不应小于表 8－5 的规定。

表 8-5 气瓶组及天然气放散管管口、调压装置至明火散发火花的地点和建、构筑物的防火间距(m)

项目＼名称		气瓶组	天然气放散管管口	调压装置
明火、散发火花的地点		25	25	25
民用建筑、燃气热水炉间		18	18	12
重要公共建筑、一类高层民用建筑		30	30	24
道路(路边)	主要	10	10	10
	次要	5	5	5

和天然气压缩加气站一样，压缩天然气供应站总平面也应分区布置，即分为生产储气区和辅助区。生产储气区应包括卸气柱、调压、计量储存和天然气输配等主要生产工艺系统；辅助区应由供调压装置的循环热水、供水、供电等辅助的生产工艺系统及办公用房等组成。卸气柱应设置在站内的前沿，且便于气瓶车出入的地方。供应站宜设 2 个对外出入口，并应设高度不小于 2.2m 的非燃烧实体围墙，面向气瓶车进、出道路的一侧应开敞，也可建非实体围墙或栅栏。

8.3.2 压缩天然气供应站的工艺流程

CNG 供应站按流程和设备功能分为：

(1)卸车系统，即与气瓶转运车对接的卸气柱及其阀件、管道；

(2)调压换热系统，由高压紧急切断阀、一级和二级换热器、调压器、一级和二级放散阀组成；

(3)流量计量系统；

(4)加臭系统(加臭机)；

(5)控制系统(含与在线仪表、传感器相联系的中央控制台)；

(6)加热系统(燃气锅炉、热水泵等)；

(7)调峰储罐系统。

压缩天然气应根据工艺要求分级调压，应符合下列要求：

1. 在一级调压器进口管道上应设置快速切断阀，在事故状态下可以快速切断气源(气瓶车)，其安装地点应便于操作。

2. 调压系统应根据工艺要求设置自动切断和安全放散装置。为保证调压系统安全、稳定运行，保护设备、管道及附件，必须严格控制各级调压器的出口压力，在出现调压器出口压力异常，并达到规定值(切断压力值)时，紧急切断阀应切断调压器进口。调压器出口压力过低时，也应有切断措施。

各级调压器后管道上设置的安全放散阀是对调压器出口压力异常的紧急状况的第二级保护设施。安全放散阀是在调压出口压力达到紧急切断压力值后，紧急切断阀的切断功能失效而出口压力继续升高时，达到安全阀开启力值，安全放散天然气，以保护调压系统。所以安全放散阀的开启压力高于该级调压器紧急切断压力。

3. 在压缩天然气调压过程中，应根据工艺条件确定对调压器前压缩天然气进行加热，加热量应能保证设备、管道及附件正常运行。加热介质管道或设备应设超压泄放装置，在发生压缩天然气泄漏时，可以保护加热介质管道和设备。

4. 在一级调压器进口管道上宜设置过滤器。

5. 各级调压器系统安全阀的安全放散管宜汇总至集中放散管。

根据供气规模的不同，供应站可分为两种工艺。当供气规模较小时，用 CNG 气瓶车作为储气系统，CNG 经两级调压后将压力降至管网运行压力，再经计量、加臭后进入城镇输配管网；当供气规模较大时，供应站采用天然气储罐储气，站内采用三级调压。

三级调压的工艺流程如图 8-8 所示。CNG 气瓶车将从天然气压缩加气站取得的 CNG 运输到 CNG 供应站，在供应站的卸气台通过高压胶管和快装接头卸气。因为 CNG 的减压过程可以近似看作绝热过程。当压力降低时，会伴随温度降低。由于焦耳—汤姆逊效应，一般天然气压力降低 1MPa，天然气温度降低约 4℃。CNG 降压过程中，压降很大，如果不采取加热措施，减压后的天然气会降到零下几十度，如此低温会对调压器造成损伤，影响后续设备及管网的正常运行。因此从气瓶车出来的 CNG 先经过一级换热器加热，再进入一级减压器减压，然后依次经过二级加热器加热，二级调压器减压，一部分进入储罐储存，另一部分通过三级调压器减压降至管网运行压力后计量、加臭送入城镇输配管网。

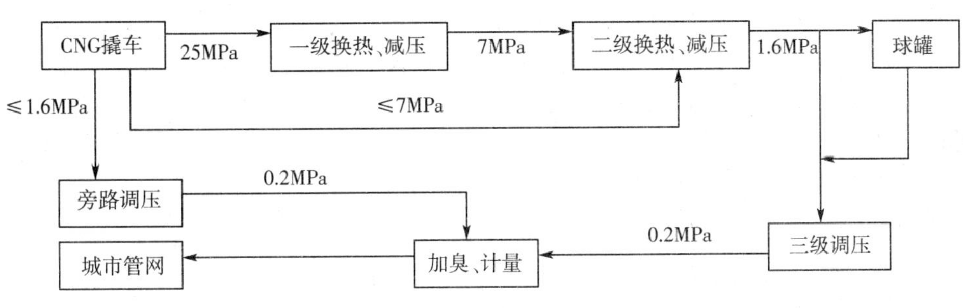

图 8-8　CNG 供应站工艺流程

8.4　压缩天然气供应系统管道及附件

由于压缩天然气系统压力高，其管道应采用高压无缝钢管，其技术性能应符合《高压锅炉用无缝钢管》GB 5310、《流体输送用不锈钢无缝钢管》GB/T 14976 或《化肥设备用高压无缝钢管》GB 6479 的规定。

钢管外径大于 28mm 时，压缩天然气管道宜采用焊接连接，管道与设备、阀门的连接宜采用法兰连接；小于或等于 28mm 的压缩天然气管道及其与设备、阀门的连接可采用双卡套接头、法兰或锥管螺纹连接。双卡套接头应符合《卡套管接头技术条件》GB 3765 的规定。管接头的复合密封材料和垫片应适合天然气的要求。

压缩天然气系统的管道、管件、设备与阀门的设计压力或压力级别不应小于系统的设计压力，其材质应与天然气介质相适应。压缩天然气加气柱和卸气柱的加气、卸气软管应采用耐天然气腐蚀的气体承压软管；软管的长度不应大于 6.0m，有效作用半径不应小于 2.5m。

室外压缩天然气管道宜采用埋地敷设，其管顶距地面埋深不应小于 0.6m，冰冻地区应敷设在冰冻线以下。埋地管道防腐设计应符合《城镇燃气设计规范》GB 50028 相关规定；若采用低架敷设，其管底距地面不应小于 0.3m；管道跨越道路时，管底距地面净距不应小于 4.5m。为了便于维护、检修，室内压缩天然气管道宜采用管沟敷设，管底与管沟底的净距不应小于 0.2m，管沟应用干沙填充，并应设活动门与通风口。室外管沟盖板应按通行重载汽车负荷设计。

第9章 燃气供应工程技术经济分析

城市燃气工程建设是城市建设的重要组成部分，是城市公用事业的主要设施。该系统主要由燃气气源、燃气输配设施和燃气用户用气设备等部分组成。城市燃气工程建设，技术要求高，工程综合性强。在确定工程建设时，需全面、深入地做好技术经济分析工作，这是决定项目取舍、保证项目建设顺利进行、提高项目经济效果的根本性措施。

9.1 技术经济分析的任务与方法

在城市燃气输配系统设计时，为了达到相同的目的，满足相同的需要，往往可以采取多个不同的技术方案。任何一个输配系统的方案，不仅要技术成熟、先进，还要在运行中安全可靠，同时也必须经济合理。要使输配系统有很高的经济指标，必须通过对诸多方案进行经济比较选出最佳方案。

在制订方案时所考虑的因素很多，其中有的可以用数字来表示，有的仅用数字不能全面反应情况，有些则难以用数字来表示。在某些情况下，那些不能完全用数字来表达的因素在确定技术方案时往往起着很大作用。因此，评价技术方案的优劣，以致决定方案的取舍，仅仅依靠数据是不全面的。正确的方法应是对技术、经济等几方面的要求进行综合分析，全面考虑，经科学论证及严格审查，才能作出符合当时、当地客观条件的合理抉择。

9.1.1 技术经济分析的基本任务

技术经济分析是研究如何应用技术选择、经济分析、效益评价等手段，为制定正确的技术政策、科学的技术规划、合理的技术措施及可行的技术方案等提供依据；或对具体项目的实施作出经济综合评价，以促进技术与经济的最佳结合及技术进步与经济发展的协调统一，提高技术实践活动的经济效益。

技术经济分析的任务就是对各个技术方案进行经济评价，选取技术先进、经济合理的方案，即最佳方案。主要有：

1. 预先分析、比较各种技术方案的可行性及优劣，进行方案评价选优，为项目决策提供依据；

2. 揭示技术方案实施中的各种矛盾或薄弱环节，提出改进措施，以保证先进技术的成功应用，充分实现其经济效益；

3. 正确评价技术方案的实施效果，反馈技术应用、改进及新需求方面的信息，推动技术创新。

9.1.2 多方案之间的可比性

方案的比较和优选，是方案评价的基本方法。在进行城市燃气方案的经济效果比较时，必须考虑这些方案在经济上的可比性。可比性原则包括以下几个方面：

1. 资料和数据的可比性

对各方案数据的收集和整理的方法要加以统一，所采用的定额标准、价格水平、计算范围、计算方法等应一致。经济分析不同于会计核算，会计核算要求全面、精确，是事后核算。经济分析是预测性的计算，费用和收益都是预测值，因而不必要也不可能十分精确。它允许舍弃一些细枝末节，以便把主要精力集中在主要的经济要素计算上。只要主要要素（包括投入和产出）计算比较准确，就能保证经济分析的质量，得出正确的结论。在实践中，比较方案一般都有具体的费用和收益的数据。如果不具体，特别当替代方案是一个假定方案时，则可采用平均水平数据。

确定分析计算的范围是保证资料数据可比性的一个重要方面。确定计算范围，即规定方案经济效果计算的起点。方案的比选必须以相同的经济效果计算范围为基础，才具有可比性。例如，对于原来已经花费的费用和已经取得的收入在进行方案的比较时一般是不考虑的，只考虑由于本方案所引起的新增费用和新增收益。

经济分析同样要考虑不同时期价格的影响，如果忽视不同时期价格变化，则分析结论就会有偏差。一般常采用某一年的不变价格进行技术经济分析计算，这就是为了消除不同时期价格不可比因素的影响。

2. 同一功能的可比性

任何方案都是为了达到一定的目标而提出的。但是达到预期目标的途径则可以是多种多样的，所采取的方法和手段也很多。参与比选的众多方案的一个共同点就是预期目标的一致性，也就是方案产出功能的一致性。如果不同方案的产出功能不同，或产出虽然相同，但规模相当悬殊或产品质量差别很大的技术方案都不能直接进行比较。

3. 时间可比性

一般来说，实际工作中所遇到的互斥方案通常具有相同的寿命期，这是两个互斥方案必须具备的一个基本的可比性条件。但是，也经常遇到寿命不等的方案需要进行比较的情况，理论上来说是不可比的。但是在实际工作中经常会遇到此类情况，同时又必须作出选择。这时就需要对方案的寿命按一定的方法进行调整，使它们具有可比性。

9.1.3　技术经济分析的基本方法

1. 静态分析法

静态分析方法是相对动态分析方法而言。动态分析方法是考虑资金的时间因素的技术经济分析方法，而静态分析方法是一种不考虑资金的时间因素的技术经济分析方法。

(1)经济效果的评价原则

在任何经济活动中，总是用一定的投入取得一定的产出。产出就是使用价值；投入，不论其形式如何，都可以归结为社会劳动的消耗。经济效果意味着使用价值与劳动消耗两者的对比关系，即

$$经济效果=使用价值/社会劳动消耗$$

所谓经济效果高是指一定的劳动消耗创造更多的使用价值，或者创造一定的使用价值用较少的劳动消耗。由此可见，如果存在着几个创造相同使用价值的方案，经济效果最高的方案一定是社会劳动消耗最小的方案。

在社会化大生产的条件下，企业的利润 m 与一次投资 P 成一定的比例关系。即

$$m=E_n \cdot P \tag{9-1}$$

式中，E_n 是所谓的平均投资利润率。当某项投资的 $\frac{m}{P} \geqslant E_n$ 时，表明该项投资可获得大于或等于社会平均利润率，即该项投资是可行的。但这只是从企业的角度来考察经济利益。而当企业的局部利益与国民经济利益出现矛盾时，应服从国民经济利益。

(2)投资收益率与投资回收期

根据式 $m=E \cdot P$ 可得 $E=\frac{m}{P}$

式中，E 代表投资利润率，又可叫投资收益率。投资回收期用“T”表示，它是投资收益率的倒数，表示以每年的净收入去偿还原始投资所需要的年限，即

$$T=\frac{P}{m}=\frac{1}{E} \tag{9-2}$$

投资收益率越大，或者投资回收期越短，经济效益就越好。

(3)单位产品的投资额 P_U

$$P_U=\frac{P}{Q} \tag{9-3}$$

式中，P——建设项目的投资总额；

Q——项目投产后的年产量(一般为设计产量)；

P_U——单位产品的投资额。

这个指标主要用于衡量同类建设项目的经济效果，简单明了，它只反映建设项目的一次性投资，并没有反映产后的生产成本，因此带有局限性。

单位产品投资额的倒数，就是单位投资年产品率(投资产品率)q

$$q=\frac{1}{P_U}=\frac{Q}{P} \tag{9-4}$$

一般情况下，单位产品投资额越小，或者是单位投资年产品率越高，其经济效果越好。

(4)两方案比较

设 P 为投资额，C 为年度成本。在比较两个不同设计方案时，可能出现两种情况：

情况一

$P_1<P_2, C_1<C_2$：方案 1 为优

$P_1>P_2, C_1=C_2$：方案 2 为优

$P_1>P_2, C_1>C_2$：方案 2 为优

在这种情况下，可从两个方案中选择一个。

情况二

$P_1>P_2, C_1<C_2$

即第一方案与第二方案比较，第一方案投资大，但年度成本可以有所节省。这种情况下判断起来就困难了。这里存在着初投资和节约成本的可比性问题。这时就要看增加投资后，是否可以降低成本，也就是看所增加的投资能否带来效益，且所带来的投资收益率是否大于定额

投资收益率。如果答案是肯定的，则增加投资的方案是可行的，即

$$E=\frac{C_2-C_1}{P_1-P_2}>E_n$$

或

$$T=\frac{P_1-P_2}{C_2-C_1}<T_0$$

式中，E_n——定额投资收益率（即平均投资利润率）；

T_0——定额投资回收期。

如果计算结果相反则表示投资小的方案 2 优于方案 1。

(5)多方案的比较

若$\frac{P_2-P_1}{C_1-C_2}\leqslant T$ 则表示方案 2 的经济效果较好。将该式作如下变化：

$$P_2-P_1<T_0(C_1-C_2)$$

$$P_2+T_0C_2<P_1+T_0C_1$$

因此在比较以上两个方案时，为了减少计算的工作量和计算的复杂条件，可以应用以下公式进行计算：

$$P_n+T_0C_n=\text{最小}$$

式中，P_n——第 n 个方案的投资；

C_n——相应方案的年产品成本。

费用总额最小的方案就是最好的方案。

2. 技术经济分析的动态分析法

动态评价方法，是指对方案的经济效果进行分析时，必须考虑资金时间价值的一种技术经济评价方法，它的主要优点是考虑了方案在其经济寿命 j 的期限内投资、成本和收益随时间发展变化的情况，能够体现真实可靠的技术经济评价。

(1)净现值 NPV

$$\text{NPV}=\sum(\text{收入}-\text{支出})/(1+i)^j-P_0 \tag{9-5}$$

式中，P_0——现值，一般指初投资；

i——实际折现率。

净现值 NPV 就是将未来的一切资金收入与资金支出均折算成现值，再按净现值加以评价或比较。通常以基建开始时间作为“基准时间”来计算净现值。该指标概念清楚，使用方便。

用基准折现率 i_0 代入上式进行计算，如净现值为正，表明实际折现率大于基准折现率 i_0，方案可行。如净现值为负，表明实际折现率小于基准折现 i_0，方案不可行。当几种方案比较时，净现值大者为优。

(2)净现值指数(NPVR)

$$NPVR = NPV / P_i \tag{9-6}$$

式中，P_i——投资总额的现值(以后年份投资应折算到期初)。

当对投资额不同的方案进行比较时，用 NPV 就显得缺乏可比性，依据常理“投资多应该赚得多”，净现值肯定就大。用 NPVR，就更加合理与准确，因为比较的是单位投资的净现值，排除了投资额不同的干扰。

(3)内部收益率 IRR

投资收益率是指项目投产后每年平均收益与其原始投资额之比值(%)。内部收益率法就是计算项目在经济寿命期内的全部净收益现值等于投资现值或等额年收入等于等额年支出时的收益率，并以内部收益率或预定收益率为标准，进行投资方案的比较和评价。

多方案比较时，在达到内部收益率要求的条件下，以收益率大者为优先；对单方案评价，所求得的收益率应大于本部门基准折现率，否则该方案不可取。

(4)投资回收期

投资回收期就是工程项目建成投产后，以其每年的收益偿还投资总额所需的时间。任何工程项目的投资，都应该被其收益所回收，投资回收期越短，经济效果越好，反之则差。

对多方案进行比较时，无论经济寿命相同与否，均以投资回收期短者为优；对单方案评价，投资回收期应小于标准回收期或预定的投资回收期，否则该方案是不可取的。

投资回收期是工程项目在经济寿命期内，各年净收益累计和等于投资总额时或净现金流量累计和等于零时的期数，与内部收益率的计算原理完全相同，区别仅在于求投资回收期是求未知期数 n，求内部收益率是求未知利率(收益率)i。

9.2 城镇燃气工程经济分析

9.2.1 燃气输配系统的投资费用和运行费用

1. 输配系统的投资费用

(1)燃气管道的投资取决于管道本身造价和建设费用。管道的建设费用取决于管道敷设深度、土壤和路面的性质、管道连接方法、施工机械化程度等。可以把决定燃气管道投资的所有因素近似的分为与管径有关和与管径无关的两类。对城市燃气管道来说，管壁厚度通常比根据强度条件所要求的厚度要大。土方工程的费用和管径的关系与管道造价和管径的关系比较起来是很小的，而敷设深度实际上是几乎与管径无关。

管道造价与管径之间的关系式，必须根据在各种不同的敷设条件下得出的实际数据来建立。城市燃气管道的造价可近似地用下述简化的关系式确定：

$$K_p = bd \tag{9-7}$$

式中，K_p——管道的造价，元/m；

d——燃气管道直径，cm；

b——造价系数，元/(cm·m)。

(2)调压站、燃气储配站、压送站的造价与其类型及容量有关,经计算确定。

2. 燃气输配系统的运行费用

城市燃气输配系统的运行费用,由下列主要部分构成:折旧费(包括大修费),小修和维护管理费用,加压燃气用的电能或燃料费用。

年运行费用除以年用气量即为燃气输配成本。

(1)燃气输配系统的折旧(包括大修费)、小修及维护管理费用,通常以占投资费用的百分数来表示。这部分运行费用可按下式计算:

$$S=(f'+f'')K \tag{9-8}$$

式中,S——燃气输配系统的折旧、小修及维护管理费用,元/年;

f'——折旧费(包括大修费)占投资费用的百分数;

f''——小修及维护费用占投资费用的百分数;

K——燃气输配系统的投资,元。

(2)加压用的电能或燃料费用应根据年用气量及需用情况、压缩机的类型及其功率、电价或燃料价格等计算求得。

9.2.2 燃气调压站的最佳作用半径

当建设多级燃气管网时,就产生了调压站的经济作用半径问题。随着调压站数目的增加,低压管网的造价降低,但提高了调压站本身的造价,并由于连接调压站的中压或高压管道长度的增加,也提高了中压或高压管网的造价。因此存在一个最经济的调压站作用半径 R,这时管网系统的年计算费用为最小。

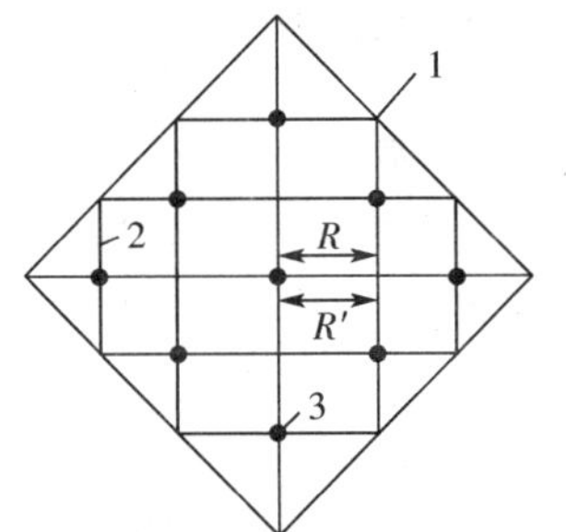

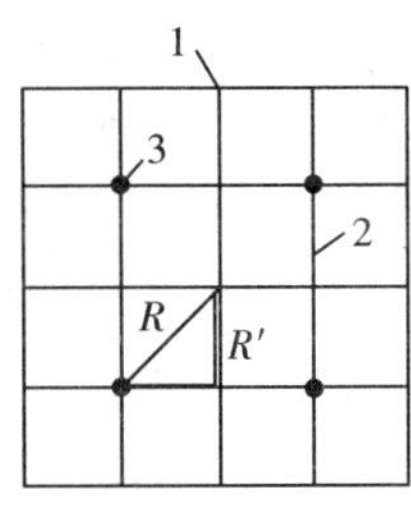

图 9-1 调压站的作用半径

1-供气区边界;2-低压管网;3-调压站

调压站的作用半径是指从调压站到零点的平均直线距离。如图 9-1 所示,调压站的作用半径为:

$$R=\frac{\sqrt{2}}{2}\sqrt{\frac{F}{n}}=0.71\sqrt{\frac{F}{n}} \tag{9-9}$$

式中,R——调压站作用半径,m;

n——调压站数目;

F——供气区域面积,m^2。

通过一系列的技术经济计算，得到调压站的最佳作用半径 R_0

$$R_0 = 4.3\left[\frac{f_g}{f_{\ln}}\right]^{0.388}\frac{B^{0.388}\Delta P^{0.081}}{b^{0.388}\varphi^{0.245}(Ne)^{0.143}} \tag{9-10}$$

式中，f_g——调压站折旧费(包括大修费、小修费和维护管理费用)占投资的百分数；

$f_{\ln}$——低压管网折旧费(包括大修费、小修费和维护管理费用)占投资的百分数；

B——一个调压站的造价，元；

ΔP——低压管网的计算压力降，P_a；

b——管道造价系数，元/(cm·m)；

φ——低压管网的密度系数 1/m，φ=低压管网的总长度(m)/供气面积(m^2)；

N——人口密度，人/公顷；

e——每人每小时的计算流量，Nm^3/(人·h)。

在确定 e 值时应考虑到连接低压管网的所有用户。

从 R_0 的计算公式中可以看出：

(1)调压站的最佳作用半径随 B 和 ΔP 的增加而增大；

(2)调压站的最佳作用半径随 b、φ 和 N 的增加而减少；

(3)对 R_0 影响较大的是调压站的造价 B、管道造价系数 b 及低压管网密度系数 φ，影响较小的是人口密度 N 和每人每小时计算流量 e，影响最小的是计算压力降 ΔP。

调压站的最佳负荷根据一个调压站供应的面积 $2R^2$(m^2)、居民人口密度 N 和每人每小时计算流量 e 来确定：

$$Q_0 = \frac{Ne2R^2}{10000} = \frac{NeR^2}{5000} \tag{9-11}$$

例如，某个调压站的造价 B=20000 元，管道造价系数 b=2 元/(cm·m)，f_g=0.25，$f_{\ln}$=0.18，低压管网的计算压力降 ΔP=1000P_a，人口密度 N=400 人/公顷，每人每小时的计算流量 e=0.1Nm^3/(人·h)，低压管网的密度系数 φ=0.015。将这些数据代入式(9-10)，可求得调压站最佳作用半径为 500m 左右。

9.3 城镇燃气工程综合效益分析

对于燃气供应系统，不仅要考虑方案中能够用货币形式体现的直接经济效益，还要考虑项目实施后带来的社会效益和环境效益等。由于各种燃料的燃烧效益不同，使用气体燃料不仅可以减少燃料消耗，而且可以减少污染物排放。

一般来说，一个城镇实现燃气化的效益是多方面的，许多内容是难以用具体数字来表现的。而且有些燃气项目还属于综合利用的技术方案，如人工燃气的气源项目等。这些项目在生产燃气的同时，还有其他方面的不同产品供应社会，它的社会效益需要综合分析。但是，和气化前的状况相比，有些效益是应当而且可以用数量指标来衡量的，比如替煤量、二氧化硫的排放量减少等。

为了便于比较，各种燃料都应按热值折算为标准煤来表示。

1. 年替煤量的计算

年替煤量应按实际调查进行统计和计算，也可按典型用户的用煤指标进行计算。

$$M=\sum G \tag{9-12}$$

式中，M—— 年替煤量(标准煤)，万 t/ 年；

$\sum G$—— 各类燃气用户气化前实际耗煤量的总和，万 t/ 年。

2. 年减少二氧化硫排放量的计算

由于燃气中硫含量很少，可以根据替煤量来计算因燃气化而减少的二氧化硫排放量，计算公式为：

$$E=2\times 80\% ML=1.6ML/100 \tag{9-13}$$

式中，E——年减少二氧化硫的排放量，万 t/年；

2——二氧化硫分子量为单体硫的倍数；

80%——考虑煤燃烧后，有一部分硫分布在于灰渣中，二氧化硫的排放量按全部硫分的80%考虑；

L——煤的平均含硫量百分比。

3. 年减少飞灰量的计算

年减少飞灰量可由下式计算：

$$H_f=0.01M\times h \tag{9-14}$$

式中，H_f——年减少飞灰量，万 t/年；

h——飞灰百分比。

由于炉型不同、燃烧方式不同，飞灰的百分比变化范围很大。一些大型用户可根据实际情况计算，民用炉的飞灰量可按替煤量的 11%计算，一般工业窑炉可按 5.5%计算。

4. 年减少炉灰量计算

由于燃气燃烧过程不产生固形灰渣，因此，燃气化后减少炉灰量可由下式计算：

$$H_L=0.01M(b-h) \tag{9-15}$$

对于一般燃烧蜂窝煤或煤球的居民用户：

$$H_l=0.01l\times M \tag{9-16}$$

式中，H_l——年减少炉灰量，万 t/年；

b——煤的平均灰分；

h——飞灰的百分比；

l——煤燃烧后的灰量(包括渗入黄土和白灰的灰量)的百分数。

5. 年减少城镇运输量的计算

长途运输量的减少，应根据不同气源、不同燃料、不同运距及不同运输方法进行计算。

市内运输量的减少可由下式计算：

$$Z=k(M+H_l) \tag{9-17}$$

式中，Z——年减少市内运输量，万 t·km/年；

k——市内平均运输距离，km；

H_l——年减少炉灰量，万 t/年。

6. 减少城镇汽车数量的计算

由于市内运输量的减少而减少的汽车数量可由下式计算

$$C=Z/Y \tag{9-18}$$

式中，C——减少汽车数量，辆；

Z——年减少市内运输量，万 t·km/年；

Y——每辆汽车每年可完成的运输量，万 t·km/(辆·年)。

第 10 章　燃气工程施工技术

10.1　钢质燃气管道的防腐施工

10.1.1　钢质燃气管道腐蚀原因

腐蚀是金属在周围介质的化学、电化学作用下引起的一种破坏。金属腐蚀按其性质可分为化学腐蚀和电化学腐蚀。

1. 化学腐蚀

单纯由化学作用引起。金属直接和周围介质如氧、硫化氢、二氧化硫等接触发生化学作用，在金属表面上产生相应的化合物（如氧化物、硫化物等）。用金属材料构成的燃气管道上所出现的化学腐蚀，常常会发生在管道的内壁和外壁，因为管道输送的流体中，通常含有少量的氧或硫化物以及二氧化碳和水等，直接对管道的内壁产生腐蚀。外壁的化学腐蚀依然存在，对于埋地管道而言，外壁仍然会存在于有氧的环境中，架空敷设的管道同样会在空气中被氧化。

化学腐蚀是全面的腐蚀，在化学腐蚀的作用下，管壁的厚度是均匀减少的。

2. 电化学腐蚀

当金属和电解质溶液接触时，由电化学作用引起的腐蚀。它与化学腐蚀不同，是由于形成了原电池而引起的。

金属燃气管道的电化学腐蚀，在管道的内壁和外壁都会产生。当燃气含有水时，水在管道的内壁形成一层亲水膜，而燃气中含有的硫化氢、二氧化碳、氧等溶于水中便会成为电解质，形成了原电池腐蚀的条件。但当燃气中的含水极少时，管道内壁的电化学腐蚀是不严重的。

严重的电化学腐蚀发生在埋地钢管的外壁。埋地钢管各部分的金相组织结构不同，表面粗糙度不同以及作为电解质的土壤，其物理化学性质不均匀。例如含氧量、pH 值不同等原因，使一部分金属容易电离形成阳极区，而另一部分金属不容易电离，相对来说电位较正的部分成为阴极区。电子由电位较低的阳极区，沿管道流向电位较高的阴极区，再经电介质（土壤）流向阳极区，而腐蚀电流从高电位流向低电位，即从阴极区沿钢管流向阳极区，再经电解质（土壤）流向阴极区。

在阴极区，电子被电解质（土壤）中能吸收电子的物质（离子或分子）所接受。其电化学反应式如下：

$$Fe \rightarrow Fe^{2+} + 2e$$

$$\frac{1}{2}O_2 + H_2O + 2e^- \rightarrow 2OH^-\text{（中性、碱性介质）}$$

$$\text{或 } 2H^+ + 2e^- \rightarrow H_2\text{（酸性介质）}$$

$$Fe^{2+} + 2OH^- \rightarrow Fe(OH)_2$$

以上3个环节是相互联系的，如果其中一个环节停止进行，则整个腐蚀过程就停止了。当阳极与阴极反应等速进行时，腐蚀电流就不断地从阳极区通过土壤流入阴极区，腐蚀就不断地进行，直至管道穿孔。图10－1为燃气管道电化学腐蚀过程示意图。

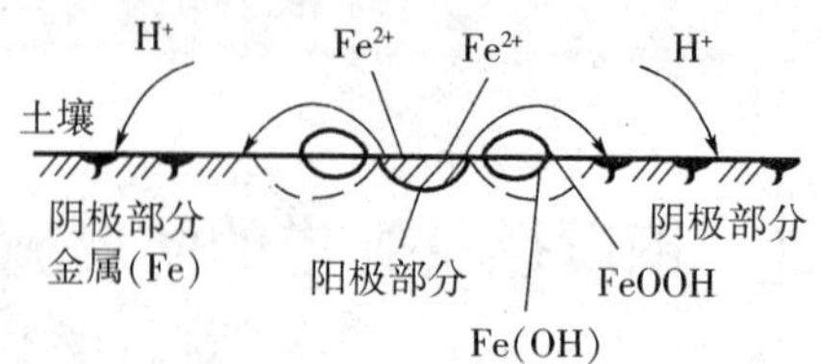

图10－1 燃气管道电化学腐蚀过程示意图

3. 杂散电流对钢管的腐蚀

由于外界各种电器设备的漏电与接地，在土壤中形成杂散电流。其中对钢管危害最大的是直流电流。泄漏直流电的设备有电气化铁路和有轨电车的钢轨、直流电焊机、整流器外壳接地和阴极保护站的接地阳极等。杂散电流从地下钢管的一端流入，从另一端流出。流入端成为阴极，流出端变为阳极，导致钢管腐蚀。杂散电流对钢管的腐蚀如图10－2所示。

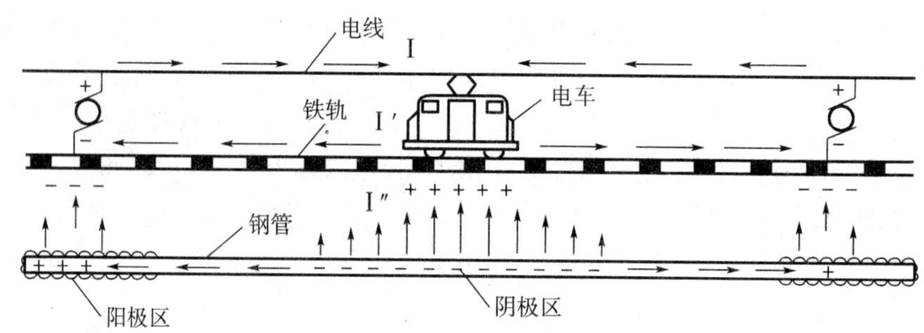

图10－2 杂散电流对钢管的腐蚀过程示意图

4. 细菌作用引起的腐蚀

根据对微生物参与腐蚀过程的研究发现，不同种类细菌的腐蚀行为，其条件也不相同。例如，在潮湿、通风与排水不良的土壤中存在厌氧的硫酸盐还原菌，它能将可溶的硫酸盐转化成为硫化氢，使土壤中氢离子浓度增加，加速了埋地管道的腐蚀过程。

10.1.2 埋地钢管的防腐方法

针对土壤腐蚀性的特点，目前许多城市在中、低压燃气管道上采用耐腐蚀的铸铁管或塑料管。实践证明，埋地铸铁管道的使用寿命可达60～70年，而钢管只有20～30年。但铸铁管的使用受到很多因素的限制。当管径大、输送燃气压力大、温度高时，就必须使用钢管。

钢管最大弱点是耐蚀性差，尤其对埋地管道外壁腐蚀最为严重，因此必须采取防腐蚀措施。主要方法有：采用防腐蚀绝缘层；增加管道和土壤之间的过渡电阻，减少腐蚀电流；采用电保护法（阴极保护和牺牲阳极保护）。一般电保护法应与绝缘层防腐法相结合，以减少电流的消耗。

1. 绝缘层防腐法

管道的绝缘层一般应满足下列基本要求：

(1)与钢管的粘结性好,沿钢管长度方向应保持连续完整性;

(2)具有良好的电绝缘性能,有足够的耐压强度和电阻率;

(3)具有良好的防水性和化学稳定性;

(4)具有抗生物细菌侵蚀的性能,有足够的机械化强度、韧性及塑性;

(5)材料来源较充足、廉价,便于机械化施工。

目前国内外埋地钢管所采用的防腐绝缘层材料种类很多,可根据土壤的防腐性能决定防腐绝缘等级,选用石油沥青、环氧煤沥青、聚乙烯热塑涂层等防腐绝缘材料。

石油沥青绝缘层由沥青、玻璃布和防腐专用的聚氯乙烯工业膜组成。石油沥青涂层等级及结构如表 10-1 所示。

表 10-1 石油沥青涂层等级及结构

等级	结构	每层沥青厚度/mm	总厚度/mm
普通防腐	沥青底漆—沥青—玻璃布—沥青—玻璃布—沥青—外保护层	≈1.5	≥4.0
加强防腐	沥青底漆—沥青—玻璃布—沥青—玻璃布—沥青—玻璃布—沥青—外保护层	≈1.5	≥5.5
特加强防腐	沥青底漆—沥青—玻璃布—沥青—玻璃布—沥青—玻璃布—沥青—外保护层	≈1.5	≥7.0

采用石油沥青涂层存在工艺复杂、涂膜强度差、施工劳动强度大、严寒地区不宜使用、质量不稳定等特点。近年来在我国的管道建设中开始采用环氧煤沥青涂层的绝缘层防腐法。环氧煤沥青绝缘层等级及结构如表 10-2 所示。

表 10-2 环氧煤沥青绝缘层等级及结构

等级	结构	总厚度/mm
普通	底漆—面漆—玻璃布—两层面漆	≥0.4
加强	底漆—面漆—玻璃布—面漆—玻璃布—两层面漆	≥0.6
特加强	底漆—面漆—玻璃布—面漆—玻璃布—面漆—玻璃布—两层面漆	≥0.8

2. 电保护防腐法

电保护法是根据电化学腐蚀原理,使埋地钢管全部成为阴极区而不被腐蚀,故又称阴极保护法。阴极保护法通常是与绝缘层防腐法同时使用,一旦绝缘层被破坏,电保护法也很难奏效。

电保护法通常分为外加电源阴极保护法及牺牲阳极保护法两种。

(1)外加电源阴极保护法 利用外加的直流电源,通常是阴极保护站产生的直流电源,使金属管道对土壤造成负电位的保护方法,称为阴极保护。其原理见图 10-3,阴极保护站直流电源的正极与接地阳极相连,负极与被保护的管道在通电点连接。接地阳极材料有废旧钢材、石墨和高硅铁等。电流从正极通过导线流入接地阳极,再经过土壤流入被保护管道,而后由管道经导线流回负极。这样使整个管道成为阴极,而与接地阳极构成腐蚀电池,接地阳极的正离子流入土壤，不断受到腐蚀，管道则受到保护。

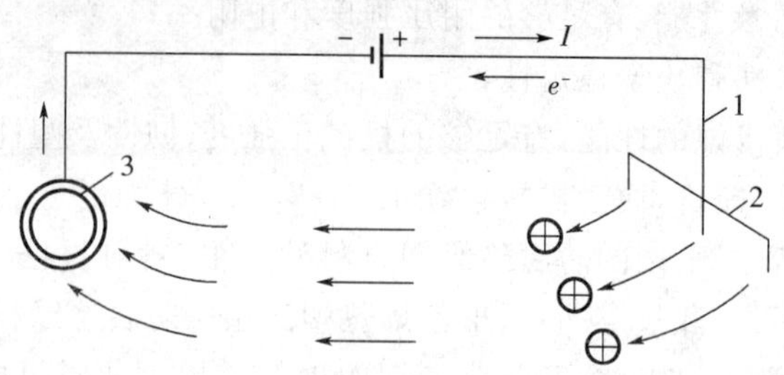

图 10-3 外加电源阴极保护原理

1-导线；2-辅助阳极；3-被保护管道

埋地金属管道达到阴极保护的最低电位值 E_2，亦称最小保护电位，指金属经阴极化后必须达到的绝对值最小的负电位，在此电位下土壤腐蚀电池被抑制。最低电位值由土壤腐蚀性等因素决定。在不知最小保护电位的情况下，可采用比自然电位负 0.2～0.3V（对钢铁）和负 0.15V（对铝）的参数确定，但最好通过试验确定。

当阴极保护通电点处金属管道的电位过高时，可使涂于管道上的沥青绝缘层剥落而引起严重腐蚀的后果，因此必须将通电点最高电位 E_1 控制在安全范围之内，此电位称作最大保护电位。该数值通常用试验确定，但对于石油沥青防腐层取 1.25V 即可。

一个阴极保护站的保护半径 R=15～20km。两个保护站同时运行时，由于阴极保护电位的叠加性，两个保护站之间的保护距离 S=40～60km。

为了使阴极保护站充分发挥作用，阴极保护站最好设置在被保护管道的中点。如图 10-4 所示。

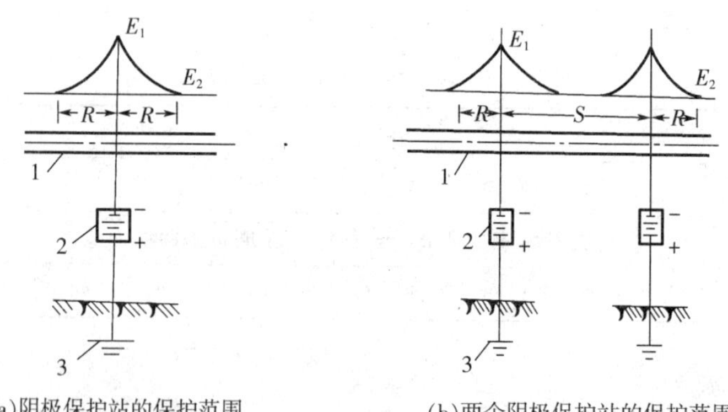

(a)阴极保护站的保护范围 (b)两个阴极保护站的保护范围

图 10-4 阴极保护站的保护范围

1-管道；2-阴极保护站；3-接地阴极

图中 E_1 为阴极保护通电点处金属管道的最高电位，E_2 为埋地管道达到阴极保护的最低电位值。E_1 值越负，则阴极保护站的保护半径 R 就越大。为了达到最大的保护半径，接地阳极和通电点的连接应与管道垂直，连线两端点的距离约为 300m。

（2）牺牲阳极保护法　采用比被保护金属电极电位较负的金属材料和被保护金属相连，以防止被保护金属遭受腐蚀，这种方法称为牺牲阳极保护法。电极电位较负的金属与电位较正的被保护金属，在电解质溶液（土壤）中形成原电池，作为保护电源。电位较负的金属成为阳极，在输出电流过程中遭受破坏，故称为牺牲阳极。如图 10－5 所示。

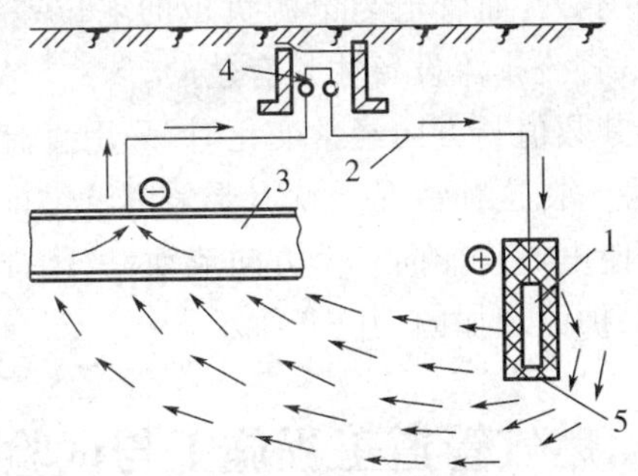

图 10－5　牺牲阳极保护原理图

1－牺牲阳极；2－导线；3－管道；4－检测桩；5－填包料

通常选用电极电位比铁更负的金属，如镁、铝、锌及其合金作为牺牲阳极。使用牺牲阳极保护时，被保护的金属管道应有良好的防腐绝缘层，管道与其他不需保护的金属管道或构筑物之间没有通电性，即绝缘良好。土壤的电阻率太高、输气管线通过水域时不宜采用牺牲阳极保护。

为使阳极保护性电流的输出达到足够的强度，必须使牺牲阳极和土壤（电解质）之间的接触电阻减到最小。例如，在有些土壤中，锌阳极表面能形成薄膜，这种薄膜能把锌阳极和周围的电解质隔开。在饱含碳酸盐的土壤中，这种情况特别严重，此时，阳极和它周围介质间的接触电阻将无限增大，而使保护作用实际上几乎停止。为了克服这类现象，必须把阳极装在特殊的人工环境里，即装在填包料里。这样可以减小阳极和介质（土壤）的接触电阻，使阳极的使用耐久，保护性能提高。每种牺牲阳极都相应的有一种或几种最适宜的填包料，例如锌合金阳极，用硫酸钠、石膏粉和膨润土作填包料。

牺牲阳极应埋在土壤冰冻线以下。在土壤不致冻结的情况下，牺牲阳极和管道的距离在 0.3～7.0m 范围内，对保护电位影响不大。

（3）排流保护法　用排流导线将管道的排流点与钢轨连接，使管道上的杂散电流不经土壤而经导线单向地流回电源的负极，从而保证管道不受腐蚀，这种方法成为排流保护法。排流保护可分为直接排流和极化排流两种。

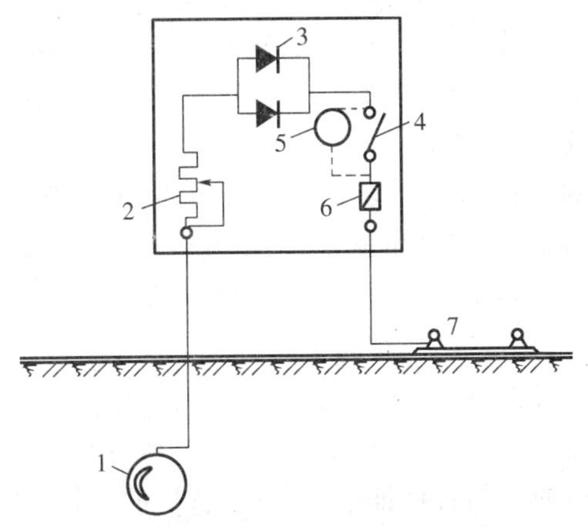

图 10－6　极化排流保护

1－管道；2－电阻；3－整流器；4－开关；5－电流表；6－保险丝；7－钢轨

直接排流就是把管道连接到产生杂散电流的直流电源的负极上。当回流点的电位相当稳定，负极与管道之间的导电率不大，而管道与电源负极的电位差大于管道与土壤间的电位差时，并且管道上总是正电位时，直流排流设备才是有效的。

当回流点的电位不稳定，其数值与方向经常变化时，采用直流排流设备可能由于周期性交变破坏作用而使管道受到损害。在这种情况下就需要采用极化排流设备来防止腐蚀。极化排流设备可防止发生反向电流，使电流只能向一个方向流动，极化排流保护与直接排流保护的区别，在于前者设有整流器，其保护原理如图 10-6 所示。

10.2 燃气管道工程施工与试验验收

10.2.1 城镇燃气管道埋地敷设方法

1. 沟槽开挖

在地下燃气管道施工中，土方工程量较大，而沟槽开挖又是施工中的第一道工序，其施工质量直接影响管道的基础、坡度和接口的质量，所以应该认真对待。沟槽断面形式一般有直槽、梯形槽、混合槽、联合槽等。正确地选择沟槽的开挖断面，可以减少土方工程量，方便施工，确保安全。选择沟槽断面形式应根据土壤性质、地下水位、开挖深度、施工现场大小、施工方法等因素结合埋设管道管径大小综合考虑。当土壤性质等自然条件一定时，施工方法和沟槽断面形式是互为影响的，可以根据施工方法选择沟槽断面，也可以根据沟槽断面选择施工方法。沟槽开挖方法应根据土壤的密实度和开挖难易程度来选择。为了降低工人劳动强度、提高工作效率，应根据具体施工条件，尽量采用机械化、半机械化或改良工具施工。

2. 燃气管道及管件下沟槽前的质量检验

(1)钢管的检验与防腐

燃气钢管在下沟施工前必须进行质量检验，检验合格并作好防腐层后方可下槽施工。

绝缘层防腐施工包括除锈、涂底漆和缠绕绝缘层材料等工序。除锈分人工除锈、机械除锈和化学除锈。前两种是国内目前普遍采用的。除锈后的钢管，应尽快涂敷底漆，以免产生新的锈蚀。

对埋地钢管防腐绝缘层的技术要求是：绝缘性能好，与钢管粘结性好，防水性和化学稳定性好，抗生物侵蚀，有足够的机械强度和韧性，材料及施工费用低、施工方便等。常用的涂敷层有石油沥青涂层和环氧煤沥青涂层。

石油沥青是使用最早的传统防腐材料。造价低廉，货源充足，工艺成熟。缺点是吸水率高、易老化，施工中对环境污染大，劳动条件差，不耐微生物侵蚀及植物根须穿透。

环氧煤沥青是国内近十多年来推广较广的一种新型防腐涂料。它的涂层致密，吸水性小(<5%)，耐化学介质，耐微生物侵蚀，耐植物根须穿透，使用寿命长，防腐效果好，施工及补口方便。缺点是价格高，比石油沥青高出 50%左右。

(2)铸铁管的检验

铸铁管必须具有制造厂的产品合格证书，应有制造厂的名称、商标、制造日期、工作压力符号等标记。铸铁管必须进行外观检查。铸铁管应按规定进行水压强度试验及严密性试验。

(3)塑料管的检验

塑料管必须具有产品合格证书、产品使用证明书、质量保证书和各项性能报告等有关资料。管材应在同一批中抽样检验,并按现行国家标准《燃气用埋地聚乙烯管材》、《燃气用埋地聚乙烯管件》进行规格尺寸和外观检查,必要时进行全面检查。管材从生产到使用之间的存放期不宜超过一年。

(4)管道附件的检验

阀门必须具有制造厂的产品合格证书,应有制造厂的名称、商标、制造日期、公称压力符号等标记。阀门应逐个进行外观检查、强度和严密性试验。强度试验压力为公称压力的1.5倍,严密性试验压力为公称压力。试验时间不少于5min。强度试验要求阀门壳体、填料无渗漏为合格。严密性试验以密封面不漏为合格。

凝水缸应逐个进行检查,满足质量要求。

3. 管道下槽方法

(1)燃气钢管下槽方法

直径200mm以上的钢管,下沟槽前一般在地上顺着沟边排列、焊成管段,然后再下入沟槽。直径在150mm以下的钢管一般不需要排管。管子下放到沟槽内的方法,可根据管子直径、管材种类、沟槽情况、施工期限、施工机具装备条件来确定。对于小直径的管子一般用人工下管;对于大直径的管子可采用机械下管或人工辅以小型机具下管。机械下管通常采用汽车式或履带式起重机。

常用的下管方式及方法如下:

① 集中下管　管子集中在沟边某处下到沟槽内,然后在沟槽内将管子运到需要的位置,这种方式适用于沟槽土质较差、有支撑、地下障碍物较多、不便于分散下管等情况。

② 分散下管　管子沿沟边顺序排列,依次下到沟槽内。这种方式避免了槽内运管。

③ 组合吊装　将若干根管子先在沟边焊接,连成一条较长的管段,然后下到沟槽内。这种方式,在沟槽上焊接方便,且减少了焊口工作坑的数量。焊接和沟槽开挖可同时进行,从而可缩短施工期限。

钢管焊接中应严格遵守有关技术规范。钢管壁厚在4mm以下时,可采用气焊焊接;管壁厚大于4mm或管径大于等于80mm时,用电弧焊焊接。管壁厚大于5mm时,焊接接口应按规定开出V型坡口,焊接三道;小于等于5mm焊两道,可不开坡口。管径小于等于700mm时,采用在外壁焊3道的工艺;管径大于700mm时,采用先在外壁点焊固定后从内壁焊接第一道,再在外壁焊第二第三道的工艺。

(2)燃气铸铁管下槽方法

将管道顺着沟槽边排列,将管子的有效长度计算出来。铸铁管除不能组合吊装外,其余下管方式均与钢管相同。

铸铁管连接方式如下:

① 承插式接口　承插式接口由铸铁管件的承口和插口配合组成,并保持一定的配合间隙。在承、插口的间隙中按设计要求填入填料。在承口内壁铸有环形凹槽,这样,在连接安装后,填料就能起到很好的密封作用。

② 机械接口(包括套接管)　铸铁管机械接口连接形式有多种,但都是橡胶圈为密封件,通过连接套、压盘、螺栓等,把胶圈始终压紧,从而保证了管道的气密性。铸铁管和接口一般用

球墨铸铁(或灰口铁)制造。这种接口气密性可达 0.3MPa,用于中、低压管道,可挠性大(直管与套管间折角允许角 6°),能在一定温度范围内对温差、地震等产生的应力进行补偿,操作简便,是一种较好的柔性接口。

(3)燃气聚乙烯(PE)管的敷设

聚乙烯(PE)管的连接方式主要是热熔法。在某些情况下也可用焊接和法兰连接。热熔连接分热熔对接和电热熔连接。热熔对接成本低,但管内卷边,影响气流流动。电热熔连接主要是用各种电热熔管件来完成 PE 管的连接,它的特点是费用高,但连接可靠。

聚乙烯(PE)管由于采用熔接连接方法,而且管道的柔性非常好,所以通常在沟上连接成长的管路,再下管。因此,可用较窄的沟槽,以节约施工成本。施工时,应注意避免管道受到过度的应力和应变。

4. 沟槽回填

沟槽在管道施工验收合格后应及时回填,恢复和平整地面,晾槽过久会引起槽壁坍塌、影响管道工程质量、妨碍交通和市容。

10.2.2 燃气管道的试验验收

在燃气管道安全完工并吹扫合格后,进行强度试验。强度试验合格后,进行严密性试验。

1. 强度试验

管道吹扫合格后,即可进行强度试验。输气干管试验段一般限于 3km 以内。管道试验时应连同凝水缸、阀门及其他管道附件一起进行。

(1)试验介质及试验压力

当管道设计压力为 0.01～0.8MPa 时,采用压缩空气进行强度试验。强度试验压力为设计压力的 1.5 倍,但不得小于 0.4MPa。

当管道设计压力为 0.8～4.0MPa 时,对城镇高压燃气管道一、二级地区可用压缩空气与清洁水进行强度试验,三、四级地区应用清洁水进行强度试验。但在符合下列条件时,也可采用压缩空气进行试验:①试压时最大环向应力对三级地区小于 50%σ_s、四级地区小于 40%σ_s;②最大操作压力不超过现场最大试验压力的 80%;③所试验的是新管,且焊缝系数为 1.0 时。强度试验压力不小于 1.5 倍的设计压力,除聚乙烯(SDR17.6)的试验压力不小于 0.2MPa 外,均不小于 0.4MPa。

在进行强度试验时,为保证安全,应进行必要的校核计算:①水压试验时,每段自然高差应保证最低点管道环向应力不大于 $0.96\sigma_s$;②气压试验时,除城镇高压燃气管道应符合采用压缩空气进行强度试验的条件外,其他情况最不利管道的环向应力不应大于 $0.8\sigma_s$。

(2)试验方法

强度试验压力应逐级升高,步骤如下:

管道设计压力为 0.005～0.8MPa 时:

① 一次升压至试验压力的 50%,然后检查,如无泄露及异常现象,则可进行下一步;

② 按试验压力的 10%逐级升压,每一级稳压 3min,观察,如无泄漏及异常现象,则可继续升压;

③ 升压至试验压力,稳压 10min。

管道设计压力为 0.8～4.0MPa 时:

① 一次升压至试验压力的 30%，停止升压，稳压半小时后，对管道进行观察，无泄漏时，则进行下一级升压。

② 第二次升压至 60%试验压力，稳压半小时，无泄漏时可进行下一级升压。

③ 将压力升至试验压力，稳压 10min。

(3)强度试验合格标准

达到试验压力后，在稳压过程中，压力无明显下降，无异常现象，用肥皂水检查无泄漏，则为强度试验合格。

2. 气密性试验

强度试验合格后，将压力降至气密性试验压力，然后进行气密性试验。

(1)试验介质与试验压力

采用压缩空气作为气密性试验介质。

当设计压力 P≤5kPa 时，试验压力应为 20kPa；

当设计压力 5kPa<P≤0.8MPa 时，试验压力应为设计压力的 1.15 倍，但不小于 100kPa；

当设计压力 0.8MPa<P≤4MPa 时，气密性试验压力为设计压力。

(2)试验方法及要求

取压点和测温点各不得少于两个。当试验压力不大于 0.1MPa 时，宜采用 U 型管水银压力计；当试验压力大于 0.1MPa 时，应采用经校验过的精度不低于 1.5 级的弹簧压力表。温度计的分度值不能超过 0.5℃。为了使管道内空气温度与周围土壤温度一致，避免试验时间内因温度变化而导致压力变化，气密性试验的开始时间应按下列规定执行。

① 公称直径小于 200mm 的管道，从管道内压力降到气密性试验压力时开始计时，12h 后为气密性试验起始时刻。

② 公称直径为 200～400mm 的管道，从管道内压力降到气密性试验压力时开始计时，18h 后为气密性试验起始时刻。

③ 公称直径大于 400mm 的管道，从管道内压力降到气密性试验压力时开始计时，24h 后为气密性试验起始时刻。

④ 在气密性试验起始时刻之前的这段时间内，若因管内空气温度下降而导致其压力低于试验压力时，应向管内补充空气，以保证试验开始时达到试验压力。

气密性试验时间一律为 24h。从起始时刻开始观测和记录，以后每小时记录一次。观测和记录的内容包括管内空气压力和温度、大气压力。若试验结果不合格，就要重新检查，查出缺陷之后，将压力降至大气压力，方可进行修补，修补后必须重新进行气密性试验，直到合格为止。

(3)气密性试验合格标准

试验时间内允许压力降 ΔP 计算公式如下：

① 低压管道(设计压力 $P\leqslant 0.005$MPa)

当同一管径时

$$\Delta P=\frac{6.47T}{d} \tag{10-1}$$

当不同管径时

$$\Delta P=\frac{6.47T(d_1L_1+d_2L_2+\cdots+d_nL_n)}{d_1^2L_1+d_2^2L_2+\cdots+d_n^2L_n} \tag{10-2}$$

② 中、次高压 B 管道(设计压力为 0.01MPa$<P\leqslant$0.8MPa)

当同一管径时：

$$\Delta P=\frac{40T}{d} \tag{10-3}$$

当不同管径时：

$$\Delta P=\frac{40T(d_1L_1+d_2L_2+\cdots+d_nL_n)}{d_1^2L_1+d_2^2L_2+\cdots+d_n^2L_n} \tag{10-4}$$

式中，ΔP——试验时间内允许的压力降，Pa；

T——试验时间，h；

d——管道内径，m；

d_1、d_2、$\cdots d_n$——各管段内径，m；

L_1、L_2、$\cdots L_n$——各管段长度，m。

③ 次高压 A、高压管道(设计压力为 0.8MPa$<P\leqslant$4MPa)

$$[\Delta P]=\frac{500}{DN}\% \tag{10-5}$$

式中，$[\Delta P]$——允许压降率，%；

DN——管道公称直径，m。

当管道公称直径小于或等于 300mm 时，允许压降率为 1.5%。

试验实测的压力降，应根据在试压期间管内温度和大气压力的变化加以修正，得出实际压力降，实际压力降按下式计算：

$$\Delta P_p=(H_1+B_1)-(H_2+B_2)\frac{273+t_1}{273+t_2} \tag{10-6}$$

式中，ΔP_p——修正后的实际压力降，Pa；

H_1、H_2——试验开始和结束时的压力计读数，Pa；

B_1、B_2——试验开始和结束时的大气压力，Pa；

t_1、t_2——试验开始和结束时的管内气体温度，℃。

在气密性试验时间内如果 $\Delta P_p\leqslant\Delta P$，则气密性试验合格。

10.3 天然气转换工程施工

天然气作为一种高效、清洁的优质燃料已被世界各国广泛采用，特别是其对环境保护所起的作用已越来越受到人们的重视。世界上许多发达国家从 20 世纪 50 年代起就开始了人工煤气向天然气转换的过程，加拿大、英国、法国、荷兰、澳大利亚、日本等已完全用天然气取代了人工煤气。目前，我国城市燃气的气源主要包括人工煤气、天然气和液化石油气，随着“西气东输”工程、川气东送、进口 LNG 项目建成供气，全国城市燃气的气源结构发生了很大变化，天燃气逐步取代人工煤气和液化石油气而成为城市的主气源。

天然气转换工程主要包括输配系统的转换和燃具转换两部分。转换改造中应全面分析现有输配系统中存在的问题，采用更新改造和加强巡查相结合的方法，消除事故隐患；最大限度地利用现有管网、设备、燃具，既考虑转换的安全性又严格控制转换投资；尽量减少转换对燃气用户的干扰，确保安全转换、社会安定。

10.3.1 天然气转换中的技术问题

1. 原有输配系统的优化利用

(1)压力级制的选择

合理确定城市天然气的压力级制，不仅可以降低工程费用，而且有利于日常的输配运行管理。各城市应根据现有输配系统的情况合理选择压力级制。如果原有输配系统规模较小，而天然气到来后，城市燃气将有大规模的发展，则可重建压力级制，充分利用天然气的性能；如果原有输配系统规模庞大，则可选择多种压力级制，即新区新级制，老区老级制，逐步过渡到统一。中压到户已被实践证明是一种节省投资的输配模式，应逐步推广到天然气转换工程中。

(2)铸铁管道的应用

铸铁管管材分为灰口铸铁管和球墨铸铁管两种，铸铁管连接方式分为承插式和机械接口两种，其中，承插式铸铁管的密封材料采用水泥麻丝、铅麻丝、橡胶圈和青铅，机械接口铸铁管的密封材料采用橡胶垫圈。

水泥麻丝和铅麻丝承插式铸铁管接口的第一道密封材料为麻丝，遇湿会发生膨胀，一旦输送净化脱水的天然气时，原来在潮湿燃气中已充分膨胀的填料，将很快变干收缩，发生管道接口漏气。可采取下列两种措施：对天然气进行加湿处理或按天然气要求改造原有管道。国外都把天然气加湿处理作为转换初期的过渡措施，逐步对铸铁管道实施改造。对铸铁管(特别是承插式铸铁管)一般采用如下几种方式：

① 内衬 PVC 软管法；

② PE 管穿管法；

③ 废除原管，新埋入钢管或 PE 管法；

④ 对接口外修及内修。

具体选择上述何种方式，应视原有管道的内径、内壁清洁程度、埋设管道的地理位置和坡度及分支数量的多少等因素而定，具体设计时应经方案比较确定。

(3)地上与户内管道的利用

目前，城市燃气管道的地上与户内管大都为镀锌钢管，丝扣连接，填料以厚白漆或麻丝白漆为主。水分很少的天然气进入后，填料因水分减少而干燥龟裂，易产生漏气。目前，国内普遍采用丝扣处外涂特殊密封胶的方法来防止漏气。但采用该方法存在以下缺点：不能保证所有靠墙侧都能刷到；许多家庭装修后，燃气管道被密封起来，难以实施刷胶。针对上述问题，应研究其他对策，彻底解决漏气隐患。国外已采用内涂树脂方法，国内应进行开发利用。

(4)调压器的改造

原来输送湿燃气的管道内壁，由于施工时管道内不够清洁，灰尘及铁锈黏附于管底。而经转换后，由于天然气的干燥作用，这些铁锈和施工时带入的泥沙逐渐干燥，随着燃气的流动在管道内飞扬，其结果便是这些尘土堆积于阀门、调压器、储配站设备及管道弯头等处，造成设备的损坏和管道阻塞。

对天然气在管内运行后会使原附着于管内壁或管内的杂质、煤焦油等干燥脱落后随天然气进入调压器，造成主调压器关闭不严而使低压压力升高。为防止此类事故发生，必须在每个调压器前安装过滤器和超压安全切断阀。若采用加湿方法则可防止管道内产生灰尘。

(5)低压湿式储气罐的优化利用

目前，许多城市都建有低压湿式储气罐用于城市燃气的调峰。转换成天然气后，这些储气设施的优化利用主要解决两方面的问题：一是湿式柜的隔湿问题；二是如何利用天然气的压能问题。

由于低压湿式储气罐密封水面积很大，天然气进入后将很快被增湿，在输送过程中可能会有冷凝水产生，影响天然气输配系统的正常运行。因此，应研究解决天然气进入湿式储气柜后如何保持干燥的问题。实践证明，采用塑料浮球隔湿具有一定的效果。

天然气来气压力一般较高，应充分利用天然气的压能。利用高压天然气来引射低压储气罐内的天然气，不仅可以节省电能，而且可使已增湿的天然气远离饱和状态，避免在输送过程中产生冷凝水。

2. 用气系统的改造

随着系统内气源的改变，热值、比重、燃烧速度等燃气的基本特性均发生了变化，原有的器具不能直接使用，必须对其结构进行适应新气种的调整，以保持其原有的性能。这就是器具调整的基本概念。

(1)器具调整的基本要素

① 热负荷的调整：喷嘴及器具调压器；

② 燃烧孔热负荷的调整：燃烧器；

③ 一次空气吸入量的调整：调风板等。

下面分别介绍调整的方法及原理。

① 热负荷的调整

燃气器具热负荷按公式(1-1)确定，当燃气种类由 A 变为 B 时，为了保持器具热负荷的原有数值，使用燃气 B 时，器具的喷嘴内径 d 必须做相应的改变，其数值由公式(10-7)计算：

$$Q_A = Q_B$$

$$d_B = d_A \sqrt{\frac{\sqrt{P_{g,A}}\,W_A}{\sqrt{P_{g,B}}\,W_B}} \qquad (10-7)$$

式中，d_A，d_B——A 气源和 B 气源时燃具喷嘴直径，mm；

$P_{g,A}$，$P_{g,B}$——A 气源和 B 气源喷嘴前燃气压力，Pa；

W_A，W_B——A 气源和 B 气源的华白数。

② 燃烧孔热负荷的调整

燃气在良好的燃烧状态下，燃烧孔内的热负荷是一定的，它随燃烧速度的增加而增加，反之亦然。在燃气热量变更的一般情况下，新燃气比旧燃气热值高，燃烧速度下降。正是由于燃烧速度的降低造成了燃烧孔热负荷的下降。而燃气器具调整的最基本点之一就是使器具的总热负荷保持不变。为了使新燃气保持良好的燃烧状态，并保持总热负荷的恒定，应采取以下措施之一来解决：

(a)扩大燃烧器燃烧孔面积，增加火孔数目，或加大单孔面积；

(b)更换燃烧器。

然而，有些燃烧器在设计时就考虑了这些因素，无需改动也可照常使用。

③ 一次空气吸入量的调整

一般燃气器具的燃烧方式多为大气式燃烧，就是适量的空气作为一次空气被从喷嘴喷出燃气通过通风板引射到燃烧器上助燃。一次空气可使燃烧器保持良好的燃烧状态，其数量的多少与燃气种类关系不大，而与热负荷几乎成正比。天然气转换后，由于其热值高造成用量下降，而随着天然气流量的降低，引射的一次空气量也将下降，最终造成燃烧状态因一次空气的不足而恶化。解决这个问题有如下两种方法：

(a)提高燃气喷出的线速度　提高管道的系统压力或通过调节器具调压器增加压力，提高燃气在喷嘴的喷出速度，从而达到增加吸引一次空气量的目的。

(b)增大调风板的开度，或更换调风板。

(2)燃气器具调整方法的确定

确定燃气器具的具体调整方法就是逐一落实一种器具所需调整的详细部位，调节数值，更换部件的名称、型号，调整作业时的注意事项等，使器具调整员有“章”可循。

制订调整方法的工作主要在实验室中进行。根据器具调整的基本要素对各种燃气器具逐一计算出调整数值，根据这些数值加工制作所需的部件，对样品灶进行调整，随后进行燃烧试验。当满足以下条件时，试验才算合格，即：

① 没有不完全燃烧现象；

② 没有脱火、离焰现象；

③ 没有回火现象；

④ 没有黄焰现象。

燃烧试验完毕，再进行点火试验和灶具严密性试验。

3. 计量系统的调整和改造

由于天然气热值比人工煤气高，人工煤气计量表具用于天然气计量后，将一直处于小量程内使用，准确性差。同样，由于天然气热值比液化石油气低，液化石油气计量表具用于天然气计量后，将一直处于大量程内使用，并且可能超出量程而损坏计量表具。因此，天然气转换的同时，应考虑原有燃气计量表具的调整和改造，使其处于合理的量程范围内，保证燃气计量准确，维护企业和用户的利益。由于羊皮膜表不能适应天然气的要求，必须全部更换合成橡胶膜煤气表。

4. 转换区域的划分

据已取得的经验可知，转换区域的划分与管网结构、地理环境、人民生活水平和习惯、安全教育、宣传等工作密切相关。区域划分的合理与否将直接影响到供气的安全性及经济性。因此，必须进行全面考虑，认真细致地制订区域划分方案。

小区是作为转换工程的基本实施单位。完成划分后，每一小区管网都能与相邻小区完全隔开，从而保证完成转换的小区能可靠地供应天然气，而未转换的小区能安全可靠地供应人工煤气、空混气或LPG管道供气。

若以每周转换1块～2块街坊或小区的话，转换小区宜按3000户～6000户划分。

切断阀设置一是为使每个转换小区低压管网与外围小区的连通管切断，以便转换后两个小区互不影响；二是将原燃气中压支管—干管切断，而将中压支管与天然气中压管连接。切断阀一般设于气流方向的上游，安装在管径较小的管道上，以节约投资。转换小区之间设连通管，连通管包括中压和低压管。中压连通管是将中—低压调压站与天然气干管连通。低压连通管则保证小区在转换前后有充足的气源。

5. 放散方案

根据国内外转换经验，放散方式有直接放散和燃烧放散两种。在市区人口密集区采用燃烧放散，在市区外围采用直接放散的方式。中压放散点考虑设于调压器前。

6. 漏气的对策

管道输送干天然气后，管网可能在某些地方存在薄弱处，一般管道输送干天然气后 6 个月内最易发生漏气。应定期进行线路查巡，检漏周期以两星期为宜。并研究地下管道接口泄漏的修理及管道的更新技术。

7. 转换前应采取的措施

在天然气到来前的几年内，所有燃气工程都应尽量与天然气接轨，以减少天然气到来后转换的工程量。建议采取以下措施：

(1)"慎重发展煤制气"，天然气未到前的气源建设，建议采用液化石油气混空气，将来可直接转换为使用天然气。

(2)管道接口填料采用聚四氟乙烯带或专用煤气接口胶水，保证转换为天然气后丝扣接口不漏气。

(3)燃气具生产厂家应抓紧研制新型燃气具，使大部分零部件对天然气具有通用性，减少燃气具转换时的改造量。

(4)调压器设置以箱式调压器为主，并设置过滤器及安全切断阀，管道采用钢管。

(5)燃气表的选型、布置要合理。

10.3.2 天然气管道置换方案

1. 新建管线的置换

管线的置换影响到供气的连续性，如何实现平稳过渡是保证供气安全的基本要求。置换一般分为直接和间接置换两种方式。

(1)间接置换法是用惰性气体(常用氮气)先将管内空气置换，然后再输入天然气置换，在管道中将天然气与空气之间保持一段氮气隔离段。优点是安全可靠；缺点是费用高昂、顺序繁多，用气量大时很难供应。

(2)直接置换法是用天然气输入新建管道内直接置换管内空气。操作方便、迅速，在新建管道与原有燃气管道连通后，即可利用燃气的工作压力直接排放管内空气，当置换到管内燃气含量达到合格标准(取样合格)后，即可正式投产使用。

由于在用燃气直接置换管道内空气的过程中，燃气与空气的混合气体随着燃气输入量增加其浓度可达到爆炸极限，此时，在常温及常压下遇到火种就会爆炸，所以这种方法不够安全。鉴于施工条件限制和节约的原则，如果采取相应的安全措施，用直接置换法是一种既经济又快速的换气工艺。

置换空气应保持 5m/s 以下的速度，以防混合气体的管段中碰撞起的火花引起爆炸，直至管内燃气中含氧量小于2%为止。通常要确定置换时的燃气压力,燃气压力过低会增加换气时间,但如压力过高则燃气在管道内流速增加,管壁产生静电;同时残留在管内的碎石、铁渣等硬块会随着高速气流在管道内滚动、碰撞,产生火花。因此,应控制混合气体流速,防止静电、火花产生。

2. 天然气置换液化气混空气

(1)间接置换一般采用惰性气体,如氮气。置换达到氮气指标后再用天然气置换。此种方案较安全,但消耗氮气量较大,实际实施困难大。

(2)直接置换的方式。

根据各地燃气公司的经验,直接置换一般采用低压置换和控制流速的方法进行,而被置换的液化气混空气可点燃火炬放气,检测含氧量小于2%即为合格。这主要是考虑天然气爆炸极限为5%~15%,天然气和液化气混空气在某一阶段达到爆炸极限而发生危险。第二种是采用缓慢补压的方式,即在混空气输配系统运行在0.1MPa时停产气,然后检测混气机出口处压力,每次下降0.01MPa,即在管网中补充天然气,压力升至0.1MPa时停止补气,直到混气机出口压力再次下降0.01MPa时再向管网中补充天然气,直到检测管网中含氧量小于2%时为止。

第一种方法需分区域置换,置换速度较慢,浪费了管网中的液化气;而第二种方法较经济,速度较快,但方案的可行性需充分论证,确认安全后方可实施。

3. 天然气置换焦炉煤气

天然气置换焦炉煤气的方法有两种:直接置换和稀释置换。

(1)直接置换就是用天然气直接替换焦炉煤气。首先隔断焦炉煤气的供气途径,再通入天然气,在通入天然气时,一定要控制好天然气进口处的压力,进口压力不大于焦炉煤气管网的运行压力。在管网末端打开放散阀进行放散,等排净焦炉煤气后关闭放散阀,再对设备进行调试,以适应天然气的运行和使用。

优点是方便、直接、操作简单、置换速度快,缺点是浪费煤气。

(2)稀释置换就是先隔断焦炉煤气的气源,通入天然气,在进口处一定要控制好天然气进口压力和流速,慢慢稀释焦炉煤气。等运行一段时间后,管网内基本换成了天然气,再进行调试,更换设备和灶具,适应天然气的运行和使用。因为更换气体的华白数不大于±5~10%时,燃具能够正常使用,所以刚开始置换时,灶具继续使用焦炉煤气灶具,燃烧完管网内的焦炉煤气。即使混入少量的天然气,也不妨碍灶具的使用,到焦炉煤气灶具不能正常使用时,立即换成天然气灶具,保证灶具正常使用。这就要求用户随时掌握天然气的使用情况,及时更换灶具,保证灶具的正常使用。

优点是不浪费煤气,缺点是技术要求高、操作麻烦、工作量大、不安全、置换速度慢。

以上两种方法比较,建议采用直接置换法,简单、置换速度快。

第11章 燃气输配系统的信息化管理系统

随着信息时代的到来,信息化建设工作在企业中将发挥越来越重要的作用。近年来国内各大中城市燃气公司开发了燃气输配管网 SCADA 系统、GIS 系统和燃气公司 MIS 系统,它们的应用增强合理调度,保证安全供气,加快紧急事件反应,减少损失,节约大量的人力和物力,提高经济效益和管理水平,与国际先进水平接轨。

11.1 燃气输配管网 SCADA 系统

SCADA(Supervisory Control and Data Acquisition)系统,即数据采集与监视控制系统。它是以计算机为基础的生产过程控制与调度自动化系统,可以对现场的运行设备进行监视和控制,以实现数据采集、设备控制、测量、参数调节以及各类信号报警等各项功能。SCADA 系统自诞生之日起就与计算机技术、通讯技术、控制技术和传感技术的发展紧密相关。

11.1.1 建设 SCADA 系统的目的意义

1. 实时掌握管网运行数据,进行科学分析处理,提供优化决策,合理调配利用资源,满足用户要求。

2. 采用 SCADA 系统可以有效地对天然气管网和关键站场进行监视、控制,保证安全平稳供气,从而避免灾难性的事故发生,提高管网系统整体运行的可靠性。

3. 生产过程的实时监控与信息系统的结合,可实现现代化快速统计分析,保证信息反馈及时、准确,为指导生产和管理提供决策依据。

4. 由于具有实时可靠的数据采集和远程控制能力,可以实施新的运行管理机制,做到减员增效。

5. 采用 SCADA 系统,可及时处理操作报警和实施阀门的紧急关断,减少天然气的泄漏和避免环境污染。

11.1.2 SCADA 系统原理

SCADA 系统是集远程终端装置 RTU(Remote Terminal Unit)站控系统、调度控制中心主计算机系统和数据传输通信系统三大部分于一体的监视控制和数据采集系统。SCADA 系统示意图如图 11-1 所示。

城市天然气系统的站场主要包括:城市门站、储配站、调压站、CNG 加气站、LNG 小型站等,这些站场均由调度中心通过站控系统实施监控,故站控系统是 SCADA 系统运行的基础。站控系统监控的对象包括工艺运行参数(如温度、压力、流量等)、火警及气体泄漏、燃气气质指标(成分、热值、H_2O 含量、H_2S 含量)、设备运行状态等。

站控系统由 RTU 进行站场的监视和控制,并将站场、管线的关键运行参数以 SCADA 系统特有的数据规程,通过微波、光纤等通信数传通道送至调度控制中心,即主站,并接受主站的操作指令，完成关键设备的遥控。

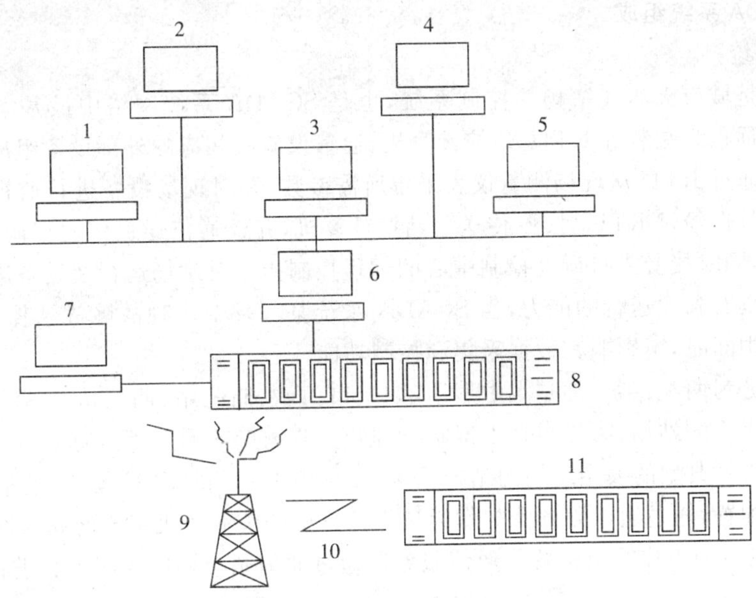

图 11-1　SCADA 系统示意图

1、2、4-终端；3-网络服务器；5-数据库服务器；6-SCADA 系统服务器
7-设备管理服务器；8-冗余 MRTU；9-无线电发射塔；10-无线集群通讯系统；11-远程 RTU

调度控制中心主计算机系统即主站计算机通过数据传输通道，连续不断地采集 RTU 的数据，根据 RTU 的设置数量，主站计算机对各 RTU 以一定的扫描周期巡回采集数据。一旦出现警报信息，主站计算机系统将优先接收事故信息并向操作人员显示和报警。主站计算机的控制信号通过通信设备传送到远程的 RTU，开关阀门或者完成其他遥控操作。

在管理级层的第一级层，仪器仪表安装在站场分离器、管线、调压器、流量计等位置，用以显示、监控实际的运行状态。操作人员可方便地随时监视运行状态。系统能根据预先设定的条件，提供逻辑控制和触发自动执行功能，从而达到安全操作和保护运行设备的目的。级层控制的第一层和第二层设在输配系统站场。调度中心是最高级层的管理机构，对输配管网及站场实施监控。把握关键的运行参数及状态，下达控制指令及给定设定值，对输配系统进行分析和决策。SCADA 系统的管理级层如表 11-1 所示。

表 11-1　SCADA 系统的管理级层

级层	位置	功能	设备	管理人员
1	输配系统站场（仪表）	压力测量、温度测量、在线分析、流量计量、调节/控制	压力变送器、温度变送器、分析仪、调节阀	运行操作人员
2	输配系统站场（站控系统）	检测、监视、控制、数据处理、控制设定、报表	RTU	运行操作人员
3	调度中心	监视、控制、统计、计算、诊断、报告、指令下达、设定控制点、报告、优化决策、输配调度	工作站计算机	部门经理 主站工程师 高层管理人员

11.1.3 SCADA 系统组成

1. 站控系统

站控系统是城市天然气站场的控制系统，也是 SCADA 系统网络中最基本的控制系统。该系统主要由远程终端装置 RTU、站控计算机、通信设施及相应的外部设备组成。

站控系统通过 RTU 从现场测量仪表采集所需参数，并对现场设备进行监视和控制，根据需要将采集的数据经过 RTU 处理、传送至站控计算机，并经通信通道传送至调度控制中心的主计算机系统，同时接受来自调度控制中心的远程控制指令对站场运行及设备进行控制。

站控系统具有独立运行的能力，当 SCADA 系统某一环节出现故障或站控系统与调度控制中心的通信中断时，不影响其数据采集和控制功能。

被控站可分为两类：第一类是大中型站，如城市门站、储配站、调压站、CNG 加气站、LNG 小型站等有人操作的站场；第二类是小型站，如阀室、监测点等无人操作的站场。

图 11-2 为一典型的大型站场的站控系统，系统中 RTU 的 CPU 模块、通信模块、电源模块等采用冗余配置，通过通信服务器与作为站控计算机的工业微机组成的局域网相连，工业微机（2 台）通过局域网组成冗余配置。通信服务器通过通信站与调度控制中心进行数据通信。

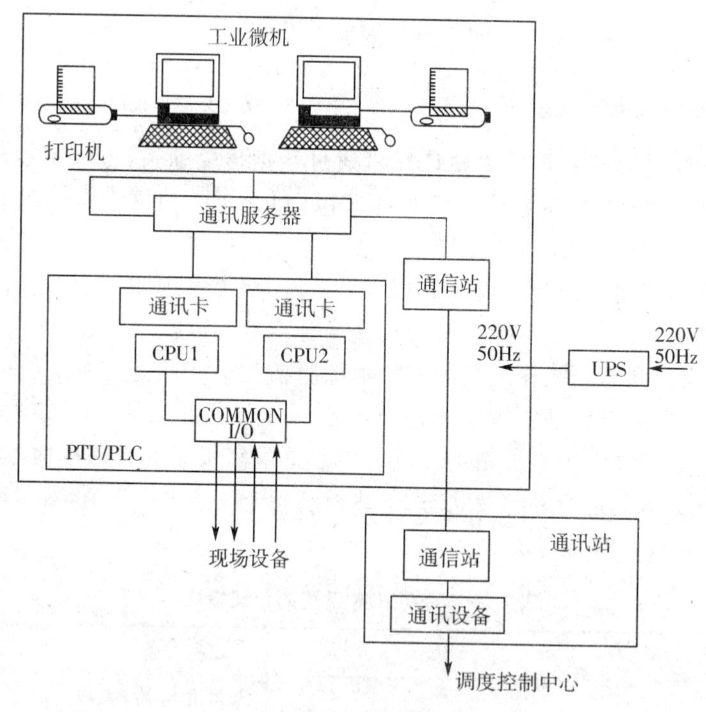

图 11-2 大型站站控系统框图

站控计算机的作用是为站控系统提供灵活、友好的人机界面，站控计算机的主要功能是：

(1)对站控所属的工艺设备运行参数和相关数据进行集中显示、记录和报警；

(2)显示运行状态、动态趋势、历史趋势、工艺模拟流程图；

(3)显示天然气瞬时和累计流量、打印制表；

(4)打印报警信息、事件信息；

(5)调整站场的操作,切换站场流程,遥控站场的紧急切断阀;

(6)RTU 的编程组态和控制回路设定点等的数据修改。

对于小型站场,由于无人操作,通常仅设置带液晶显示板的小型 RTU,不必设置站控计算机。必要时,由巡回检查人员使用便携式计算机通过接口对 RTU 进行编程组态和数据的修改。

2. 远程终端装置

远程终端装置 RTU 是一个提供数据(模拟量和数字量)采集、数据处理、计算和远程控制能力的电子装置。

随着电子技术的发展,RTU 逐渐向智能化发展,已具有很强的数据处理能力和使用方便、灵活的特点。当上位计算机(站控计算机和调度控制中心主计算机系统)有通信或设备故障时,RTU 能独立完成数据的采集和控制,不会造成现场工艺过程的失控。当与上位计算机恢复联系后,RTU 能将中断期间的数据按照时间标志传送至上位计算机,以保证整个 SCADA 系统的数据完整性。

RTU 的通信方式一般以连续扫描为基础,采用电话线路、微波通信、光导纤维、卫星通信或其他通信方式,与调度控制中心的主计算机进行通信,传输数据和接收控制中心的控制指令。每一个 SCADA 系统制造商采用的数据传输协议、信息结构和检错技术都有其独特性,故存在着接口及协议转换问题。

3. 数据传输

SCADA 系统的可靠性和可用性取决于从主站到 RTU 以及从 RTU 返回主站的数据传输情况。为使主站和 RTU 之间智能地、准确地传送数据,必须借助某种形式的通信媒体进行通信,为此,每种 SCADA 系统必须制定一种数据传输规程。

城市天然气输配工程 SCADA 系统主要采用以下几种通信媒体进行数据传输:有线、微波、同轴电缆、光纤、卫星及其他无线通信方式等。近距离 SCADA 系统可采用有线、光纤和同轴电缆传送数据;远距离 SCADA 系统则需采用微波、卫星等通信媒体进行数据传输。

数据传输通信媒体的选择应根据城市天然气输配工程系统的规模,所经地区的地形地貌,管道、站场的种类、数量、间距、遥控阀室位置和分布密度,邮电公网和因特网在该地区的发展程度等综合考虑。目前,使用较多的是租用长途公网、数字微波、光缆通信等。

4. 调度控制中心

SCADA 系统的调度控制中心称为主站。主站担负着城市天然气输配系统生产数据的采集、整理、存储、分析、调度和远程控制关键设施如关键阀门的开/关等。

主站系统按调度控制中心的具体功能要求,进行系统的硬件和软件配置。主站系统的基本功能可包括:

(1)监视和采集远程站 RTU 的运行数据;

(2)统计、分析、存储各种运行参数;

(3)打印报警/事故信息,提供生产报表;

(4)发送遥控指令,开/关站场和管道上的关键阀门;

(5)对管道系统的输配量进行调度,提高供气质量;

(6)模拟管道系统运行,优化管理,为管道系统运营决策提供依据;

(7)管道泄漏的定位及监测;

(8)SCADA 系统参数、状态、趋势、系统和站场流程的模拟显示;

(9)系统操作、维护的培训;

(10)系统组态、扩展。

为实现主站的系统功能,主站一般采用网络计算机为核心的冗余配置的网络结构。主站网络一般是由工作站组网、采用 TCP/IP 通信协议的冗余结构的以太网,并具有与上位计算机系统或其他计算机网络的联网接口。

11.2 燃气输配管网 GIS 系统

11.2.1 概论

地理信息系统 GIS(Geographic Information Systems)是一种采集、储存、管理、分析、显示与应用地理信息的计算机系统,是由软件、硬件和空间数据(如街道分布、燃气管道分布等)所组成的计算机系统。它与地图及普通的信息资料系统的主要区别在于:它不仅可以展示一条管道,还可以从中知道管材管径、壁厚、外防腐层、铺设时间、设计压力、维修历史记录等信息,并可把不同类型的数据按用户的需求有机地结合在一起,使用户能更有效地管理和使用这些数据。地理信息系统是一种功能强大的、形象化的分析工具。

设计城市燃气管理信息系统的主要目的是能够代替人工对地下管线资料进行管理,更好地对资料进行查询、分析,利用 GIS 技术准确有效地存储、检索、修改、分析城市地形图和城市燃气管线等有关资料,及时提供所需管线图及各种数据。

针对城市燃气管网的具体特点,建立以 GIS 技术和计算机技术为支撑的城市燃气管网 GIS 系统,代替传统的管网资料管理方法,能最大程度上满足燃气管网的资料维护、信息查询、报警抢险等日常事务。对于提高燃气行业服务质量、管理水平,加强燃气生产调度和突发事件处置能力,保障安全供气,提供了高效率的支持。

11.2.2 燃气管网 GIS 系统的一般功能

城市燃气管网 GIS 系统一般具有以下功能:

1. 能够对管网的图形和属性数据进行管理。如输入、编辑、删除各类管线的图形和属性数据。

2. 能绘制、显示管网图以及相关地理底图。即能够以二维或者三维的方式显示管网空间位置分布,能够将管网与其他相关地理数据进行联合显示,如将城市底图与管网同时显示。

3. 能够对管网的空间数据和属性数据进行检索、查询和分析。如查询管网中某一材质管线的总长度以及它们的分布位置;分析某一马路及其周围十米范围内有无管线分布;分析哪些阀门可以控制管网中某个漏气点,从而对其进行紧急关闭。

4. 能够制作用户所需的各种不同比例尺的管线图、纵横断面图和各种类型的数据报表及输出打印。

图 11-3 所示为一个典型的城市燃气管网 GIS 系统功能模块,它各个功能模块的作用如下:

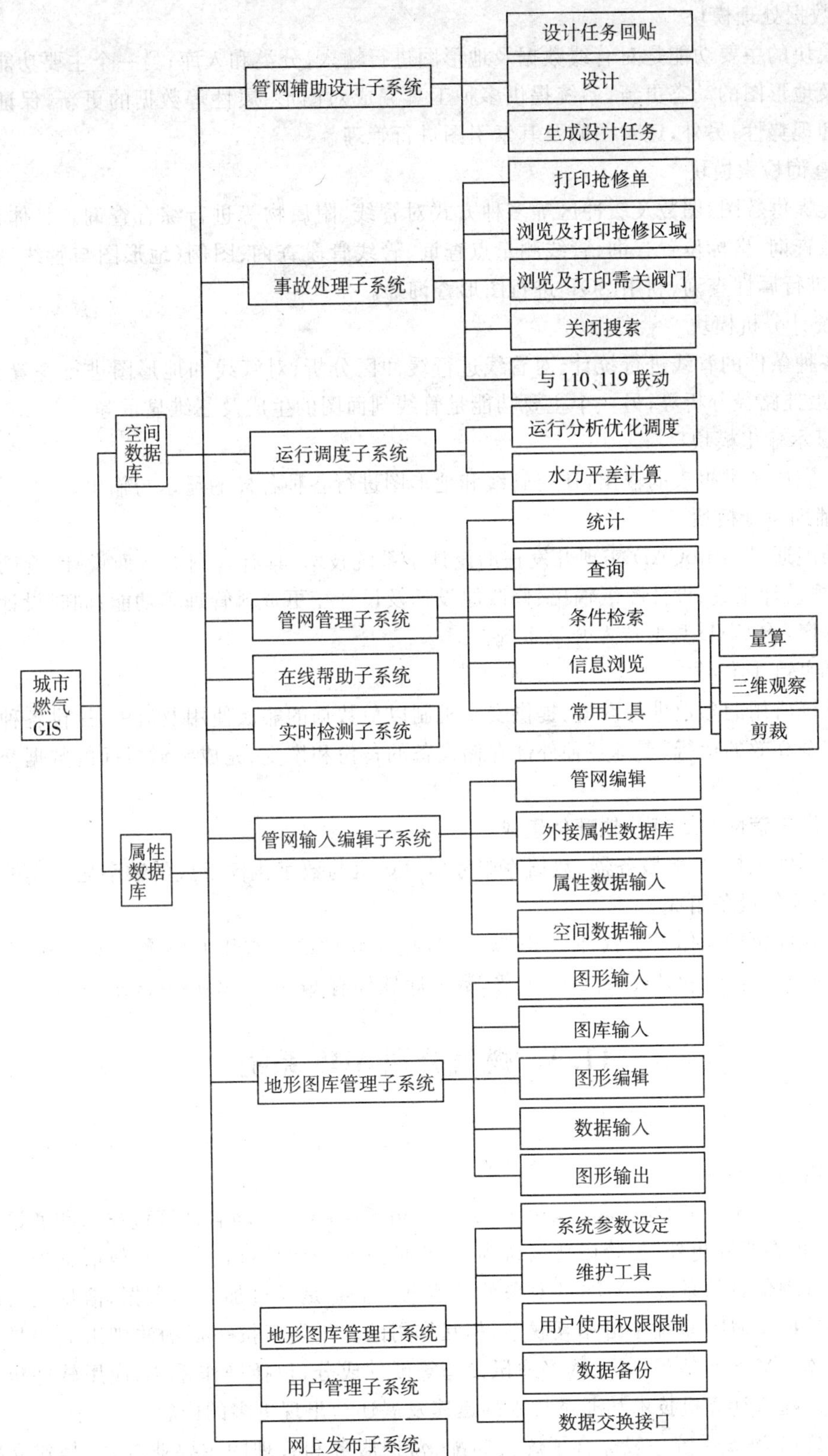

图 11-3 城市燃气管网 GIS 系统功能模块图

1. 数据处理模块

该模块的主要功能是对管线数据及地形图进行输入、分类和入库;另一个主要功能是对管线数据及地形图的动态更新,系统提供多种工具完成对图形、属性等数据的更新,保证数据的准确性和现势性;另外,还对图幅及其索引图进行管理。

2. 查询检索模块

系统提供数图、图数及缓冲区等多种方式对管线、附属物等进行综合查询。具体包括:对地形属性查询、坐标位置查询、管线测量点查询、管线管段查询、图例(地形图与管线)查询、利用 SQL 进行属性查询、利用 SQL 进行图形查询等。

3. 统计分析模块

对各种条件的管线进行统计、对管线进行缓冲区分析、对管线和地形图进行叠置分析、计算路程、最佳路径分析等;另一个主要功能是管线剖面图的生成及三维显示等。

4. 显示输出模块

除了完成各类报表的输出,还对管线和地形图进行各种各样的显示与输出。

5. 辅助设计模块

该功能通过 AutoCAD 实现开发辅助设计子系统技术,具有管网的平面设计、管网纵断面设计、常规设计工具、设计图纸输出、修改原设计及设计变更资料管理等功能;同时设计数据接口转换程序,将 CAD 数据转入开发系统。

6. 维护工具模块

对系统所用的参数进行设置、提供安全机制以免数据的非法使用及流失、提供各种工具保障系统安全高效的运行、支持多种外部存储设备的备份和恢复、完成和微机间的数据交换等。

11.2.3 燃气管网 GIS 系统软硬件组成

系统硬件包括 Web 服务器、数据库服务器、PC 机与数字化仪组成的数字化工作站以及打印机、绘图仪等设备组成。

系统软件包括操作系统软件、GIS 软件、数据库软件等。常用 GIS 软件有 ArcGIS、MapInfo 等,国产的有 MapGIS、SuperMap 等,数据库软件有 Oracle、SQL Server 等。

11.3 燃气公司 MIS 系统

11.3.1 概述

管理信息系统 MIS(Management Information Systems)。随着计算机技术和通讯技术的进步,MIS 也在不断更新,现阶段普遍认为 MIS 是由人和计算机设备或其他信息处理手段组成并用于管理信息的系统。MIS 的对象就是信息。信息是经过加工的数据,信息是对决策者有价值的数据。MIS 系统是由相互联系、相互作用的若干要素按一定的法则组成并具有一定功能的整体。MIS 包括计算机、网络通讯设备等硬件成分,包括操作系统、应用软件包等软件成分,并且,随着计算机技术和通讯技术的迅速发展还会出现更多的内容。

燃气公司 MIS 系统一般综合了燃气输配、营销服务和管理的主要业务,它是建立在管理与信息技术基础上的信息化统一管理平台。

11.3.2　燃气 MIS 系统的基本功能

1. 营业收费管理

通过建立燃气 MIS 系统可以完成日常的抄表收费，实现对用户档案、气表档案的管理，达到业务前台与业务后台的信息共享，方便实时查看营业结果。具体包括：

(1)档案管理　用户基本信息档案及用户表具的设置和管理。

(2)抄表管理。

(3)收费管理　提供坐收(营业大厅收费)、走收(到用户现场收费)、银行代收等收费方式。

(4)用气监察　通过气量波动分析对初选的异常用户抄表收费情况进行重点监察。

(5)查询及统计报表。系统提供了各种常规报表，以多种形式展示(表格、图表等)。

2. 业务发展及工程管理

受理申请、勘察设计、工程预算、业务审批、业务收费、工程管理、工程验收等过程的无纸化传递和管理。

业务处理类型有：新装、搬迁、过户、报停等，以及停气处理审批流程、用气监察处理流程等其他业务。

3. 生产管理

(1)日常工作记录　包括：巡线记录、抢险报修记录、安全隐患整改记录、用气量日报、安全管理记录、工作安排(调度)等。

(2)工程过程管理方面　包括：工程设计、工程施工、工程验收等过程管理。

(3)设备管理　包括：设备档案、设备维修、维护校验记录等。

(4)物资管理。

(5)统计报表。

4. 办公管理

办公管理包括：通知通告、公司论坛、电子邮件系统、规章制度、公司新闻、学习园地、人事管理、考勤管理等。

5. 用户服务　包括：触摸屏查询系统、语音查询系统、网上服务等。

11.3.3　燃气 MIS 系统的基本结构

1. 系统网络平台

燃气公司其营业网点、管线公司、输配公司、燃气站分布比较广泛，通过虚拟拨号网络的建设，能将各个信息孤岛连接到一个广域网络平台上，形成公司虚拟局域网络系统。

2. 系统软件平台

大多数公司服务器操作系统采用 Windows 2003 server 或者其他系统；数据库采用 Oracle；客户端操作系统采用 Windows。

3. 系统硬件平台

包括：数据库服务器，数据备份服务器，Web 服务器，交换机，路由器，防火墙等。

4. 应用软件

一般都是针对公司的基本业务流程和需要而开发适合公司生产经营管理的应用软件，在系统结构上主要采用浏览器/服务器模式，部分系统采用客户端/服务器模式。

第12章 燃气燃烧与应用

12.1 燃气互换性

随着我国燃气工业的不断发展,供气规模、气源类型、用具类型都在不断增加。20世纪50年代,我国燃气供应系统的气源几乎是单一的炼焦煤气。20世纪60年代开始,天然气、液化石油气、油制气等各种类型的气源相继发展,具有多种气源的城市越来越多。在多气源城市中常会遇到以下两种情况:一种情况是随着燃气供应规模的发展或制气原料的改变,某一地区原来使用的燃气要长时期由性质不同的另一种燃气所代替;另一种情况是在基本气源产生紧急事故,或在高峰负荷时,由于基本气源不足,需要在供气系统中掺入性质与原有燃气不同的其他燃气。不论发生哪一种情况,都会使用户得到的燃气性质发生改变,从而对燃具工作产生影响。

12.1.1 燃气互换性和燃具适应性

任何燃具都是按一定的燃气成分设计的。当燃气成分发生变化而导致其热值、密度和燃烧特性发生变化时,燃具燃烧器的热负荷、一次空气系数、燃烧稳定性、火焰结构、烟气中CO含量等燃烧工况就会改变。但当燃气成分变化不大时,燃烧器燃烧工况虽有改变,但仍能满足燃具的原有设计要求,那么这种变化是允许的。当燃气成分变化过大时,若燃烧工况的改变使得燃具不能正常工作,这种变化就不允许了。

设某一燃具以 a 燃气为准进行设计和调整,由于某种原因要以 s 燃气置换 a 燃气,如果燃烧器不加任何调整而能保证燃具正常工作,则表示 s 燃气可以置换 a 燃气,就称 s 燃气对 a 燃气而言具有"互换性"。a 燃气称为"基准气",s 燃气称为"置换气"。反之,如果置换以后燃具不能正常工作,则称 s 燃气对 a 燃气而言没有"互换性"。

应该指出,互换性并不总是可逆的,即 s 燃气可以置换 a 燃气,并不代表 a 燃气一定可以置换 s 燃气。从这点意义上讲,"互换"两字实际上是不正确的。但由于"互换"两字已使用习惯,所以本章在不会引起概念模糊的地方仍予沿用。

根据燃气互换性的要求,当气源厂供给用户的燃气性质发生改变时,置换气必须对基准气具有互换性,否则就不能保证用户安全、满意和经济地用气。可见,燃气互换性是对燃气生产单位提出的要求,它限制了燃气性质的任意改变。

两种燃气能否互换,并不只决定于燃气性质本身,它还与燃具燃烧器以及其他部件的性能有密切联系。例如,s 燃气能在某些燃具中置换 a 燃气,在另一些燃具中却不能置换。换言之,有些燃具能同时适用 a、s 两种燃气,但另一些燃具却不能同时适用。因此,这里就引出了一个"燃具适应性"的概念。所谓燃具适应性,是指燃具对于燃气性质变化的适应能力。如果燃具能在燃气性质变化范围较大的情况下正常工作,就称适应性大;反之,就称适应性小。

决定燃具适应性大小的主要因素是燃具燃烧器的性能,但是燃具的其他性能(例如,二次空气的供给情况，敞开燃烧还是封闭燃烧等）也影响其适应性。因此通常所讲的适应性不应单单理解为燃烧器的适应性，而应理解为燃具的适应性。

燃气互换性和燃具适应性实际上是一个事物的两个方面。前者是为了保证燃具的正常工作，燃气性质的变化不能超过某一范围，后者是指一个合格的燃具应能适应燃气性质的某些变化。互换性是对燃气品质所提的要求，适应性则是对燃具性能所提的要求。如果某一城市的几种气源具有很好的互换性，则对燃具适应性的要求就可降低。反之，如果燃具具有较大的适应性，则对于不同气源的燃气互换性要求就可降低。

从燃气互换性角度来讲，工业燃具和民用燃具的情况是不同的。工业燃具大多有专人管理，有仪表控制，具有较好的运行条件。当燃气性质改变时可以通过调节来达到满意的燃烧工况。有些工业企业还允许在燃气性质不合格时短时间中断燃气供应，用其他燃料代替燃气或短时间停止生产。因此，一般来讲，工业燃具对燃气互换性的要求较低。民用燃具的情况则不同。民用燃具分布在千家万户，燃具在安装时经燃气公司专业人员一次调整后，不再随燃气性质的改变而反复调整。民用用户不允许燃气中断，也不能用其他燃料代替燃气。绝大多数民用用户缺乏使用燃气的专门知识，如果将不能互换的燃气任意供给民用用户，就会出现大量离焰、回火、黄焰和不完全燃烧事故，大大降低燃气供应系统的运行水平。因此在考虑燃气互换性时，主要应考虑燃气在民用燃具上能否互换。如能达到这点，那么在一般工业燃具上的互换也就不成问题了。当然，有些工业燃具（如玻璃加工用的燃具）对火焰特性的变化十分敏感，但是这些燃具一般都有专业的运行调节人员，可以更换燃烧器，也可用纯氧、纯氢、纯氮等气体作为掺混气体来调节火焰。

12.1.2　华白数

当以一种燃气置换另一种燃气时，首先应保证燃具热负荷（kW）在互换前后不发生大的改变。以民用燃具为例，如果热负荷减少太多，就达不到烧煮食物的工艺要求，烧煮时间也加长。如果热负荷增加太多，就会使燃烧工况恶化。华白数的影响见第 1 章第 1 节。

在互换性问题产生的初期，由于置换气和基准气的化学、物理性质相差不大，燃烧特性比较接近，因此用华白数这个简单的指标就足以控制燃气互换性。但随着气源种类的不断增多，出现了燃烧特性差别较大的两种燃气的互换问题，这时单靠华白数就不足以判断两种燃气是否可以互换。在这种情况下，除了华白数以外，还必须引入火焰特性这样一个较为复杂的因素。所谓火焰特性，可定义为产生离焰、黄焰、回火和不完全燃烧的倾向性，它与燃气的化学、物理性质直接有关。但到目前为止还无法用一个单一的指标来表示。

12.1.3　火焰特性对燃气互换性的影响

民用燃具应用最为广泛的是引射式大气燃烧器，其形式虽然很多，但都具有部分预混火焰（本生火焰）的共同特点，因而具有本质相同的火焰特性。

部分预混火焰由内焰和外焰两部分组成，内焰焰面是一明亮的界面，呈蓝绿色；外焰的明亮度较内焰弱，但在暗处也能明显看出火焰。当燃气性质和燃烧器火孔构造已定时，一次空气系数的大小决定了火焰的形状和高度。一次空气系数大，火焰短，内焰焰面轮廓明显。火焰颤动厉害，有回火倾向性，点火及熄火声大，这种火焰称为“硬火焰”。一次空气系数小时，火焰拉长，内焰焰面厚度变薄，亮度减弱，火焰摇晃，回火倾向性小，点火及熄火声小，这种火焰称为

“软火焰”。当一次空气系数再进一步降低时，内焰顶部变得模糊，直至明亮的内焰焰面（反应区）逐步消失。

对于民用燃具的燃烧器来说，过硬的火焰和过软的火焰都是不合适的。较理想的部分预混火焰的内焰焰面应该是轮廓鲜明。而外焰气流的自由流动则不应受到阻碍，化学反应条件也不应受到破坏。以保证在内焰焰面产生的不完全燃烧产物在外焰能达到完全燃烧。

为了增大火焰的调节性能，一次空气系数不应维持过高，应使内焰焰面厚度尽量变薄，但焰面轮廓不至于模糊和破坏。这时内焰的高度大约为内焰最大可能高度的70%～80%。对于局部或全部封闭在燃具中的燃烧器（例如热水器或烤箱中的燃烧器），二次空气和烟气的流动情况对燃烧器的火焰调整会产生很大影响，因而需在热态下进行调节。

正常的部分预混火焰应该具有稳定的、燃烧完全的火焰结构，而不正常的部分预混火焰就会产生离焰、回火、黄焰和不完全燃烧等现象。产生这些现象的倾向性和燃气的燃烧特性有密切关系。

表示燃气燃烧特性最形象的方法是在以燃烧器火孔热强度 q_p 为纵坐标，以一次空气系数 α' 为横坐标的坐标系上作出离焰、回火、黄焰和燃烧产物中CO极限含量曲线。这四条曲线总称为燃气燃烧特性曲线（图12－1）。不同的燃气在同一燃具上通过实验所作出的燃烧特性曲线不同，这就明显地表示这两种燃气具有不同的燃烧特性。根据这两套特性曲线的相对位置，就可以看出这两种燃气对离焰、回火、黄焰和不完全燃烧的不同倾向性。同一种燃气在不同的燃具上作出的特性曲线也是不同的，这是因为火孔大小、排列、材料等因素对特性曲线有影响。但是只要两种燃具的基本形式相同，那么不同燃气在这两种燃具上所作出的特性曲线的相对位置仍能保持不变。特性曲线的这一性质甚为重要，该性质使得有可能用在某种典型燃具上测得的两种燃气特性曲线的相对关系来代表在其他类似燃具上将反映出的相对关系，从而表明这两种燃气如果在这种典型燃具上能够互换，那么在其他类似燃具上也能够互换。

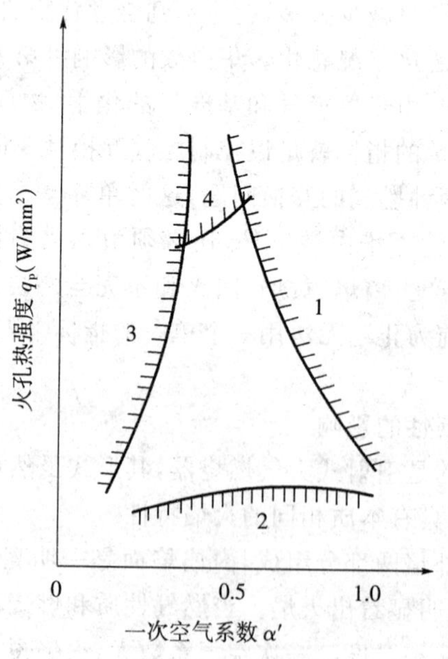

图12－1 燃烧特性曲线

1－离焰极限；2－回火极限；3－黄焰极限；4－CO极限

12.1.4 燃气互换性的判定

两种燃气是否可以互换，虽然可以通过实验手段来确定，但人们总希望有一些公式来加以计算。由于影响燃气互换性的因素十分复杂，因此迄今为止尚不能从理论上推导出一个计算燃气互换指数的公式。燃气互换性试验一般都在特制的控制燃烧器上进行。各国所用的控制燃烧器型式虽然不同，但都是产生本生火焰的大气式燃烧器。各国对燃气互换条件的要求不同，有些限制较严，有些限制较宽。各国所进行实验的对象和深广度也不同，有些针对热值低的燃气，有些针对热值高的燃气，有些只考虑回火因素，有些只考虑离焰因素。因而每个经验公式都具有其局限性。本节将介绍法国燃气公司德尔布(P. Delbourge)互换性判定法的基本原理。

法国燃气公司从 1950 年开始进行互换性研究，到 1965 年得到较完善的成果。该项研究主持人是 P. 德尔布，因此所获得的互换性判定法称为德尔布法。经过大量试验，德尔布选择校正华白数 W'和燃烧势 C_p 作为从离焰、回火和完全燃烧角度来判定燃气互换性的两个指数，并以 $W'-C_p$ 坐标系上的互换图来表示燃气允许互换范围。以下分别阐述校正华白数和燃烧势的确定原理。

1. 校正华白数

按照式(1－1)，燃烧器热负荷 Q 为：

$$Q=\xi F\frac{H}{\sqrt{S}}\sqrt{P_g}=KW$$

式中，K 与流体粘度及流动状态有关，也即与燃气组分有关。如果以甲烷为基准来确定 K 值，则燃气中的氢、碳氢化合物(除甲烷外)、氮和二氧化碳均会使 K 值发生变化，从而引起热负荷的变化。其中，氢的影响与碳氢化合物的影响是相反的，二氧化碳的影响与碳氢化合物的影响是相似的，氮的影响较小。为了反映这些影响，需对华白数引入一个与($H_2-C_mH_n-CO_2$)有关的校正系数 K_1，其中 H_2、C_mH_n 和 CO_2 分别为燃气中氢、碳氢化合物和二氧化碳的体积成分。

当燃气中含有氧时，应考虑含氧量对一次空气系数的影响。含氧量对一次空气系数的影响程度与理论空气需要量有关，而理论空气需要量又与热值成正比。为了反映这种影响，对华白数又要引入一个与$\left(\frac{O_2}{H}\right)$有关的校正系数 K_2，其中 O_2 为燃气中氧的体积成分，H 为燃气热值。

这样，就得到了校正华白数 W'：

$$W'=K_1K_2W \tag{12-1}$$

2. 燃烧势

既然内焰高度与离焰、回火和不完全燃烧工况密切有关，那就有可能得出一个反映内焰高度的指数来判定离焰、回火和 CO 互换性。

以圆形火孔为例，假定火孔截面速度场分布是均匀的，则内焰高度为：

$$\frac{h}{r}=\sqrt{\left(\frac{v}{S_n}\right)^2-1} \tag{12-2}$$

式中，h——内焰高度；

r——火孔半径；

υ——火孔气流平均速度；

S_n——燃气－空气混合物燃烧速度。

由于$\frac{\upsilon}{S_n}$比 1 大很多，因此式(12－2)可简化为：

$$\frac{h}{r}=\frac{\upsilon}{S_n} \tag{12-3}$$

对于引射式大气燃烧器：

$$\upsilon=\frac{V_g(1+R)}{f_p} \tag{12-4}$$

式中，V_g——燃气流量；

R——燃气—空气混合物中空气与燃气的体积比；

f_p——火孔截面积。

当燃烧器喷嘴前燃气压力不变时：

$$V_g\propto\frac{1}{\sqrt{S}} \tag{12-5}$$

$$R\propto\sqrt{S} \tag{12-6}$$

综合式(12－3)～式(12－6)得：

$$h=k_1\frac{\frac{1}{\sqrt{S}}+k_2}{S_n} \tag{12-7}$$

式中，k_l、k_2——比例常数。

从式(12－7)可知，如果某个指数要反映内焰高度，它应该是燃气相对密度 S 和燃烧速度 S_n的函数，而 S_n则又应是燃气化学组分的函数。德尔布经过大量试验数据的整理，确定该函数的形式如下：

$$C_p=\frac{aH_2+bCO+cCH_4+dC_mH_n}{\sqrt{S}} \tag{12-8}$$

式中，C_p——燃烧势；

H_2、CO、CH_4、C_mH_n——燃气中 H_2、CO、CH_4、C_mH_n(除甲烷外)的体积成分；

a、b、c、d——相应的系数；

S——燃气相对密度。

在 a、b、c、d 四个系数中，有一个可以任选。德尔布选定 $a=1$，然后在控制燃烧器上进行了一系列试验，以确定其他系数。经过多次修正，最后得出的燃烧势计算公式如下：

$$C_p=u\frac{H_2+0.7CO+0.3CH_4+\upsilon\sum kC_mH_n}{\sqrt{S}} \tag{12-9}$$

式中，k——各种C_mH_n的特定系数；

u——由于燃气中含氧量及含氢量不同而引入的系数；

v——由于燃气中含氢量不同而引入的系数。

用具有不同W'和C_p值的燃气在典型燃具上进行试验，就可以在$W'—C_p$坐标系上作出等离焰线、等回火线和等CO线。这三条曲线所限制的范围就是具有不同W'和C_p值的燃气在该燃具上的互换范围。将城市燃气管网中实际应用的所有典型燃具的互换图合并在同一坐标系上，其内部界限所组成的范围就是满足所有典型燃具要求的互换范围(图12-2)。华白数的允许波动范围一般为5%～10%。这样，在$W'-C_p$坐标系上就可作出两条平行于C_p轴的直线，一条为华白数允许变化上限，另一条为华白数允许变化下限。由等离焰线、等回火线、等CO线和两条华白数允许变化曲线所限制的范围$abcde$就是燃气允许互换范围，又称德尔布互换图。

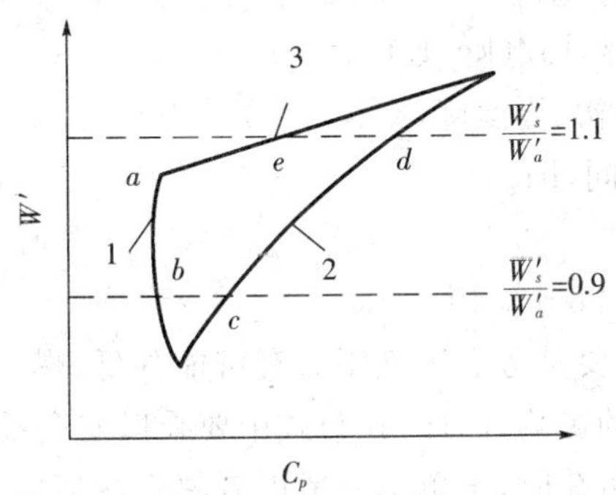

图12-2　德尔布互换图

1-等离焰线；2-等回火线；3-等CO线；W_s'-置换气校正华白数；W_a'-基准气校正华白数

除了在$W'-C_p$坐标系上的互换图外，德尔布法还需用黄焰指数、结碳指数和氢含量等一些次要指标来作为互换性判定依据，这里就不再介绍了。

12.2　民用燃具

民用燃具包括居民家庭、商业企业等用于制备食品、热水和采暖空调的燃气用具。有关燃气空调内容见第13章。

12.2.1　燃具的构造

燃具一般由5部分组成，即燃气及空气供应系统、燃烧器、燃烧室及加热室、烟气排除系统和外壳及附件等。

1. 燃烧器和燃烧

民用燃气用具大多为开放型的，为人身安全起见，要求燃气必须完全燃烧。部分燃具为半密闭型的，其虽有烟道但有可能因倒风或其他原因，使烟气经安全排气罩逸入室内，所以对半密闭型燃具而言，同样要求燃气完全燃烧。此外，在燃气用具运行过程中由于供气压力或燃气燃烧特性稍有变化时，亦要求燃气仍能完全燃烧。总之，出于安全的原因在设计燃具时应考虑燃气燃烧问题，让烟气中CO的含量符合有关标准的规定，并应降低烟气中NO_x含量，以降低对环境的污染。

燃烧器热负荷应能满足加热工艺的要求、燃烧方法要合理、燃烧器要能稳定燃烧。

在额定燃气压力下，使用基准气燃具在单位时间放出的热量称为燃具额定热负荷。其单位用 kW 表示。确定燃具额定热负荷的依据是对加热设备作热平衡计算，使其有效热量满足加热工艺要求。确定燃具额定热负荷的方法是先计算出被加热物质从初温到终温所需热量，然后大致估出燃具的热效率，根据升温所需时间计算出燃具额定热负荷。

被加热物质在无相变情况下，热负荷的计算公式为：

$$Q=\frac{KWc(t_2-t_1)}{3600\eta\tau} \tag{12-10}$$

式中，Q——燃具热负荷，kW；

W——被加热物质质量，kg；

c——被加热物质的比热，kJ/(kg. K)；

t_1、t_2——被加热物质的初、终温度，℃；

τ——升温所需要的时间，h；

η——燃具热效率，%；

K——安全系数，$K=1.28\sim1.40$。

关于安全系数的问题，主要是考虑燃气压力有可能降低、燃气热值的变化、热效率估算得不准及其他未考虑到的因素的影响，因此，在公式中要乘以安全系数。

当确定民用燃气具的热负荷时，不单单要考虑煮熟食物所需的热量，更重要的是，为了使食品在色、香、味上能有某些特点（风味）需考虑火力强弱、烹饪工艺及时间应满足哪些要求。只有将各个因素进行综合分析后，方能定出合适的热负荷。

燃烧器燃烧方法有扩散式燃烧、部分预混式燃烧和完全预混式燃烧，选定依据是：(1)被加热物质所要求的加热温度；(2)燃烧室构造及燃烧室热强度；(3)火焰长度；(4)燃烧器特点；(5)燃烧器的耐久性；(6)燃烧器成本及维修难易程度。

燃烧器的燃烧稳定性根据燃气燃烧的特性，为使燃烧稳定即不发生离焰、脱火、回火和不完全燃烧等现象，要选取合理的设计参数，如一次空气系数、火孔热强度等。

2. 燃烧室

燃烧室容积的大小，与燃具热负荷、燃烧方法有关。燃烧室过大，炉墙散热损失增加，炉内温度低，热效率降低，浪费燃气；燃烧室过小，燃气不能完全燃烧，燃烧室壁及加热面过热会加速腐蚀而缩短燃具使用寿命。

燃烧室容积由燃烧室容积热强度决定。燃烧室容积热强度是指在燃烧室单位容积、单位时间燃气完全燃烧所放出的热量。用 q_v 表示，单位 kW/m^3。

燃烧室容积热强度是根据不同燃具、不同燃烧方法，通过实验测定出的数值。工程设计选定容积热强度的实质是要保证燃气在燃烧室停留时间大于燃气从着火到燃尽的时间，避免把燃烧室设计得过大或过小。

燃烧室容积用下式计算

$$V=\frac{BH_l\alpha_g}{q_v} \tag{12-11}$$

式中，V——燃烧室容积，m^3；

B——燃具耗气量，m^3/h；

H_l——燃气低热值，kJ/m^3；

α_g——燃气系数，0.85～0.93；

q_v——燃烧室容积热强度，kW/m^3。

燃具燃烧室的尺寸必须保证火焰不接触水冷壁或室壁，避免发生不完全燃烧和结碳。

二次空气口的布置，应能使二次空气均匀地分布到燃烧器火孔，二次空气进入口面积可按下式计算：

$$F_{in}=KQ \tag{12-12}$$

式中，F_{in}——二次空气进入口面积，cm^2；

K——系数，$K=5.20\sim7.31$，mm^2/kW；

Q——燃具热负荷，kW。

排烟口总面积可按下式计算

$$F_e=\beta Q \tag{12-13}$$

式中，F_e——排烟口总面积，cm^2；

β——系数，$\beta=5.20\sim7.31cm^2/kW$。

3. 加热室

加热室换热面积要适于被加热物体的加热所需。保证被加热物料的质量，同时使燃具有较高的热效率。对于液体和固体的加热方式如下：

(1)液体加热　液体加热方式分以下 5 种，如图 12-3 所示。

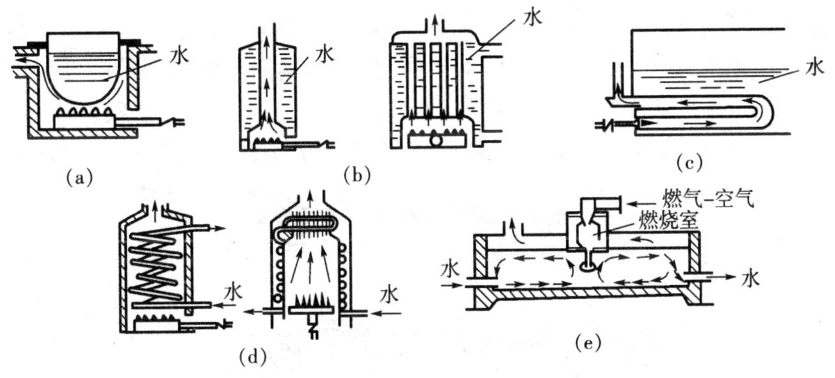

图 12-3　液体加热方法

(a)直火锅加热；(b)立式炉加热；(c)浸管加热；(d)水管加热；(e)浸没燃烧加热

图 2-9(a)直火锅加热　这种加热方法的特点是传热面积小，加热能力受到限制，热效率较低，为 35%～55%。

图 2-9(b)立式炉加热　锅内液体进行自然循环，燃烧室壁也是换热面，热效率较高，为 70%～85%。此加热形式随着热效率提高燃烧生成水量亦会增加，故需要采取措施防止直落到燃烧器上。

图 2-9(c)浸管加热　将烟管浸入被加热的液体中，烟气在管内流动通过管壁将热传给液

体,热效率较高,为65%~85%,燃烧生成水易排出。由于烟气是水平流动,如设计不当时会发生不完全燃烧现象和发出较大的燃烧噪声。

图2-9(d)水管加热　图中第一种情况由于燃烧室壁不参与换热过程,故其热效率较低,为60%~70%;第二种情况换热条件明显改善,热效率达75%~80%。

图2-9(e)浸没燃烧加热　燃气在燃烧室完全燃烧后,高温烟气直接与水接触将水加热,热效率可达90%以上。

(2)固体加热　固体加热分直接加热和间接加热两种。

① 直接加热　火焰或高温烟气与被加热物料直接接触,其加热方法有:局部快速加热,是用短焰或高温烟气直接烘烤固体,为使局部迅速加热,要限定加热量和加热时间。均匀高温加热,是将被加热物料置于燃烧室,利用高温烟气及炉内壁辐射进行均匀加热。干燥、烘烤加热,是将低温烟气导入加热室,利用烟气本身及热空气的对流换热加热物料。燃气红外线辐射燃烧器被广泛地利用于低温干燥和烘烤工艺上,在很大程度上提高了产品质量和热效率。

② 间接加热　火焰与高温烟气不与被加热物料直接接触,通过介质间接加热。此法用于被加热物料需要高温但不宜接触火焰或烟气进行均匀加热的工艺。例如罩式炉和辐射管式炉。对固体熔融作业,根据固体的熔点及其他因素可采用与液体加热或固体加热相同的方法。

(3)气体加热　燃气加热气体用于室内采暖或干燥工艺,它也有直接加热和间接加热两种。

12.2.2 燃气炊事用具

烹饪分蒸、煮、烤、炸、炒等工艺方法。相应的燃气用具也是多种的,有家用燃气灶、烘烤器、烤箱、烤箱灶、中餐灶和西餐灶等。

图12-4为家用双眼灶示意图。灶由进气管、开关钮、燃烧器、火焰调节器、盛液盘、灶面、锅支架和框架所组成。家用燃气灶采用多火孔头部的大气式燃烧器。火孔多为圆形或方形,火孔中心线与水平面夹角为40°~50°。锅支架高度(火孔端面至锅支架最高部位的距离)一般取25~35mm为宜,至少有一个火眼的锅支架能适应100mm直径的平底锅。为了提高燃气灶的安全性,防止意外中途熄火而引发的灾害,应在燃烧器头部装设熄火安全装置。

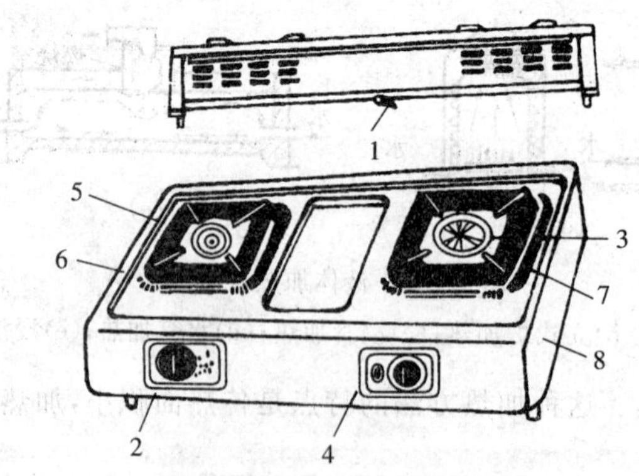

图12-4 家用双眼灶示意图

1-进气管;2-开关钮;3-燃烧器;4-火焰调节器;5-盛液盘;6-灶面;7-锅支架;8-框架

家用燃气烤箱的加热形式分有自然对流循环式和强制对流循环式两种。前者是利用热烟气的升力在箱内(直火式)或在箱外(间接式)循环加热,然后由排烟口逸出;后者是利用风机强制烟气循环，其优点是可充分利用加热室的空间，缩短了加热室的预热时间从而缩短了烤制时间。

图12-5所示为直火式烤箱。燃气管道和燃烧器置于烤箱底部。燃气由进气管1经阀门6、恒温器2、燃气管3和喷嘴5进入燃烧器4实现燃烧。点火系压电自动点火装置，它由压电陶瓷9、点火电极7和点火辅助装置8(燃烧器)所组成。燃气燃烧生成的高温烟气通过对流和辐射换热方式用或烤或蒸的工艺加热食品。最后烟气由排烟口17排入大气中。

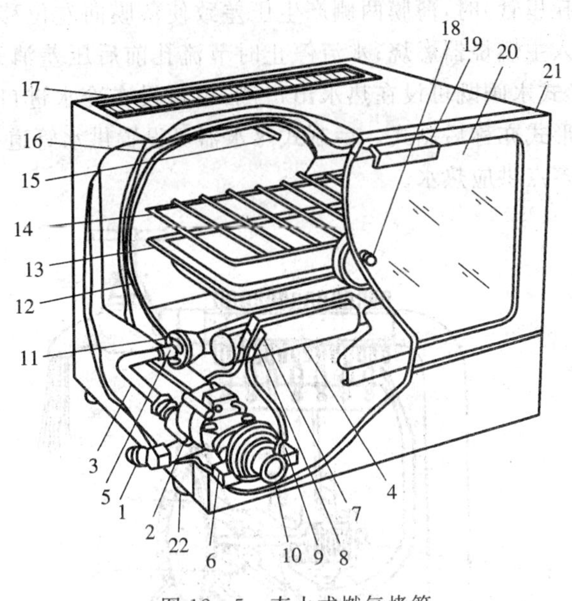

图12-5 直火式燃气烤箱

1-进气管；2-恒温器；3-燃气管；4-燃烧器；5-喷嘴；6-阀门；7-点火电极；8-点火辅助装置；9-压电陶瓷；10-旋钮；11-空气调节器；12-内箱；13-托盘；14-托网；15-恒温器的感热元件；16-绝热材料层；17-排烟口；18-温度指示器；19-拉手；20-烤箱玻璃；21-门；22-烤箱腿

12.2.3 燃气热水器与壁挂炉

燃气热水器分直流式和容积式两种。

1. 直流式热水器(快速热水器)

快速热水器是指冷水在流经筒体的瞬间被加热至所需要的出水温度的水加热器。它能快速、连续供应热水，热效率比容积式热水器高出5%～10%。筒体结构分有水套式和水管式两类。水套式是用铜板制成双层筒的间隙为水套，冷水由水套下部进入，热水从上部流出。水套的容量不宜过大。水管式是用铜管(Φ8～16mm)以管距30～50mm自下而上盘绕铜板制成的筒体(燃烧室)外侧，然后与设在筒体上部的带有翼片的铜管相接，冷水从下部进入，热水由翼片换热器流出。

水管式快速热水器的换热主要依靠翼片，约占总换热量的85%，筒体外侧的盘管换热量约占总换热量的15%。如果为提高热效率而进一步加大翼片的换热面积，则当停供热水时翼片的余热会致管内发生“后沸”现象。绕于筒体的铜管用锡焊或钎焊以使其与筒体紧密贴合。翼片与燃烧器之间距不能太小，否则温度较高的烟气将与之接触，热水器运行中由于热负荷及水压的变化，可导致产生蒸汽使水管与翼片过热而明显缩短热水器的使用寿命。

快速热水器控制形式有压力式(前制式)和压差式两种。压力式热水器的工作原理是在运行时受水压作用将燃气阀盘顶开,燃气进入主燃烧器燃烧,当停止运行时,水压消失,在燃气阀的弹簧力作用下将燃气阀关闭。此种控制形式的进水阀必须设在供水侧的水膜阀之前,故此种控制形式亦称前制式,由于此种控制形式易受干扰而产生误动作,很不安全,所以已被取缔。

图 12-6 所示为压差式热水器的工作原理。在供水管中设一节流孔(或者是一文丘里管)将气水连锁阀的水膜阀内两个腔分别接到节流孔前后(或文丘里管的喉部和出口)位置上。当冷水流过节流孔(或文丘里管)时,薄膜两侧产生压差致使薄膜向左位移克服燃气阀的弹簧力顶开燃气阀盘,燃气进入主燃烧器燃烧;水流停止时节流孔前后压差消失,在弹簧力作用下关闭燃气阀。此种控制形式水阀既可设在热水出口侧,也可设在冷水进口侧。因为水阀可设在热水出口侧,故此控制形式亦称后制式。后制式热水器可设置供水管道,热水出口可设在远离热水器的地方,可同时多点供应热水。

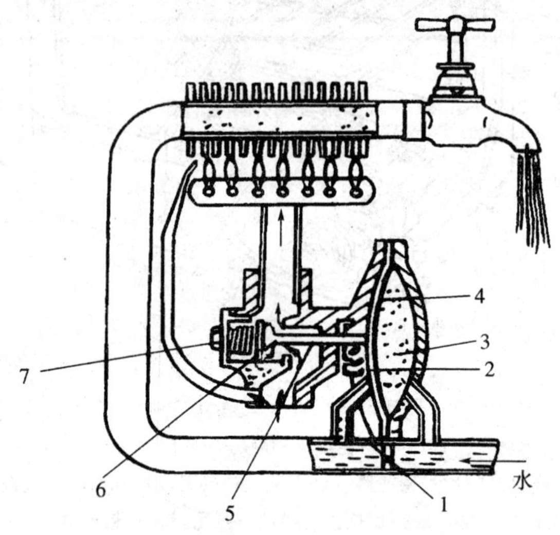

图 12-6 压差式热水器工作原理

1-节流孔;2-水腔(低压侧);3-水腔(高压侧);4-薄膜;5-阀杆;6-燃气阀;7-弹簧

从节能角度出发,应尽可能降低热水器的排烟温度来提高它的热效率。但降低排烟温度会出现两个问题:其一是低温腐蚀问题,一旦排烟温度接近或低于烟气的露点,含酸的凝结水会腐蚀热水器的热交换器和燃烧器等,减少燃具的寿命;其二是含酸的凝结水排出燃具后对它所流经的金属和建筑物均有腐蚀作用。为了做到既要回收余热又要保持燃具的原有寿命,因而出现了高效节能的冷凝式热水器。图 12-7 所示为回收余热的冷凝式快速热水器。

该型热水器的特点是增设了余热回收器 6、中和器 8,并采用机械引风措施。在余热回收器下面设置了凝结水收集盘,其作用是将含酸的凝结水集中起来导入中和器内,于此将凝结水中和,然后排出。

在中和器内利用镁改变水质,其化学反应如下:

$$Mg+2H_2O=Mg(OH)_2+H_2$$

$$Mg(OH)_2+2HNO_3=Mg(NO_3)_2+2H_2O$$

$$Mg(OH)_2+H_2SO_4=MgSO_4+2H_2O$$

$$Mg+2HNO_3=Mg(NO_3)_2+H_2$$

$Mg + H_2SO_4$ —— $H_2 + MgSO_4$

反应生成物硝酸镁和硫酸镁是溶于水的，与水一起排掉。

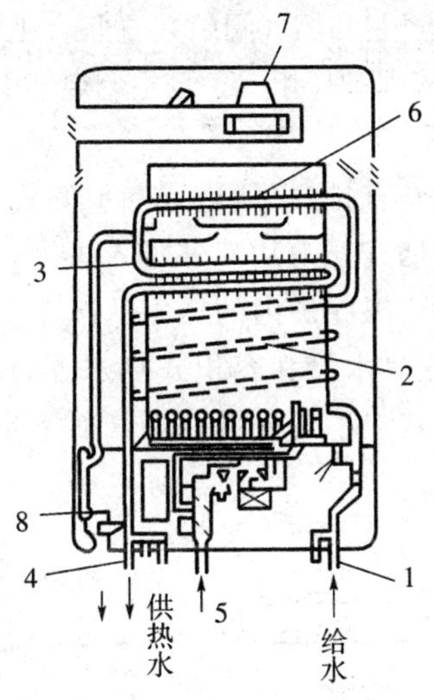

图 12-7　冷凝式快速热水器

1-给水阀；2-侧壁蛇管；3-换热器；4-供水口；5-燃气接入管；6-余热回收器；7-引风机；8-中和器

2. 容积式热水器

容积式热水器能储存较多的水，间歇将水加热到所需要的温度。容积式热水器的储水筒分为开放式（常压式）和封闭式两种。前者是在常压下把水加热，热损失较大但易除水垢；后者是在承受一定蒸气压力下把水加热，热损失较小但筒壁较厚，除水垢亦困难。

图 12-8 所示为封闭式容积热水器（为快速加热型）。它的燃气系统包括：燃气引入管 1、燃气阀门装置 2、电气点火装置 11、火焰检测装置（燃烧器安全装置）10 和主燃烧器 13 等。

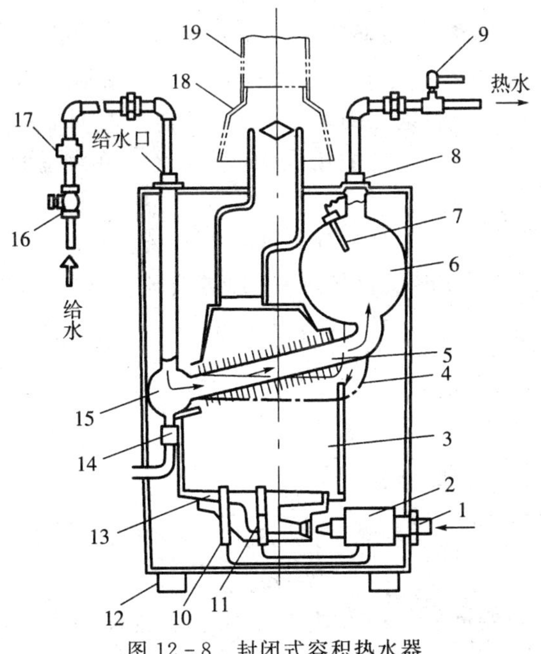

图 12-8　封闭式容积热水器

水路系统包括给水阀门16、减压、止回阀17、储水箱15及6、回流管4、出水阀9和排水阀14等。热交换系统包括燃烧室3、热交换器5。烟气排除系统包括烟管、安全排气罩18、排气筒19。

在储水箱6内设有恒温器7,通过它和燃气阀门装置联合工作,根据水温变化情况来控制燃气供应量的多少。火焰检测装置起熄火保护作用。一旦主燃烧器中途熄火则立即关断燃气通路。

3. 平衡式热水器

根据热水器排烟方式分类,则有直排式、烟道式和平衡式三种。平衡式热水器是一个封闭体系,燃气燃烧所需空气依靠炉内烟气浮力从室外吸入炉内,烟气排放到室外大气中。由于空气吸入口和排烟口处于同一风压下,因此炉内的压力状况不受室外风力影响,这是被称作平衡式的缘故。平衡式热水器分有快速热水器和容积式热水器,图12-9所示为平衡式容积热水器示意图。伸出屋外的平衡头部,其上半部分排除烟气而下半部分进入空气,空气再进入炉内参与燃烧,烟气从平衡头部排出。

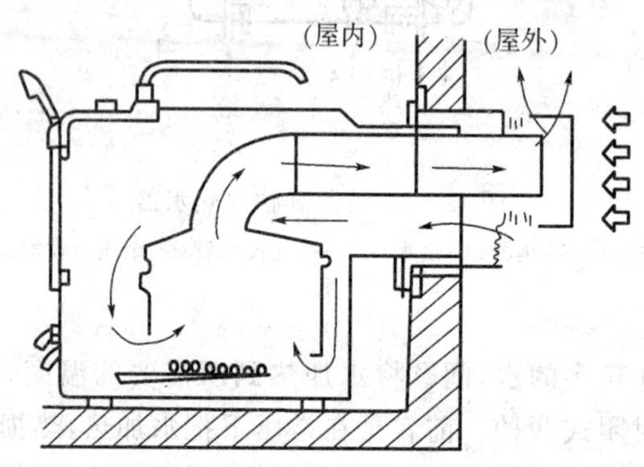

图12-9 平衡式容积热水器

4. 采暖燃气壁挂炉

为适应建筑物的单体采暖,将采暖系统中的配件组合进热水器中,形成了采暖用的燃气壁挂炉,这样单体建筑内的小型采暖系统就简化成了由采暖燃气壁挂炉和暖气片及管道阀门组成的系统了。相对于采暖锅炉而言,因为是壁挂型的因而称之为壁挂炉。壁挂炉分单采暖(单通道)和带生活热水的双功能壁挂炉(双通道),单采暖的水路接口只有采暖供水接口和采暖回水接口,双功能的增加了冷水接口和生活热水接口。图12-10所示为采暖和生活热水同时供应的强制排烟的燃气壁挂炉结构。在该结构中,在燃气热水器的基础上增加了采暖循环水泵24、膨胀水箱21、自动排气阀20、补水阀27。因为是两用炉,所以增加了一个板式换热器13,将生活热水系统与采暖水系统分离开来。另外还有一种将生活热水做成容积式的形式,这种壁挂炉没有板式换热器,代之以容积式水箱,采暖水和生活热水的热交换在水箱内进行。

12.2.4 民用燃具的检验与使用

评价燃具的优劣主要依据是它的热工指标和工作性能指标。主要指标内容如下:

1. 燃具额定热负荷

不同燃具的额定热负荷要符合相应的国家标准规定,检测时使用基准气于额定压力下作业。

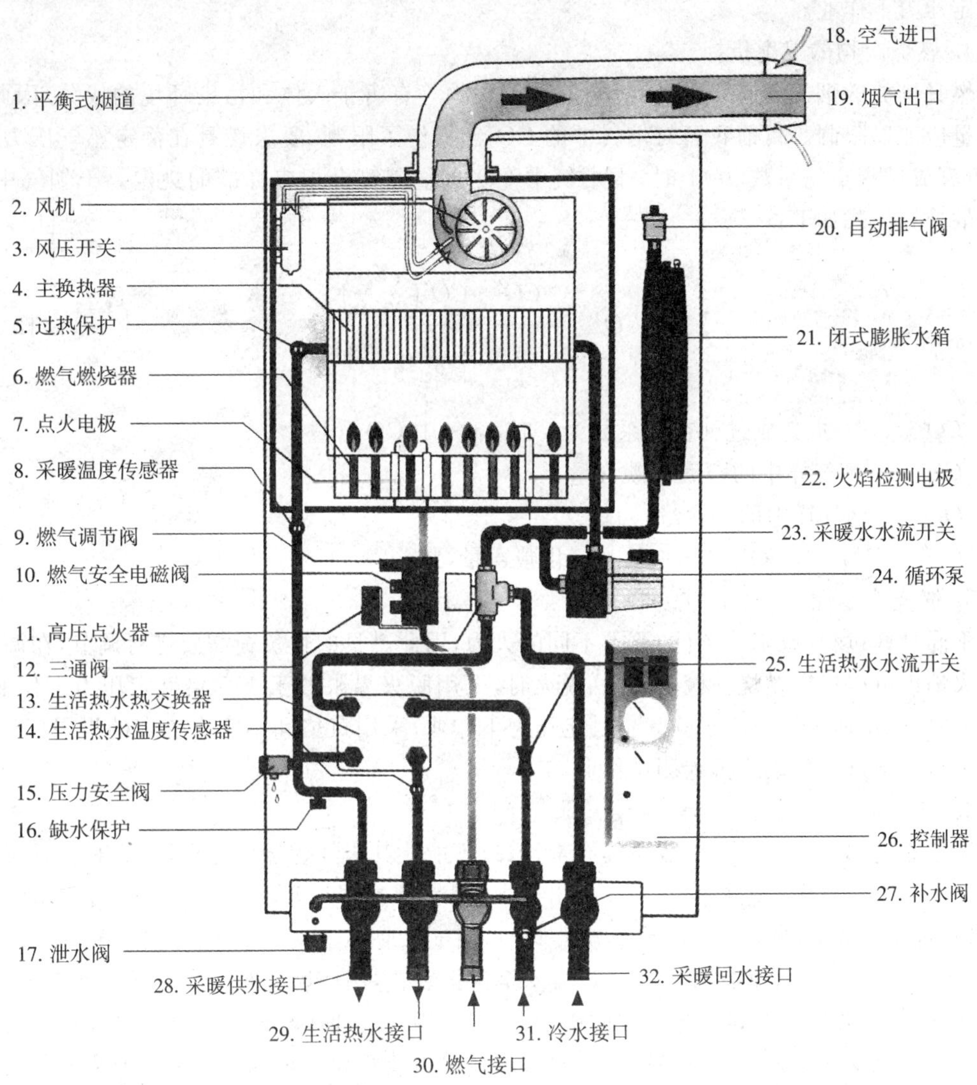

图 12-10　双功能燃气壁挂炉结构

2. 燃具前的燃气压力

设计燃具时选定的燃具前的燃气压力为额定压力。表 12-1 列出了我国对使用不同种类燃气的燃具所采用的额定压力。

表 12-1　燃具的额定燃气压力

燃气种类 / 燃具种类	人工煤气	天然气		液化石油气
		矿井气、液化气混空气	天然气、石油伴生气	
低压(kPa)	1.0	1.0	2.0	2.8 或 3.0
中压(kPa)	10 或 30	10 或 30	20 或 50	30 或 100

3. 燃具的热效率

燃具在额定压力下工作，其热效率应达到相应标准所规定的最低指标，检验时使用基准气于额定压力下作业。

4. 燃烧产物的卫生指标

燃具排放的烟气含有 CO、NO_x、臭氧和硫化物等有害于人体和污染环境的成分，因此，对其含量应加以限制。目前我国对烟气中的 CO 含量作了限制，要求燃具在额定燃气压力下工作，折算成过剩空气系数 $\alpha=1$ 时，干烟气中 CO 含量应符合相应标准的规定。干烟气中 CO 含量的换算公式如下：

$$CO_{\alpha=1}=\frac{CO'-CO''\left(\frac{O'_2}{20.9}\right)}{1-\frac{O'_2}{20.9}} \tag{12-14}$$

式中，$CO_{\alpha=1}$——折算成过剩空气系数为 1 时，烟气中 CO 含量，%；

CO'——烟气样中的一氧化碳含量，%；

O'_2——烟气样中的氧含量，%；

CO''——检验室室内空气中的一氧化碳含量，%。

5. 燃烧稳定性

不同烹饪过程（或工艺条件）要求不同的火力，因此燃具的热负荷需要进行调节，在调节范围内火焰仍可以稳定燃烧。检验离焰、脱火时，采用脱火界限气于 1.5 倍额定压力下作业；检验回火时，采用回火界限气于 0.5 倍额定压力下作业；采用黄焰和不完全燃烧的界限气于 1.5 倍额定压力下进行黄焰或析碳测试作业。

6. 安全性

燃气能引起火灾、爆炸，多数还具有毒性，故不能让其未经燃烧而逸出，为此对燃具要施以安全保护举措。首先对燃具的气密性提出要求，供气管、阀门、配件连接处要严密不漏气。用 4.2kPa 的气压试验，从燃气入口到燃烧器阀门，漏气量应小于 0.07L/h。对自动控制阀门，漏气量应小于 0.55L/h。其次要求燃具设有安全保护装置，例如燃气阀门应有限位和自锁装置。旋钮的开、关位置应有明显标志和方向指示，有的家用燃气灶装有熄火安全装置。在家用热水器上装有熄火安全装置、水气连锁装置、缺氧燃烧保护装置和换热器防过热保护装置。最后从操作安全和燃具使用寿命角度出发，对燃具各部位表面温度提出具体要求，见表 12-2。

表 12-2　燃具表面温度规定值

燃具种类	燃具部位							
	操作时手必须接触的部位	操作时手可能接触的部位	操作时手不易接触的部位	阀门壳体	干电池表面	压电元件与导线	软管接头	热水器四周墙壁或台面
	温度							
	℃	℃	℃	℃	℃	℃	℃	℃
家用灶①	室温+30	室温+70	室温+110	室温+40	室温+20	室温+50	室温+20	
热水器(快速)	室温+30	室温+65	室温+105	室温+50	室温+20	室温+50	室温+20	65
烤箱	室温+30	室温+70	室温+110			室温+50	室温+20	
中餐炒菜灶	室温+30	室温+65	室温+105	室温+50	室温+20	室温+50		
沸水器			室温+105	室温+50	室温+20	室温+50		65

① 家用燃气灶具 96 标准对部位的划分与本表略有区别。

7. 噪声

燃具的燃烧噪声应小于 65dBA，当突然关闭阀门时熄火噪声应小于 85dBA。

燃具的使用，首先要对安装条件提出要求。对居民生活使用的各类燃具只采用低压燃气；燃具严禁安装在卧室内；利用卧室的套间或用户单独使用的走廊作厨房时，应设门并与卧室隔开。

燃气灶应安装在通风良好的厨房内，厨房宜设置排气扇和可燃气体报警器。房间净高不得低于 2.2m。房间内允许安装的燃具热负荷按下式计算：

$$Q=\frac{1}{K}qV \tag{12-15}$$

式中，Q——燃具热负荷，kW；

K——燃具同时工作系数；

V——房间容积，m^3；

q——允许的房间容积热负荷，kW/m^3，q 值按表 12－3 选取。

表 12－3　q 值

房间换气次数(次/h)	1	2	3	4	5
$q(kW/m^3)$	0.472	0.583	0.694	0.806	0.917

对新建的居民住宅厨房，允许容积热负荷指标取 0.583；对旧建筑物的厨房或其他房间，允许容积热负荷指标可选用表 12－3 所列数据。如不能满足要求时应设置排风扇或其他有效的排气装置。

燃气灶与可燃或难燃烧的墙壁之间应采取有效的防火隔热措施；燃气灶的灶面边缘和烤箱的侧壁距木质家具的净距不应小于 20cm；燃气灶与对面墙之间的通道宽不小于 1m。

燃气热水器应安装在通风良好的厨房或单独房间里，当条件不具备时也可安装在通风良好的过道里。安装热水器的房间高度应大于 2.5m，房间门或墙的下部应预留面积不小于 $0.02m^2$ 的百叶窗或在门与地面之间留有高度不小于 30mm 的间隙。直排式热水器严禁装于浴室里。我国从 2000 年 5 月 1 日起禁止销售浴用直排式燃气热水器。烟道式和平衡式热水器可装于浴室内，浴室容积应大于 $7.5m^3$，浴室门应朝外开。快速热水器应安装在耐火的墙壁上，热水器外壳距墙净距不得小于 20mm；如果安装在非耐火的墙壁上时应垫以隔热板，隔热板每边应比热水器外壳尺寸大 100mm。热水器应装在不易被碰撞的地方，其前面的空间宽度应大于 0.8m。

燃气采暖装置应有熄火安全装置和排烟设施；容积式热水采暖炉应设置在通风良好的走廊或其他非居住房间里，与对面墙之间应有不小于 1m 的通道。

商业用气设备应安装在通风良好的专用房间里，用气设备之间及用气设备与对面墙之净距应满足操作和检修的要求。用气设备与可燃或难燃的墙壁、地板和家具之间应采取相应的有效防火措施。大锅灶和中餐炒菜灶应有排烟设备，大锅灶的炉膛或烟道处必须设爆破门。厨房内宜保持负压，其值为 5～10Pa。

12.2.5 民用燃气用具的通风排气

1. 用气房间的卫生要求

当燃气不完全燃烧时，会有部分可燃成分存于空气中。烟气中的有害气体是CO、CO_2、SO_2和NO_x。CO毒性很大，它与人体内血红蛋白的结合力大于O_2与血红蛋白的结合力，使血液中的含O血红蛋白减少造成人体缺氧，引起内脏出血、水肿及坏死，最后导致死亡。在正常情况下，由于人体血液中的CO_2分压高于肺泡中的CO_2分压，故血液中的CO_2扩散到肺泡中去，通过呼吸排出体外。空气中的CO_2含量增加，其分压若超过血液中CO_2分压时，空气中的CO_2可迅速地散入血液中，使人中毒亦可导致死亡。SO_2主要对呼吸道和眼睛具有强烈的刺激作用，大量吸入会引起肺水肿、喉痉挛直至窒息。NO_x在日光照射下与光化学反应形成有毒的烟雾，当人们长时间处于含量大于50ppm环境中可导致死亡。

鉴于上述原因对用气房间应规定卫生标准，室内空气中CO最大允许浓度，各国要求不一。我国仅对工业企业车间规定最大允许浓度为30mg/m^3(24ppm)。如果是短时间接触则要求可放宽，当作业时间在1h以内时，CO浓度可达到50mg/m^3(40ppm)；作业时间在半小时以内，CO浓度可达100mg/m^3(80ppm)；作业时间在15～20min，CO浓度可达到200mg/m^3(160ppm)；在上述条件下反复作业时，两次作业之间须间隔2h以上。

美国、日本对CO允许最大浓度均规定为50ppm。当一次接触时间在15min以内，一天不超过4次，每次时间间隔在1h以上，其最高允许浓度为400ppm。

室内空气中CO_2最大允许浓度我国尚未规定。国外一般控制在0.07%～0.10%。室内CO_2允许浓度及空气湿度可参照表12-4。

表12-4 CO_2允许浓度和空气湿度

房间用途	CO_2允许浓度(%)	空气相对湿度(%)
经常有人的房间(住房)	0.1	30～60
经常有孩子和病人的房间	0.07	30～60
定时有人的房间(办公室)	0.125	30～60
短时间有人的房间	0.2	

关于SO_2的最大允许浓度，我国规定为15mg/m^3，日本规定为5ppm，美国规定为2ppm。

空气中NO_x浓度我国规定在工业企业车间NO_x(换算成NO_2)最高允许浓度为5mg/m^3，对民用住宅尚无规定。

2. 用气房间的通风

通风方式分自然通风和机械通风两种。通风房间换气量可用控制室内CO_2浓度方法进行计算，公式如下：

$$V=\frac{M}{K-K_0} \tag{12-16}$$

式中，V——房间换气量，m^3/h；

M——室内CO_2发生量，m^3/h，包括燃具发生量和人体产生的量，参阅表12-5；

K——CO_2允许浓度，%，参阅表12-4；

K_0——室外空气中 CO_2 浓度，一般取 0.03%～0.04%。

表 12-5　人体产生的 CO_2 量

作业程度	CO_2 产生量($m^3/(h\cdot 人)$)	作业程度	CO_2 产生量($m^3/(h\cdot 人)$)
就寝时	0.011	中作业时	0.033～0.054
轻作业时	0.023～0.033	重作业时	0.054～0.084

自然通风排气口的大小取决于房间内燃气用具的热负荷，其经验数据如下：对于开放型燃具，每千瓦热负荷对应的有效面积为 $18cm^2$ 以上；对于半密闭型燃气用具，每千瓦热负荷对应的有效面积为 $9cm^2$ 以上。

通风进气口的面积与排气口面积相同。

对于机械通风，当房间门、窗的缝隙能通风时，进气口有效面积的经验值为燃具每千瓦热负荷对应 $9cm^2$ 以上；对地下室只有门、窗而无其他开口的房间，其进气口有效面积为每千瓦热负荷对应 $18cm^2$ 以上。

须注意室内负压值不得大于 5Pa，否则燃具会出现倒风现象。

3. 烟囱(排气筒)的设计

排烟方式有自然排烟和机械排烟两种。

(1)半密闭型燃气用具烟囱的设计

① 自然排烟

设置烟囱可提高燃具运行的安全性。例如当燃具一旦发生不完全燃烧或漏气时，烟囱可及时地排出可燃性气体(液化石油气除外)。它既可预防人员中毒，又可预防发生爆炸。

不同燃具要求燃烧室应存在一定的真空度，若真空度小于允许值时，则会有部分燃气从安全排气罩逸入室内。安全排气罩后真空度不同则由此吸入烟囱内的空气量亦不同。实验所知，当真空度小于 3Pa 时，几乎没有空气通过安全排气罩；当真空度为 3～6Pa 时，吸入的空气量不超过烟气体积的 20%；当真空度为 6～10Pa 时，吸入的空气量不超过烟气体积的 30%。

(a)设计计算原理

设计烟囱主要是确定烟道、连接管的断面尺寸和燃具前的抽力。断面积可根据烟气流速控制在 1.5～2m/s 范围内预先给定，给定值是否合理可用计算燃具前的抽力数值来判断。图 12-11 为半密闭型燃具烟囱工作示意图。从烟囱末端至燃具烟气出口处(安全排气入口)的垂直距离为 H。烟囱末端的大气压为 B，此时烟囱抽力用下式计算

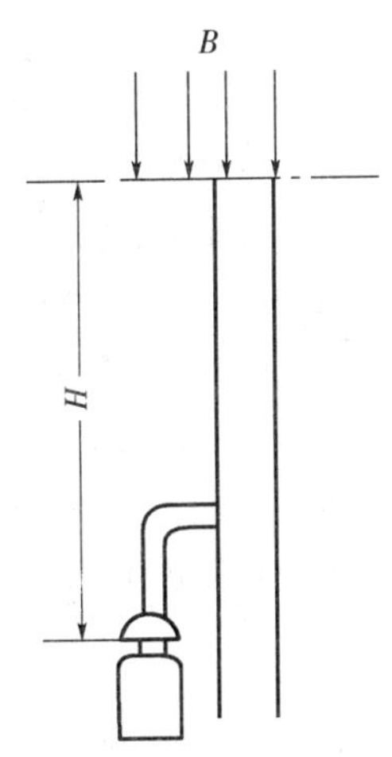

图 12-11　烟囱工作示意图

$$\Delta P=0.0345H\left(\frac{1}{273+t_a}-\frac{1}{273+t_f}\right)B \qquad (12-17)$$

式中，ΔP——烟囱的抽力，Pa；

H——产生抽力的管段高度，m；

t_a——外部空气温度，℃；

t_f——计算管段中烟气的平均温度，℃；

B——大气压力，Pa。

为了计算烟气的平均温度，首先要计算出烟气在连接管和烟道中流动时由于冷却造成的温度降。烟气向烟道周围空气的传热方程式

$$Q=KF_f(t'_f-t_a)-\frac{KF_f\Delta t}{2}$$

计算管段热平衡方程式

$$Q=1.38Q_{0,f}\Delta t\frac{1000}{3600}$$

比较两式得出管段中烟气温降计算公式为：

$$\Delta t=\frac{t'_f-t_a}{0.384Q_{0,f}/(KF_f)+0.5} \tag{12-18}$$

式中，Δt——烟道(囱)中烟气的温度降，℃；

K——烟道(囱)的平均传热系数，W/(m^2·K)；

F_f——烟道(囱)内表面面积，m^2；

t'_f——进入烟道(囱)处的烟气温度，℃；

t_a——烟道(囱)周围的空气温度，℃；

Q——温降为$\triangle t$时烟气放出的热量，W；

1.38——烟气的平均容积比热，kJ/(m^3·K)；

$Q_{0,f}$——标准状态下通过烟道(囱)的烟气量，m^3/h。

烟囱造成的抽力$\triangle P$应能克服燃具、烟道和烟囱的阻力$\sum\triangle P$，而且抽力$\triangle P$应为阻力$\sum\triangle P$的1.2～1.3倍。

烟道、烟囱的阻力$\sum\triangle P$包括摩擦阻力和局部阻力，即$\sum\triangle P=\triangle P_1+\triangle P_2$。

摩擦阻力按下式计算：

$$\Delta P_1=\lambda\frac{l}{d}\frac{W_{0,f}^2}{2}\rho_{0,f}\frac{273+t_f}{273} \tag{12-19}$$

式中，$\triangle P_1$——摩擦阻力，Pa；

λ——摩擦阻力系数，对砖烟道为0.04，金属烟道为0.02，旧金属烟道为0.04；

l——计算管段的长度，m；

d——计算管段直径，m；

$W_{0,f}$——折算成标准状态的烟气流速，m/s；

$\rho_{0,f}$——标准状态下烟气的密度，kg/m^3；

t_f——计算管段中烟气的平均温度，℃。

局部阻力按下式计算：

$$\Delta P_2=\sum\zeta\frac{W_{0,f}^2}{2}\rho_{0,f}\frac{273+t_f}{273} \tag{12-20}$$

式中，$\sum\zeta$——包括保证一定出口速度压力损失在内的局部阻力系数之和。

燃具出口处的真空度按下式计算：

$$\Delta P_v = \Delta P - \sum \Delta P \qquad (12-21)$$

式中，ΔP_v—— 燃具烟气出口处真空度，Pa；

$\triangle P$—— 烟囱抽力，Pa；

$\sum \Delta P$——烟道、烟囱的阻力，Pa。

(b)排烟系统的类型

按连接在烟囱上的燃具数目分类，自然排烟可分成单独排烟筒和共用排烟筒。

单独排烟筒

单独排烟筒如图 12-12 所示。它由一次排烟筒(燃具自带的排烟筒)、安全排烟罩、二次排烟筒和风帽所组成。当用气房间临建筑的共用外廊时，可采用图 12-13 所示的安装形式，除供、排气口外，遮板是密闭的。给、排气口四面周围 600mm 之内应是耐热、耐蚀非可燃性的材料。遮板内侧不能装设燃气表，遮板下部应设排水筒(Φ10～15mm)和点火门(有必要时)，遮板上部的百叶窗的叶片要斜向前上方，开口不能过小以防灰尘堵塞。

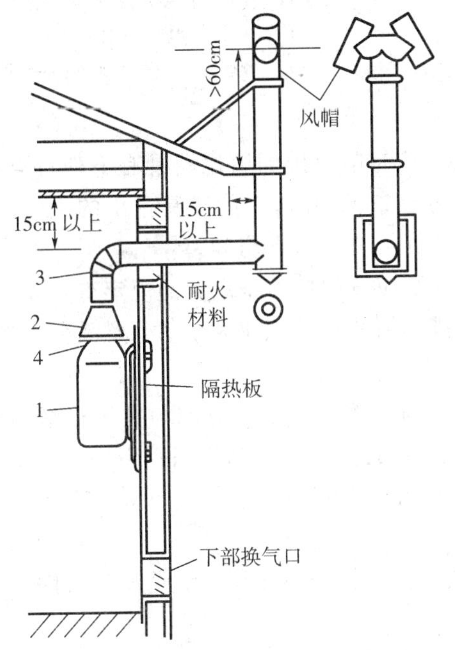

图 12-12　单独排烟筒装置示意图

1-燃气用具；2-安全排烟罩；3-二次排烟筒；4-次排烟筒

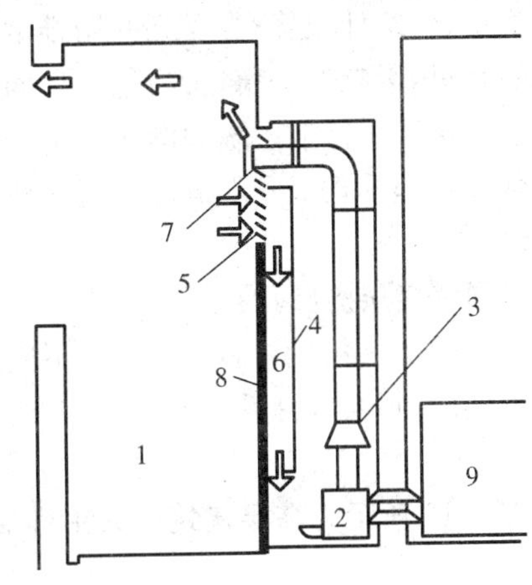

图 12-13　在共用外廊设置排烟筒示意图

1-共用外廊；2-燃具；3-安全排烟罩；4-隔板；5-供气口(供空气)；6-供气(空气)筒；7-排烟口；8 一遮板；9-浴盆

风帽防止倒灌风和避免雨水漏入排烟筒内。安全排烟罩的作用是防止由于倒风而破坏燃烧器的燃烧稳定性或吹熄火焰，避免过多冷空气通过炉膛而降低燃具热效率；可降低烟气露点，防止烟气中水蒸气在筒壁上冷凝。

安全排烟罩有立式、卧式和弯头式三种。

布置单独排烟筒，应尽可能减少转弯，弯头不宜超过三个以上，弯头的曲率半径不小于管径。水平烟道总长不得超过 3m，为排除冷凝水，水平烟道应坡向燃具，其坡度不小于 0.01。安全排烟罩上部应有不小于 0.25m 的垂直上升烟气导管，导管直径不得小于燃具排烟口直径。

室外排气筒的安装高度应符合下列条件：对坡屋顶要符合图 12－14 所示要求；对平屋顶，排烟筒要高出其 3～6m 范围内的建筑物最高部分 0.3～1.0m。

排烟筒通过房屋木结构和屋顶时，要遵守防火规定。

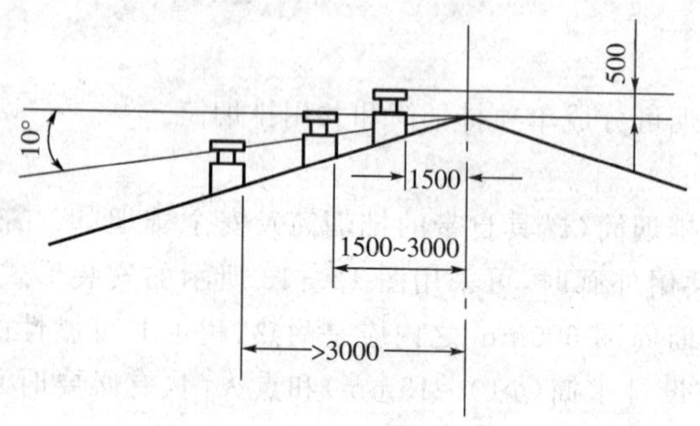

图 12－14 坡屋顶排烟筒安装高度

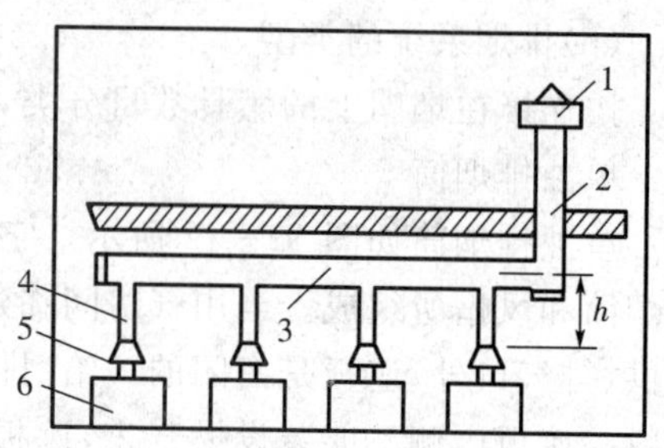

图 12－15 单层共用排烟筒系统

1－风帽；2－烟囱；3－水平烟道；4－烟气导管；5－安全排烟罩；6－燃具

共用排烟筒

连接两个以上燃具的排烟筒称为共用排烟筒。其与单独排烟筒比较具有下列特点：占用建筑容积小；建筑外观好；当受到共用排烟筒内压力分布影响时，有的燃具排出的烟气可能进入其他燃具里，影响燃烧稳定性；某一房间发出的声音可传至另外房间。

单层建筑共用排烟系统如图 12－15 所示，该系统应按照单独排烟筒的规定进行安装。但安全排烟罩上部垂直上升烟道应当高一些。共用排烟筒的断面积应大于每个燃具分支排烟筒断面积之和。

有时同一楼层的燃具并不像图 12－15 的布置形式，而是在不同方向与共用排烟筒连接，这种布置形式要求各燃具的分烟道以不同高度接于共用排烟筒上，高程间距不小于 0.5m。如果条件不允许，则入口可设在同一高程上，但须在共用排烟筒内装设高为 0.5～0.7m 的垂直隔板。

图 12－16 所示为高层建筑中共用排烟筒。共用排烟筒的断面积应满足下列条件。

$$F \geqslant f_1 + \frac{f_2 + f_3 + \cdots}{2} \tag{12-22}$$

式中，F——共用排烟筒断面积，m^2；

f_1——分支排烟筒中最大一个的断面积，m^2；

f_2、f_3——其余分支排烟筒的断面积，m^2。

共用排烟筒须用耐热材料构筑，贯通建筑物的排烟筒要完全封闭，但排烟筒下端要安装严密的封盖，以便检查和排出冷凝水。

图 12－17 所示为另一种形式的共用排烟筒。其最小断面积按下式计算

$$F = Kf \tag{12-23}$$

式中，F——共用排烟筒最小断面积，m^2；

f——各排烟筒断面积之和，m^2；

K——燃具同时工作系数。

排烟筒平均有效高度按下式计算(参阅图 12-17)

$$平均有效高度=\frac{a_1+a_2+a_3+a_4+a_5}{5}$$

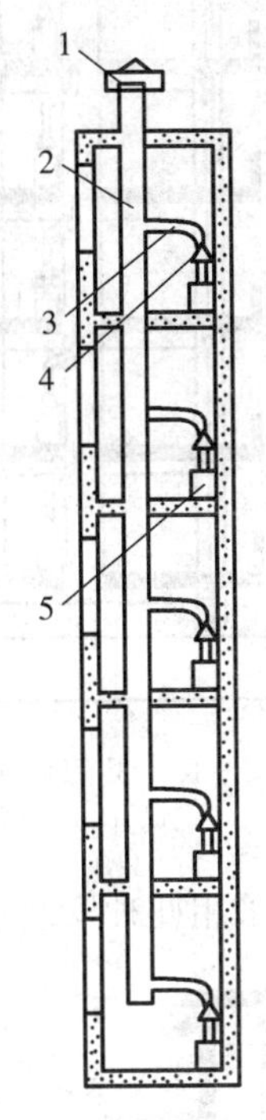

图 12-16　高层建筑共用排烟筒
1-风帽;2-烟囱;3-烟气导管;
4-安全排烟罩;5-燃具

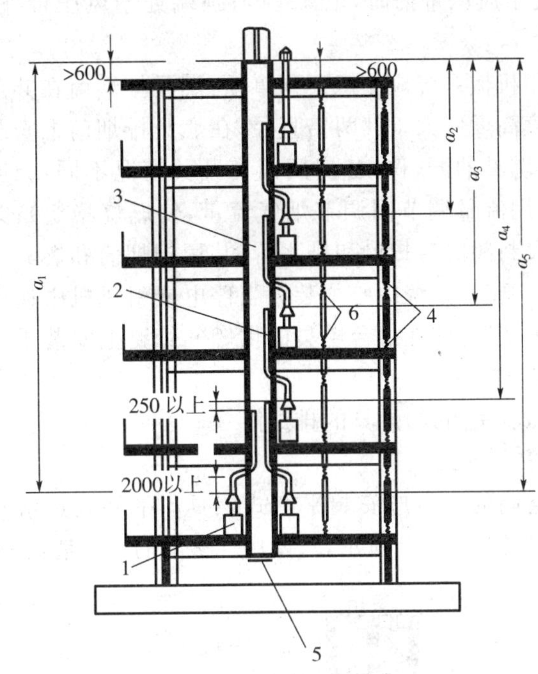

图 12-17　共用排烟筒示意图
1-燃具;2-排烟筒;3-共用排烟筒;
4-换气口;5-清扫口;6-室内换气口

一般五层以上建筑要设两个共用排烟筒,最高楼层的燃具排烟筒不进入共用排烟筒而单独设置,若为使其风帽处在屋顶风压带之外而筒高超过 4m 时,则只好将其接入共用排烟筒内。

共用排烟筒的断面积是指其有效断面积与分排烟筒投影面积之和。排烟筒最低高度(自安全排烟罩出口至筒顶端)要大于 2m;同一楼层从两侧进入共用排烟筒的燃具排烟筒之筒顶高差要大于 0.25m。共用排烟筒最下端要设密封的清扫口和排水管。共用排烟筒的风帽距房顶距离要大于 0.6m,燃具排烟筒与共用排烟筒相接处要密封。此外,共用排烟筒要有保温措施。

② 机械排烟

机械排烟分单独机械排烟和共用机械排烟两种,在此只介绍后者。高层建筑的共用机械排烟系统如图 12-18 所示,在共用排烟筒顶端安装引风机。选用风机的排风量为各燃具排烟筒的设计流量之和。燃具排烟筒的设计流量按下式计算

$$V=3.88Q \tag{12-24}$$

式中,V——排烟筒设计流量,m^3/h;

Q——燃具热负荷,kW。

风机的风压按下述方法确定。首先，利用公式(12－23)计算出排风量，计算其自最下层燃具的安全排烟罩起，至共用排烟筒出口为止的路程上所消耗的压力损失，再加上共用排烟筒顶端的附加压力之和即为风机的风压。附加压力选取原则：若顶端处于风压带内时，取 120Pa；顶端处于风压带外，则取 20Pa。

安装共用机械系统应注意下列事项：燃具排烟筒在共用排烟筒中的垂直高度应大于其两倍直径；在燃具排烟筒上安装流量调节阀(各燃具的开、停，各房间门窗开关情况不同，会影响流量变化，故用流量调节阀调节烟气流量，使燃烧稳定)；共用排烟筒下部设封闭的清扫口和排水管；共用排烟筒和燃具排烟筒上不设防火闸门；系统中心须装设当停电或引风机中途停转时的安全保护装置，即在每台燃具的供燃气管路上安装手动复归式安全切断阀。

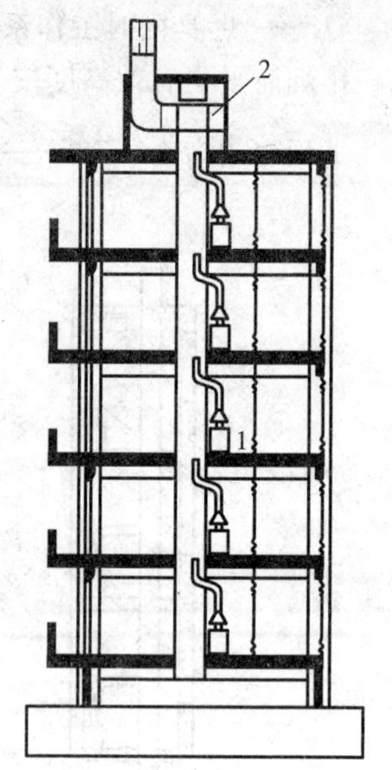

图 12－18 共用机械排烟系统

1－燃具；2－引风机

(2)平衡式(密闭式)燃具的排烟筒

① 外墙安装形式

对装有空调的建筑应安装平衡式燃具。平衡式热水器可装在外墙上，如图 12－12 所示，只要用气房间的一面墙为外墙，则可采用此种安装形式。

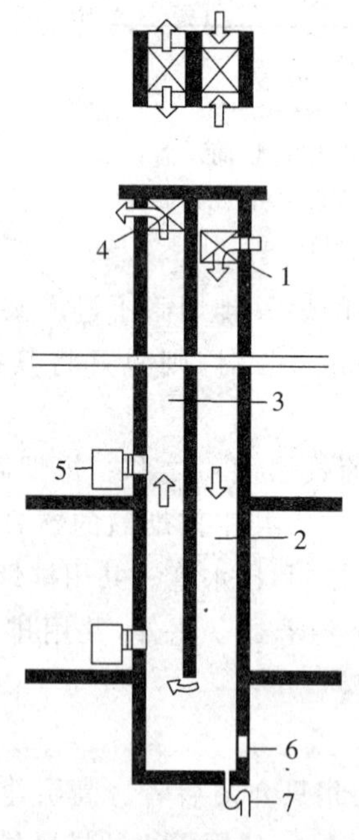

图 12－19 U 型给排气筒示意图

1－给气口；2－给气筒；3－排气筒；4－排气口；5－燃具；6－清扫口；7－排水管

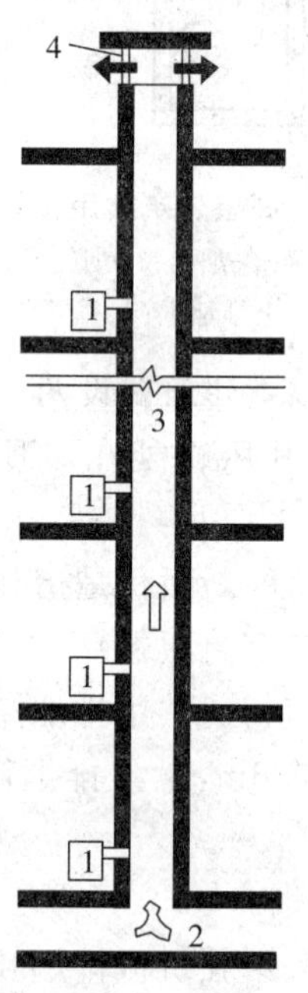

图 12－20 SE 型给排气筒示意图

1－燃具；2－水平风道；3－垂直风道；4－排气口

② 共用给排气筒形式

当用气房间不靠外墙时，只好在建筑内设共用给排气筒，将各楼层平衡式燃具连于其上。

这样不仅方便了建筑设计，而且还不破坏建筑外观。共用给排气筒主要有 U 型和 SE 型两种。图 12－19 为 U 型给排气筒示意图，它有两个垂直风道，下端相连呈“U”字型。其特点是因为进排气口均设于屋顶，故不受风力影响；地下室可使用燃具；占地面积大于 SE 型。

图 12－20 为 SE 型给排气筒示意图，它在建筑底层水平供风道上连接垂直的给排气通道，呈倒“T”字形。其特点是占地面积小；工况受风力影响；地下室用气困难。

12.3　燃气工业炉窑

12.3.1　燃气工业炉窑的分类

1. 按用途分类

这种分类方法是一种最常用的分类方法，根据生产用途不同，可分为 5 类：

(1)熔炼炉　将金属等固体物料从固态熔化成液态，再加入其他合金元素进行精炼。加热目的是熔化金属等物料，如冲天炉、平炉、熔铜炉、熔铝炉和玻璃熔池窑等。

(2)锻轧加热炉　加热目的是为了增大金属在轧制、锻造、冲压和拉拔前的可塑性，如轧钢加热炉、锻造加热炉等。

(3)热处理炉　加热目的是为了改变金属的结晶组织，使其满足不同的热处理工艺要求，如淬火、退火、回火、渗碳及氮化等。

(4)焙烧炉　又称焙烧窑，加热目的是使物料发生物理或化学变化，以获得新的产品，如白云石、石灰石和耐火材料的焙烧等。

(5)干燥炉　加热目的是为了排除物料中的水分，如铸型的干燥及粘土、砂子和型煤的干燥等。

2. 按炉温分类

(1)高温炉　炉温在 1000℃以上，其炉内传热一般以辐射为主。

(2)中温炉　炉温为 650～1000℃，炉内除辐射传热外，对流传热亦不可忽视。

(3)低温炉　炉温在 650℃以下，以对流传热为主。

3. 按炉子工作的连续性分类

(1)连续性操作的炉子。

(2)周期性(间歇式)操作的炉子。

4. 按加热方式分类

(1)直接加热炉　指炉气直接与物料接触，故又称火焰炉。

(2)间接加热炉　指炉气不直接与物料接触。

5. 按行业分类

(1)炼铁　高炉、热风炉、烧结炉、球团炉、焦炉、焙烧炉。

(2)炼钢、压力加工　转炉、电弧炉、平炉、均热炉、轧钢加热炉、锻造加热炉。

(3)钢材热处理　退火炉、正火炉、调质炉、回火炉、热压合炉、渗碳炉、软氮化炉、镀覆炉、气氛发生炉、烧结炉。

(4)铸铁、铸钢　冲天炉、电弧炉、感应熔化炉、热处理炉、干燥炉。

(5)有色金属　精炼炉、熔化炉、均热炉、加热炉、焙烧炉、转炉、热处理炉(退火、调质、回火、烧结等)。

(6)陶瓷、水泥、耐火材料　熔化炉(玻璃、耐火材料等)、烧成炉(水泥、耐火材料、陶瓷器、砖瓦、陶管、窑业原料等的烧成)、煅烧炉(窑业原料焙烧与煅烧)、热处理炉(平板玻璃,电视显像管等热处理)。

(7)化学工业　煤化工中的炼焦炉、煤气发生炉;石油化工中的加热炉、分解炉、转化炉。

(8)环境保护　工业废弃物焚烧炉、废气燃烧炉、城市垃圾与下水污泥焚烧炉。

6. 按炉型结构分类

按炉型结构来分,有:室式炉、开隙式炉、台车式炉、井式炉、步进式炉、振底式炉等。

12.3.2 燃气工业炉窑的特点

工业炉窑所采用的能源,目前常用的只有电、煤、油、气 4 种。燃煤、油、气 3 种工业炉的加热方式是用燃料燃烧后的烟气来进行加热,这类工业炉通常称火焰炉。燃气工业炉是火焰炉的一种,与其他两种火焰炉比较,具有以下优点:

1. 无公害。气体燃料都经过脱硫处理,燃烧生成物中 SO_x 含量极少,甚至于不必考虑。气体燃料的含氮量较少,燃烧生成物中 NO_x 含量比其他燃料少,同时对于高温生成的 NO 也比其他燃料容易抑制。因此,气体燃料具有无公害的优点。

2. 易于自动控制。一般来说,燃气燃烧器的调节要比其他燃料燃烧装置的幅度宽,过剩空气量也较其他燃料少,而且微调灵敏性也较快,容易实现炉温和炉压、甚至炉气成分的自动控制。

3. 清洁、卫生、操作方便。燃气燃烧器不存在结焦、结渣的问题,即使不完全燃烧产生炭黑也容易清理。容易实现自动点火及火焰监测等。

4. 易于实现特种加热工艺。燃气工业炉内燃烧产物的成分调节灵敏,稍变动过剩空气量,炉内气氛即刻发生变动,这使得氧化加热以及快速加热等特种工艺的实现比较容易。

但是,燃气工业炉的管理及操作要比其他燃料严格。因燃气—空气混合物的可燃混合气成分都在爆炸范围内,如果操作不按规程,管理检查不严格,就容易发生爆炸等事故。

12.3.3 燃气工业炉的炉型与构造

1. 燃气工业炉窑的主要形式

燃气工业炉按炉子工作方式分为连续式炉与周期式炉。在连续式炉与周期式炉中,都可以达到同样的加热和热处理效果,采用哪种炉型要由产量和操作条件等决定。一般来说,连续炉适用于大量生产的物料加热,周期式炉适用于处理批量小的物料。

周期式炉的被加热物料从入炉加热到最后出炉都在炉内不运动,有时按规定的温度曲线升温、保温、降温冷却,都在一个炉膛内进行,按一定周期分批处理物料。多数情况是装料口即是出料口。常见周期式炉的炉型主要有:井式炉、箱式炉、车式炉、罩式炉、坩埚炉和浴炉。

连续式炉的主要形式及输送机构见图 12-21。连续式炉的被加热物料从装料端装入,在炉内以一定速度连续地或按一定时间间隔移动,加热到预期的温度后,从出料端出来。这种炉型可以是连续装料,也可以是按一定规律间隔装料。对于较大物料加热,为使其表面与中心温度均匀,在出料前还设有均热段。对某些连续热处理炉,还设有一个冷却段,使物料在规定的较低温度下出炉。

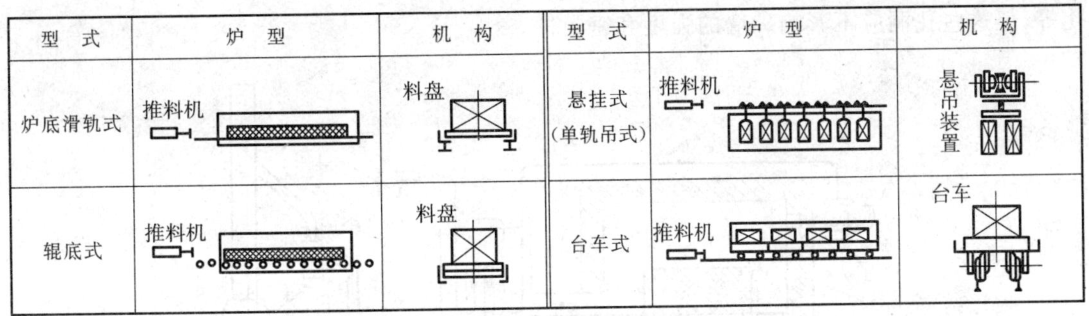

型　式	炉　型	机　构	型　式	炉　型	机　构
炉底滑轨式	推料机	料盘	悬挂式（单轨吊式）	推料机	悬吊装置
辊底式	推料机	料盘	台车式	推料机	台车

(a)

型　式	炉　型	机　构	型　式	炉　型	机　构
辊底式		炉料 炉辊链条传动	输送带式		环　带 链　带 网　带
螺旋式			转底式		有辊链、伞齿轮摇臂等传动方式
步进梁式		炉料	滚筒式		辊链传动

(b)

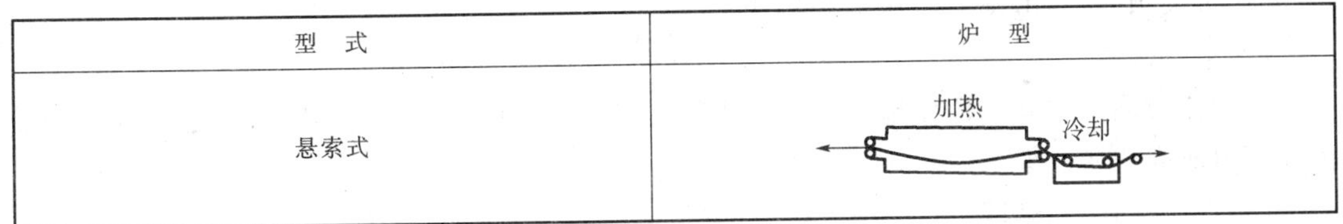

型　式	炉　型
悬索式	加热　冷却

(c)

图 12-21　连续式炉内工件的输送方式

(a)推料式；(b)输送机式；(c)带材连续处理式(牵引式)

2. 燃气工业炉的基本组成

燃气工业炉是一种较复杂的热工设备。它主要由炉膛、燃气燃烧装置、余热利用装置、烟气排出装置、炉门提升装置、金属框架、各种测量仪表、机械传动装置及自动检测与自动控制系统等部分组成。如图 12-22 所示。

(1)炉膛

工业炉炉膛的特点是处在高温下工作，并经常受到炉尘、炉渣和炉气的侵蚀作用。因此，要求组成炉膛的炉墙、炉顶、炉底和地基等部分所用的材料、结构和尺寸等多方面都必须适应上述特点，以保证炉子能安全、可靠与经济地工作。

炉膛的尺寸是炉体结构设计的重要数据，它与炉子产量、技术工艺操作、物料尺寸、形状及其在炉内的布置等因素有关。连续加热炉和室状加热炉的尺寸一般由经验方法确定。

炉膛的侧面砌砖部分称为炉墙。由于高温的要求，耐火墙要有足够的耐火度，保温墙要有良好的隔热性能。根据炉子工作的需要，在炉墙上常开有炉门、观察孔、燃烧装置用口以及测孔等，但这些孔洞应不影响炉墙的强度和密封性。

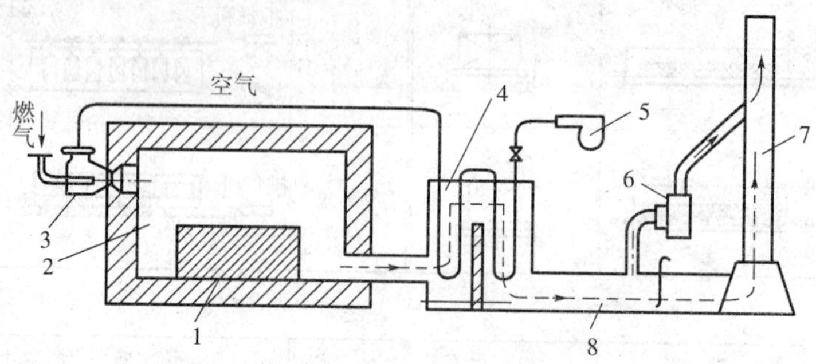

图 12－22 燃气工业炉系统示意图

1－物料；2－炉膛；3－燃烧器；4－换热器；5－风机；6－排烟机；7－烟囱；8－水平烟道

炉膛顶部的砌砖部分称为炉顶。按其结构形式，炉顶可分为拱顶和吊顶两种。炉子跨度小于 3～4m 时可采用拱顶，跨度较大的炉子一般采用吊顶。

炉膛底部的砌砖部分称为炉底。工业炉的炉底与其他部位不同，如金属加热炉的炉底，经常受到很大的机械负荷以及金属和氧化铁皮的作用。因此，对砌筑它的材料有更高的要求，既要坚固，又应有一定的厚度。

(2)炉门及提升装置

炉门的开闭多半是垂直升降的，提升都借助于滑轮和滚子的作用，可用人工、电动或气动等方式实现。当炉门的重量不大时，可采用人工操作的扇形机构提升。若炉门很重，启动次数频繁时，可采用气动、电动或液压提升机构。

(3)金属构架

为了使炉墙坚固并在操作情况下保持砌体形状，必须在炉子上安有由竖钢架、水平梁及连接杆等组成的金属构架。

(4)烟道、闸门和烟囱

炉子的排烟方式分上、下排烟两种，它与炉子的结构形式以及周围环境条件有关。

烟道是连接炉子与烟囱的烟气通道。为了调节炉膛内的压力，在烟道上必须设置烟气闸门。烟囱是火焰炉常用的排烟装置，也可采用机械排烟。

第 13 章　燃气利用新技术

天然气的开发和利用，为城市燃气注入了新的活力，加之科学技术的不断进步，燃气利用不仅仅停留在燃烧发热方面，在空调、汽车、发电以及冷热电联产（供）等新领域，都得到了广泛的应用。本章主要介绍燃气在这些新领域的应用。

13.1　燃气空调

我们所熟悉的空调，多是采用电力驱动的空调。事实上，还可以采用燃气来制冷和制热。按采用的能源方式来划分，空调可分为电力空调和燃气空调。燃气空调是指采用燃气作为驱动能源的、用冷（热）源设备及其组成的空调系统。与电力空调相比，燃气空调在能源利用、电力削峰、环保性能等方面都具有优势。合理发展使用燃气空调，是解决夏季用电紧张的一个有效途径，同时也是扩大燃气夏季使用量、提高燃气管网利用率的一个好方法。

13.1.1　燃气空调的分类

燃气空调按能源供应的方式来划分，可以分为两大类：单独式能源系统的燃气空调和分布式能源系统的燃气空调。

单独式能源系统的燃气空调是以燃气型溴化锂吸收式冷热水机组和燃气内燃机驱动压缩式循环热泵为典型，除此还包括户式燃气空调系统、天然气锅炉＋蒸汽型双效溴化锂吸收式冷水机组、燃气型小型氨—水工质对吸收式制冷机等。本节主要介绍单独式能源系统的燃气空调。

分布式能源系统的燃气空调有：区域供热供冷系统、大型区域热电联产、小型区域冷热电联产、建筑（楼宇）冷热电联产和燃料电池冷热电联产等，其中以楼宇/区域/企业的冷热电联产系统为典型，详见本章第四节冷热电三联产（供）系统。

13.1.2　燃气型溴化锂吸收式冷热水机组

1. 溴化锂吸收式制冷机

（1）溴化锂吸收式制冷机的工作原理

溴化锂在一个大气压下的沸点高达 1265℃，我们把它作为吸收剂，水作为制冷剂，这样就组成了溴化锂—水的吸收剂—制冷剂工质对。图 13-1 为溴化锂吸收式制冷装置工作原理图，其工作流程如下：在吸收器 1 中，吸收剂溴化锂溶液吸收来自蒸发器 7 的低压制冷剂水蒸气，成为含水较高的溴化锂溶液，经溶液泵 2 加压后送入发生器 3。在发生器 3 中，外部热源向其提供热量 Φg，使溴化锂－水溶液中的制冷剂（水）大量气化成高温高压气态制冷剂。高温高压气态制冷剂（水蒸气）去往冷凝器 5，剩下含水较低的溴化锂－水溶液，经节流阀 4 减压后返回吸收器 1，重新吸收来自蒸发器 7 的水蒸气，完成循环。为减少能量消耗，通常在吸收剂循环中增设溶液交换器。

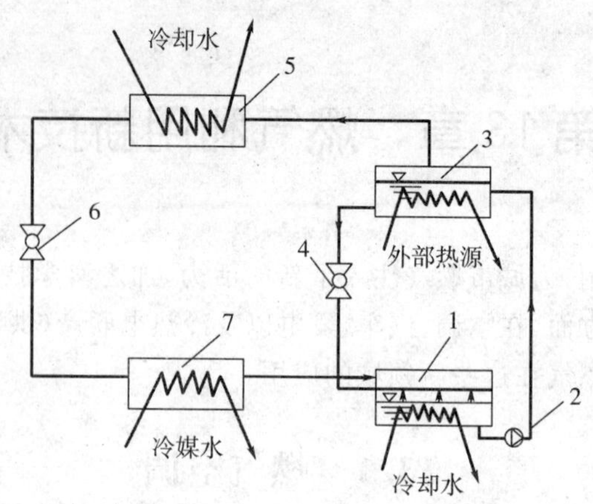

图 13-1 溴化锂吸收式制冷装置工作原理图

1-吸收器 2-溶液泵;3-发生器;4、6-节流阀;5-冷凝器;7-蒸发器

吸收式制冷机的经济性常用热力系数作为评价指标。热力系数 ξ 是吸收式制冷机在蒸发器中获得的制冷量 Φ_0 与在发生器消耗的热量 Φg 之比：

$$\xi=\Phi_0/\Phi g$$

(2)溴化锂吸收式制冷机的分类

溴化锂吸收式制冷机的分类方法很多,主要有以下分类：

① 按制冷循环分

(a)单效型溴化锂吸收式制冷机

单效型溴化锂吸收式制冷机是溴化锂吸收式制冷机的基本形式,这种制冷机采用低品位热能,通常采用 0.03～0.15MPa(表压)的饱和蒸汽或 85～150℃的热水为能源。但制冷机的热力系数较低,约为 0.65～0.7。因而专配锅炉提供驱动能源是不经济的,可利用余热、生产工艺过程中产生的热等为能源,则有明显的节能效果。

(b)双效型溴化锂吸收式制冷机

当有较高温度热源时,应采用双效型溴化锂吸收式制冷机。例如有 0.4～0.8MPa 的蒸汽作热源时,通常采用双效型溴化锂吸收式制冷机,称为蒸汽双效型。如有燃气做热源时,称为直燃双效型。它设有高、低压两级发生器,高低温两级溶液热交换器。

② 按使用热源分

(a)蒸汽型溴化锂吸收式制冷机

使用蒸汽作为驱动热源,根据工作蒸汽的品位高低,可分为单效型和双效型。

(b)热水型溴化锂吸收式制冷机

使用热水作为驱动热源,根据热水温度可分为单效型和双效型。单效型机组的热水温度范围为 85～140℃,高于 140℃的热水可作为双效热水机组的热源。

(c)直燃型溴化锂吸收式制冷机

直燃型溴化锂吸收式冷热水机组,简称直燃机,是以油、燃气为燃料,燃料燃烧后产生的高温烟气为热源的双效型溴化锂吸收式制冷机。根据燃料不同又可分为：

燃油型：采用轻油、重柴油、重质燃料油及乳化油等液体燃料的机组。

燃气型：采用人工煤气、液化石油气、天然气等气体燃料的机组。

双燃料型：一机可使用两种燃料，分轻油燃气型和重油燃气型。

2. 燃气型溴化锂吸收式制冷机

与蒸汽型和热水型溴化锂吸收式制冷机比较，燃气型溴化锂吸收式制冷机把锅炉的功能和溴化锂吸收式制冷的功能合二为一，简化了热源供应系统，减少了热输送过程的损失。热效率高，对大气环境污染小，体积小，占地省，可同时实现制冷、制热，必要时还可提供生活热水。

图 13-2 为直燃双效三筒型溴化锂吸收式冷热水机组的工作原理图。

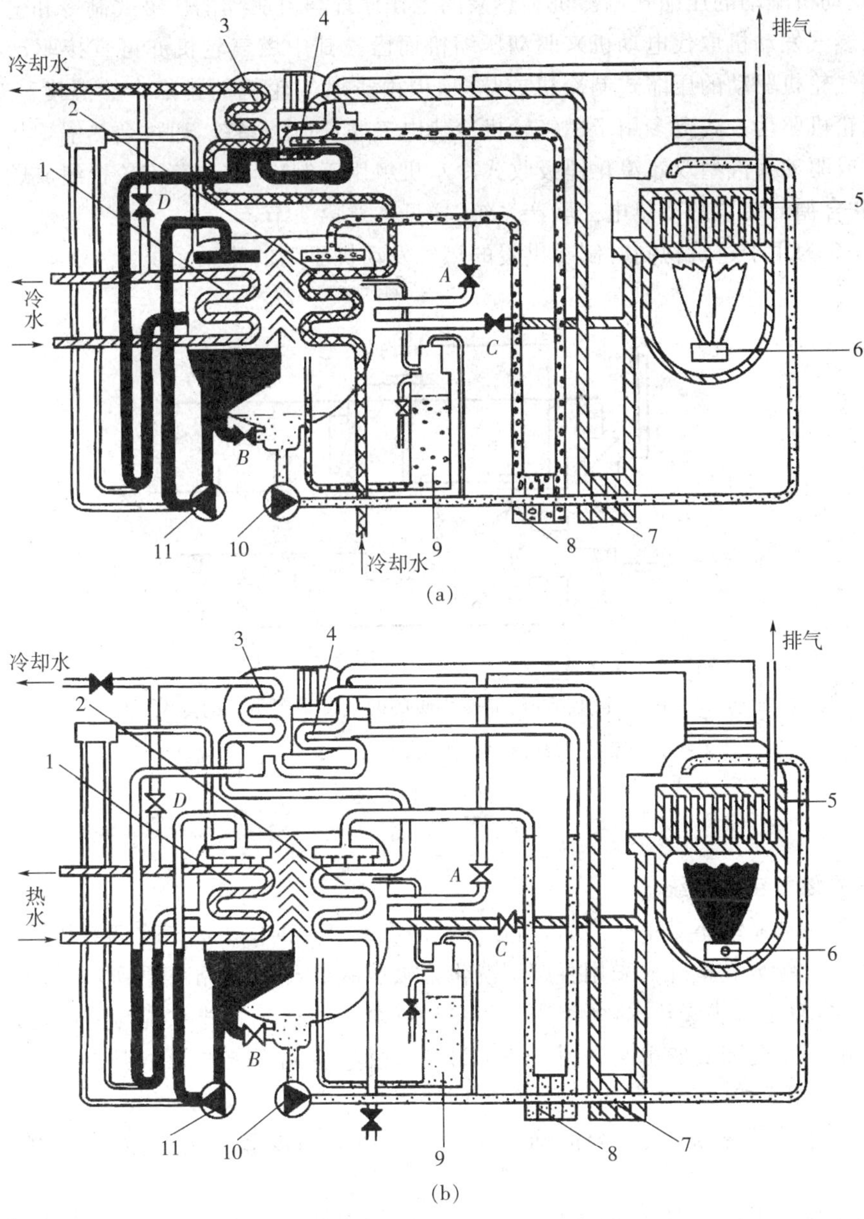

图 13-2　直燃双效三筒型溴化锂吸收式冷热水机组

(a)制冷循环　(b)采暖循环

1-蒸发器；2-吸收器；3-冷凝器；4-低压发生器；5-高压发生器；6-燃烧器

7-高温换热器；8-低温换热器；9-自动抽气装置；10-溶液泵；11-冷剂水泵

13.1.3 燃气发动机驱动的压缩式制冷机和热泵

燃气发动机按工作原理不同，有内燃机、外燃机和燃气轮机。它们采用气体燃料作为驱动能源，可用于驱动压缩式制冷机和热泵装置，称为燃气发动机驱动的压缩式制冷机和燃气发动机驱动的热泵。与燃气型直燃机、户式燃气空调产品一样，同为当今燃气空调产品的主要形式之一，其生产和使用均呈上升趋势。

燃气发动机驱动的压缩式制冷机和热泵的工作原理与电驱动的压缩式制冷和电动热泵相同，只是以燃气发动机取代电动机来驱动压缩机而已。其中燃气轮机亦可直接驱动各种压缩机，构成燃气轮机驱动的压缩式制冷机或热泵，但由于燃气轮机的排烟余热温度高达550℃，因此，燃气轮机驱动方式更多用于燃气轮机冷热电三联产(供)系统，通过余热锅炉将热量回收用于供热，或驱动蒸汽型双效溴化锂吸收式冷水机组用于制冷，或与蒸汽轮机组成燃气轮机—蒸汽轮机联合循环装置的冷热电三联产系统，详见本章第4节。

图13-3为用于建筑物同时制冷供暖的燃气发动机驱动的热泵系统。

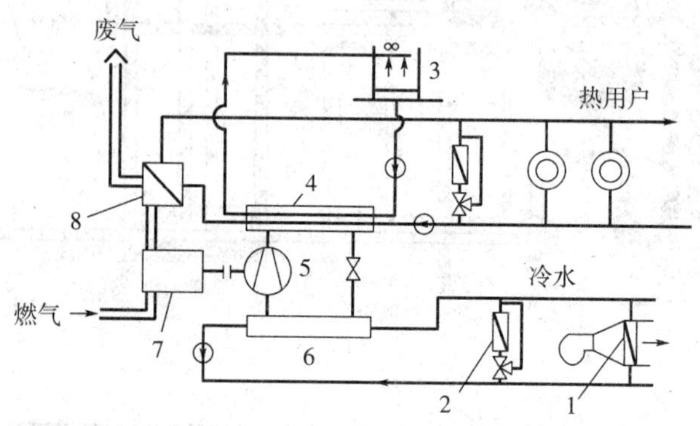

图13-3 用于建筑物同时制冷供暖的燃气发动机驱动的热泵系统

1-排风热交换器；2-冷却器；3-冷却器；4-冷凝器；5-压缩机

6-蒸发器；7-燃气发动机；8-废气热交换器

13.1.4 户式燃气空调系统

户式燃气空调系统不是单一产品，而是一种户型或小型的中央燃气空调系统，由室外机和室内机两大部分组成。室外机采用直燃型溴化锂吸收式制冷(热)循环原理，向住宅或建筑内提供空调冷水(夏季)、供暖热水(冬季)和卫生热水(全年)，通过管线系统与室内机(各种空调末端装置)相连，抵达需要的房间。图13-4为户式燃气空调系统的管路形式之一，其中左图为异程系统，适用于如一套住宅的小系统，各回路阻力相差不大，易于调节，节省管道，占用空间少。右图为集管式系统，该系统能确保每台室内机的温度和水阻一致，减少中间接头及弯管。

目前户式燃气空调能满足150～5000m²的住宅及小型商业、行政、公共建筑的空调要求。推护式燃气空调系统对降低建筑电耗有一定的现实意义。

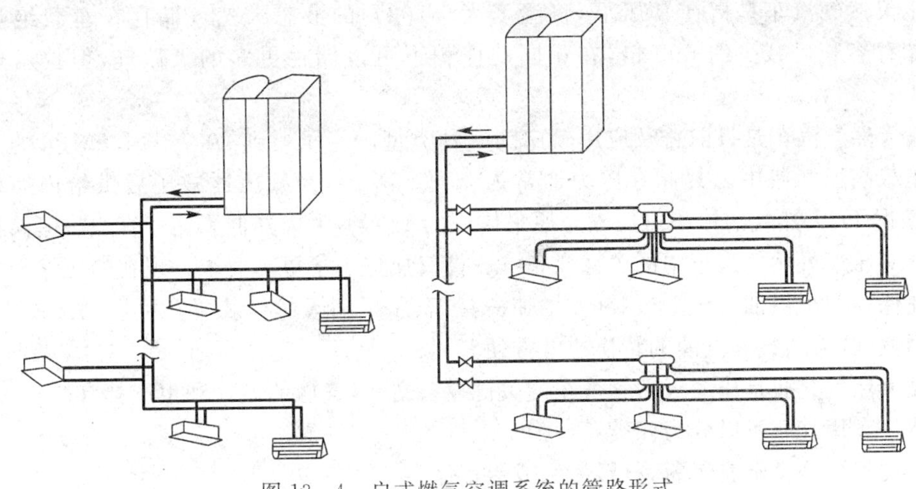

图 13－4　户式燃气空调系统的管路形式

13.2　燃气汽车

汽车工业是国民经济发展的重要支柱产业，对整个经济的繁荣和社会进步具有巨大的推动作用。随着汽车工业的发展和燃油汽车的增多，燃油汽车尾气引发的污染问题在我国大城市已十分严重。我国是一个石油相对短缺的国家，而天然气的储量相对较丰富。天然气、液化石油气具有良好的物理化学特性，作为汽车的气体代用燃料，能够有效降低汽车尾气中的有害成分，是控制大气污染的有效措施之一。目前我国正大力发展燃气汽车。

13.2.1　燃气汽车的分类

内燃机所用的燃料，除常用的汽油、柴油外，还可用下列代用燃料：天然气、液化石油气、人工煤气、氢、生物气如沼气及甲醇、乙醇等。多年的实验研究表明，综合环保、价格等方面的因素，在气体代燃料中，天然气是公认的首选代用燃料，其次是液化石油气。

通常，我们把气体燃料作为能源部分取代燃油的汽车称为两用燃料和双燃料汽车，而把以气体燃料作为能源全部取代燃油的汽车称作燃气汽车（又称专用燃气汽车或单一燃料燃气汽车），人们还习惯把这两类汽车统称为燃气汽车。

单一燃料汽车，主要包括天然气汽车和液化石油气汽车。

两用燃料汽车的特点是可以根据工况的不同，分开独立使用两种燃料之一。两用燃料汽车一般分成："CNG/汽油"汽车和"LPG/汽油"汽车。

双燃料汽车的特点是两种燃料同时进入发动机气缸工作，从而达到降低排放的目的。目前双燃料汽车只有"CNG/柴油"汽车一种。

13.2.2　天然气汽车

根据天然气的保存方法，天然气汽车可分为四种类型：低压气囊式天然气汽车、液化天然气汽车、压缩天然气汽车和吸附天然气汽车。其中低压气囊式天然气汽车是天然气以低压方式充装于汽车顶部的气囊内，直接供给内燃机燃烧，该种充装方式目前已基本淘汰。

液化天然气汽车是指在常压下，将温度为－162℃的液态天然气储存在车载绝热气瓶中。其储存容积可减少约600倍，在相同的体积下可以储存更多的天然气，但技术要求也就更高。

压缩天然气汽车是目前普及应用较广的一种类型。将压缩到20.7～24.8MPa的天然气储存在车载高压气瓶中。其储存压力通常为15～25MPa，经减压器减压后供给内燃机。在25MPa情况下，天然气的体积可压缩至原来体积的1/300，大大降低了储存容积。但储存压力的增大也对压缩天然气汽车中的关键设备——储气瓶提出了更高要求。现在的压缩天然气汽车都是在保留原车供油系统上改装的，增加一套“车用压缩天然气装置”，可燃用压缩天然气，也可燃用汽油，天然气和汽油的转换非常方便。

压缩天然气气瓶是压缩天然气汽车的关键设备之一，气瓶的设计和生产都有严格的标准。压缩天然气车用气瓶可以分为四类：

第一类气瓶是全金属气瓶，材料为钢或铝；

第二类气瓶采用金属内衬，外面用纤维环状缠绕；

第三类气瓶采用薄金属内衬，外面采用纤维完全缠绕；

第四类气瓶完全是由非金属材料制成，例如玻璃纤维和碳纤维。

就燃料的性能而言，压缩天然气的组成以甲烷为主，它的燃点比汽油高218℃，与汽油相比不易点燃。甲烷与空气的相对密度为0.48，与汽油相比，一旦泄漏立即飞散，不易达到爆炸极限。因此压缩天然气与汽油相比是比较安全的一种燃料。

13.2.3 液化石油气汽车

液化石油气的性质介于汽油和天然气之间，更接近于汽油。其比重大于空气，泄漏后会积存在低洼处，爆炸下限低。当液化石油气在空气中的浓度达到1.7%时，遇明火就可爆炸，因此要做好防范。

目前，液化石油气汽车技术已相当成熟。世界各国均是采用在不改变原车发动机部件的情况下，加装一套液化石油气系统，直接单独燃烧液化石油气。液化石油气或汽油的燃烧通过电磁阀转换，使用非常方便。汽油机改用液化石油气主要进行三方面的改装，即油箱、液化石油气减压蒸发器和化油器（汽化器）。这些部件和发动机的连接见图13-5。

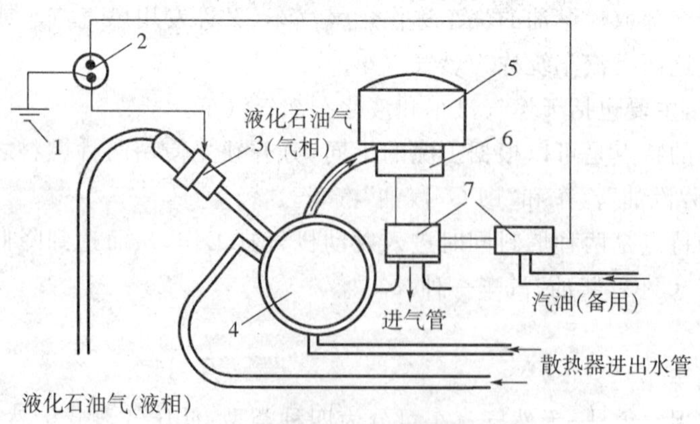

图13-5 汽车用液化石油气装置

1-电池；2-燃料转换开关；3-液化石油气过滤器；4-蒸发器减压器；5-空气过滤器；6-汽化器；7-电磁切断阀

1. 油箱

液化石油气油箱通常是圆筒形的压力容器,在专为使用液化石油气设计的汽车中,可以把它安装于底盘构架之间。但使用两种燃料的汽车此处已经装有汽油箱,因此只能将液化石油气油箱装在汽车后盖的行李箱内。液化石油气油箱上装有一些配件和阀门,详见图 13 - 6。

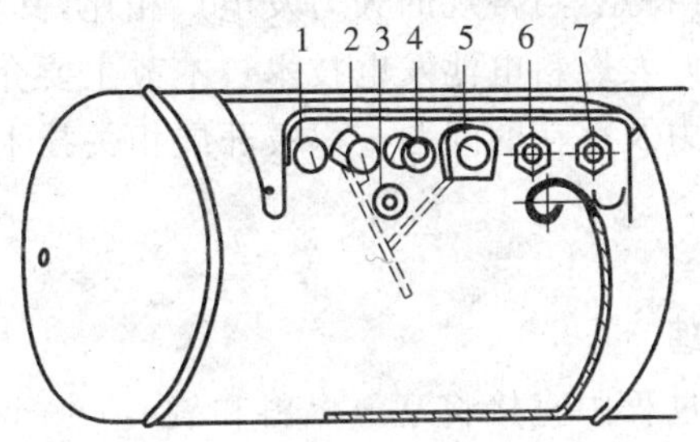

图 13 - 6　液化石油气油箱

1 -气相回流阀;2 -加油阀;3 -固定的排放阀;4 -泄压阀;5 -液位计;6 -气相出口阀;7 -液相出口阀

2. 蒸发器

发动机一启动,液化石油气进入减压蒸发器内,散热器中的热水循环经过蒸发器,液化石油气就通过与热水换热而蒸发。常用膜片式减压器经过一次或两次减压,将气相压力降到常压,然后经低压管进入汽化器。

3. 汽化器

燃料和空气在这里形成可燃混合物,供给发动机燃烧。

要使用液化石油气汽车,加气站是必不可少的设施。加气站通常由液化石油气储罐(地下或地上)、压缩机、罐装烃泵、加气机(固定式或悬挂式)等设备组成。图 13 - 7 是地下储罐式液化石油气加气站的工艺流程图。

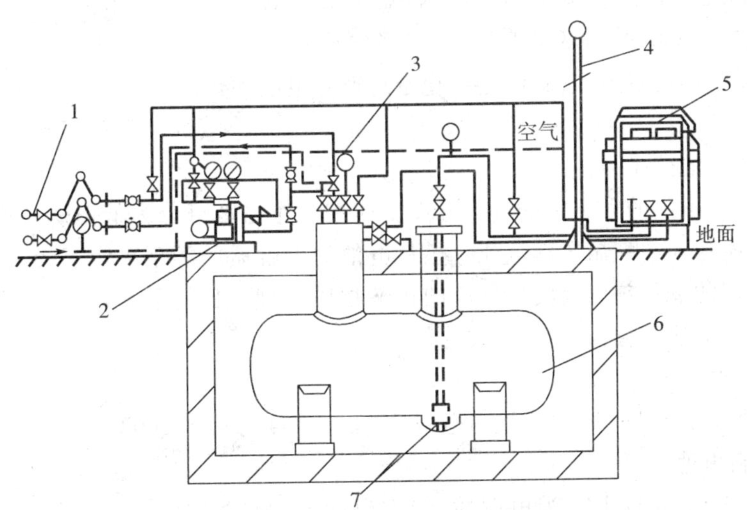

图 13 - 7　地下储罐式液化石油气加气站的工艺流程图

1 - LPG 槽车单臂连接头;2 -气体压缩机;3 -安全阀;4 -放散管;5 -加气机;6 - LPG 地下储气罐;7 -灌装烃泵

13.3　燃气燃料电池

燃料电池被公认为是继火力、水力、核能之后的第四代发电装置和替代内燃机的动力装置，具有高效、清洁、低噪声等特点，与常规的火力发电厂相比，其优势十分突出。几乎所有的发达国家都在投入巨资研究开发燃料电池发电技术。本节主要介绍燃料电池的工作原理、分类、燃料电池的特点、发展潜力及存在的问题。积极开展相关技术和工程应用的研究，对于建筑节能和环保具有重要意义。

13.3.1　燃料电池的工作原理

燃料电池是一种在等温过程中直接将富氢燃料和氧化剂中的化学能通过电化学反应的方式转化为电能的发电装置。其基本结构单元由阳极、阴极和两极之间的电解质构成，两电极上附有催化剂以提高化学反应速度。图 13－8 是氢一氧燃料电池的基本工作原理，两电极的化学反应如下：

阳极：$2H_2 \rightarrow 4H^+ + 4e^-$

阴极：$O_2 + 4H^+ + 4e^- \rightarrow 2H_2O$

整个电池：$2H_2 + O_2 \rightarrow 2H_2O$

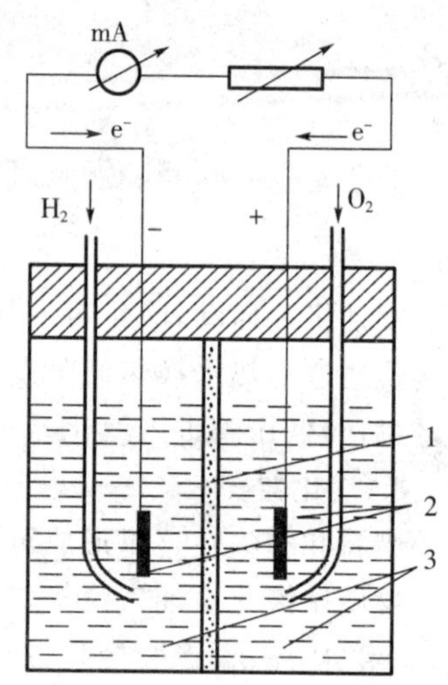

图 13－8　氢-氧燃料电池反应原理
1－隔膜；2－电极；3－电解液

工作时向阳极供给燃料（氢），向阴极供给氧化剂（空气）。氢在阳极分解成正离子 H^+ 和电子 e^-。氢离子进入电解液中，而电子则沿外部电路移向正极，用电的负载就接在外部电路中。在正极上，空气中的氧同电解液中的氢离子吸收抵达正极上的电子而形成水，这正是水电解反应的逆过程。因此，利用这个原理，只要将燃料和空气（氧）连续提供给燃料电池，它就能连续稳定地产生电能和热能。

13.3.2　燃料电池的分类

燃料电池可按不同的分类标准进行分类。如按工作温度可分为低温燃料电池、中温燃料电池、高温燃料电池和超高温燃料电池。燃料电池的电解质的类型决定了燃料电池的工作温度、电极上所采用的催化剂以及发生反应的化学物质，因此，目前最常用的分类方法还是以电解质来划分，燃料电池可分为：

1. 碱性燃料电池

碱性燃料电池采用 KOH 水溶液为电解质，工作温度为 50～200℃。

2. 磷酸燃料电池

磷酸燃料电池采用 H_3PO_4 为电解质，工作温度为 100～200℃。燃料主要是天然气重整气，也可使用液化石油气、甲醇、煤油、汽油、沼气等的重整气，氧化剂为空气。它是所有民用燃料电池中发展最快、技术最成熟、最接近实用的一种燃料电池。目前可制造出从 kW 级至 11MW 级的多种规模的磷酸燃料电池装置，其发电效率为 35％～41％，热电联产时总效率为

71%～85%。磷酸燃料电池系统主要由四大部分组成：

(1)燃料处理系统：将化石燃料转化成富氢气体；

(2)电池堆：将富氢气体及空气转化成电流；

(3)整流器：将直流电转化成交流电；

(4)控制系统：控制所有部件，根据需要调整电或热负荷。

3. 熔融碳酸盐燃料电池

熔融碳酸盐燃料电池采用 $Li_2CO_3-K_2CO_3$ 为电解质，燃料主要是净化煤气或天然气等气体燃料(或液体燃料)的重整气，氧化剂为空气。由于工作温度高，催化剂无需使用贵金属铂，而以雷尼镍和氧化镍为主，有利于降低成本；燃料中允许 CO 的存在，使气化煤气作为燃料并进行联合循环发电成为可能。其发电效率可达 50%～60%，利用高温余热组成燃气——蒸汽联合循环时，发电效率可达 60%～70%，热电联产时综合效率可达 80%。故适用于规模较大的区域性热电联产系统。

4. 固体氧化物燃料电池

固体氧化物燃料电池以固体氧化铱——氧化锆为电解质，净化煤气或天然气为燃料，空气为氧化剂，工作温度为 900℃～1000℃。由于工作温度很高，不需贵金属作催化剂，燃料不需外部重整且可采用 CO 作燃料。发电效率约为 60%，联合循环发电效率可达 70%～80%，热电联产时总效率可达 85%。因此，它适用于联合循环发电、区域性热电站和洁净煤热电联产工程。

5. 质子交换膜燃料电池

质子交换膜燃料电池采用固体聚合物膜(如全氟磺酸质子交换膜)为电解质，氢气或重整氢气为燃料，空气为氧化剂，工作温度为 100℃。发电效率为 40%～58%，热电联产时总效率可达 80%以上。最初应用于航天飞行器，由于具有工作温度低、可在室温下快速启动、比功率高等特点，发达国家相继将这项技术用于电动汽车和可移动电源。温和的工作条件及高度的可靠性，使其在小型分散热电联产和家庭热电联产方面也具有较大的潜力。此外质子交换膜燃料电池的工作温度较低，余热不能用于制冷。

上述五类燃料电池的主要特点见表 13-1。

表 13-1 主要燃料电池及其特性

类型	电解质	导电离子	工作温度	燃料	氧化剂	技术状态	可能应用领域
碱性	KOH	OH^-	50～200℃	纯氢	纯氧	高度发展 高效	航天 特殊地面应用
磷酸	H_3PO_4	H^+	100～200℃	重整气	空气	高度发展 成本高 余热利用价值低	特殊要求 区域性供电
熔融碳酸盐	$(Li,K)CO_3$	CO_3^{2-}	650～700℃	净化煤气 天然气 重整气	空气	正进行现场实验 需延长寿命	区域性供电

（续表）

类型	电解质	导电离子	工作温度	燃料	氧化剂	技术状态	可能应用领域
固体氧化物	氧化钇，稳定的氧化锆	O_2^-	900～1000℃	净化煤气 天然气	空气	电池结构选择 开发廉价制备技术	区域供电 联合循环发电
质子交换膜	全氟磺酸膜	H^+	室温～100℃	氢气 重整氢	空气	高度发展 需降低成本	电汽车 潜艇推动 可移动动力源

13.3.3 燃料电池的主要特点

燃料电池发电高效、环保，有可能发展成为本世纪主要的供电方式之一。其主要特点如下：

1. 能量转化效率高。由于燃料电池把燃料的化学能直接转化成电能，在发电时不经过热机过程，不受卡诺循环的限制，因而能量转化效率高，理论上可达 90%左右。在实际发电时可达 50%～70%，热电联供时，能量总利用率可高达 80%以上。

2. 清洁无污染。由于参与电化学反应的物质是氢和氧，反应生成物是水，所以燃料电池发电过程对环境没有污染。使用碳氢化合物作为燃料时，由于整个能量转换过程中没有燃烧且效率高，与传统的火电机组相比，CO_2排放量可减少 40%～60%。此外，燃料电池靠化学反应发电，其内部没有任何活动部件，不会发出任何噪声。在尽量减低其动力装置（如泵）的噪声和振动之后，燃料电池系统在运行时的噪声和振动是非常低的。

3. 占地面积小。由于燃料电池所占空间极小且与环境的兼容性好，选址没有特殊要求，与周围建筑物的安全间距小，因而可以直接建在终端用户附近作为区域性热电站，小型的可以建在用户建筑物内为单栋楼或楼群独立进行冷热电供，袖珍型的可以通过屋门进入而安装在室内，作为家庭或公共建筑的电源和热源。

4. 建设周期短、便于分期建设。由于燃料电池采用模块化设计，各组件在制造厂生产，通过现场安装，简单省时，建设周期短。此外，由于标准化的设计，制造、安装方便，系统规模及负荷要求可大可小，容易扩容，便于根据热电负荷的实际需求分期建设。

5. 启停灵活，负荷响应速度快，负荷调节能力强。燃料电池的开启和停运要比常规热电厂简单快捷的多。燃料电池在调节负荷能力强的同时还具有良好的效率特性，即使在负荷较低时，也可保持较高的功率。

6. 燃料来源广、废热的再利用价值高。甲醇、天然气、液化石油气、沼气、煤气、含氢废气、轻油、柴油、煤油、汽油等燃料可通过净化和重整后获得氢气作为燃料电池的燃料。高温燃料电池的废热温度很高，再利用的价值高。

13.3.4 燃料电池的发展潜力

燃料电池在效率上的突破，使其可与所有的传统发电技术竞争。作为正在发展中的技术，磷酸燃料电池已有了令人鼓舞的进展。熔融碳酸盐燃料电池和固体氧化物燃料电池将在未来

15～20 年内产生飞跃性进步。

13.3.5　燃料电池存在的问题

燃料电池有许多优点，但就目前来看，燃料电池仍存在很多不足之处，使其尚不能进入大规模的商业化应用，主要有以下几方面的原因：

1. 市场价格昂贵。燃料电池的价格是其他分散式发电系统（内燃机、燃气轮机）的 2～10 倍；

2. 高温时寿命及稳定性不理想；

3. 燃料电池技术不够普及；

4. 没有完善的燃料供应体系。燃料电池对燃料非常挑剔，因此往往需要非常高效的过滤器，并且要经常更换。

13.4　冷热电三联产(供)系统

当天然气为城市中主要的一次能源时，采用动力装置先由燃气发电，再用发电后的余热向建筑供热或作为空调制冷的动力，可获得更高的燃料利用率，这就是冷热电三联供系统。冷热电三联供系统的供应范围可大可小，大的可以向一个区域或一座城市供电、供冷、供热，小范围可向单栋建筑供电、供冷、供热。美国为解决其电力输配和供电安全问题，近年来大力推广这一方式。美国能源部预测到 2020 年新建建筑的 50％、现有建筑的 20％都将采用该方式解决建筑物内的能源供应。这种方式可以作为大城市天然气应用的一种方式，在我国具有非常广阔的应用前景，既可缓解夏季空调电力供应紧张的局面，又可以解决燃气夏季用量较小的问题，平衡燃气全年负荷。

13.4.1　冷热电三联供的工作原理

冷热电是能量存在的三种形式，但在一定的条件下，又是可以相互转换的，其总能量是守恒的。冷热电三联供的工作原理如图 13－9 所示。

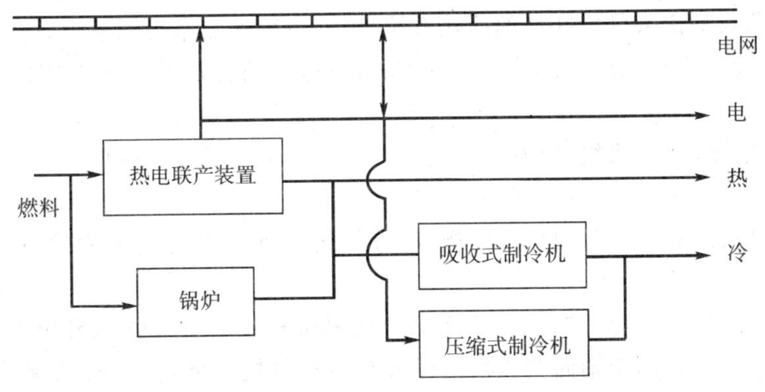

图 13－9　冷热电联产示意图

在能源中心同时生产电能（或机械能）、热能和冷媒水，它是由热电联产发展而来，是热电联产技术与制冷技术（压缩式和吸收式）的结合。以天然气为燃料的燃气冷热电联产系统的最大特点就是对不同品质的能量进行阶梯利用。温度比较高、具有较大的可用能的热能用来发电，而温度较低的低品位热能则用来供热或制冷。

13.4.2 冷热电三联供的分类

燃气发电装置是关键设备，根据分析，只有发电效率达到40%，才真正具有节能意义。根据发电机组的方式，可分成四种较常用的冷热电联产方式：

1. 燃气锅炉＋背压式汽轮发电机＋蒸汽型溴化锂吸收式制冷机

这是一种最常见的冷热电联产方式，通常称为热电厂。其系统工作原理如图13-10所示。

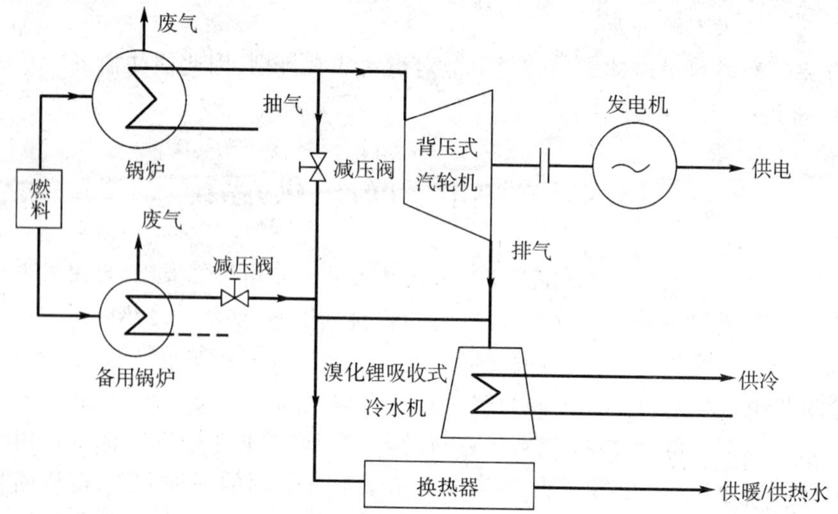

图13-10 锅炉＋背压式汽轮发电机＋溴化锂吸收式制冷机方式的冷热电联产系统原理图

燃气在锅炉中燃烧后将热量传给蒸汽，由高温高压蒸汽驱动背压式汽轮机发电，同时背压式汽轮机的尾气余热或从锅炉减压后抽出的部分低压蒸汽，在冬季通过换热器供暖以及全年供应生活热水，夏季则利用汽轮机尾气（加部分锅炉抽气）驱动蒸汽型溴化锂吸收式冷水机组向区域（或楼宇）供空调冷水。

这种背压式汽轮机的冷热电联产的方式，一般是以满足供热需要为主要目标。从锅炉将减压后的低压蒸汽抽出来供应区域的冷热系统，因而系统的效率受到锅炉效率的限制，但可以与热、电的需求比例进行相应的调节。此种方式，发电量以区域或楼宇系统内自用为主，不足靠外来电网补足。

这种背压式汽轮发电机组，以及抽汽凝结式汽轮机发电机组的冷热电联产系统，比较适合以煤为燃料的我国国情，技术成熟，经验丰富，但该系统庞大复杂，负荷调节能力差，且发电效率较低，在新建的冷热电联产项目中，已极少采用。通常我们也把这种锅炉前置的汽轮机方式称为外燃式。

2. 内燃式发动机＋余（废）热锅炉＋汽轮发电机驱动压缩式制冷机＋溴化锂吸收式冷水机组

内燃机通过一个或两个轴向交流发电机或制冷提供机械能，由一自动调节系统调节交流发电机或制冷压缩机提供能量的比例。内燃机的排汽余热（400℃左右）可以直接或间接（通过余热锅炉）用于供热及吸收式制冷机制冷；也可以利用余热锅炉产生的蒸汽驱动蒸汽轮机，而由蒸汽轮机的输出轴拖动制冷压缩机（或压缩式热泵）制冷。汽轮机排出的背压蒸汽用于驱动吸收式冷水机组制冷，见图13-11。

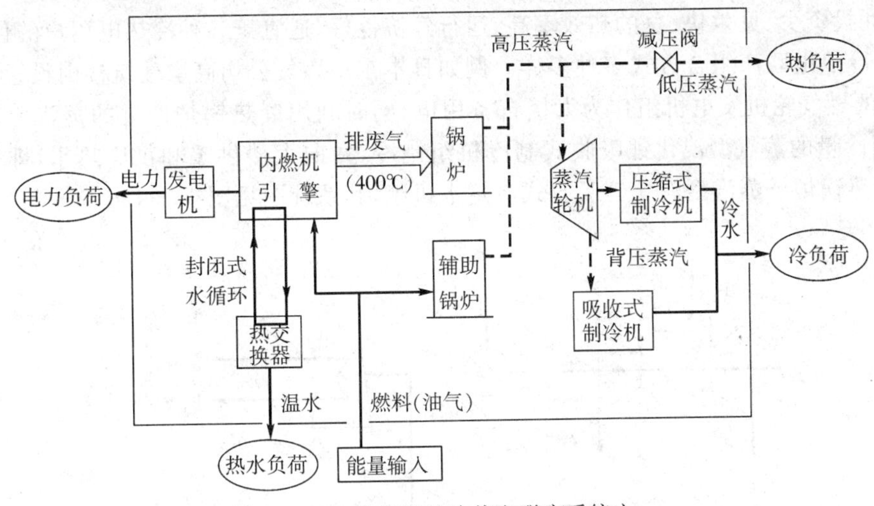

图 13-11　内燃机的冷热电联产系统之一

内燃机的冷热电联产的热能来自内燃机排出的高温烟气及冷却汽缸的温水余热，是纯粹的废热利用，极大地提高了系统的能源利用率，因而比锅炉前置汽轮机方式的冷热电联产系统更为节能。此外也可采用内燃机＋发电机＋电动压缩式热泵＋单效溴化锂吸收式冷水机组的冷热电联产方案。

3. 燃料电池的冷热电联产方式

燃料电池的冷热电联产系统目前应用不多但技术成熟，美国在 20 世纪 60 年代由民间企业开发，80 年代列入综合能源研究计划。

燃料电池将气体燃料(含氢燃料，见第 3 节燃料电池)依靠氢的电化学反应直接转化成电能。其冷热电联产的系统原理如图 13-12 所示。

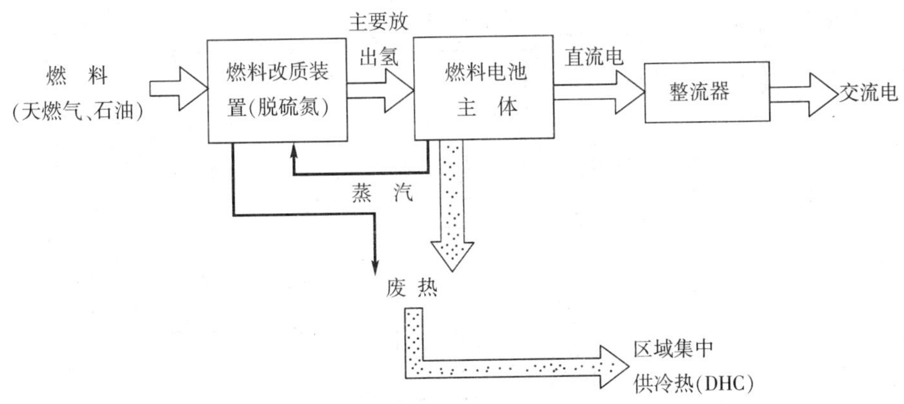

图 13-12　燃料电池的冷热电联产系统原理示意图

燃料电池冷热电联产发电效率高(40%～70%)，冷热电联产总能源利用率达 80%～90%。部分负荷时，发电效率随负荷变化曲线平坦，在 50%用电负荷下，仍能保持高效率运转。可以使用的燃气种类多，对大气环境影响小。其缺点是结构配置复杂，初投资昂贵。

4. 燃气轮机＋余热型溴化锂冷热水机组冷热电联供系统

燃气轮机由压气机、燃烧室、燃气透平等主要部件组成，燃气轮机冷热电联产系统技术成熟、一次性投资少、见效快、总的热效率高、运行经济性好，适宜于各种冷热电用户的任意选择。燃气轮机冷热电联产组合方式多种多样。例如日本东京燃气公司高层建筑楼内设置了两台各1000kW的燃气轮机发电机组作为大楼自备用电；同时利用废热锅炉产生的蒸汽驱动两台共17MW制冷量的蒸汽型溴化锂吸收式制冷机组制冷，并向大楼供暖和供应热水，即采用燃气轮机＋废热锅炉＋蒸汽型溴化锂吸收式冷热水机组，其系统图见图13－13。

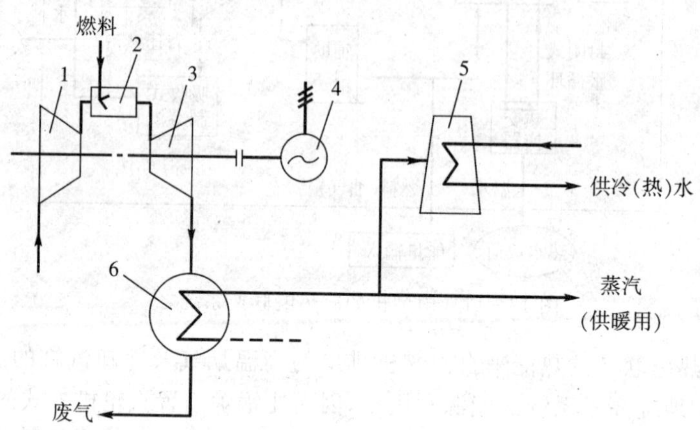

图13－13 燃气轮机＋余热锅炉＋蒸汽型吸收式冷热水机组的冷热电联产系统

1－压气机；2－燃烧室；3－燃气透平；4－发电机；5－蒸汽型溴化锂吸收式冷热水机组；6－余热锅炉

此外还可以采用燃气轮机直接驱动离心式冷水机组＋余(废)热锅炉＋蒸汽型溴化锂吸收式冷热水机组的形式，和燃气轮机＋电动离心式冷水机组＋余(废)热锅炉＋蒸汽型溴化锂吸收式冷热水机组的形式，分别见图13－14和图13－15。

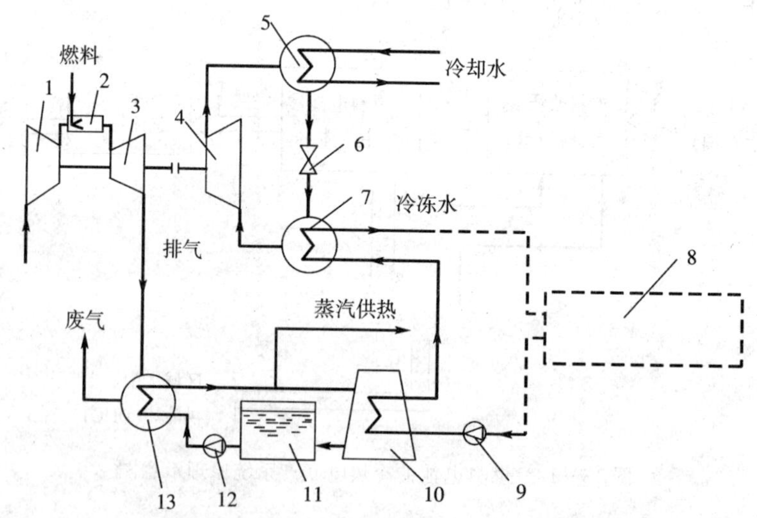

图13－14 燃气轮机直接驱动离心式冷水机组＋余(废)
热锅炉＋蒸汽型溴化锂吸收式冷热水机组的冷热电联产系统

1－压气机；2－燃烧室；3－燃气透平；4－离心式制冷压缩机；5－冷凝器；6－节流装置；7－蒸发器；8－空调系统；9－冷冻水回水泵；10－蒸汽型溴化锂吸收式冷热水机组；11－给水箱；12－锅炉给水泵；13－余(废)热锅炉

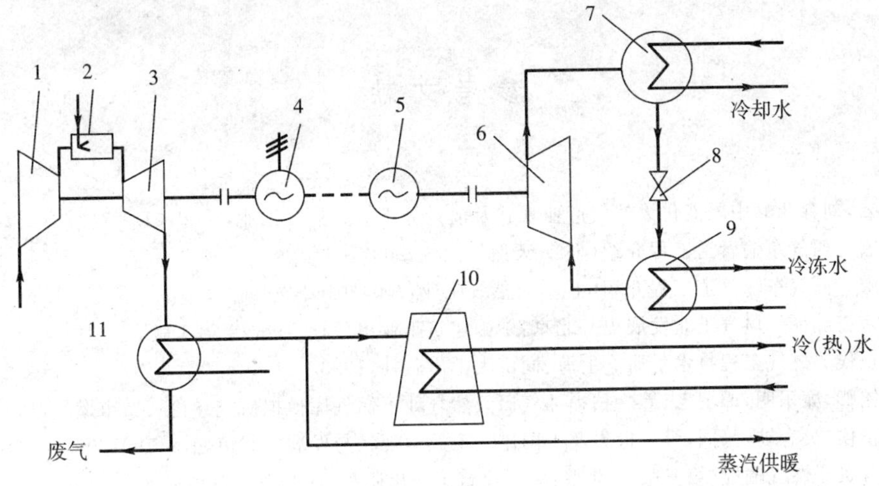

图 13-15 燃气轮机+电动离心式冷水机组+余(废)

热锅炉+蒸汽型溴化锂吸收式冷热水机组的冷热电联产系统

1-压气机;2-燃烧室;3-燃气透平;4-发电机;5-电动机;6-电动离心式制冷压缩机;

7-冷凝器;8-节流装置;9-蒸发器;10-蒸汽型溴化锂吸收式冷热水机组;11-余(废)热锅炉

这种仅以燃气轮机作为动力的驱动方式,称为燃气轮机单驱动。另一类是燃气轮机—蒸汽轮机双驱动的联合循环装置冷热电联产方式,见图 13-16。同样,燃气轮机双驱动冷热电也有许多组合方式,可参看相关文献。

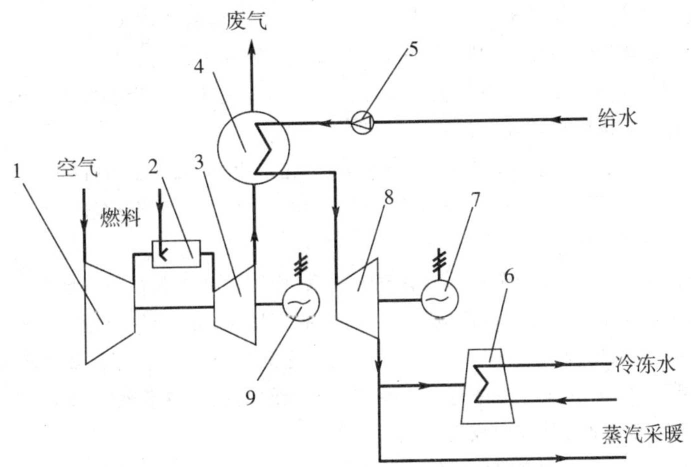

图 13-16 燃气—蒸汽联合循环+吸收式冷水机组的冷热电联产系统

1-压气机;2-燃烧室;3-燃气透平;4-余热锅炉;5-锅炉给水泵;

6-蒸汽型溴化锂吸收式冷热水机组;7-发电机;8-背压式蒸汽轮机;9-发电机

参考文献

[1] 邢云,刘淼儿. 中国液化天然气产业现状及前景分析. 天然气工业,2009/01.
[2] 吴宏. 西气东输管道工程介绍(上). 天然气工业,2003/06.
[3] 吴宏. 西气东输管道工程介绍(下). 天然气工业,2004/01.
[4] 刘宗斋编译. 煤气工业发展史. 北京:中国建筑工业出版社,1986 年第 1 版.
[5] 姜正侯. 燃气工程技术手册. 上海:同济大学出版社,1993.
[6] 严铭卿,廉乐明,谭羽飞,等. 枯竭油气田天然气地下储气库模拟研究导论. 城市燃气,1997/01.
[7] 姜正侯,吴念劬,张同,等. 世界及中国燃气工业的现状与发展. 城市燃气,1997/08.
[8] 段常贵. 燃气输配(第三版). 北京:中国建筑工业出版社,2002.
[9] 王学军,罗贤成. 燃气臭剂和加臭量的探讨. 煤气与热力,2002/02.
[10] 中华人民共和国国土资源部网站.
[11] 王昌遒. GB/T 13612—2006《人工煤气》解读. 煤气与热力,2008/04.
[12] 马良涛. 燃气输配. 北京:中国电力出版社,2004.
[13] 詹淑慧. 燃气供应. 北京:中国建筑工业出版社,2008.
[14] 华景新. 燃气管道供应. 北京:化学工业出版社,2007.
[15] 席德粹,刘松林,王可仁编著. 城市燃气管网设计与施工. 上海:上海科学技术出版社,1999.
[16] 中华人民共和国国家标准. 城镇燃气设计规范(GB 50028——2006). 北京:中国计划出版社,2006.
[17] 陈伯雄,冯伟. Visual Lisp 程序设计—技巧与范例. 北京:人民邮电出版社,2002.
[18] 严铭卿,廉乐明. 天然气输配工程. 北京:中国建筑工业出版社,2005.
[19]《天然气流量计量》编写组. 天然气流量计量. 北京:石油工业出版社,2001.
[20] 哈尔滨建筑工程学院,北京建筑工程学院,同济大学,重庆建筑工程学等编. 燃气输配(第 2 版). 北京:中国建筑工业出版社,1988.
[21] 祖因希主编. 液化石油气操作技术与安全管理. 北京:化学工业出版社,2000.
[22] 机械工业沈阳教材编委会,继续工程教育教材编委会主编. 液化石油气及其设备安全技术. 沈阳:东北工学院出版社,1988.
[23] 郭朋鸥主编. 液化石油气安全技术与管理. 北京:中国劳动出版社,1991.
[24] 张爱凤,周静. 液化石油气管道供应技术及其在我省民用建筑中的应用. 安徽建筑,2003/02.
[25] 张爱凤. 高层建筑中液化石油气管道供应有关问题的探讨. 安徽建筑,2003/12.
[26] 余穗颖,徐浩. 大型 LPG 瓶组站自动切换控制系统的改进. 城市燃气,2003/10.
[27] 吴红华. 空温式气化器及应用浅析. 城市燃气,2003/05.
[28] 林克文,高盛,俞其鼎. LPG 的自然气化与空温式气化器. 城市公用事业,2000/06.
[29] 敬加强. 液化天然气技术问答. 北京:化学工业出版社,2007.
[30] 杜光能. LNG 终端接收站工艺及设备. 天然气工业,1999/05.
[31] 顾安忠,石玉美,汪荣顺,等. 天然气液化流程及装置. 深冷技术,2003/01.
[32] 李兆慈. LNG 槽车贮槽绝热结构设计. 天然气工业,2004/02.
[33] 黄莉. 天然气液化工艺的选择. 新疆石油天然气,2006/02.
[34] 徐文渊. 小型液化天然气生产装置. 石油与天然气化工,2005/03.
[35] 吴创明. LNG 气化站工艺设计与运行管理. 煤气与热力,2006/04.
[36] 顾安忠,鲁雪生,汪荣顺,等. 液化天然气技术. 北京:机械工业出版社,2004.

[37] 时国华,段常贵,王江江,等. 液化天然气气化站储罐的优化配置. 煤气与热力,2007/03.
[38] 中华人民共和国行业标准. 城镇燃气输配工程施工及验收规范(CJJ33-2005). 北京:中国建筑工业出版社,2005.
[39] 中华人民共和国国家标准. 汽车加油加气站设计与施工规范(GB 50156-2002)(2006 版). 北京:中国计划出版社,2006.
[40] 中华人民共和国行业标准. 汽车用燃气加气站技术规范(GJJ84-2000). 北京:中国建筑工业出版社,2000.
[41] 中华人民共和国国家标准. 车用压缩燃气(GB18047-2000). 中国标准出版社,2000.
[42] 北京市建筑设计研究院. 建筑设备专业技术措施. 北京:中国建筑工业出版社,2006.
[43] 张廷元. 城镇燃气输配系统及应用工程施工图设计技术措施. 北京:中国建筑工业出版社,2007.
[44] 张良鹤主编. 天然气集输工程. 北京:石油工业出版社,2001.
[45] 陈述彭,鲁学军,周成虎. 地理信息系统导论. 北京:科学出版社,2000.
[46] 成都同飞科技有限公司. 燃气 MIS 系统.
[47] 同济大学,重庆建筑学,哈尔滨建筑大学,北京建筑工程学院. 燃气燃烧与应用(第 3 版). 北京:中国建筑工业出版社,2000.
[48] 刘妮. 燃气热电冷三联产总能系统的热经济性分析. 暖通空调,2004/07.
[49] 李帆. 城市天然气工程. 武汉:华中科技大学出版社,2006.
[50] 周邦宁. 燃气空调. 北京:中国建筑工业出版社,2005.
[51] 李树林. 制冷技术. 北京:机械工业出版社,2003.
[52] 赵学伟. 关于我国发展燃气汽车的几点思考. 天然气,2005/07.
[53] 鲁德宏. 燃料电池及其在冷热电联供系统中的应用. 暖通空调,2003/01.
[54] 李公藩. 燃气管道工程施工. 北京:中国计划出版社,2001.
[55] 李帆,管延文. 燃气工程施工技术. 武汉:华中科技大学出版社,2007.